属于我的编织书

欧美风女士
棒针毛衣

张翠 主编

辽宁科学技术出版社
·沈阳·

主　编：张　翠
编组成员：刘晓瑞　田伶俐　张燕华　吴晓丽　郭建华　胡　芸　李东方　小　凡　落　叶　舒　荣　陈　燕　邓　瑞　飞　蛾　风之花　蓝云海　洳果是　欢乐梅　一片云　花狍子　张京运　逸　瑶　梦　京　莺飞草　李　俐　张　霞　陈梓敏　指花开　林宝贝　清爽指　大眼睛　江城子　忘忧草　色女人　水中花　蓝　溪　小　草　小　乔　陈小春　李　俊　陈红艳　冰珊瑚　孙　强　杨素娟　袁相荣　徐君君　黄燕莉　卢学英　赵悦霞　周艳凯　刘金萍　谭延莉　任　俊　雅虎编织　南宫lisa　紫色白狐　宝贝飞翔　KFC猫　雪山飞狐　色彩传说旗舰店　爱心坊手工编织　夕阳西下　小河流水　朵朵妈妈　幸福云朵　蝴蝶效应

图书在版编目（CIP）数据

欧美风女士棒针毛衣/张翠主编.—沈阳：辽宁科学技术出版社，2012.9
（属于我的编织书）
ISBN 978－7－5381－7602－5

Ⅰ.①欧… Ⅱ.①张… Ⅲ.①女服—毛衣针—毛衣—编织—图解 Ⅳ.①TS941.763.2—64

中国版本图书馆CIP数据核字（2012）第181574号

出版发行：辽宁科学技术出版社
（地址：沈阳市和平区十一纬路29号　邮编：110003）
印 刷 者：深圳市龙辉印刷有限公司
经 销 者：各地新华书店
幅面尺寸：210mm×285mm
印　　张：12
字　　数：200千字
印　　数：1~11000
出版时间：2012年9月第1版
印刷时间：2012年9月第1次印刷
责任编辑：赵敏超
封面设计：张　翠
版式设计：张　翠
责任校对：李淑敏

书　　号：ISBN 978－7－5381－7602－5
定　　价：39.80元

联系电话：024－23284367
邮购热线：024－23284502
E-mail：473074036@qq.com
http://www.lnkj.com.cn
本书网址：www.lnkj.cn/uri.sh/7602

敬告读者：
本书采用兆信电码电话防伪系统，书后贴有防伪标签，全国统一防伪查询电话16840315或8008907799（辽宁省内）

Contents 目录

P04~80
PART Ⅰ 第一部分
作品展示

P81~186
PART Ⅱ 第二部分
制作图解

P187~192
PART Ⅲ 第三部分
本书作品使用针法

Preparation method 做法 P81~82

Knitting sweater 01

不规则斗篷

高领的设计极为保暖贴心，大片式的拼接营造出不规则的下摆，红色的条纹闪亮出彩。个性就是这样张扬美丽。

Preparation method 做法 P82~83

Knitting sweater 02

咖色超长款扭花毛衣

个子高挑的美女们，这件咖色超长款扭花毛衣可是为你们量身定制的，大个子就要有大气度，无论你是要保暖还是要风度，它都能做到。

Preparation method 做法 P84

Knitting sweater 03

深V另类长款针织衫

深V的领口与下摆的透视，在细节处彰显女人的性感。配上一条丝袜搭一双高跟鞋，媚眼如丝如猫一般的慵懒妩媚。

Preparation method 做法 P85~86

Knitting sweater 04

翻领双排扣气质毛衣

大气的翻领加双排扣，不失时尚，更融俏皮与古典为一体，这样的毛衣你是否也想拥有一件！

Preparation method 做法 P86~87

Knitting sweater 05

韩版气质长袖毛衣

蓬松的衣身修饰腰身，韩版的设计使得沉闷的颜色可爱灵动，举手投足间尽显女人的柔美。

Preparation method 做法 P87~89

Knitting sweater 06

高腰性感连衣裙

在胸下用系带的方法拉高腰线，显得腿极为修长，大开的V领，露出性感的锁骨，黑色的低调才是性感的极致。

Preparation method 做法 P89~90

Knitting sweater 07

个性流苏外套

深邃的颜色平添成熟女人的气质，加上衣服下摆稀疏的流苏设计，成熟中增添了俏皮的气息，可谓是一件融入多种元素的个性开衫。

Preparation method 做法 P90~91

Knitting sweater 08

圆领连衣裙

裙摆收紧，更显女人的曲线，蓝色冷艳而高贵，冬天里配上白色或黑色的打底衫，再套一件简单的大衣，保暖又时尚。

Preparation method 做法 P92~93

Knitting sweater 09

公主袖清新小外套

优雅的公主袖展现女人无尽的柔情，纤薄的款式配上素净的颜色，是乍暖还寒的季节里出行必备的单品，搭配裙装或者短裤都让你具有别样美丽。

Preparation method 做法 P93~94

Knitting sweater 10

成熟中袖小外套

从颜色到款式，无不透露着成熟稳重，搭配短款黑色连衣裙便是成熟风韵，搭配牛仔长裤又显端庄贤淑。

Preparation method 做法 P94~95

Knitting sweater 11

浅灰风情开衫

浅灰色演绎的风情，如绵绵的春风，丝丝缕缕将人缠绕，扯不断，放不开，女人便要有这般风情，将百炼钢化绕指柔。

雅致连衣裙

腰线分明，玫红雅致，下摆网格的透视设计别有心思。配上丝袜，穿一双深色的高跟鞋或是靴子，是属于你的风采卓绝。

Preparation method 做法 P96~97
Knitting sweater 12

梯形领粗棒针毛衣

梯形领显得玉颈修长，大大的袖摆中粉臂纤纤，配上一条百褶裙，谁说粗棒针的毛衣不能轻轻盈盈呢？

Preparation method 做法 P97~98

Knitting sweater 13

Preparation method 做法 P99~100

Knitting sweater 14

舒适中长款套头毛衣

灰色的简单舒适与百搭最适合这样的基础款，领口的同色系扣子增加了些许亮点，作为冬天的内搭款是不错的选择。

修身大摆连衣裙

微微翘起的肩部，可以很好地修饰手臂，分明的腰线让你腰身款款，大开的裙摆更显女人的柔美。肩部和裙摆的花朵又增几分俏皮，这个夏天做一个可爱而美丽的小女人。

Preparation method 做法 P101~102

Knitting sweater 16

段染波浪纹连衣裙

张爱玲说“生如夏花之绚烂”，一直觉得女人如花，在盛开的年纪里恣意盛开，在可以色彩斑斓的年纪里娇艳出众，这样一款段染的连衣裙足以让你闪耀。

Preparation method 做法 P103~104

Knitting sweater 17

迷人裙装大衣

谁说保暖必须厚重？独特的裙摆设计，让你可以名正言顺地扣起扣子保暖，冷风习习中裙摆摇曳，竖起的领子让你神采奕奕，这个秋天怎样迷人怎样穿。

Preparation method 做法 P104~106

Knitting sweater 18

灰色个性外套

衣身繁复的花纹，下摆前短后长的个性设计，将复古与前卫完美结合，配上一条修身牛仔裤，美便是你三百六十度的转身。

Preparation method 做法 P106~107

Knitting sweater 19

麻花长款毛衣

这样一款厚重简单的单品，似乎早该淘汰，但是每一个冬季都少不了它的身影。经典的圆领与麻花花样，还有实实在在的保暖功能，这就是它一直盛行的法则。就像女人之于男人，花哨的只是动心一瞥，真正在意的永远是暖心的人。

Preparation method 做法 P108~109

Knitting sweater 20

淑女长袖连衣裙

淑女风一直是针织连衣裙里不败的单品，无论是低调优雅的灰色，还是提升腰线的高腰设计都堪称完美。如果你的衣橱里没有这样一件彰显你独特淑女气质的长款连衣裙，作为百变女王的你可真是不合格哦!

Preparation method 做法 P110~112

Knitting sweater 21

一字领透视毛衣裙

一字领和Z字形的透视点缀是这件衣服的两大亮点，一字领刚好微微露出你迷人的锁骨，透视除了性感也是夏日里追求凉爽的法宝。

婉蓝色长款针织衫

的V领与束腰的设计，是一款必不可少的时尚

。

Preparation method 做法 P113~114

Knitting sweater 22

Preparation method 做法 P114~11

Knitting sweater 23

休闲连帽背心

休闲的款式，无论是深色的衬衣还是打底衫都能配得相得益彰，身前别致的花纹，又让人眼前一亮。再配上一条休闲的短裤，春秋郊游就选它了。

Preparation method 做法 P117~118

Knitting sweater 24

典雅九分袖毛衣裙

腰身的花纹如同一条宽腰带塑造腰身，衣身的棱纹粗粗一看貌似穿反了，忽而恍然这才是设计者的小心思，简单的别致。

Preparation method 做法 P118~119

Knitting sweater 25

花苞连衣裙

圆领麻花再简单不过的组合，但是上半身紧密排列的麻花塑造了腰线，裙身花苞样式勾勒出迷人的S曲线，女性之美展露无遗。

Preparation method 做法 P119~120

Knitting sweater 26

大方深紫长毛衣

简单大方的款式，交错的花样，深紫色显得高贵内敛，彰而不显，美而不艳。

Preparation method 做法 P120~12

Knitting sweater 27

纯美长大衣

素净的颜色让你清纯脱俗，遍布的豆豆花，增添了一丝丝的灵动，这一刻你不再是天边遥不可及的云朵，你化身为纯美的女子，来这世间是要演绎怎样的故事？

Preparation method 做法 P122~123

Knitting sweater 28

清秀灰色连衣裙

竖条纹的花极为修身，贴身的设计令你曲线玲珑，灰色沉静而不张扬，胸前的豆豆花平添秀色。

Preparation method 做法 P124~125

Knitting sweater 29

粉色柔美外套

波浪形的花纹如水波荡漾，整件衣服如粉雕琢，无时无刻不展现出女人的柔情似水。

Preparation method 做法 P125~127

Knitting sweater 30

闲适毛衣外套

帽子、系带、口袋的设计非常闲适，大大的绒球在胸前荡来荡去，几许俏皮，配上打底针织衫和一条短裤，穿上平跟的休闲靴，真是要多舒服有多舒服。

Preparation method 做法 P127~128

Knitting sweater 31

经典黑色小外套

黑色是不败的时尚元素，大大的喇叭袖展现出都市女人味，衣身简单的花纹，让你无论是搭配简单的打底衫还是搭配夸张的时尚衬衣，都有不一样的风情。

Preparation method 做法 P129~130

Knitting sweater 32

宝蓝色镂空针织衫

春末夏初，镂空的针织衫成了首选，宝蓝色明丽却也沉静，将这份天高海阔穿在身上，微风袭来，是不是有一种徜徉碧波的清爽。

Preparation method 做法 P130~132

Knitting sweater 33

优雅咖色小礼服

当小礼服华丽遇到咖色的低调，碰撞出的优雅格调，无论走到哪里都是万众瞩目的明星。

Preparation method 做法 P132~133

Knitting sweater 34

可爱藕粉厚外套

装嫩之风越来越盛行，作为三十岁左右毛衣达人，碰到粉色难免有种望而生畏的感觉，这款藕粉色的可爱厚外套绝对是你扮嫩的最佳选择。藕粉可爱中不失成熟，穿上它谁还在意与年龄配不配呢？

Preparation method 做法 P133~135

Knitting sweater 35

高雅白色开衫

这款米字花纹的白色开衫，既保暖又高雅，配上同色系的白色小礼服、手包和高跟鞋，在这场开在初秋微凉的派对里，穿着它你绝对游刃有余。

Preparation method 做法 P135~136

Knitting sweater 36

灰色连帽外套

从颜色到花样都极为简单，如果你暂时对百货橱窗里那些令人眼花撩乱的衣服产生了审美疲劳，恭喜你，这件衣服绝对是你回归质朴的最好选择，就像在纷纷扰扰的城市里生活久了，偶尔的乡间漫步会让你有不少惊喜。

Preparation method 做法 P136~138

Knitting sweater 37

精致西装款小外套

西装款，经典蓝，配在一起便撞出了火花，如果你厌倦了布料大裁剪的西装，不妨尝试这款精致的小外套，配上淑女风的衬衣，上班也可以穿出精致女人味。

Preparation method 做法 P138~139

Knitting sweater 38

浅灰修身连衣裙

前身竖条纹的扭花勾勒曲线，几分优雅，几分端庄，颜色素净，无论是双十年华，还是而立之期，不同年龄展现不一样的味道。

Preparation method 做法 P139~140

Knitting sweater 39

大气长大衣

大翻领，如雕刻般的别致花纹布满全身，大气、低调却华丽，可以风情万种也可以贵气逼人。

Preparation method 做法 P140~142

Knitting sweater 40

两穿大红连衣裙

圆翻领，正反两面可以换着穿，火红的颜色灼灼燃烧，让人想到了娇艳的美人蕉，穿上它你也是那万绿丛中一点红。

Preparation method 做法 P142~143
Knitting sweater 41

宝蓝色翻领大毛衣

简单的上下针，大翻领，款式简单大方。在冬天一片晦暗的光景里，这一身宝蓝色让你脱颖而出，简单却不平庸。

端庄长款红色外套

正面看来大红的颜色和基础的款式端庄有余匠心不够，但是最美的恰恰是回眸一笑百媚生，背后从下摆延伸到帽顶的藤蔓花，如浮雕般给人以视觉冲击。

Preparation method 做法 P144~145

Knitting sweater 42

Preparation method 做法 P145~146

Knitting sweater 43

温暖长外套

帽子与绒球的组合打破了厚外套的笨拙感，艳艳的大红色无疑又给寒风凛凛的冬日增加了一抹温暖，正值本命年的龙女们还等什么呢?

创意气质斗篷

墨绿色非常有质感，创意十足的设计令你气质爆棚，搭配一条低调的黑色宽腰带，腰身立显，女人不要太美哟。

Preparation method 做法 P147~148

Knitting sweater 44

Preparation method 做法 P149

Knitting sweater 45

麻花圆领连衣裙

整个裙身布满麻花花样，形成立体感，灰灰的颜色又十分的百搭，看似普通，配上细细的同色的花朵腰带，女人的娇美便如花儿一样盛开。

Preparation method 做法 P150~151

Knitting sweater 46

简约连帽衫

简单的扭“8”花样一气呵成，为衣服增添了完美的线条；后片的菱形花样在简单中找到了与众不同的视觉效果。衣身的连帽设计，让你在寒冬里找到了依靠。

Preparation method 做法 P157

Knitting sweater 47

风车花大披

大朵大朵的风车花在空中旋转，时光倒退，在某个山青水秀的地方，木质的水风车“吱呀吱呀”地哼唱，微风带着水花吹向远方。

Preparation method 做法 P152~153

Knitting sweater 48

端丽紫色开衫

整件衣服最大的特色要数衣身深V领的设计，性感中透露这一丝时尚的气息。衣身两颗纽扣的搭配，更是起到了锦上添花的效果。

Preparation method 做法 P154

Knitting sweater 49

宽松中袖针织衫

宽松简约的款式，如丝般的质感，配上一双薄薄的丝袜，再搭配高跟鞋或是靴子，这样的妩媚风情女人值得拥有。

Preparation method 做法 P155~156

Knitting sweater 50

粉色宽松连衣裙

盈盈粉粉的色彩代表女人柔情似水的美，这一款宽松的连衣裙是居家休闲的好穿着，泡一杯清茶，在阳台上安静地坐着或读书或听歌，细细碎碎的阳光照进来，明亮却不刺眼。

Preparation method 做法 P156~157

Knitting sweater 51

连帽长款外套

中长的款式是冬天保暖的首选，帽子和绒球带出一丝俏皮，干净的米白色冲淡了衣身繁复的花样，使整件衣服看起来素净，就如你清凛凛的气质。

Preparation method 做法 P158~159

Knitting sweater 52

粉色活力厚外套

粉粉嫩嫩的颜色，衬出你的好气色，可爱的绒球帽让你青春有致，再配上一款同色系或者白色的雪地靴，奔跑在一片苍茫的雪里，恍若精灵。

Preparation method 做法 P160~161

Knitting sweater 53

喇叭袖淑女外套

灰暗的颜色，因为喇叭袖和飘逸的衣边，显得与众不同，你轻轻而来，不知拨动了谁的心湖。

复古中长毛衣

复古之风吹了一年又一年，每年都长盛不衰，有些怀疑设计师们是不是黔驴技穷了，但是你看到这些美美的复古毛衣，却又打心眼里觉得每年的复古风的确吹得让人心情愉悦。

Preparation method 做法 P161~162

Knitting sweater 54

翻领九分袖开衫

宽松休闲的款式，随意大方，下摆处别有新意的镂空花纹，彰显细节之美。

Preparation method 做法 P163~164

Knitting sweater 55

Preparation method 做法 P164~165

Knitting sweater 56

帅气马术装

混迹职场多年的大龄OL们，这身骑马装确实是提升女王气质的不二法宝，忽然发现年龄其实也是一种风情。

Preparation method 做法 P165~166

Knitting sweater 57

明黄色风情披肩

明丽的黄色衬托出好的气色，袖子下延伸出的长长的拖曳和流苏让你看上去又有一种别样的异域风情。

Preparation method 做法 P166

Knitting sweater 58

清雅淡紫披肩

淡紫色像极了女人25~30岁这个成而不熟的年纪，胶着的少女的清新与少妇的优雅，独特的拼接设计，彰显你的品位。

Preparation method 做法 P167

Knitting sweater 59

简约棕色大衣

简单的款式，低调的色彩，配上一顶休闲帽，再搭一款长靴，在秋天微凉的风中感受这个季节特有的舒适。

Preparation method 做法 P168

Knitting sweater 60

别致亚麻色披风

所有的心思都展现在这件衣服的背后，别致的拼接，扇形的长尾，个性就是如此心思独特。

Preparation method 做法 P169~170

Knitting sweater 61

高贵披肩

华丽的色彩，别样的款式，只需简简单单搭一款黑色连衣裙，顿显高贵时尚。

Preparation method 做法 P170~171

Knitting sweater 62

大翻领玫红大衣

厚实的衣身，明亮的颜色，这个冬天一身黑已经out了，冬天你也可以明丽照人。大大的翻领刚好可以搭配一条厚厚的毛线围巾，衣身口袋的设计真是暖暖的贴心啊，再配上一款及膝的长靴，你就是出街达人。

Preparation method 做法 P171~172

Knitting sweater 63

名媛气质披肩

无论是出街还是约会，这样一件名媛气十足的披肩绝对能让你hold住，华丽的皮草是一大亮点。

Preparation method 做法 P173~174

Knitting sweater 64

泡泡袖休闲连衣裙

泡泡袖和领口缀着的同色系亮扣是这件衣服的亮点，无论是内搭还是外穿，它都能满足你的要求。

Preparation method 做法 P174~176

Knitting sweater 65

特色连帽外套

不规则的下摆如同道旁簌簌落下的梧桐叶，乘着风飘飘摇摇、慵慵懒懒地，在秋天冷而未寒的风中，享受这一年阳光带来的最后一抹温暖。

Preparation method 做法 P176~177

Knitting sweater 66

简约超长款大外套

越简单才越经得住时间的考验，占领衣橱最多的仍然是这些简约的款式，因为自信如你，美丽如你，其实无须太多的装饰。

Preparation method 做法 P178~179

Knitting sweater 67

飘逸花色长毛衣

斑斓的色彩如满天星辉泼洒，长风悠扬，你衣袂飘飘，秋天的萧瑟也掩盖不了你的风华。

秀雅小外套

又是一款大红的外套，配上黑色的连衣裙，娇艳欲滴，本命年的女士们新一年的鸿运当头就从这件衣服开始吧。

Preparation method 做法 P179~180

Knitting sweater 68

Preparation method 做法 P180~181

Knitting sweater 69

立领长款毛线大衣

浅浅的略有暗淡的紫色，带给人一种沉稳的气质，竖起的领子又显干练之气。

Preparation method 做法 P182~183

Knitting sweater 70

浪漫紫色开衫

紫色从来都是浪漫的象征，这样一件荷叶边的紫色开衫，让人不由想到了爱琴海无尽的波浪与美丽浪漫的传说。

Preparation method 做法 P183~18

Knitting Sweater 71

橘黄短款翻领小外套

短款的小外套绝对是娇小型美女的首选，提高腰线拉长美腿，配上任意一款高跟鞋，你也是长腿一族哦。橘黄色很能衬肤色，非常适合肤色白皙的美眉。

Preparation method 做法 P184~185

sweater 72

气质V领长袖衫

别具匠心的花样使简单的款式立刻显得与众不同，
是冬天里保暖与提升气质的不二选择。

暗纹翻领毛线外套

看似普通却也暗藏心机，衣身若隐若现的花纹越看越有格调。搭配连衣裙或是长裤，保暖又不失个性。

Preparation method 做法 P185~186

Knitting sweater 73

不规则斗篷

【成品规格】衣长92cm，衣宽92cm
【工　　具】10号棒针
【编织密度】18针×30.8行=10cm²
【材　　料】红色棉线100g，咖啡色棉线500g

前片/后片制作说明

1.棒针编织法，衣身横向编织，从左往右编织。
2.起织后片，后片全部用咖啡色线编织。单罗纹针起针法，起118针织花样A，织20行后，改为花样B、C、D组合编织，如结构图所示，织至124行，第125行起右侧减针织成后领，方法为2-1-2，减针后平织28行，然后加针，方法为2-1-2，织至160行，织片不再加减针，织至264行，全部改织花样A，织至284行，单罗纹针收针法，收针断线。
3.起织前片，单罗纹针起针法，咖啡色线起118针织花样A，织20行后，改为花样B、C、D组合编织，如结构图所示，织至102行，改为红色线编织，织至124行，改为咖啡色线编织，第125行起左侧减针织成前领，方法为1-8-1，2-2-7，减针后平织6行，然后加针，方法为2-2-7，1-8-1，织至160行，改为红色线编织，织片不再加减针，织至182行，改为咖啡色线编织，织至264行，全部改织花样A，织至284行，单罗纹针收针法，收针断线。
4.将前片与后片两肩部对应缝合。

领片制作说明

1.棒针编织法，一片环形编织完成。
2.沿领口挑起96针织花样A，织56行，收针断线。

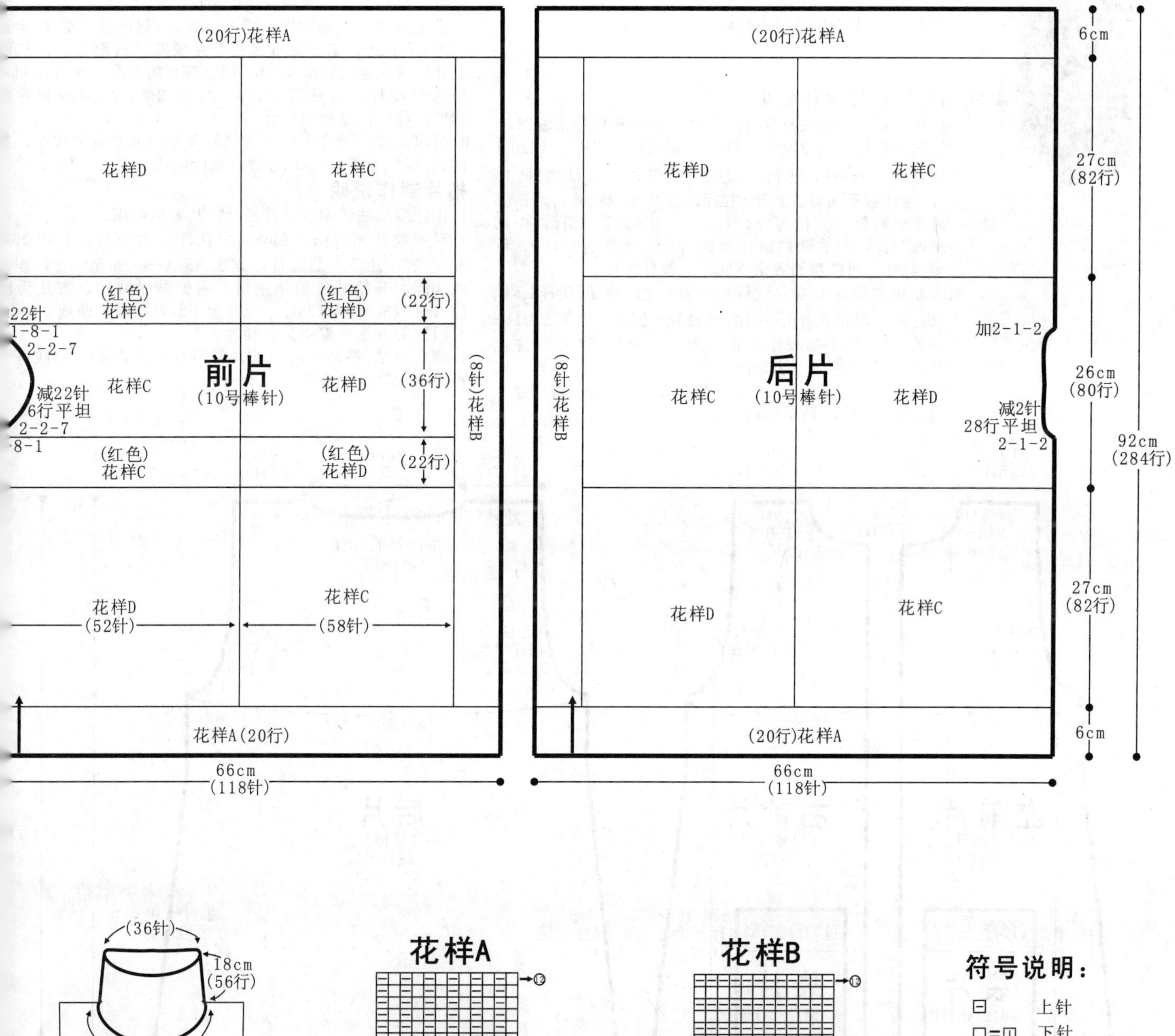

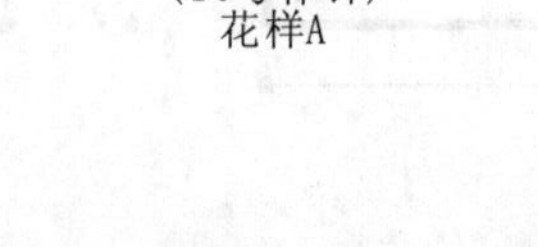

领片
(10号棒针)
花样A

花样A

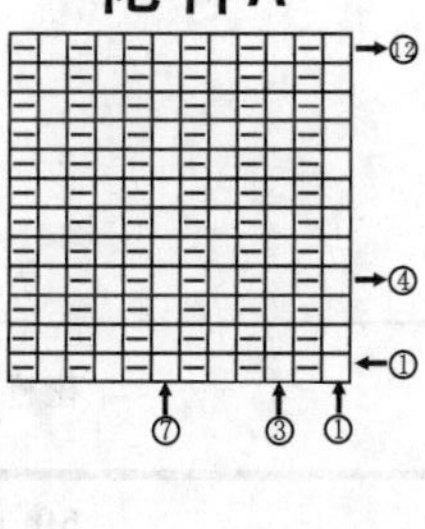

花样B

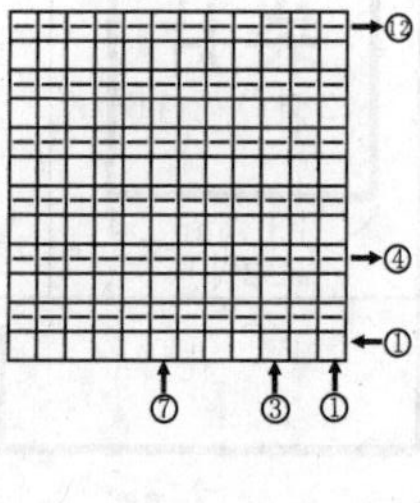

符号说明：

- ⊟ 上针
- □=⊡ 下针
- 2-1-3 行-针-次
- ↑ 编织方向

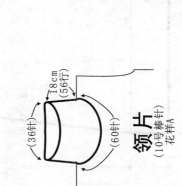

花样C

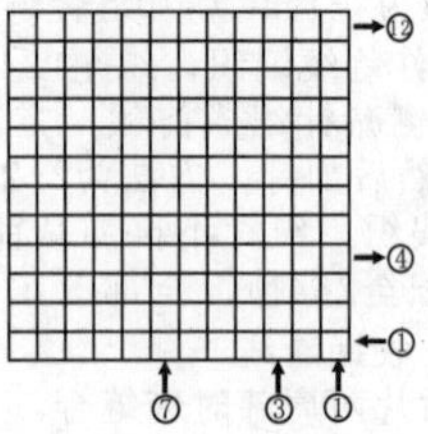

⑫
④
①
⑦ ③ ①

花样D

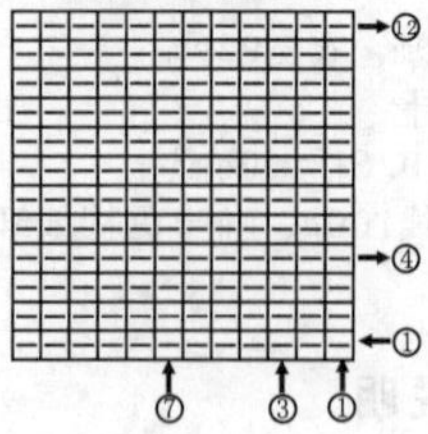

⑫
④
①
⑦ ③ ①

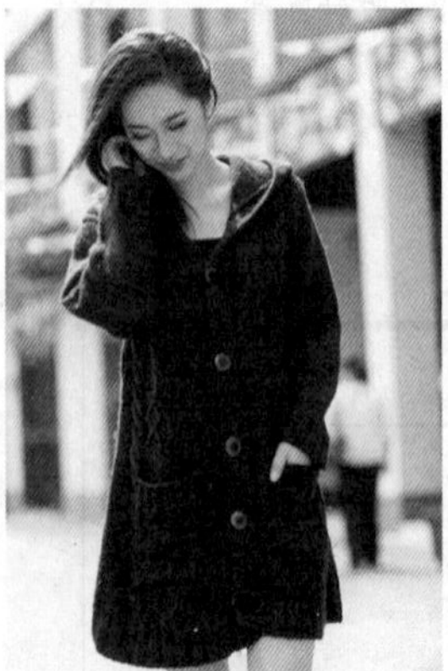

咖色超长款扭花毛衣

【成品规格】衣长79cm，半胸围50cm，肩宽40cm，袖长52cm
【工　　具】11号棒针
【编织密度】16.3针×23.7行=10cm²
【材　　料】咖啡色羊毛线650g

前片/后片制作说明

1.棒针编织法，衣身分为左前片、右前和后片来编织。
2.起织后片，双罗纹针起针法，起96针织花样A，织20行后，改织花样B，两侧一边织一边减针，方法为16-1-7，减针后不加减针织至136行，织片变成82针，两侧开始袖窿减针，方法为1-4-1，2-1-5，织至185行，中间平收28针，左右两侧减针织成后领，方法为2-1-2，织至188行，两侧肩部各余下16针，收针断线。
3.起织左前片，双罗纹针起针法，起44针织花样A，织20行后，改织花样B，左侧一边织一边减针，方法为16-1-7，减针后不加减针织至136行，织片变成37针，左侧开始袖窿减针，方法为1-4-1，2-1-5，织至177行，右侧减针织成前领，方法为1-6-1，2-1-6，织至188行，肩部余下16针，收针断线。
4.同样的方法相反方向编织右前片，完成后将前后片两侧对应缝合，两肩部对应缝合。
5.编织口袋片，起22针织花样B，不加减针织28行后，改织花样A，织至40行，收针，将袋片缝合于左前片下摆，如图所示。同样的方法编织右前片口袋片，缝合。

帽片/衣襟制作说明

1.棒针编织法，一片往返编织完成。
2.沿前后领口挑起56针，织全下针，织4行后，织1行上针，再织4行下针，第10行与起针合并成双层机织领。沿机织领上针位置挑起56针织花样B，织至56行的高度，织片中间对缝两侧减针，方法为2-1-8，织至72行，织片两侧各余20针，收针，将帽顶缝合。
3.编织衣襟，沿左右前片衣襟侧及帽侧分别挑针起织，挑142针编织花样A，织12行后，收针断线。

袖片制作说明

1.棒针编织法，编织两片袖片。从袖口起织。
2.双罗纹针起针法，起38针织花样A，织20行后，改织花样B，两侧一边织一边加针，方法为8-1-9，织至98行，织片变成56针，开始减针编织袖山，两侧同时减针，方法为1-4-1，2-1-13，织至124行，织片余下22针，收针断线。
3.同样的方法再编织另一袖片。
4.缝合方法:将袖山对应前片与后片的袖窿线，用线缝合，再将两袖侧缝对应缝合。

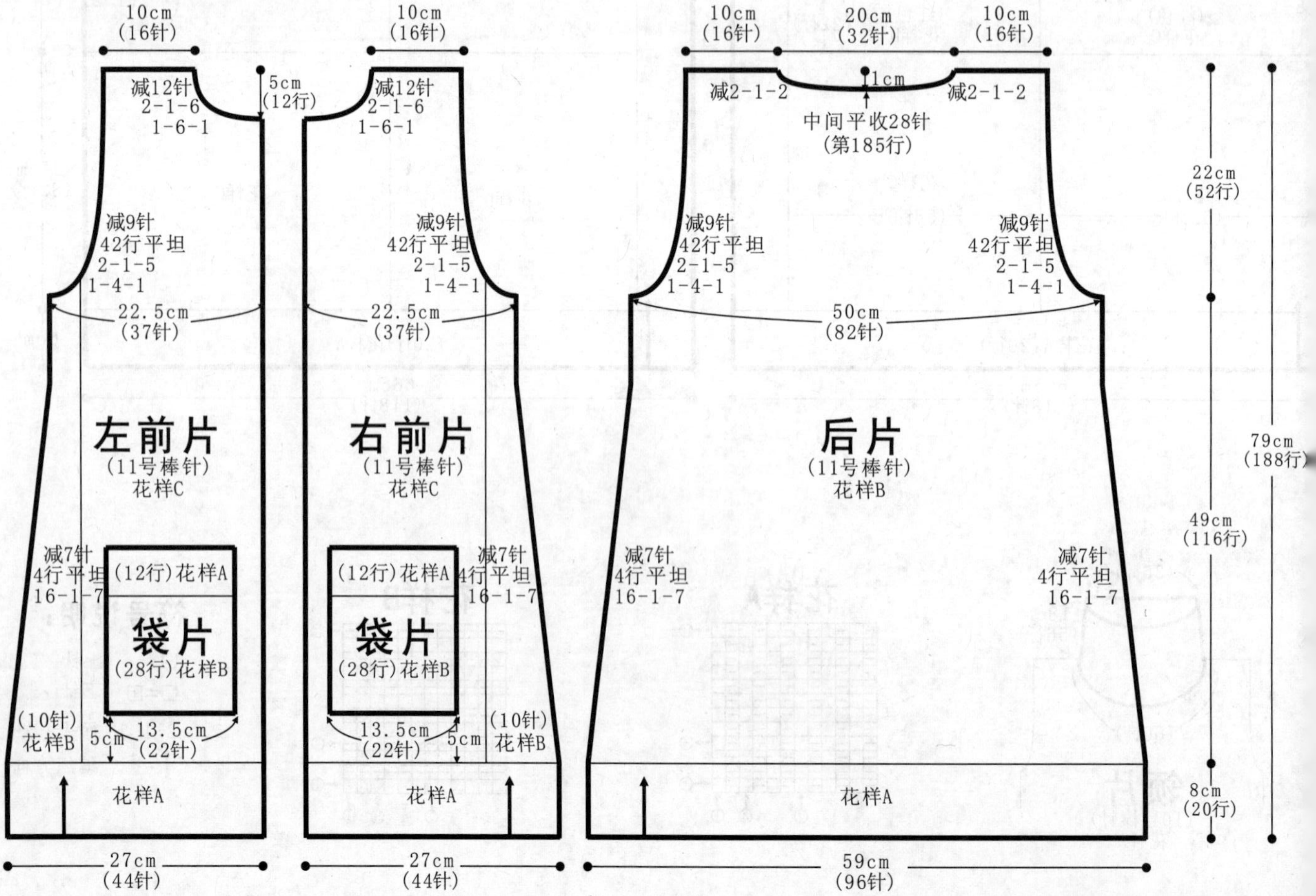

10cm (16针)
减12针 2-1-6 1-6-1
5cm (12行)
减9针 42行平坦 2-1-5 1-4-1
22.5cm (37针)
左前片
(11号棒针) 花样C
减7针 4行平坦 16-1-7
(12行)花样A
袋片
(28行)花样B
(10针) 花样B
5cm
13.5cm (22针)
花样A
27cm (44针)
10cm (16针)
减12针 2-1-6 1-6-1
减9针 42行平坦 2-1-5 1-4-1
22.5cm (37针)
右前片
(11号棒针) 花样C
(12行)花样A
袋片
(28行)花样B
减7针 4行平坦 16-1-7
(10针) 花样B
5cm
13.5cm (22针)
花样A
27cm (44针)
10cm (16针)
20cm (32针)
10cm (16针)
1cm
减2-1-2
减2-1-2
中间平收28针 (第185行)
减9针 42行平坦 2-1-5 1-4-1
减9针 42行平坦 2-1-5 1-4-1
50cm (82针)
后片
(11号棒针) 花样B
减7针 4行平坦 16-1-7
减7针 4行平坦 16-1-7
花样A
59cm (96针)
22cm (52行)
79cm (188行)
49cm (116行)
8cm (20行)

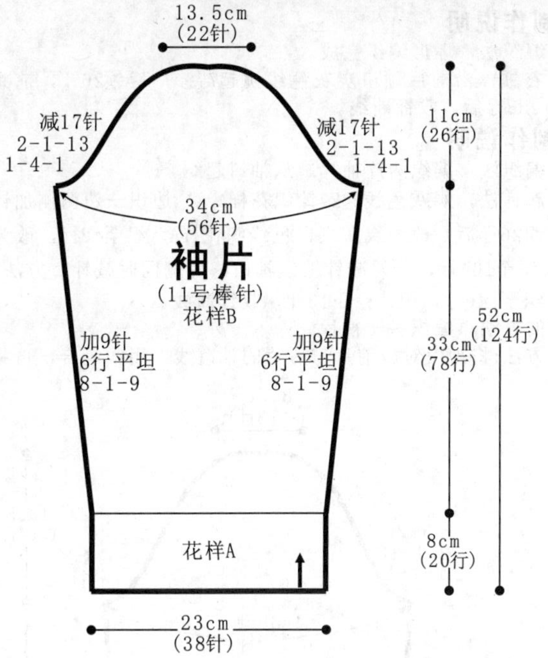
13.5cm
(22针)
减17针
2-1-13
1-4-1
减17针
2-1-13
1-4-1
34cm
(56针)
袖片
(11号棒针)
花样B
加9针
6行平坦
8-1-9
加9针
6行平坦
8-1-9
花样A
23cm
(38针)
11cm
(26行)
33cm
(78行)
8cm
(20行)
52cm
(124行)

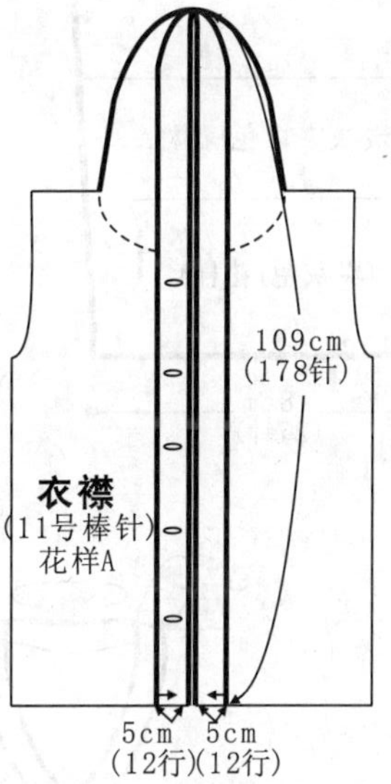
109cm
(178针)
衣襟
(11号棒针)
花样A
5cm
(12行)
5cm
(12行)

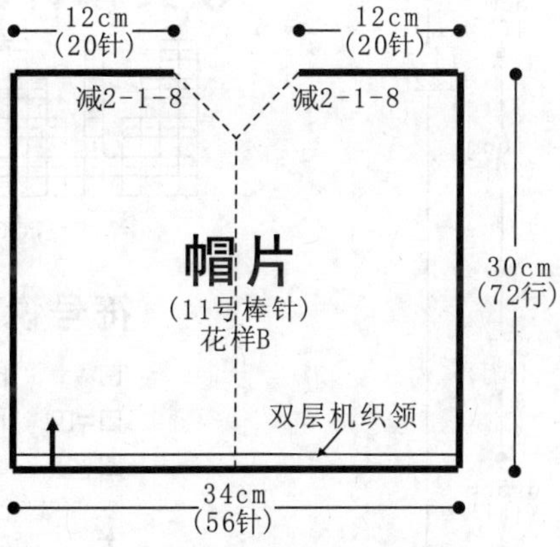
12cm
(20针)
12cm
(20针)
减2-1-8
减2-1-8
帽片
(11号棒针)
花样B
30cm
(72行)
双层机织领
34cm
(56针)

花样A

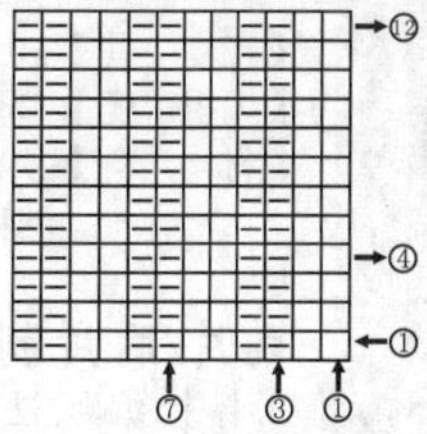

花样B

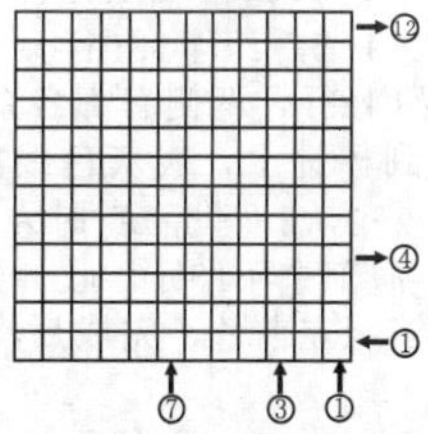

符号说明：

- ⊟ 上针
- □=⊡ 下针
- 左上1针与右下1针交叉
- 右上1针与左下1针交叉
- 左上3针与右下3针交叉
- 2-1-3 行-针-次
- ↑ 编织方向

花样C

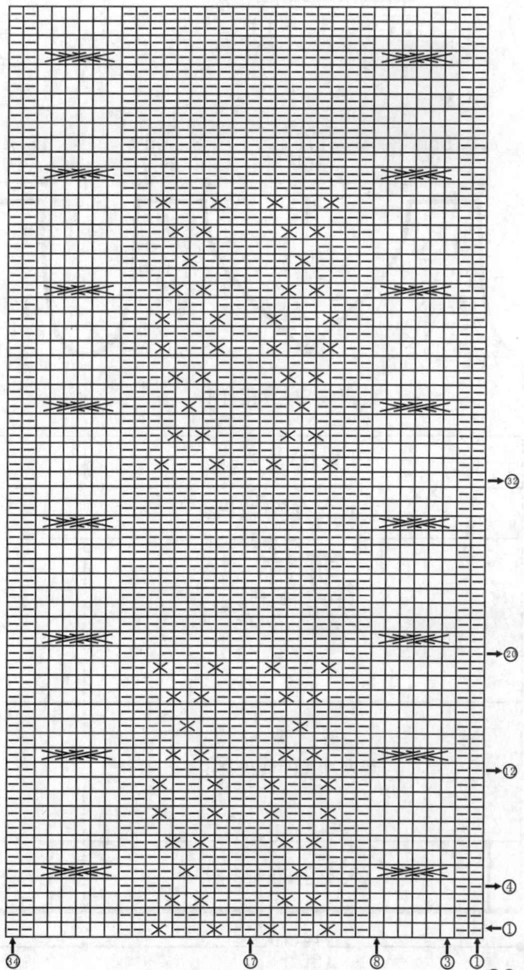

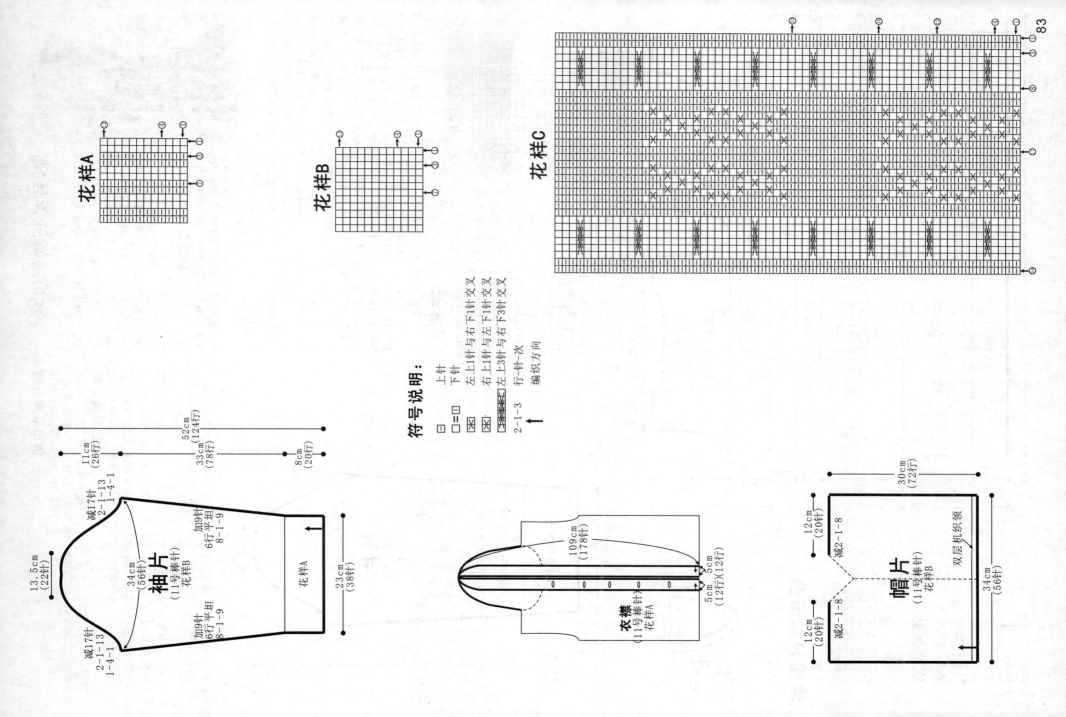

深V另类长款针织衫

【成品规格】裙长74cm，半胸围44cm，肩宽34cm，袖长62cm
【工　　具】10号棒针
【编织密度】15针×19.2行=10cm²
【材　　料】炭灰色棉线450g，炭灰夹白色棉线200g

前片/后片制作说明

1.棒针编织法，袖窿以下一片环形编织，袖窿以上分为左前片、右前片、后片来编织。
2.起织，下针起针法，炭灰色棉线起132针织花样A，织14行后，改用炭灰夹白色线织花样B，织至30行，改为炭灰色线织花样A，按30行炭灰色、10行炭灰夹白色、10行炭灰色、18行炭灰夹白色的顺序换线编织，织至98行，将织片分成前片和后片，各取66针，先织后片，前片的针数暂时留起不织。
3.分配后片66针到棒针上，炭灰色线织花样A，起织时两侧减针织成袖窿，方法为1-2-1，2-1-5，织至139行，中间平收22针，两侧减针，方法为2-1-2，织至142行，两侧肩部各余下13针，收针断线。
4.分配前片右侧的33针到棒针上，炭灰色线织花样A，起织时右侧减针织成袖窿，方法为1-2-1，2-1-5，同时左侧按2-1-13的方法减针织成前领，织至142行，肩部余下13针，收针断线。
5.同样的方法相反方向编织左前片，完成后将两肩部对应缝合。

领片制作说明

1.棒针编织法，环形编织完成。
2.挑织衣领，沿前后领口炭灰色线挑起77针，后领26针，前领51针，织花样A，织8行后，收针断线。

袖片制作说明

1.棒针编织法，编织两片袖片。从袖口起织。
2.下针起针法，炭灰色线起27针织花样A，一边织一边两侧加针，方法为8-1-13，织26行后，改为炭灰夹白色线织花样A，织至42行，改为炭灰色线织花样A，织至104行，开始减针编织袖山，两侧同时减针，方法为1-2-1，2-1-18，织至140行，织片余下13针，收针断线。
3.同样的方法再编织另一袖片。
4.缝合方法:将袖山对应前片与后片的袖窿线，用线缝合，再将两袖侧缝对应缝合。

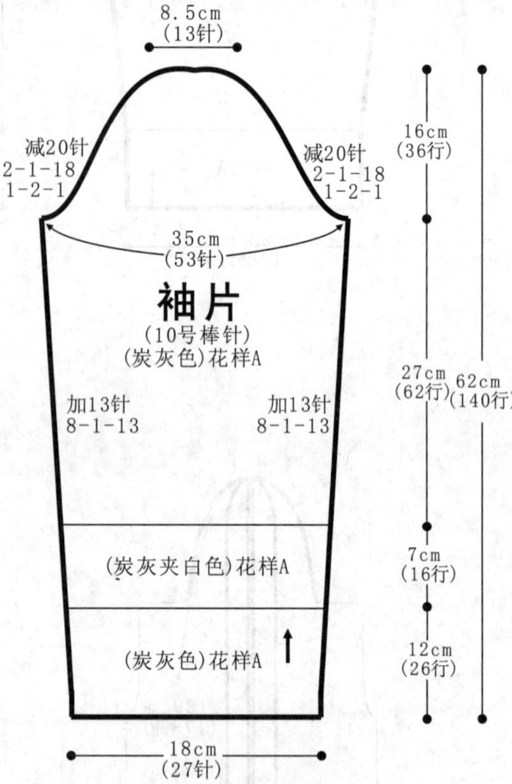

8.5cm
(13针)
减20针
2-1-18
1-2-1
35cm
(53针)
袖片
(10号棒针)
(炭灰色)花样A
加13针
8-1-13
(炭灰夹白色)花样A
(炭灰色)花样A
16cm
(36行)
27cm
(62行)
62cm
(140行)
7cm
(16行)
12cm
(26行)
18cm
(27针)

花样A

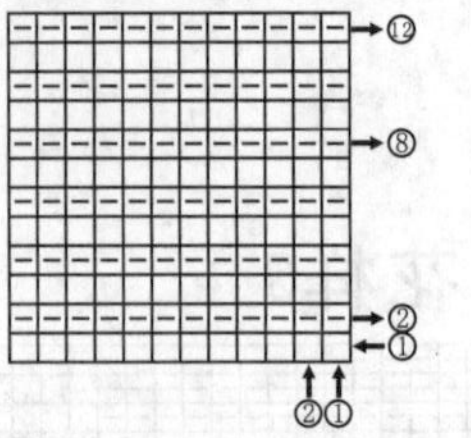

⑫
⑧
②
①
②①

花样B

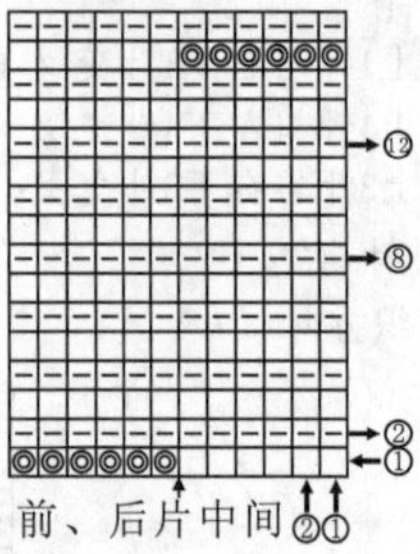

⑫
⑧
②
①
前、后片中间②①

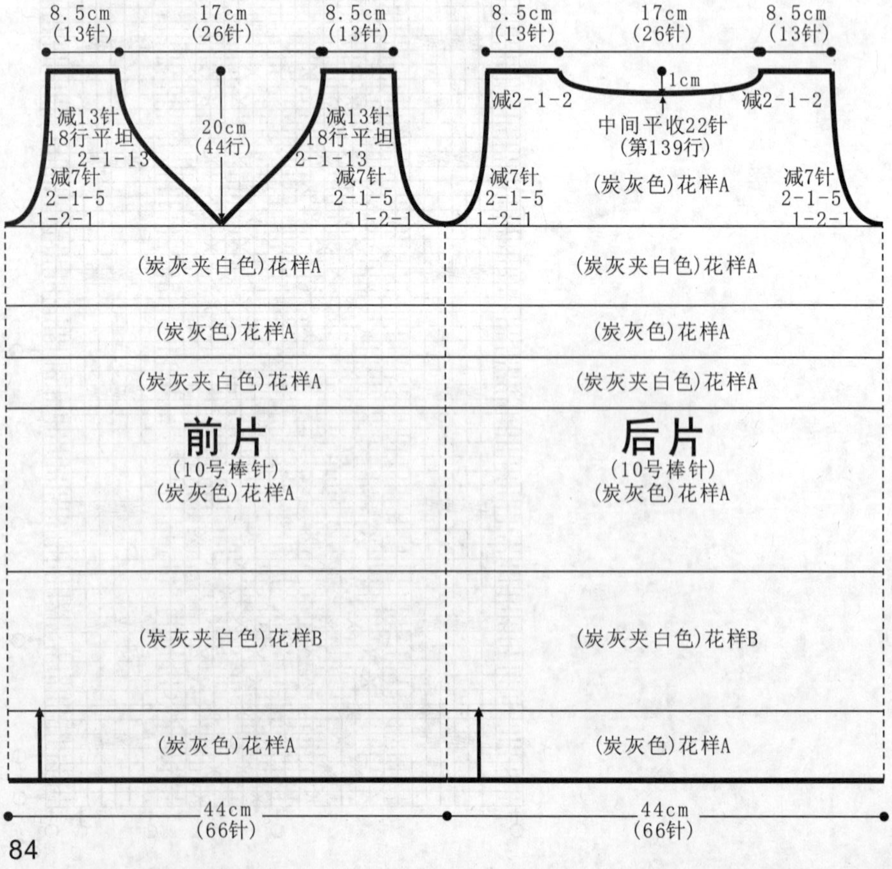

8.5cm
(13针)
17cm
(26针)
减13针
18行平坦
2-1-13
20cm
(44行)
减7针
2-1-5
1-2-1
1cm
减2-1-2
中间平收22针
(第139行)
(炭灰色)花样A
(炭灰夹白色)花样A
(炭灰色)花样A
前片
(10号棒针)
后片
(10号棒针)
(炭灰夹白色)花样B
44cm
(66针)
20cm
(44行)
8cm
(18行)
5cm
(10行)
16cm
(30行)
74cm
(142行)
13.5cm
(16行)
6.5cm
(14行)

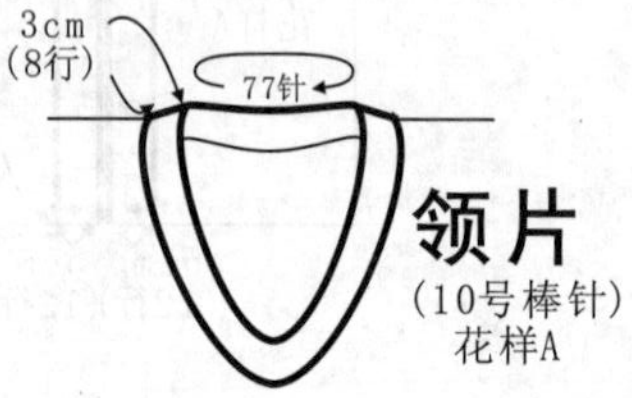

3cm
(8行)
77针
领片
(10号棒针)
花样A

领尖减针图解

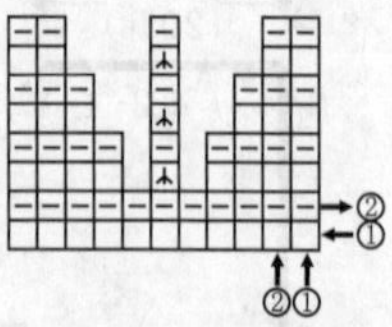

②
①
②①

符号说明：

⊟ 上针
□=⊡ 下针
◎ 卷针
2-1-3 行-针-次
↑ 编织方向
⊼ 中上3针并1针

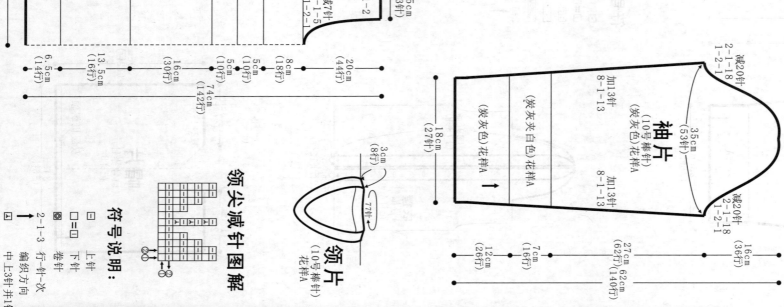

翻领双排扣气质毛衣

【成品规格】衣长67cm，半胸围39cm，肩宽30cm，袖长66cm
【工　　具】12号棒针
【编织密度】23针×33行=10cm²
【材　　料】绿色羊毛线600g

前片/后片制作说明

1.棒针编织法，衣身分为左前片、右前和后片来编织。
2.起织后片，下针起针法，起96针织花样A，织34行后，改织花样B，两侧一边织一边减针，方法为20-1-3，减针后不加减针织至156行，织片变成90针，两侧开始袖窿减针，方法为1-4-1，2-1-6，织至219行，中间平收26针，左右两侧减针织成后领，方法为2-1-2，织至222行，两侧肩部各余下20针，收针断线。
3.起织左前片，下针起针法，起38针织花样A，织34行后，改织花样B，左侧一边织一边减针，方法为20-1-3，减针后不加减针织至156行，织片变成35针，左侧开始袖窿减针，方法为1-4-1，2-1-6，织至183行，右侧减针织成前领，方法为2-1-5，织至222行，肩部余下20针，收针断线。
4.同样的方法相反方向编织右前片，完成后将前后片两侧缝对应缝合，两肩部对应缝合。

衣襟制作说明

1.棒针编织法，左右衣襟片分别编织。
2.沿左前片衣襟侧挑起126针织花样A，织34行后，收针断线。
3.同样的方法挑织右侧衣襟。
4.衣襟完成后挑织衣领，沿领口挑起94针织花样A，织40行后，收针断线。

袖片制作说明

1.棒针编织法，编织两片袖片。从袖口起织。
2.双罗纹针起针法，起52针织花样A，织8行后，改为花样B与花样C组合编织，袖片中间织16针花样C，其余织花样B，两侧一边织一边加针，方法为10-1-13，织至164行，开始减针编织袖山，两侧同时减针，方法为1-4-1，2-2-10，织至185行，织片余下30针，收针断线。
3.同样的方法再编织另一袖片。
4.缝合方法:将袖山对应前片与后片的袖窿线，用线缝合，再将两袖侧缝对应缝合。

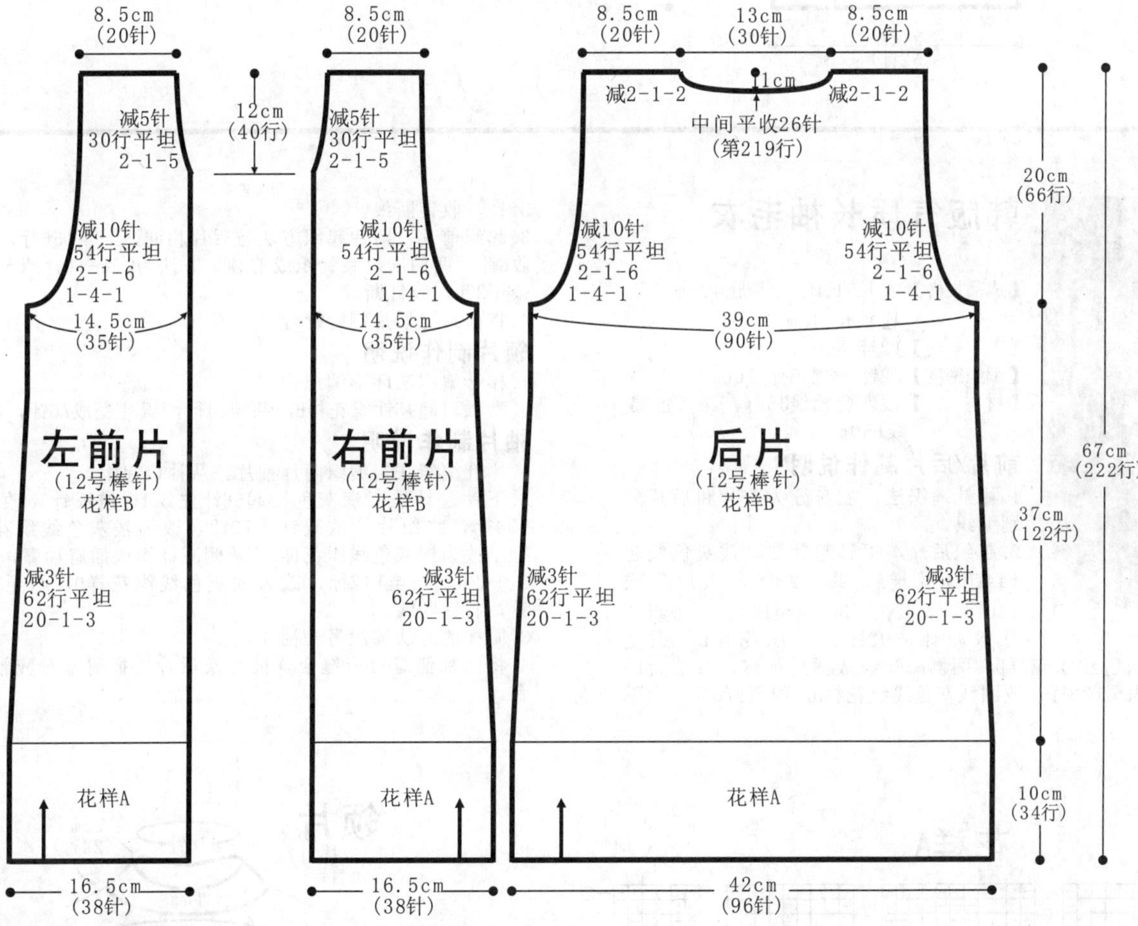

花样A

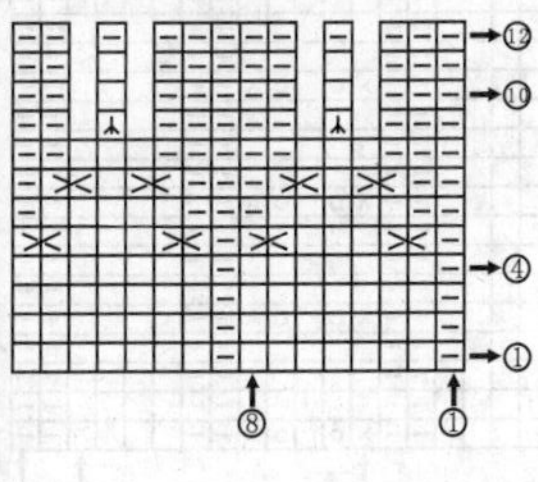

花样B

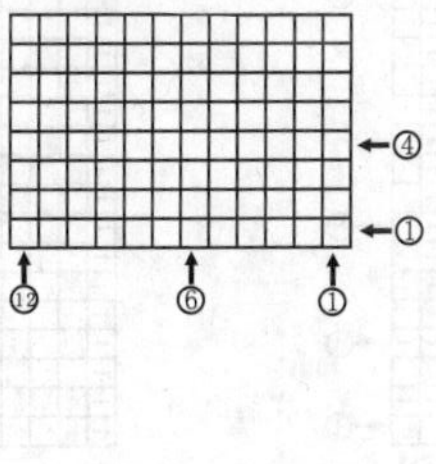

符号说明：

□=□ 下针
左上1针与右下1针交叉
右上1针与左下1针交叉
中上3针并1针
2-1-3 行-针-次
↑ 编织方向

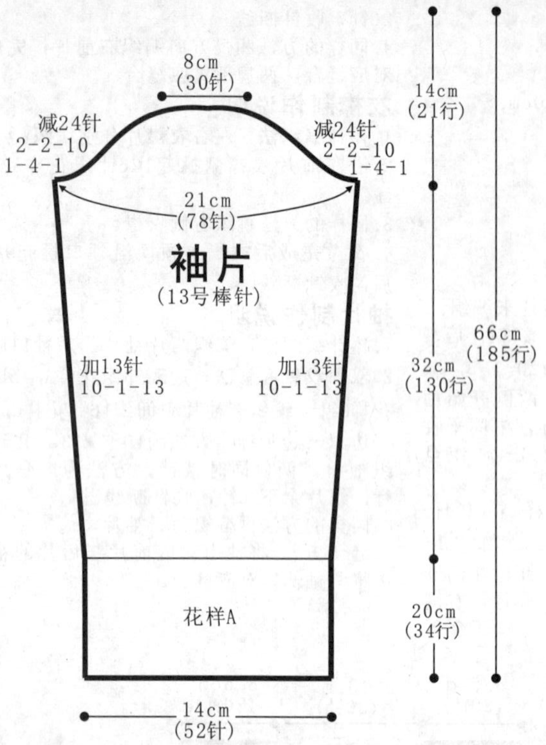
8cm
(30针)
减24针
2-2-10
1-4-1
减24针
2-2-10
1-4-1
21cm
(78针)
袖片
(13号棒针)
加13针
10-1-13
加13针
10-1-13
花样A
14cm
(52针)
14cm
(21行)
32cm
(130行)
66cm
(185行)
20cm
(34行)

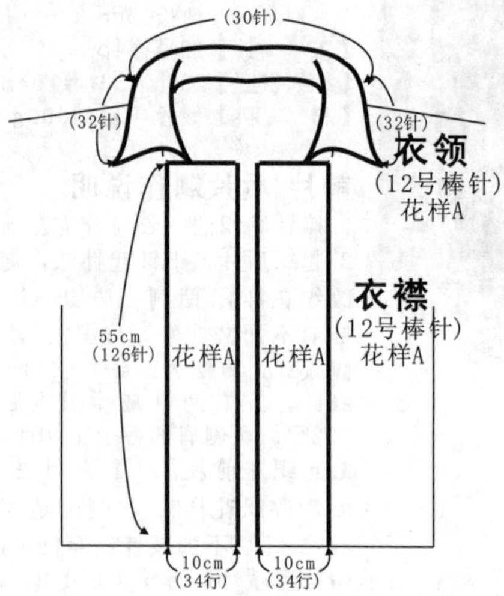
(30针)
(32针)
(32针)
衣领
(12号棒针)
花样A
衣襟
(12号棒针)
花样A
55cm
(126针)
花样A
花样A
10cm
(34行)
10cm
(34行)

韩版气质长袖毛衣

【成品规格】衣长51cm，半胸围42cm，肩连袖长54cm

【工　　具】12号棒针

【编织密度】22针×34.5行=10cm²

【材　　料】浅灰色棉线350g，深灰色棉线150g

前片/后片制作说明

1.棒针编织法，衣身分为前片和后片分别编织。

2.起织后片，下针起针法，浅灰色线起144针织花样A，共织28行，织片变成120针，改织花样B，织至114行，将织片分散减针成92针，改织花样C，织至124行，改为深灰色线织花样D，两侧减针织成插肩袖窿，方法为1-4-1，2-1-26，织至132行，改回浅灰色线织花样D，织至176行，余下32针，收针断线。

3.起织前片，前片起织方法与后片相同，织至156行，第157行中收8针，两侧同时减针织成前领，方法为2-1-10，织至176行，两余下2针，收针断线。

4.将前片与后片侧缝缝合。

领片制作说明

1.棒针编织法环形编织。

2.沿领口起95针织花样E，共织24行，织片变成76针，收针断线。

袖片制作说明

1.棒针编织法，编织两片袖片。从袖口起织。

2.下针起针法，深灰色线起86针先织4行搓板针，改织花样B，124行，将织片分散减针成72针，改为浅灰色线织花样C，织至行，改为深灰色线织花样D，两侧减针织成插肩袖窿，方法为1-4 2-1-26，织至142行，改为浅灰色线织花样D，织至186行，余针，收针断线。

3.同样的方法编织另一袖片。

4.将两袖侧缝对应缝合，前片及后片的插肩缝对应袖片的插肩合。

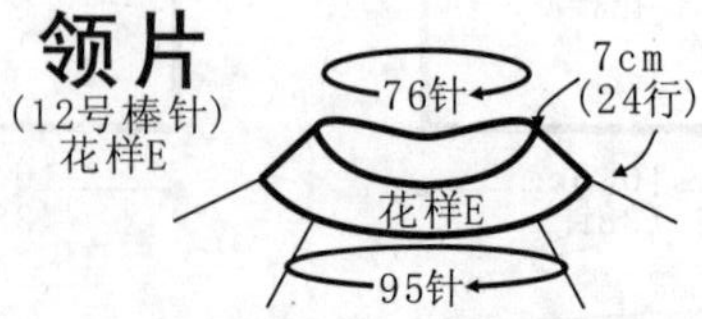
领片
(12号棒针)
花样E
76针
7cm
(24行)
花样E
95针

花样A

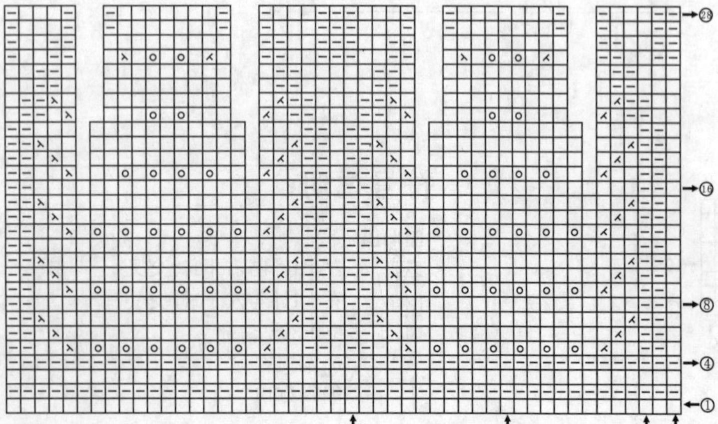
28
16
8
4
1
24
13
3
1

花样B

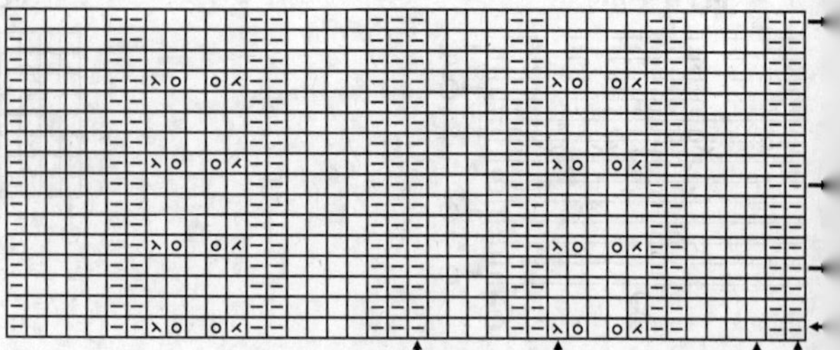
20
13
3
1

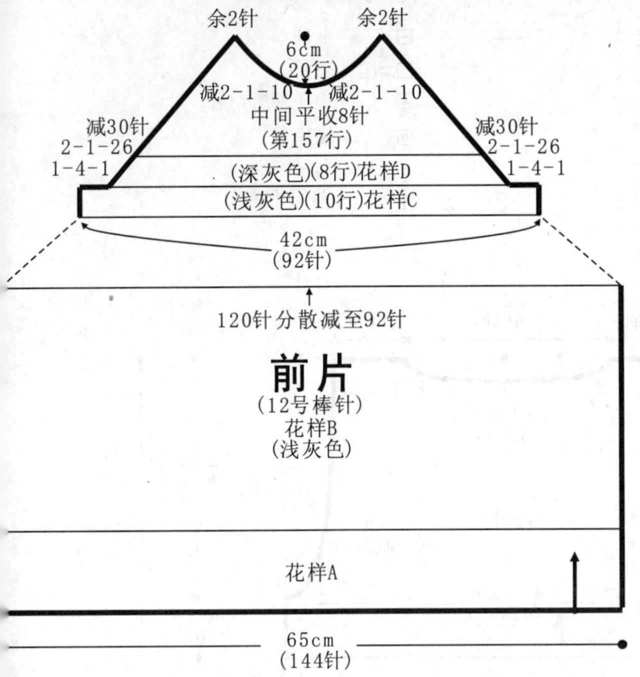
余2针
余2针
6cm
(20行)
减2-1-10
减2-1-10
中间平收8针
(第157行)
减30针
2-1-26
1-4-1
减30针
2-1-26
1-4-1
(深灰色)(8行)花样D
(浅灰色)(10行)花样C
42cm
(92针)
120针分散减至92针
前片
(12号棒针)
花样B
(浅灰色)
花样A
65cm
(144针)

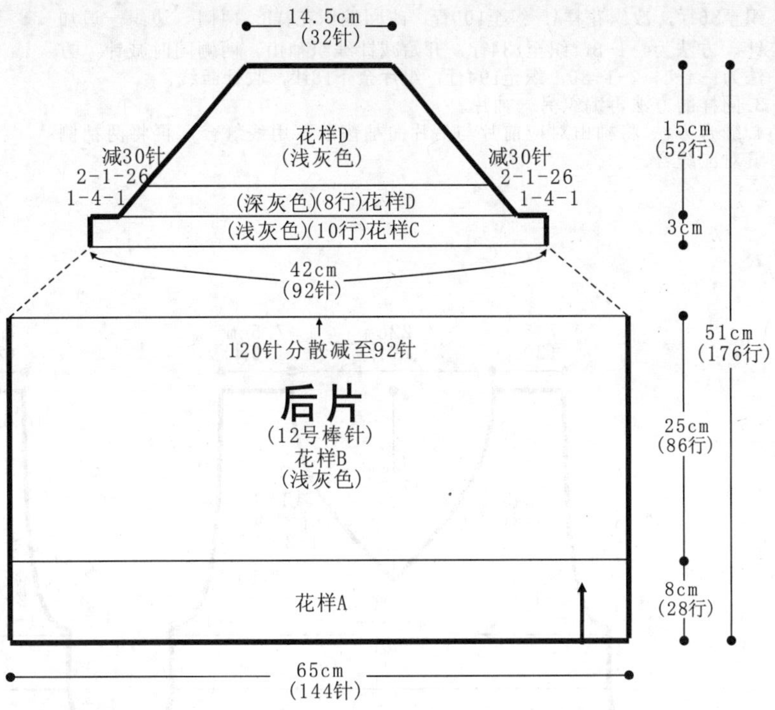
14.5cm
(32针)
花样D
(浅灰色)
减30针
2-1-26
1-4-1
减30针
2-1-26
1-4-1
(深灰色)(8行)花样D
(浅灰色)(10行)花样C
42cm
(92针)
120针分散减至92针
后片
(12号棒针)
花样B
(浅灰色)
花样A
65cm
(144针)
15cm
(52行)
3cm
51cm
(176行)
25cm
(86行)
8cm
(28行)

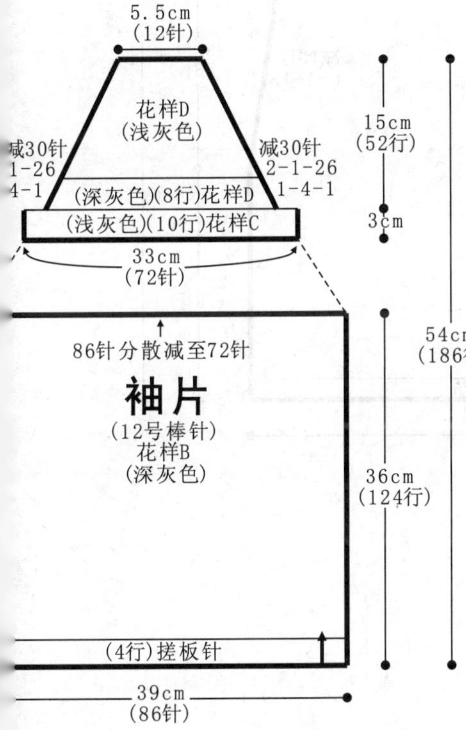
5.5cm
(12针)
花样D
(浅灰色)
减30针
1-26
4-1
减30针
2-1-26
1-4-1
(深灰色)(8行)花样D
(浅灰色)(10行)花样C
33cm
(72针)
86针分散减至72针
袖片
(12号棒针)
花样B
(深灰色)
(4行)搓板针
39cm
(86针)
15cm
(52行)
3cm
54cm
(186行)
36cm
(124行)

花样E

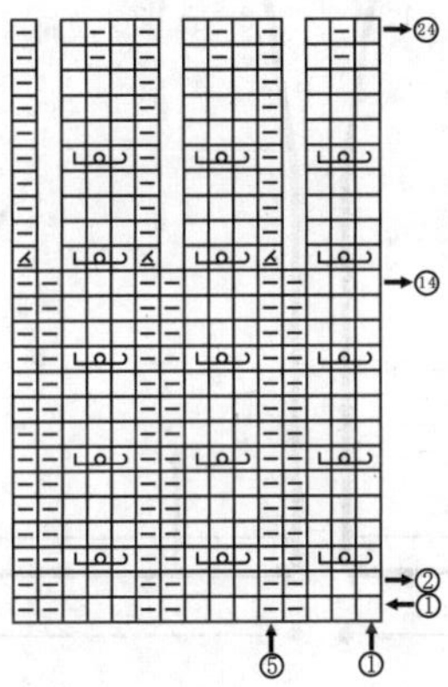

符号说明：

- ⊟ 上针
- □=⊡ 下针
- ⊡ 镂空针
- 左上2针并1针
- 右上2针并1针
- 左上2针并1针(上针时)
- 铜钱花
- 2-1-3 行-针-次
- ↑ 编织方向

花样C

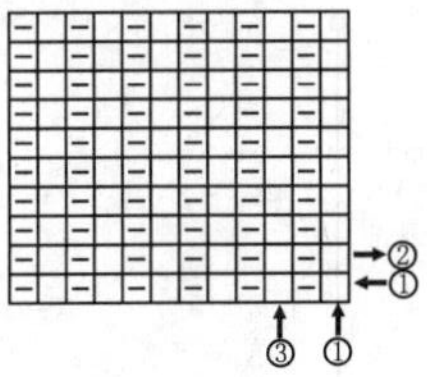

花样D

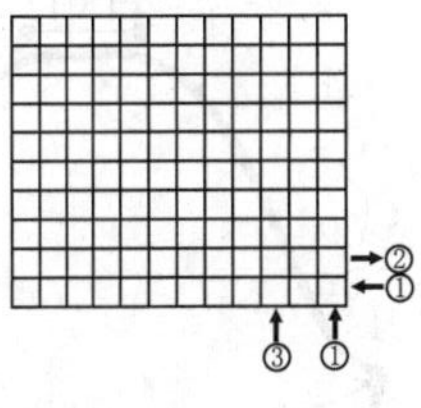

高腰性感连衣裙

【成品规格】裙长77cm，半胸围44.5cm，肩宽37cm，
袖长58cm

【工　　具】11号棒针，10号棒针

【编织密度】27针×33.3行=10cm²

【材　　料】黑色棉线650g

前片/后片制作说明

1.棒针编织法，裙子分为前片、后片来编织。

2.起织后片，单罗纹针起针法，起146针织花样A，织2行后，改织花样B，织至78行，两侧减针，方法为6-1-13，织至156行，织片变成120针，改织花样C，不加减针织20行后，两侧开始袖窿减针，方法为1-4-1，2-1-6，织至253行，中间平收56针，两侧减针，方法为2-1-2，织至256行，两侧肩部各余下20针，收针断线。

3.同样的方法起织前片，织至180行，将织片从中间分开成左右两片，分别编织，中间减针织成前领，方法为2-1-30，织至256行，两侧肩部各余下20针，收针断线。

4.将前片与后片的两侧缝对应缝合，两肩部对应缝合。

领片制作说明

1.棒针编织法，环形编织完成。

2.挑织衣领，沿前后领口挑起184针，后领60针，前领124针，编织花样A，织8行后，收针断线。

袖片制作说明

1.棒针编织法，编织两片袖片。从袖口起织。

2.单罗纹针起针法，起70针织花样A，织6行后，改织花样B，

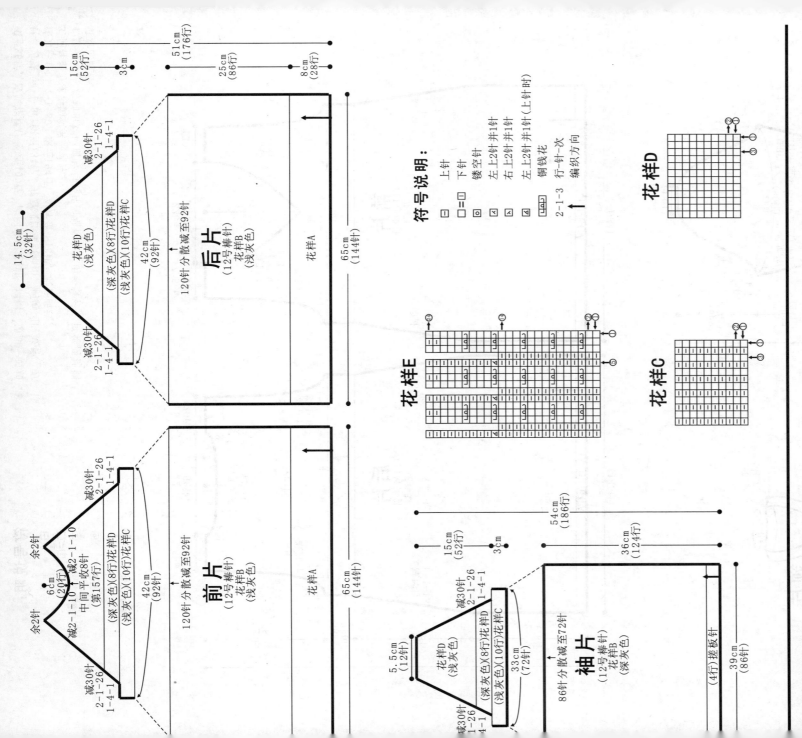

织至86行，改织花样A，织至100行，改回编织花样B，两侧一边织一边加针，方法为4-1-8，织至134行，开始减针编织袖山，两侧同时减针，方法为1-4-1，2-1-30，织至194行，织片余下18针，收针断线。
3.同样的方法再编织另一袖片。
4.缝合方法:将袖山对应前片与后片的袖窿线，用线缝合，再将两袖侧缝对应缝合。

符号说明：

- ⊟ 上针
- □=⊡ 下针
- ⊼ 中上3针并1针
- ◎ 镂空针
- 2-1-3 行-针-次
- ↑ 编织方向

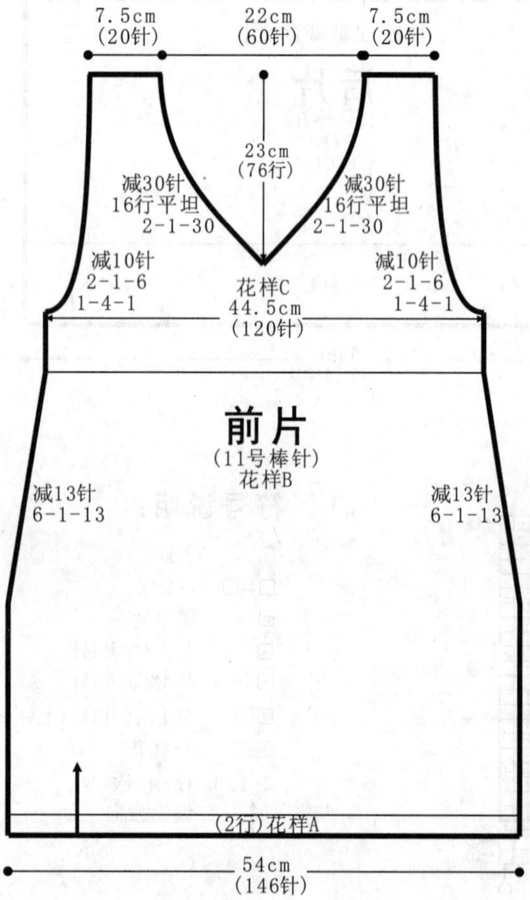

7.5cm
(20针)
22cm
(60针)
7.5cm
(20针)
23cm
(76行)
减30针
16行平坦
2-1-30
减30针
16行平坦
2-1-30
减10针
2-1-6
1-4-1
减10针
2-1-6
1-4-1
花样C
44.5cm
(120针)
前片
(11号棒针)
花样B
减13针
6-1-13
减13针
6-1-13
(2行)花样A
54cm
(146针)

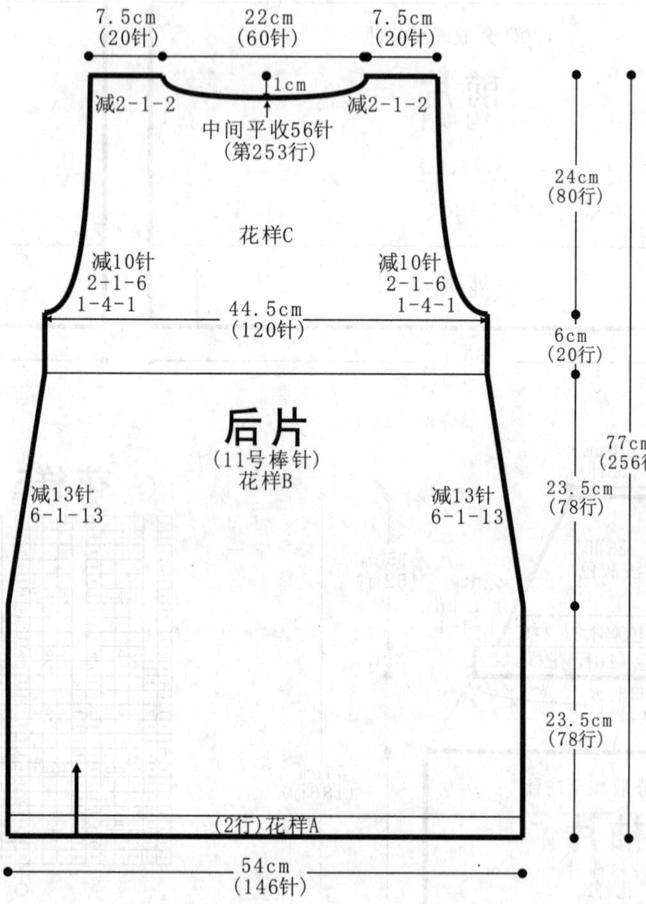

7.5cm
(20针)
22cm
(60针)
7.5cm
(20针)
1cm
减2-1-2
减2-1-2
中间平收56针
(第253行)
花样C
减10针
2-1-6
1-4-1
减10针
2-1-6
1-4-1
44.5cm
(120针)
后片
(11号棒针)
花样B
减13针
6-1-13
减13针
6-1-13
(2行)花样A
54cm
(146针)
24cm
(80行)
6cm
(20行)
23.5cm
(78行)
23.5cm
(78行)
77cm
(256行)

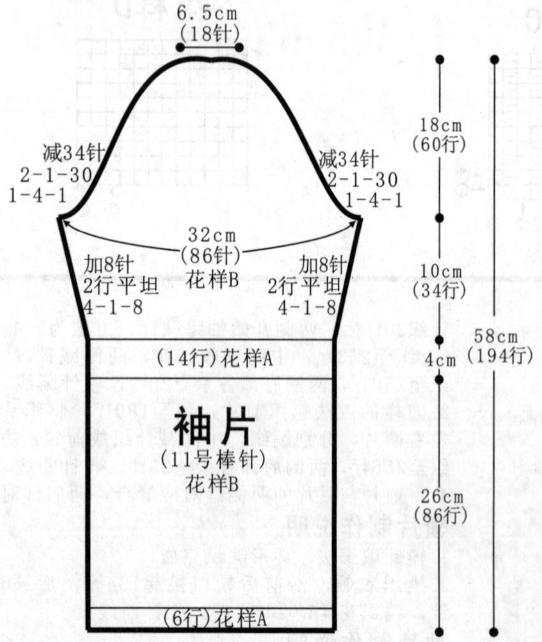

6.5cm
(18针)
减34针
2-1-30
1-4-1
减34针
2-1-30
1-4-1
32cm
(86针)
花样B
加8针
2行平坦
4-1-8
加8针
2行平坦
4-1-8
(14行)花样A
袖片
(11号棒针)
花样B
(6行)花样A
26cm
(70针)
18cm
(60行)
10cm
(34行)
4cm
26cm
(86行)
58cm
(194行)

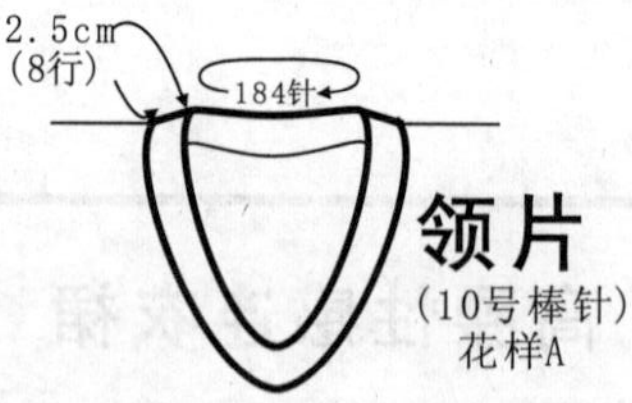

2.5cm
(8行)
184针
领片
(10号棒针)
花样A

领尖减针图解

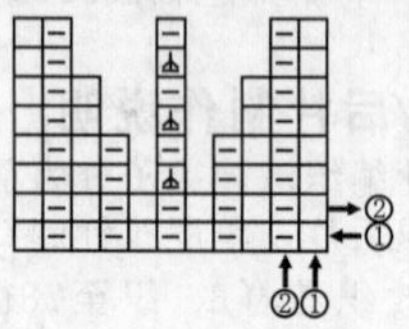

花样A

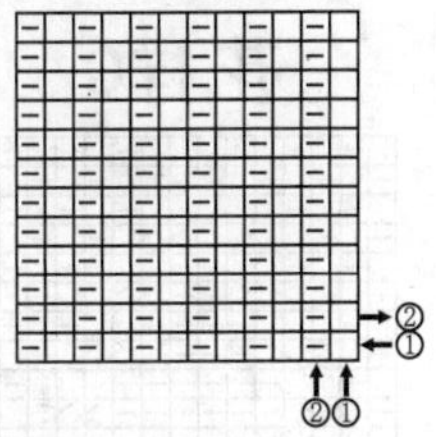

花样B

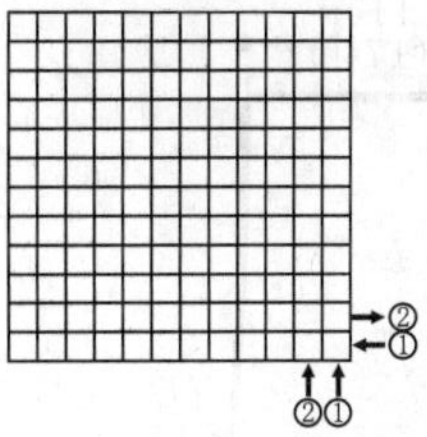

花样C

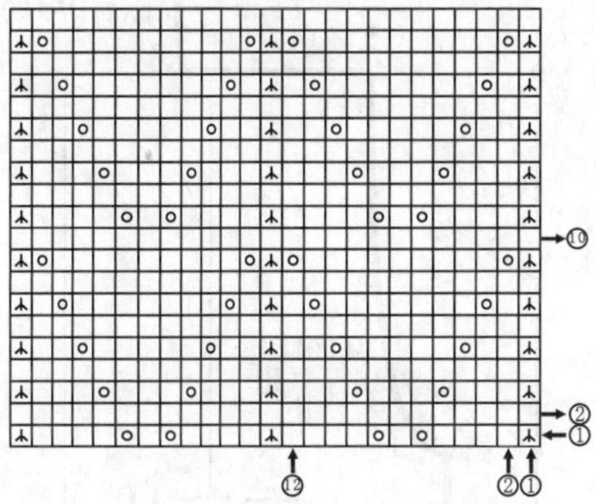

个性流苏外套

【成品规格】衣长69cm，半胸围50cm，肩宽36cm，袖长58cm
【工　　具】10号棒针
【编织密度】15针×23.2行=10cm²
【材　　料】咖啡色棉线600g

前片/后片制作说明

1.棒针编织法，衣身分为左前片、右前片、后片分别编织。
2.起织后片，单罗纹针起针法，起75针织花样D，织2行后，改织花样B，织至70行，两侧开始袖窿减针，方法为1-4-1，2-1-6，织至115行，中间留起17针不织，两侧减针，方法为2-1-2，织至118行，两侧肩部各余下17针，收针断线。
3.起织左前片，单罗纹针起针法，起39针织A与花样C组合编织，如结构图所示，右起分别为5针花样A，14针花样C，20针花样A，织至20行，第21行起编织袋片，方法是在织片的第6至30针每隔1针加起1针，共加起25针，加起的针数用防解别针扣起，留待编织口袋里片，左前片针数继续往上编织至52行，织片的第6至30针改织花样D，其余针数花样不变，继续织至58行，花样D部分收针。另起线编织25针口袋里片，织下针，不加减针织38行后，与左前片连起来按左前片的花样组合继续编织，织至112行，左侧开始袖窿减针，方法为1-4-1，2-1-6，织至160行，左侧肩部平收17针，右侧余下12针，用防解别针扣起，留待编织衣领。
4.同样的方法相反方向编织右前片。将左右前片与后片的两侧缝缝合，两肩部对应缝合。
5.沿前后领口挑起45针织花样A，不加减针织18行后，收针断线。

袖片制作说明

1.棒针编织法，编织两片袖片。从袖口起织。
2.起29针，织2行花样D，改织花样B，两侧一边织一边加针，方法为8-1-11，两侧的针数各增加11针，织至96行。接着减针编织袖山，两侧同时减针，方法为1-4-1，2-1-19，两侧各减少23针，织至134行，织片余下5针，收针断线。
3.同样的方法再编织另一袖片。
4.缝合方法:将袖山对应前片与后片的袖窿线，用线缝合，再将两袖侧缝对应缝合。

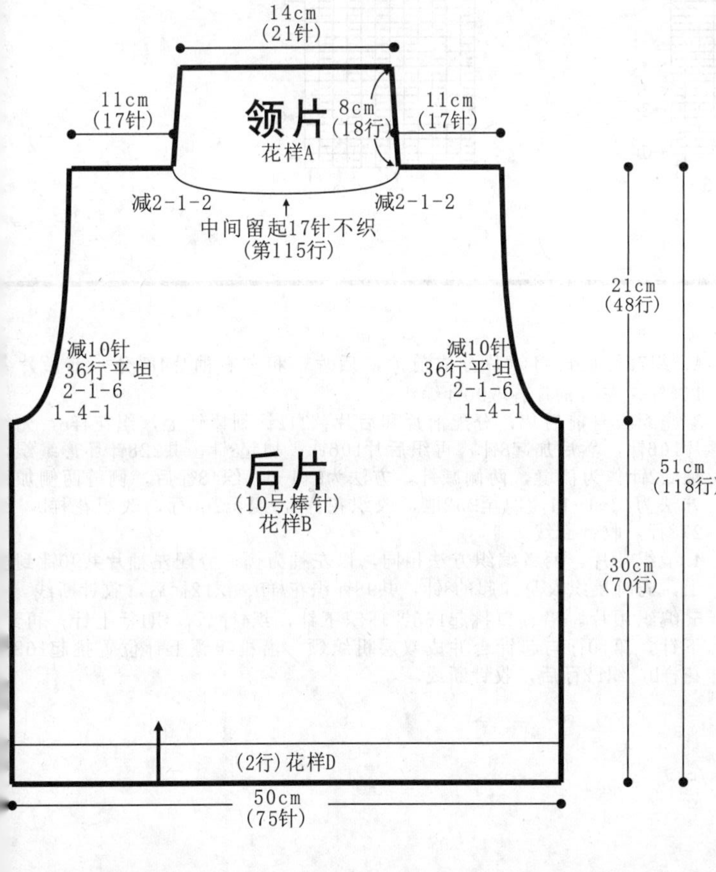

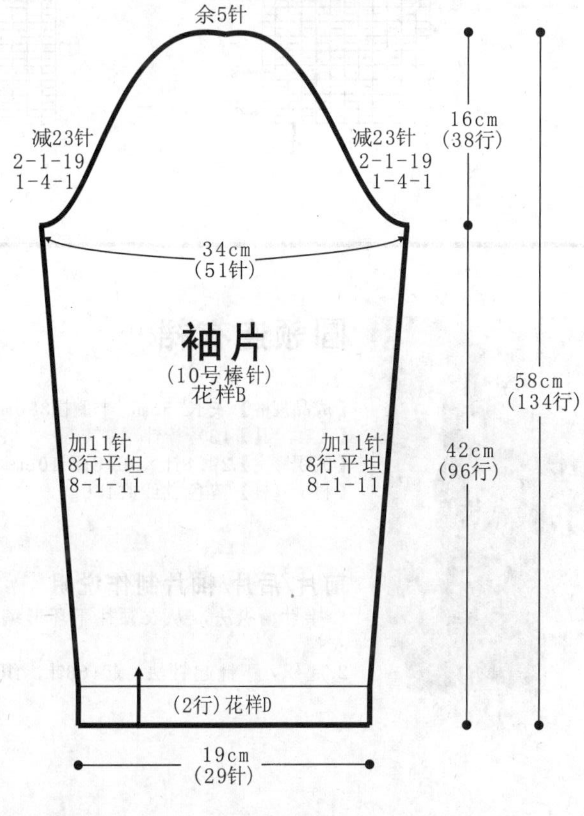

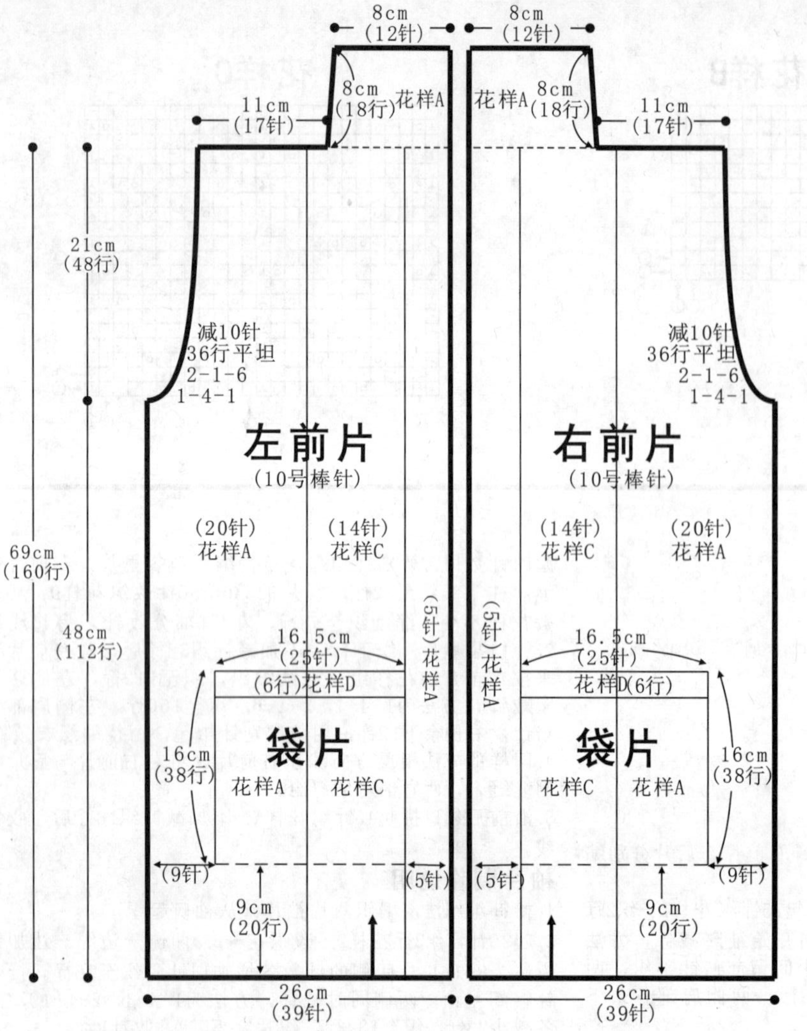
8cm
(12针)
8cm
(12针)
8cm
(18行)
花样A
花样A
8cm
(18行)
11cm
(17针)
11cm
(17针)
21cm
(48行)
69cm
(160行)
48cm
(112行)
减10针
36行平坦
2-1-6
1-4-1
减10针
36行平坦
2-1-6
1-4-1
左前片
(10号棒针)
右前片
(10号棒针)
(20针)
花样A
(14针)
花样C
(14针)
花样C
(20针)
花样A
(5针)花样A
(5针)花样A
16.5cm
(25针)
16.5cm
(25针)
(6行)花样D
花样D(6行)
袋片
袋片
16cm
(38行)
16cm
(38行)
花样A
花样C
花样C
花样A
(9针)
(5针)
(5针)
(9针)
9cm
(20行)
9cm
(20行)
26cm
(39针)
26cm
(39针)

花样C

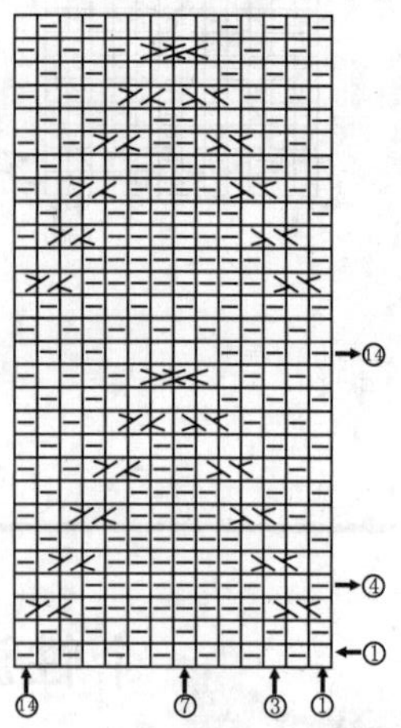

符号说明：

- ⊟ 上针
- □=⊡ 下针
- 右上2针与左下2针交叉
- 左上2针与右下1针交叉
- 右上2针与左下1针交叉
- 2-1-3 行-针-次
- ↑ 编织方向

花样A

花样B

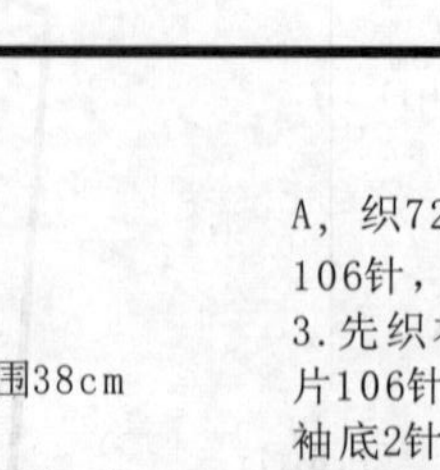

花样D

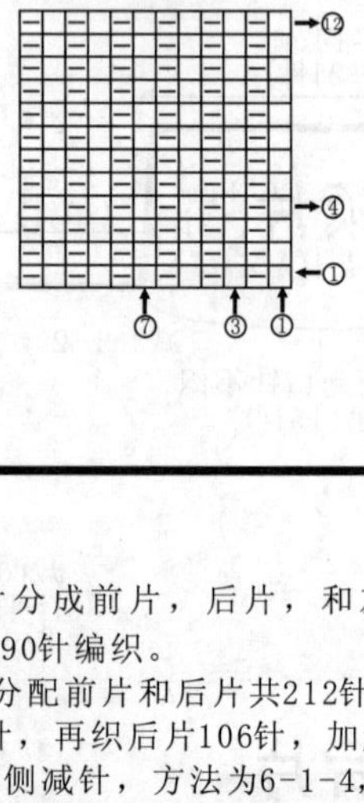

圆领连衣裙

【成品规格】衣长75cm，半胸围38cm
【工　　具】13号棒针
【编织密度】29.8针×36.8行=10cm²
【材　　料】蓝色棉线共450g

前片/后片/袖片制作说明

1.棒针编织法，从衣领往下环形编织至衣摆。
2.起织，下针起针法，起168针，织花样A，织72行后，将织片分成前片，后片，和左右袖片4部分，前后片各106针，左右袖片各取90针编织。
3.先织衣身前后片，分配前片和后片共212针到棒针上，织花样B，先织片106针，然后加起8针，再织后片106针，加起8针，共228针环形编织，袖底2针作为侧缝，两侧减针，方法为6-1-4，织48行后，侧缝两侧加针方法为12-1-11，织至252地，改织花样C，织至266行，改织花样D，织278行，收针断线。
4.编织袖片。两者编织方法相同，以左袖为例，分配左袖片共90针到棒上，同时挑织衣身加起的8针，共98针织花样D，织12行后，收针断线。
5.编织领片。沿领口挑起168针环织下针，织4行后，织1行上针，再织下针，第10行与起针合并成双层机织领。沿机织领上针位置挑起168针花样D，织12行后，收针断线。

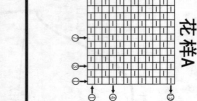

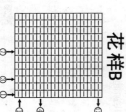

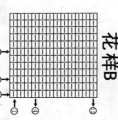

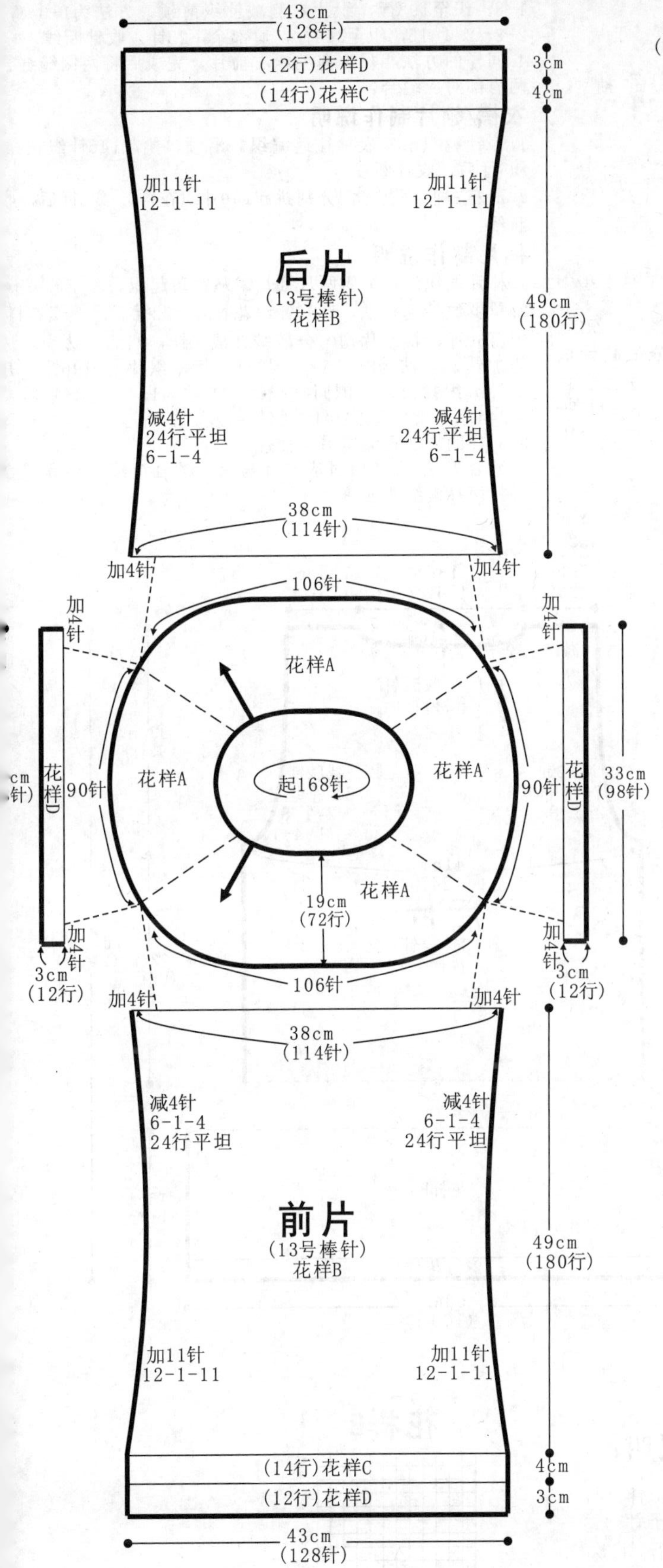
43cm
(128针)
(12行)花样D
(14行)花样C
3cm
4cm
加11针
12-1-11
后片
(13号棒针)
花样B
49cm
(180行)
减4针
24行平坦
6-1-4
38cm
(114针)
加4针
106针
加4针
花样A
花样D
90针
起168针
19cm
(72行)
33cm
(98针)
3cm
(12行)
前片
(13号棒针)
花样B
减4针
6-1-4
24行平坦
(14行)花样C
(12行)花样D

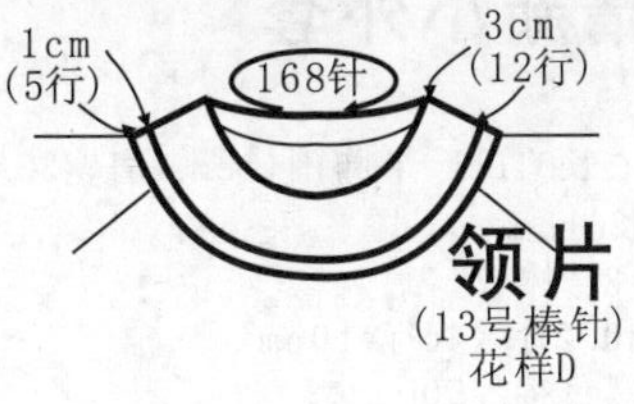
1cm
(5行)
168针
3cm
(12行)
领片
(13号棒针)
花样D

花样D

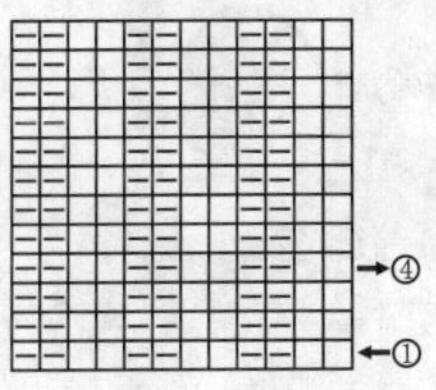

花样C

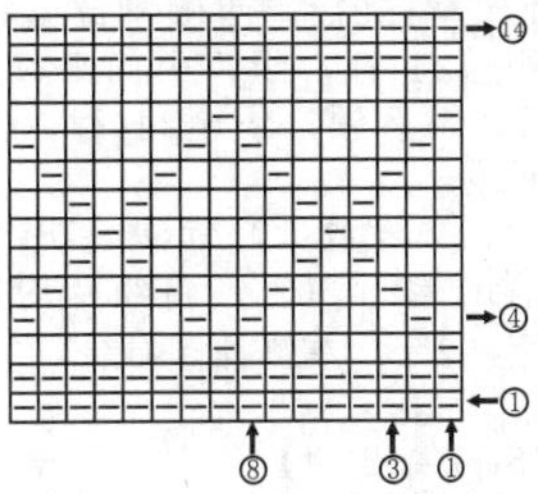

领片编织图解

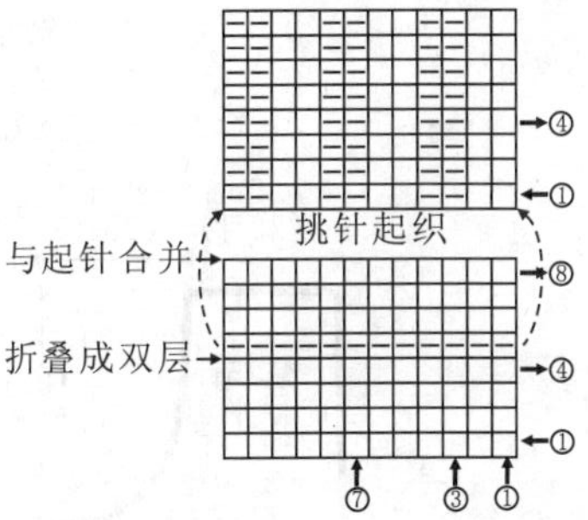
挑针起织
与起针合并
折叠成双层

花样A

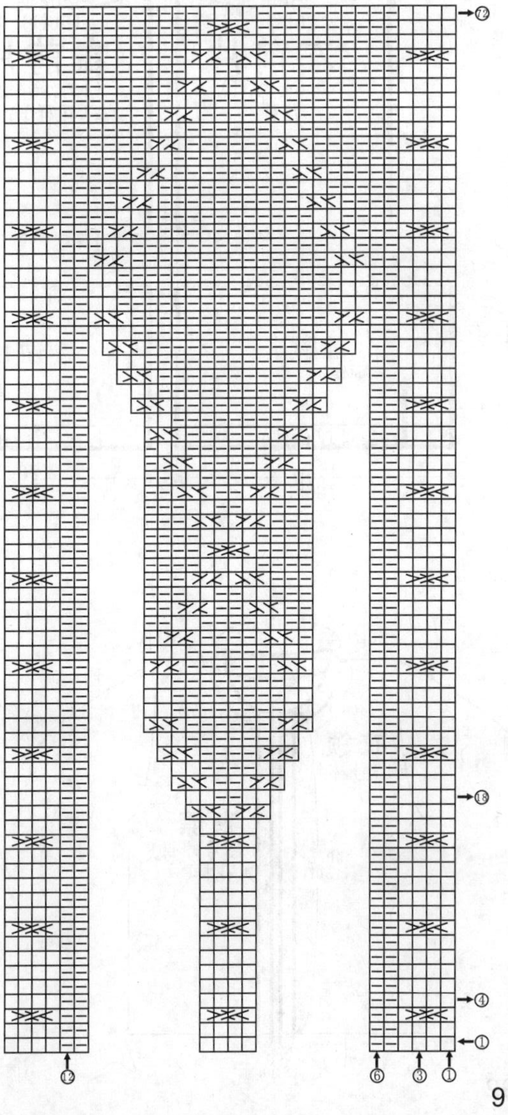

号说明：

上针
=□ 下针
左上2针与右下1针交叉
右上2针与左下1针交叉
左上2针与右下2针交叉
1-3 行-针-次
编织方向

花样B

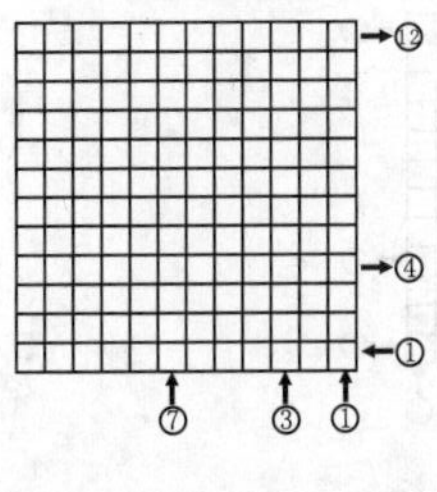

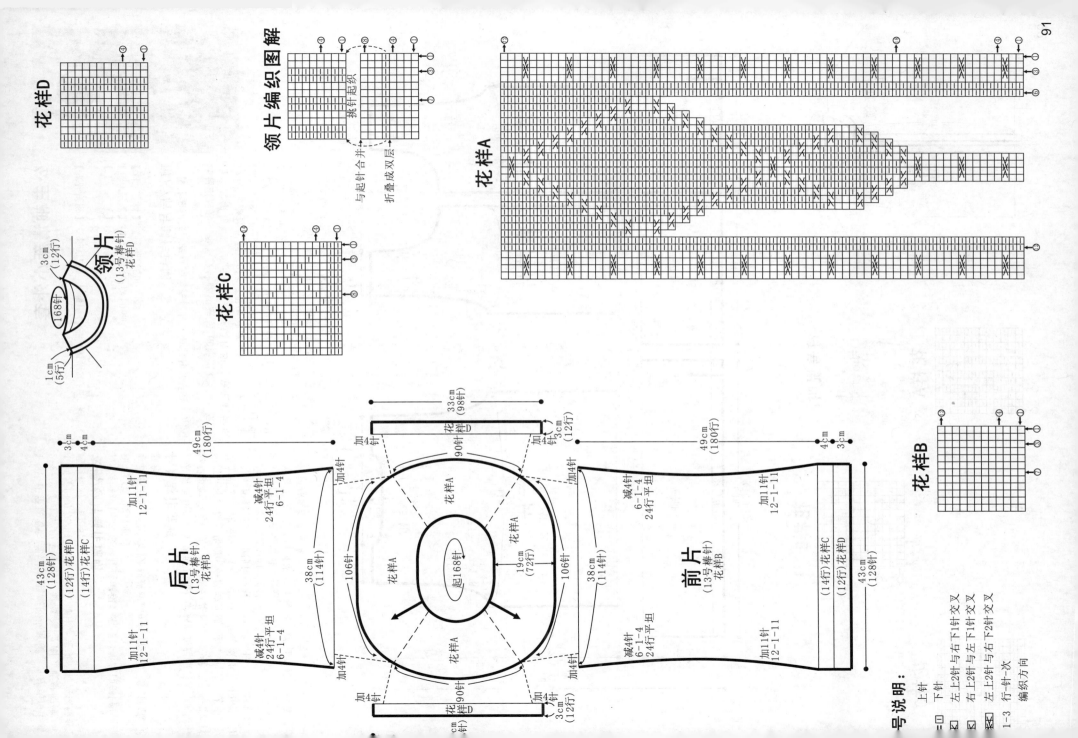

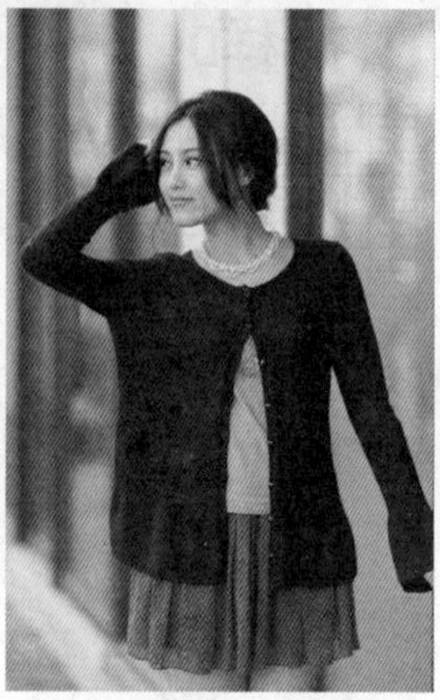

公主袖清新小外套

【成品规格】衣长61cm，半胸围41cm，肩宽33cm，袖长61cm
【工　　具】13号棒针
【编织密度】30.2针×40行=10cm²
【材　　料】黑色棉线500g

前片/后片制作说明

1.棒针编织法，衣身分为左前片、右前片和后片分别编织。
2.起织后片，单罗纹针起针法起160针织花样A，织2行后，改织花样B，织至60行，将织片均匀分散减针成124针，继续织至152行，两侧袖窿减针，方法为1-4-1，2-1-8，织至241行，织片中间平收50针，两侧按2-1-2的方法减针织后领，织至244行，两侧肩部各余下23针，收针断线。
3.起织左前片，单罗纹针起针法起78针织花样A，织2行后，改织花样B，织至60行，将织片均匀分散减针成60针，继续织至152行，左侧袖窿减针，方法为1-4-1，2-1-8，织至193行，织片右侧减针织前领，方法为1-6-1，2-2-2，2-1-15，织至244行，肩部余下23针，收针断线。
4.同样的方法相反方向编织右前片，完成后将两侧缝缝合，两肩部对应缝合。

衣襟/领片制作说明

1.棒针编织法，衣领往返编织。沿领口挑起146针织花样C，织8行后，收针断线。
2.沿左右前片衣襟侧分别挑起150针织花样C，织8行后，收针断线。

袖片制作说明

1.棒针编织法，编织两片袖片。从袖口起织。
2.单罗纹针起针法，起90针织花样A，织2行后，改织花样B，织至60行，将织片均匀分散减针成70针，然后一边织一边两侧加针，方法为8-1-13，织至172行，织片变成96针，开始减针编织袖山，两侧同时减针，方法为1-4-1，2-1-36，织至244行，织片余下16针，收针断线。
3.同样的方法再编织另一袖片。
4.缝合方法:将袖山对应前片与后片的袖窿线，用线缝合，再将两袖侧缝对应缝合。

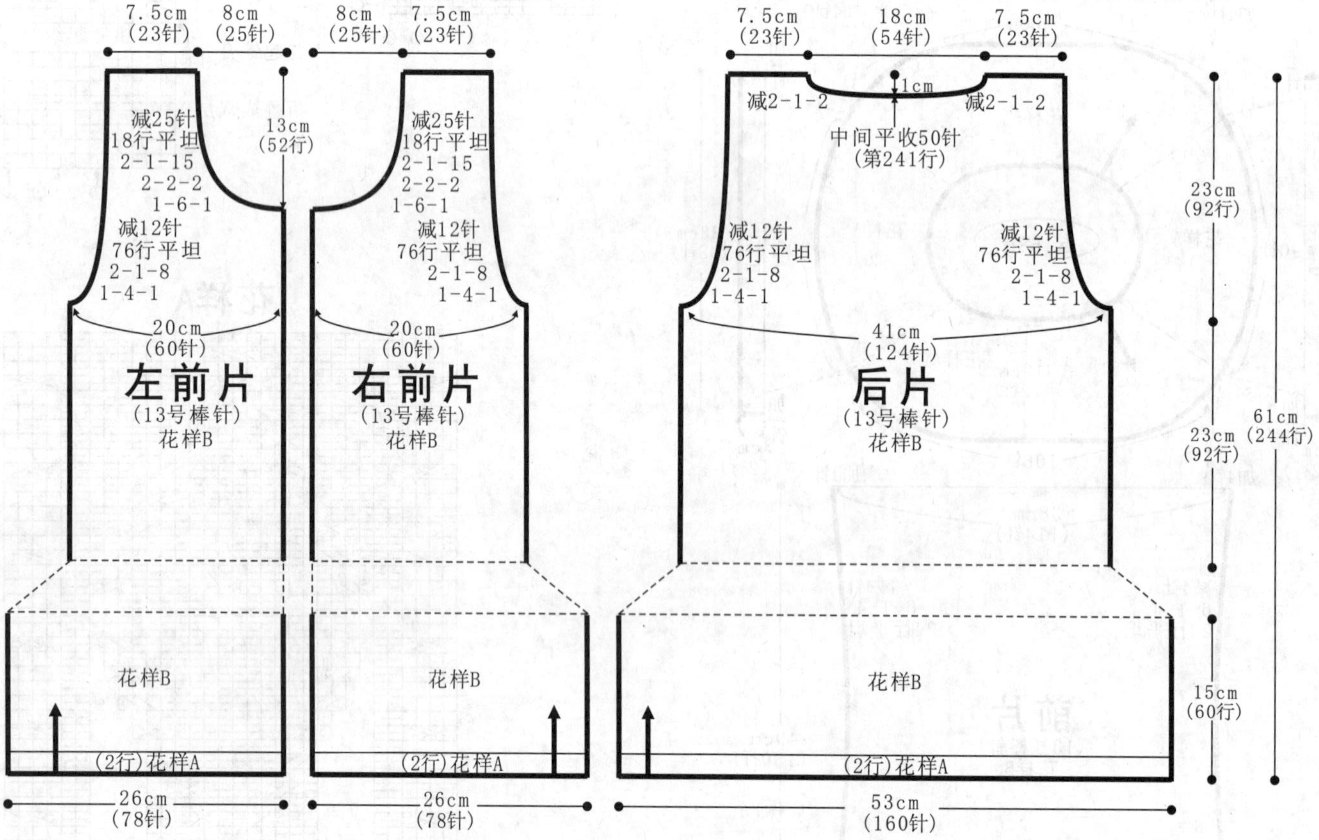

7.5cm (23针)
8cm (25针)
13cm (52行)
减25针
18行平坦
2-1-15
2-2-2
1-6-1
减12针
76行平坦
2-1-8
1-4-1
20cm (60针)
左前片
(13号棒针)
花样B
花样B
(2行)花样A
26cm (78针)
8cm (25针)
7.5cm (23针)
右前片
(13号棒针)
花样B
18cm (54针)
1cm
减2-1-2
中间平收50针
(第241行)
23cm (92行)
41cm (124针)
后片
61cm (244行)
15cm (60行)
53cm (160针)

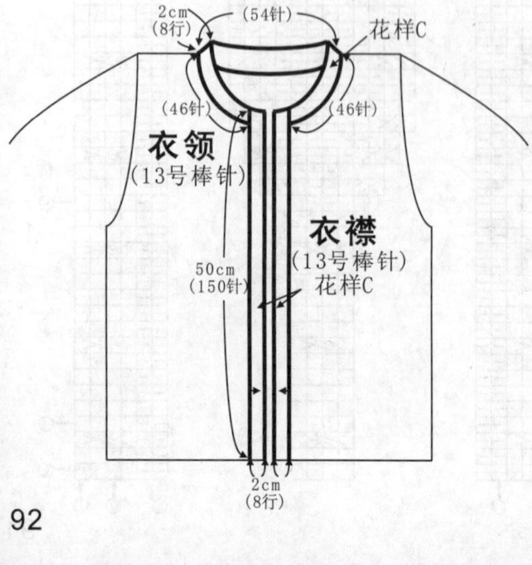

2cm (8行)
(54针)
花样C
(46针)
(46针)
衣领
(13号棒针)
衣襟
(13号棒针)
花样C
50cm (150针)
2cm (8行)

符号说明：

- ⊟ 上针
- □=⊡ 下针
- 2-1-3 行-针-次
- ↑ 编织方向

花样B

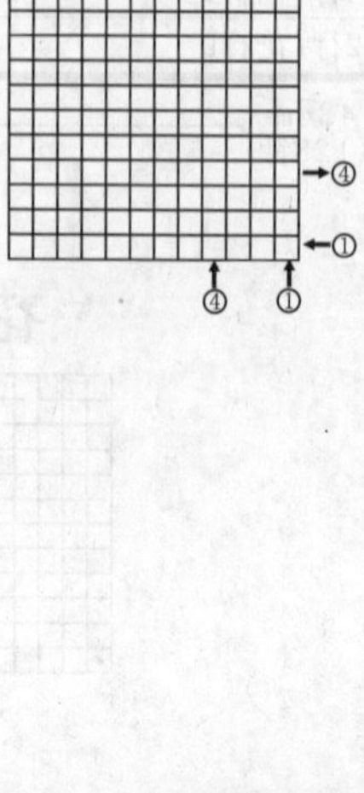

花样A

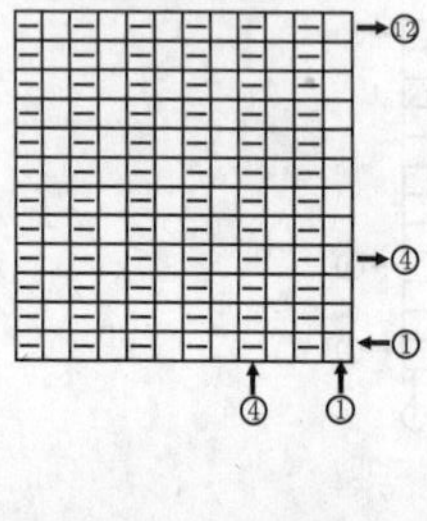

花样C

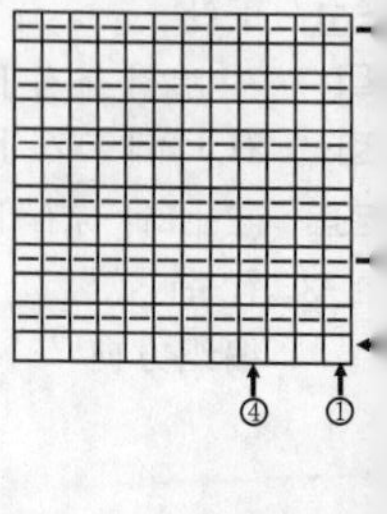

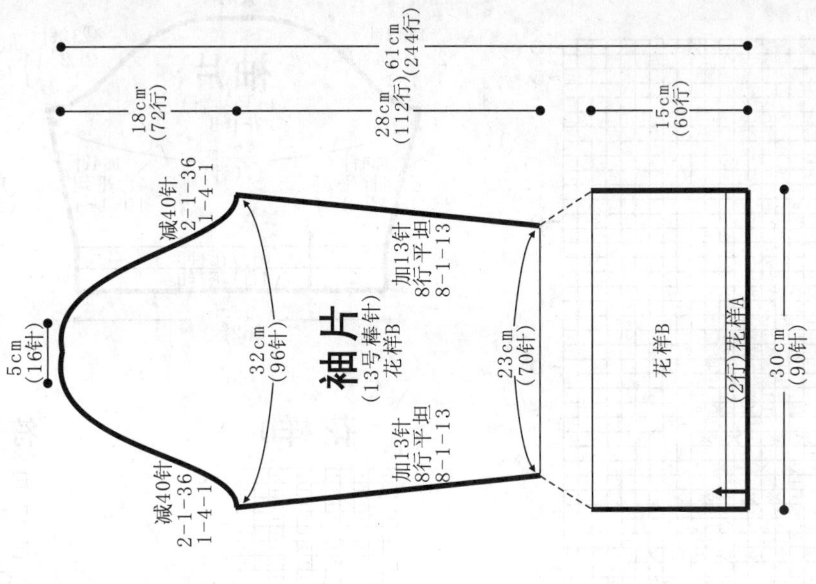
61cm
(244行)
18cm
(72行)
28cm
(112行)
15cm
(60行)
减40针
2-1-36
1-4-1
加13针
8行平坦
8-1-13
5cm
(16针)
32cm
(96针)
袖片
(13号棒针)
花样B
23cm
(70针)
花样B
(2行)花样A
30cm
(90针)

成熟中袖小外套

【成品规格】衣长42cm，半胸围43cm，肩宽32cm，袖长24cm

【工　　具】11号棒针

【编织密度】22针×33.8行=10cm²

【材　　料】玫红色棉线450g

前片/后片制作说明

1.棒针编织法，衣身分为左前片，右前片，后片分别编织。

2.起织后片，下针起针法，起95针织2组花样A，中间间隔5针花样C，不加减针织42行后，中间5针继续编织花样C，两侧改织花样B，延续花样A继续编织一条斜的镂空针，织至90行，两侧开始袖窿减针，方法为1-4-1，2-1-8，织至122行，织片中间改织29针花样C，其余仍织花样B，织至138行，中间平收31针，两侧减针织后领，方法为2-1-2，织至142行，两侧肩部各余下18针，收针断线。

3.起织左前片，下针起针法，起50针织1组花样A，右侧衣襟5针花样C，不加减针织42行后，衣襟5针继续编织花样C，花样A的顶部中间织5针花样C，其余针数织花样B，织至90行，在右侧开始袖窿减针，方法为1-4-1，2-1-8，同时右侧衣身部分前领减针，方法为2-1-20，织至142行，余下18针，收针断线。

4.同样的方法相反方向编织右前片。将左右前片与后片的两侧缝缝合，两肩部对应缝合。

袖片制作说明

1.棒针编织法，编织两片袖片。从袖口起织。

2.起62针，织4行花样B，改织花样D，织至10行，改织花样B，两侧一边织一边加针，方法为10-1-4，两侧的针数各增加4针，织至54行，织片变成70针，接着减针编织袖山，两侧同时减针，方法为1-4-1，2-2-14，两侧各减少32针，织至82行，织片余下6针，收针断线。

3.同样的方法再编织另一袖片。

4.缝合方法:将袖山对应前片与后片的袖窿线，用线缝合，再将两袖侧缝对应缝合。

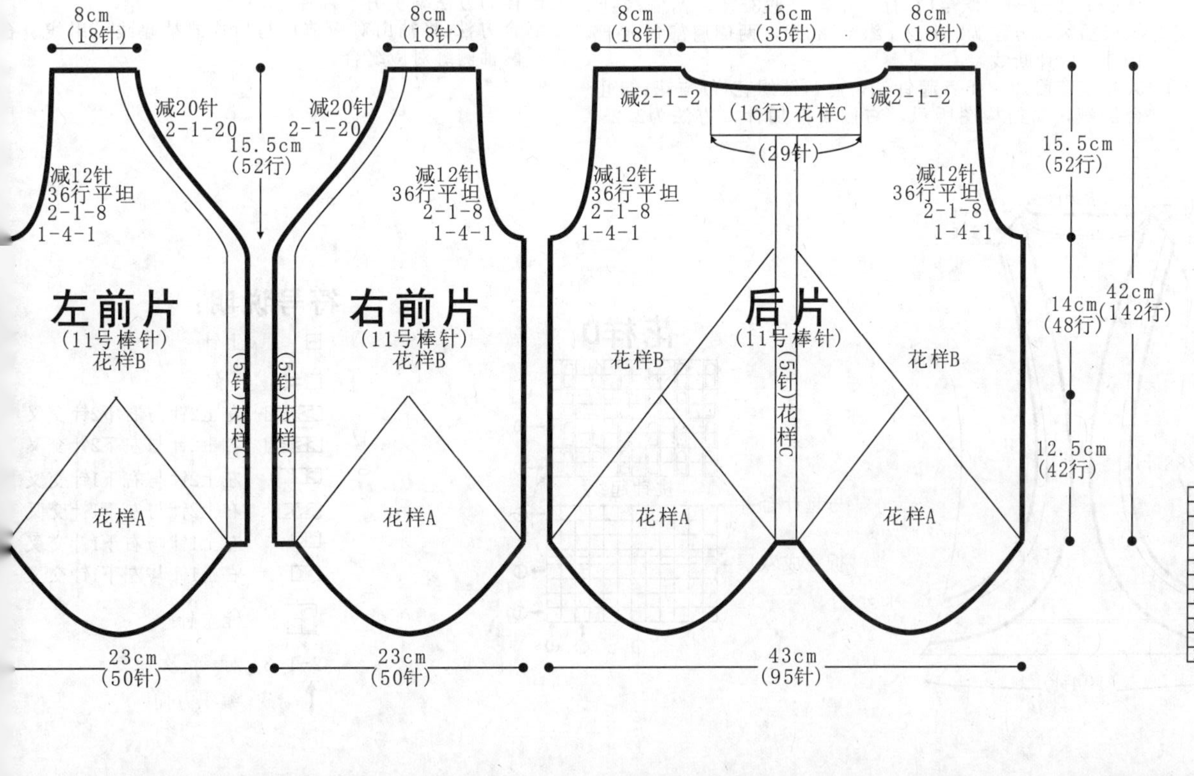
8cm
(18针)
减20针
2-1-20
15.5cm
(52行)
减12针
36行平坦
2-1-8
1-4-1
左前片
(11号棒针)
花样B
(5针)花样C
花样A
23cm
(50针)
右前片
(11号棒针)
花样B
花样A
23cm
(50针)
16cm
(35针)
减2-1-2
(16行)花样C
(29针)
后片
(11号棒针)
花样B
花样A
43cm
(95针)
15.5cm
(52行)
14cm
(48行)
12.5cm
(42行)
42cm
(142行)

花样B

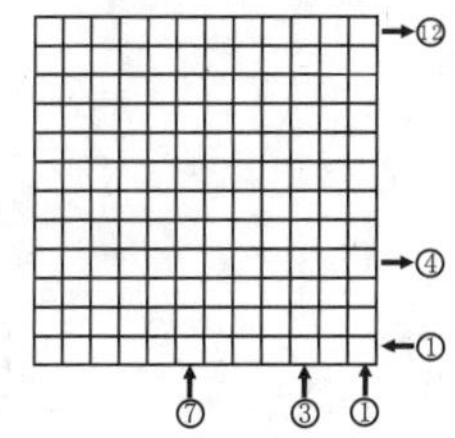

花样C

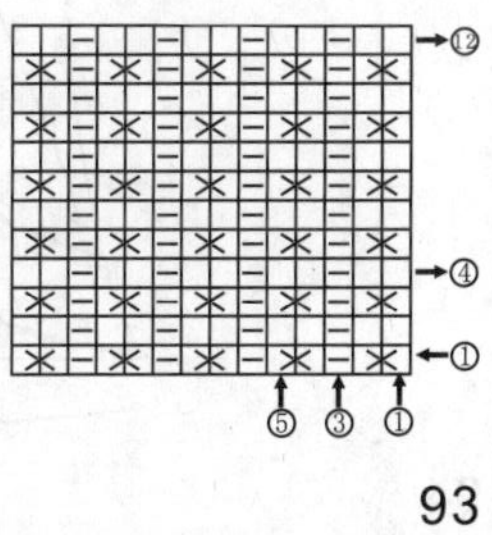

花样A

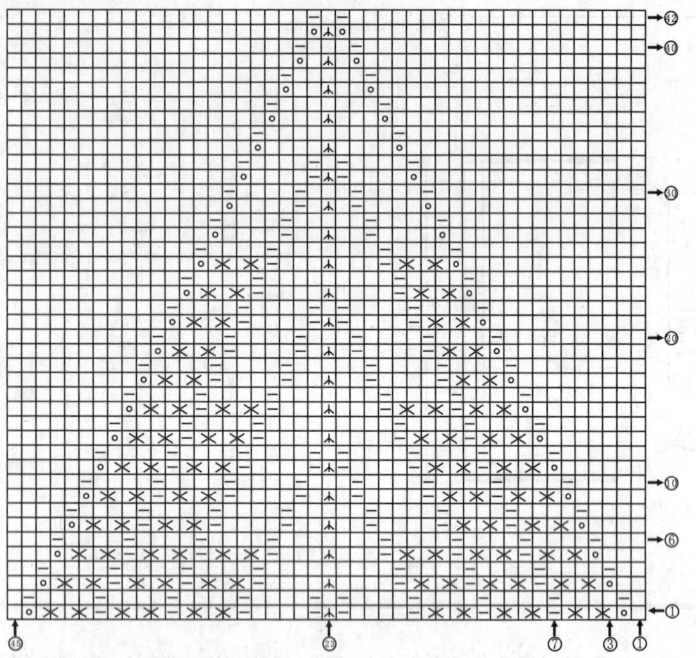
42
40
30
20
10
6
1
45
23
7
3
1

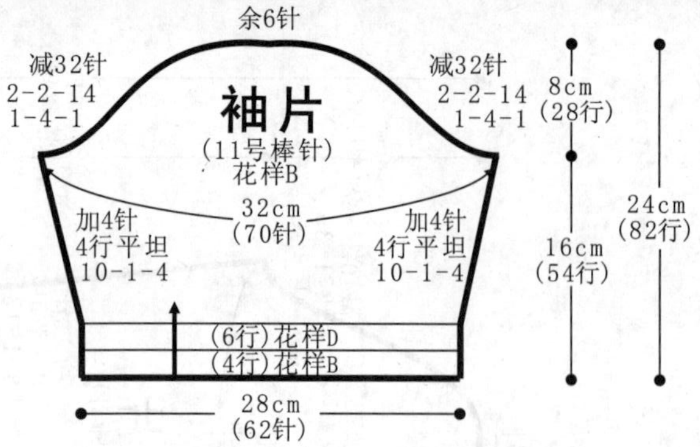
余6针
减32针
2-2-14
1-4-1
减32针
2-2-14
1-4-1
袖片
(11号棒针)
花样B
32cm
(70针)
加4针
4行平坦
10-1-4
加4针
4行平坦
10-1-4
(6行)花样D
(4行)花样B
28cm
(62针)
8cm
(28行)
16cm
(54行)
24cm
(82行)

花样D

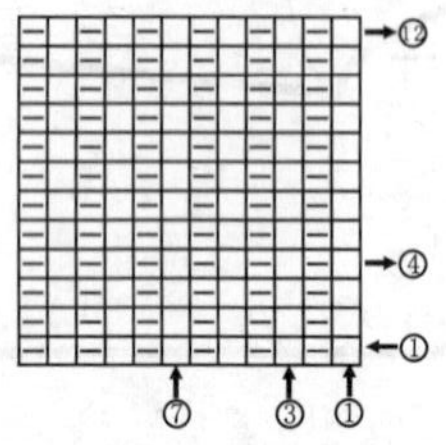
12
4
1
7
3
1

符号说明：

- [上针 symbol] 上针
- □=[下针 symbol] 下针
- [镂空针 symbol] 镂空针
- [交叉 symbol] 左上1针与右下1针交
- [并针 symbol] 中上3针并1针
- 2-1-3 行-针-次

浅灰风情开衫

【成品规格】衣长65cm，半胸围36cm，肩宽29cm，
袖长59cm
【工　　具】10号棒针
【编织密度】23针×27.7行=10cm²
【材　　料】灰色棉线600g

前片/后片制作说明

1.棒针编织法，衣身分为左前片、右前片和后片分别编织。
2.起织后片，下针起针法，起89针织花样A，一边织一边两侧减针，方法为14-1-6，平织12行后，然后两侧加针，方法为8-1-3，织至126行，两侧袖窿减针，方法为1-4-1，2-1-4，织至177行，中间平收35针，两侧减针织成后领，方法为2-1-2，织至180行，两侧肩部各余下14针，收针断线。
3.起织左前片，下针起针法，起11针织花样A与花样B组合编织，如结构图所示，右侧衣摆加针，方法为2-2-4，2-1-23，4-1-2，左侧减针，方法为14-1-6，平织1
后，然后左侧加针，方法为8-1-3，织至126行，左侧袖窿
针，方法为1-4-1，2-1-4，同时右侧前领减针，方法为2-
19，织至180行，余下14针，收针断线。
4.起同样的方法相反方向编织右前片。完成后将左右前片
后片的两侧缝缝合，两肩部对应缝合。

领片/衣襟制作说明

1.沿领口及衣摆挑起768针织花样D，共织36行的长度，收
断线。

袖片制作说明

1.棒针编织法，编织两片袖片。从袖口起织。
2.双罗纹针起针法起48针，织花样C，织20行后，改为花
A与花样B组合编织，如结构图所示，一边织一边两侧加针
方法为14-1-7，织至128行，两侧减针编织袖山。方法为
4-1，2-1-18，织至164行，织片余下18针，收针断线。
3.同样的方法编织另一袖片。
4.缝合方法:将袖山对应前片与后片的袖窿线，用线缝合
再将两袖侧缝对应缝合。

领片/衣襟

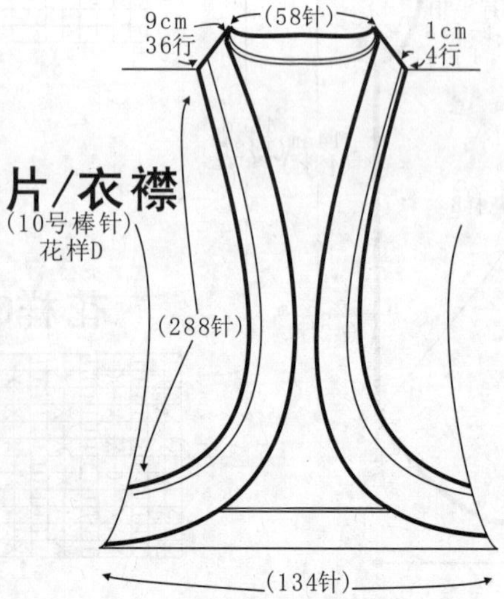
9cm
36行
(58针)
1cm
4行
(10号棒针)
花样D
(288针)
(134针)

花样D

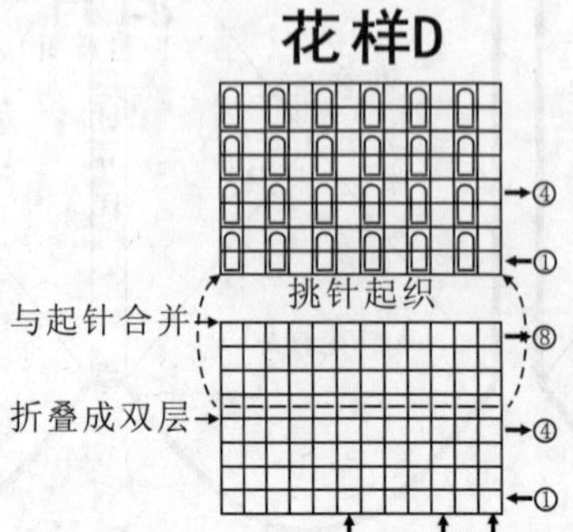
挑针起织
与起针合并
折叠成双层
4
1
8
4
1
7
3
1

符号说明：

- [上针 symbol] 上针
- □=[下针 symbol] 下针
- [交叉 symbol] 左上2针与右下2针交叉
- [交叉 symbol] 右上2针与左下2针交叉
- [交叉 symbol] 左上2针与右下1针交叉
- [交叉 symbol] 右上2针与左下1针交叉
- [交叉 symbol] 左上1针与右下1针交叉
- [交叉 symbol] 右上1针与左下1针交叉
- [元宝针 symbol] 元宝针
- 2-1-3 行-针-次
- ↑ 编织方向

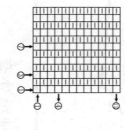

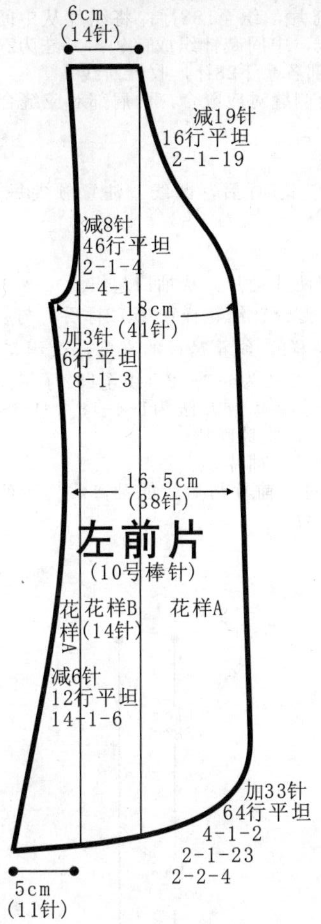
6cm
(14针)
减19针
16行平坦
2-1-19
减8针
46行平坦
2-1-4
1-4-1
18cm
(41针)
加3针
6行平坦
8-1-3
16.5cm
(38针)
左前片
(10号棒针)
花样A
花样B
(14针)
花样A
减6针
12行平坦
14-1-6
加33针
64行平坦
4-1-2
2-1-23
2-2-4
5cm
(11针)

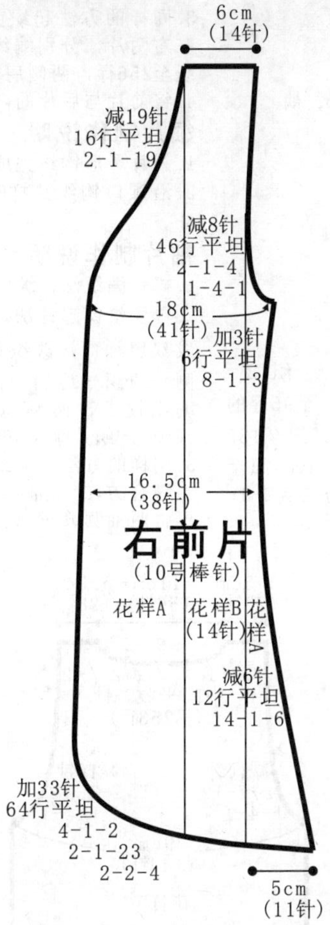
6cm
(14针)
减19针
16行平坦
2-1-19
减8针
46行平坦
2-1-4
1-4-1
18cm
(41针)
加3针
6行平坦
8-1-3
16.5cm
(38针)
右前片
(10号棒针)
花样A
花样B
(14针)
花样A
减6针
12行平坦
14-1-6
加33针
64行平坦
4-1-2
2-1-23
2-2-4
5cm
(11针)

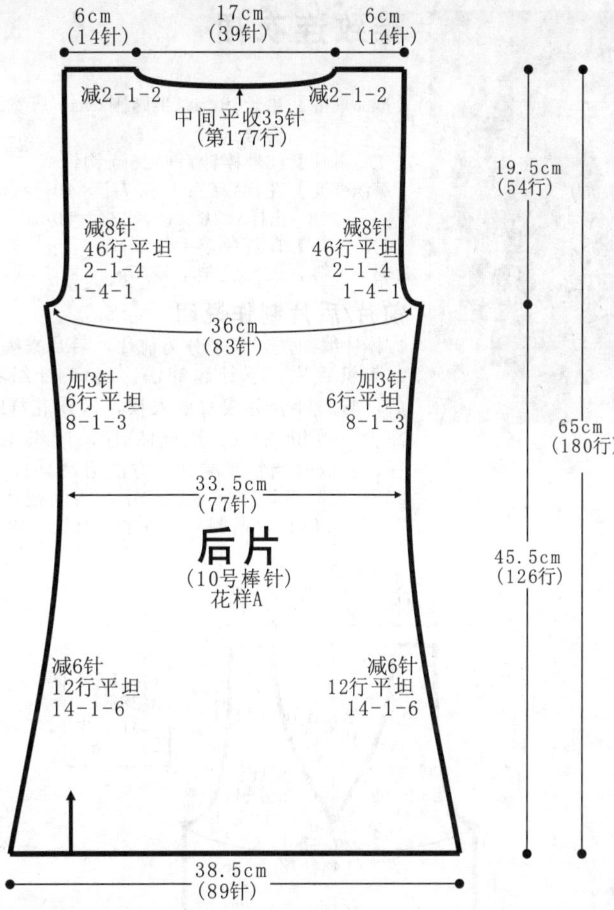
6cm
(14针)
17cm
(39针)
6cm
(14针)
减2-1-2
中间平收35针
(第177行)
减2-1-2
19.5cm
(54行)
减8针
46行平坦
2-1-4
1-4-1
减8针
46行平坦
2-1-4
1-4-1
36cm
(83针)
加3针
6行平坦
8-1-3
加3针
6行平坦
8-1-3
65cm
(180行)
33.5cm
(77针)
后片
(10号棒针)
花样A
45.5cm
(126行)
减6针
12行平坦
14-1-6
减6针
12行平坦
14-1-6
38.5cm
(89针)

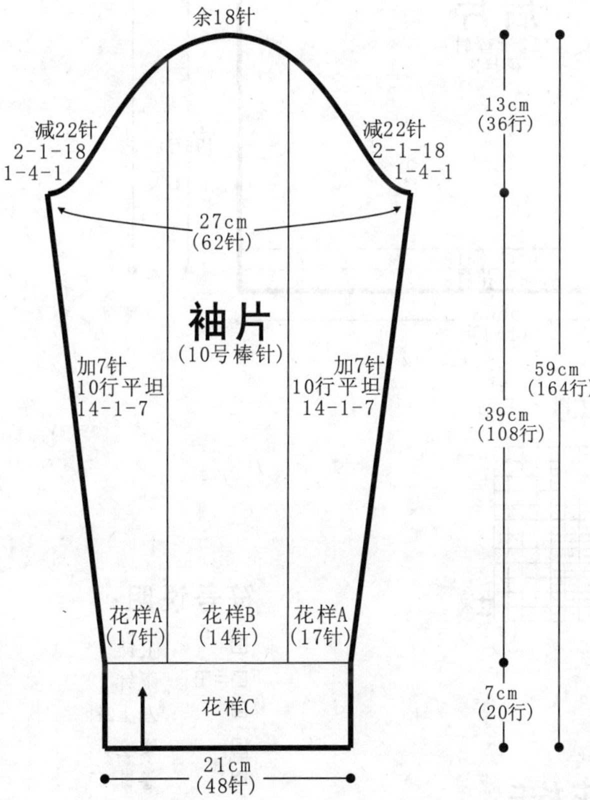
余18针
减22针
2-1-18
1-4-1
减22针
2-1-18
1-4-1
27cm
(62针)
袖片
(10号棒针)
加7针
10行平坦
14-1-7
加7针
10行平坦
14-1-7
13cm
(36行)
59cm
(164行)
39cm
(108行)
花样A
(17针)
花样B
(14针)
花样A
(17针)
花样C
7cm
(20行)
21cm
(48针)

花样B

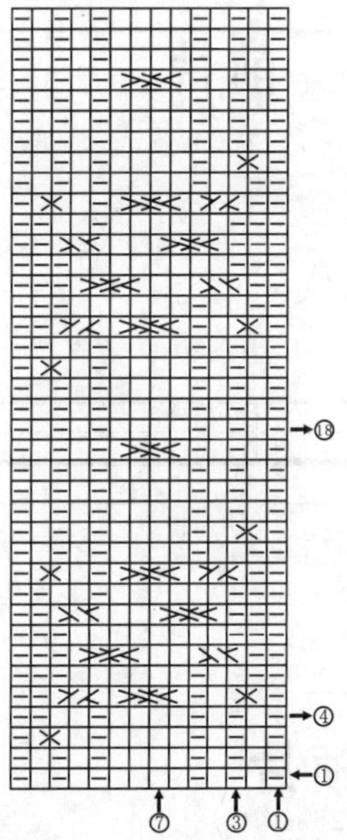
⑬
④
①
⑦
③
①

花样A

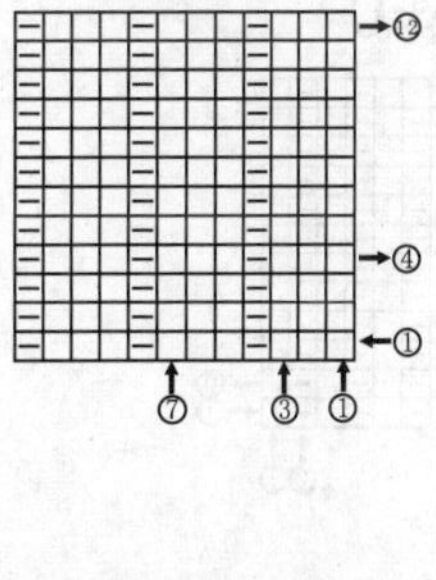
⑫
④
①
⑦
③
①

花样C

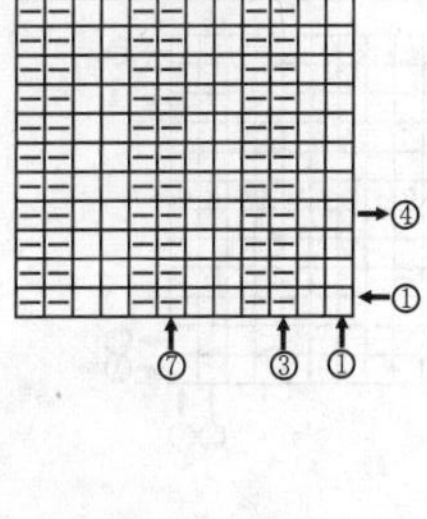
⑫
④
①
⑦
③
①

雅致连衣裙

【成品规格】裙长69cm，半胸围29m，肩宽22cm，袖长54cm
【工　　具】13号棒针，1.25mm钩针
【编织密度】花样A/C/D:49.7针×40行=10cm²
花样B:26.2针×33行=10cm²
【材　　料】玫红色羊毛线70g
【材　　料】玫红色羊毛线70g

前片/后片制作说明

1.棒针编织法，裙子分为前片、后片来编织。
2.起织后片，下针起针法，起144针织花样A，织12行后，与起针合并成双层衣摆，改织花样B，织至96行的高度，改织花样C，织至128行，改织花样D，织至188行，两侧开始袖窿减针，方法为1-4-1，2-1-12，织至253行的高度，中间平收52针，两侧减针，方法为2-1-2，织至256行，两侧肩部各余下28针，收针断线。
3.同样的方法起织前片，织至188行，将织片从中间分开左右两片，分别编织，中间减针织成前领，方法为2-1-2织至256行，两侧肩部各余下28针，收针断线。
4.将前片与后片的两侧缝对应缝合，两肩部对应缝合。

领片制作说明

1.领片环形钩织完成。
2.沿领口钩织花样E，钩5行后，断线。注意领尖每一行针。

袖片制作说明

1.棒针编织法，编织两片袖片。从袖口起织。
2.单罗纹针起针法，起68针织花样A，织12行后，与起针合成双层袖口，改织花样B，织至72行的高度，改织花样D，侧一边织一边加针，方法为6-1-12，织至152行，开始编织袖山，两侧同时减针，方法为1-4-1，2-1-24，织200行，织片余下36针，收针断线。
3.同样的方法再编织另一袖片。
4.缝合方法:将袖山对应前片与后片的袖窿线，用线缝合再将两袖侧缝对应缝合。

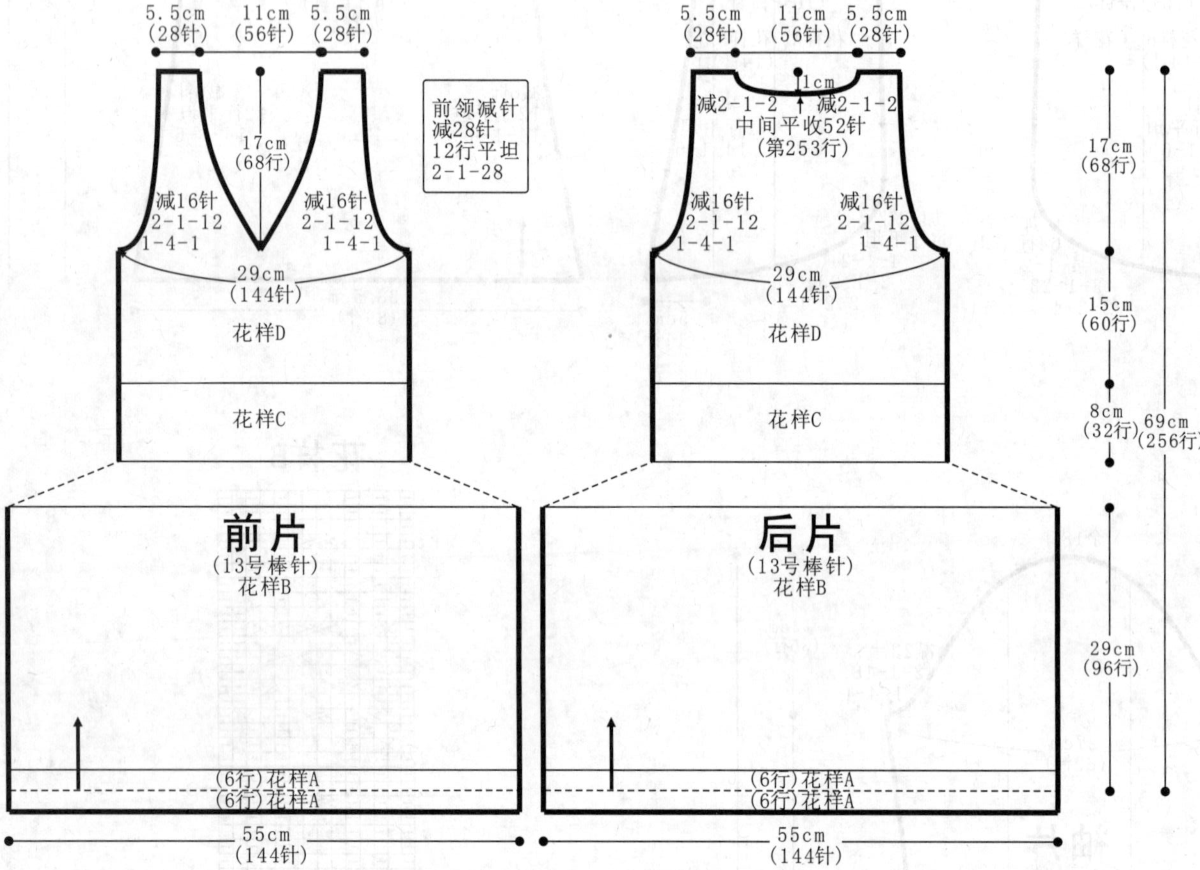
5.5cm (28针)
11cm (56针)
5.5cm (28针)
17cm (68行)
前领减针
减28针
12行平坦
2-1-28
减16针
2-1-12
1-4-1
29cm (144针)
花样D
花样C
前片
(13号棒针)
花样B
(6行)花样A
55cm (144针)
1cm
减2-1-2
中间平收52针
(第253行)
后片
15cm (60行)
8cm (32行)
69cm (256行)
29cm (96行)

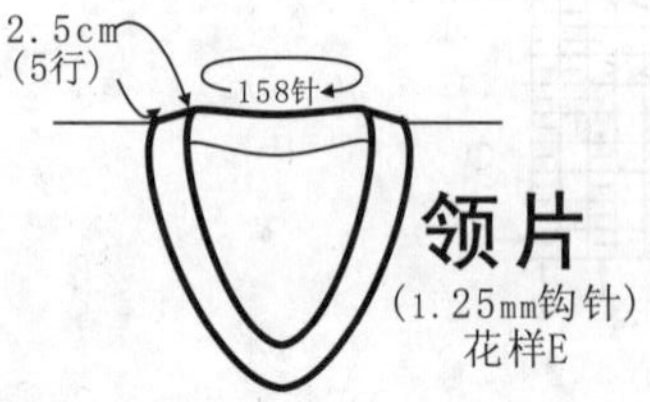
2.5cm (5行)
158针
领片
(1.25mm钩针)
花样E

花样D

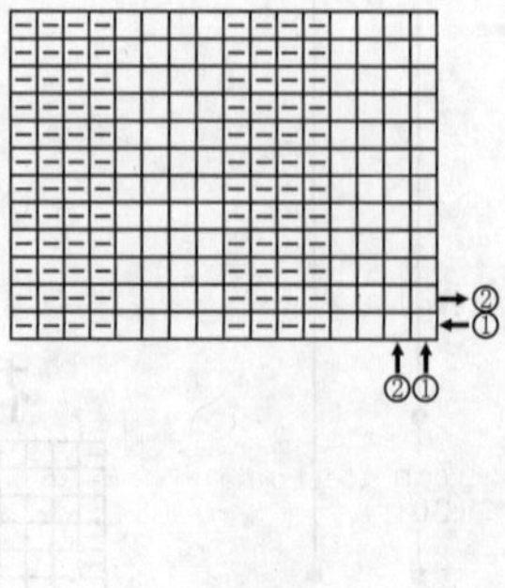

花样A

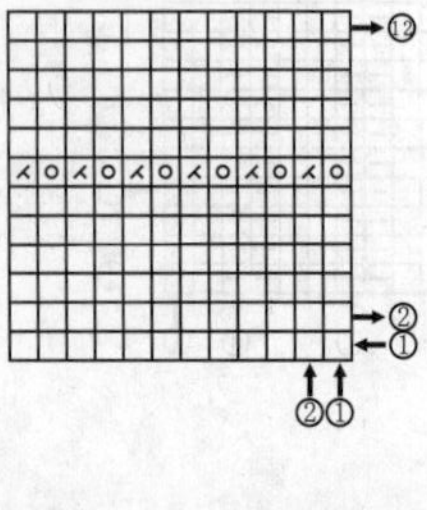

花样C

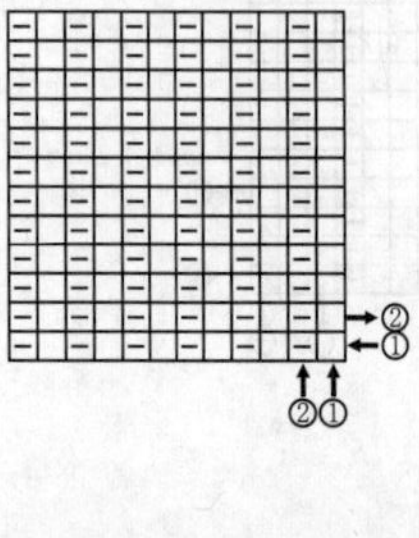

花样E

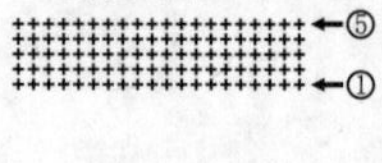

符号说明：

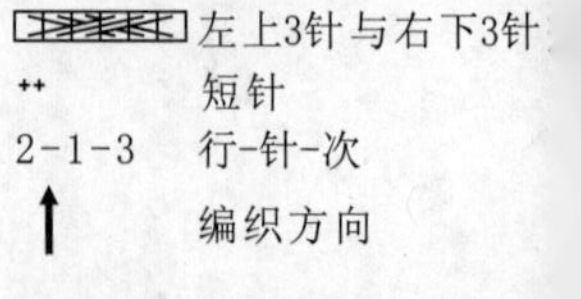
上针
下针
左上2针并1针
镂空针
卷针
左上3针与右下3针
短针
2-1-3 行-针-次
编织方向

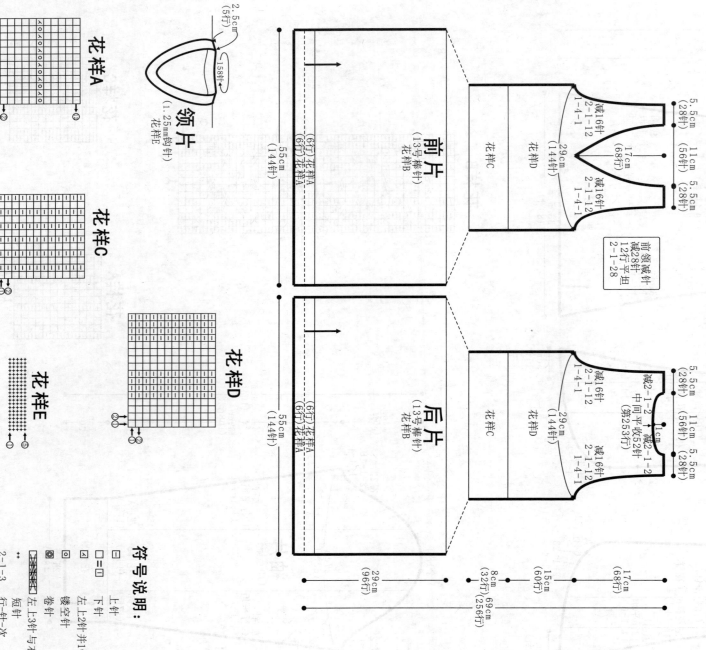

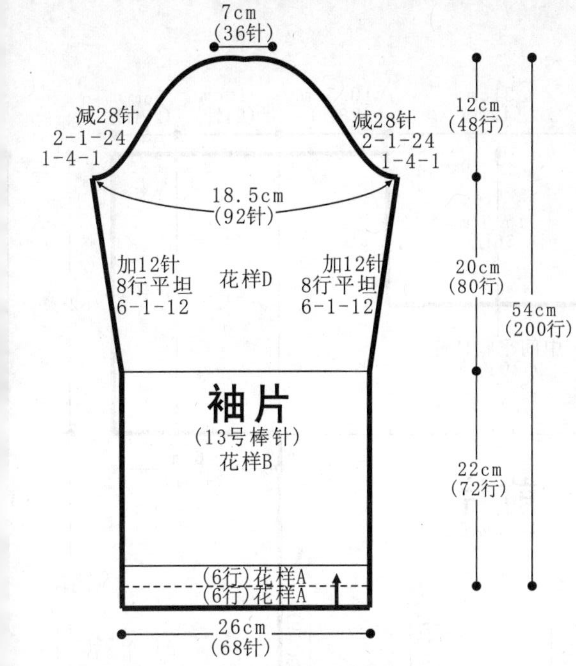
7cm
(36针)
减28针
2-1-24
1-4-1
减28针
2-1-24
1-4-1
18.5cm
(92针)
加12针
8行平坦
6-1-12
花样D
加12针
8行平坦
6-1-12
袖片
(13号棒针)
花样B
(6行)花样A
(6行)花样A
26cm
(68针)
12cm
(48行)
20cm
(80行)
22cm
(72行)
54cm
(200行)

花样B

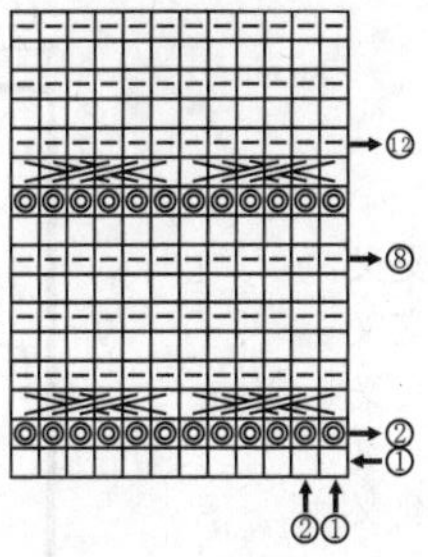

梯形领粗棒针毛衣

【成品规格】衣长63cm，半胸围42cm，肩宽42cm，袖长16cm

【工　　具】10号棒针，12号棒针

【编织密度】花样A:36.6针×29行=10cm²
花样B/C/D/E:20.5针×23行=10cm²

【材　　料】乳白色棉线500g

前片/后片制作说明

1.棒针编织法，衣身分为前片和后片分别编织。

2.起织后片，先织衣摆片，横向编织。起22针织花样A，织128行后，收针。沿衣摆片侧边挑起86针，从下往上编织花样A、B、C组合编织，组合方法如结构图所示，重复往上织64行，第65行左右两侧各加起43针，加起的针数织花样A和花样E组合编织，如结构图所示，织至123行，中间平收38针，两侧减针织成后领，方法为2-1-2，织至126行，两侧肩部连袖各余下65针，收针断线。

3.起织前片，起织方法与后片相同，织好衣摆片后，沿衣摆片侧边挑起86针，从下往上编织花样A、B、C、D组合编织，组合方法如结构图所示，重复往上织64行，第65行左右两侧各加起43针，加起的针数织花样A和花样E组合编织，如结构图所示，织至91行，中间平收42针，两侧余下针数继续往上织至126行，两侧肩部连袖各余下65针，收针断线。

4.将两侧缝缝合，两肩部对应缝合。

领片制作说明

1.棒针编织法，衣领起18针织花样A，织132行后收针，将一侧与后领及左右领侧边沿缝合。

2.起18针织花样A，织58行后，收针，将一侧与前领缝合，起针和收针边沿与领口侧边缝合。

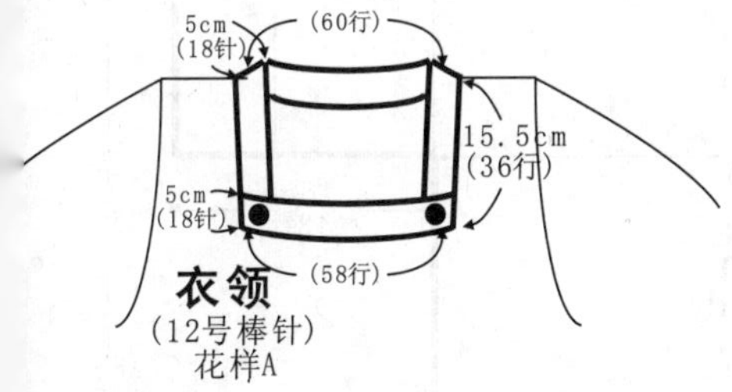
5cm
(18针)
(60行)
15.5cm
(36行)
5cm
(18针)
(58行)
衣领
(12号棒针)
花样A

花样B

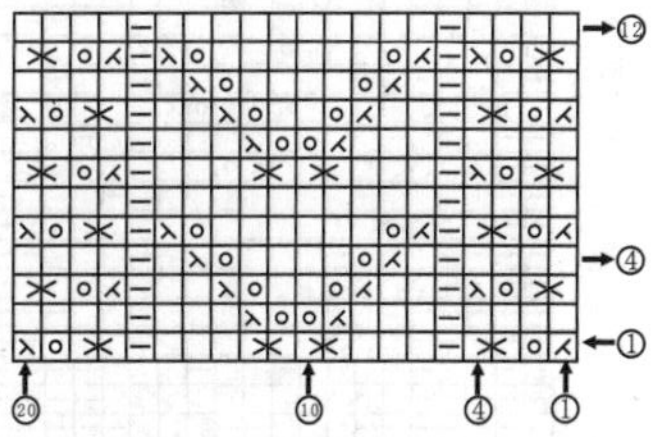

花样E

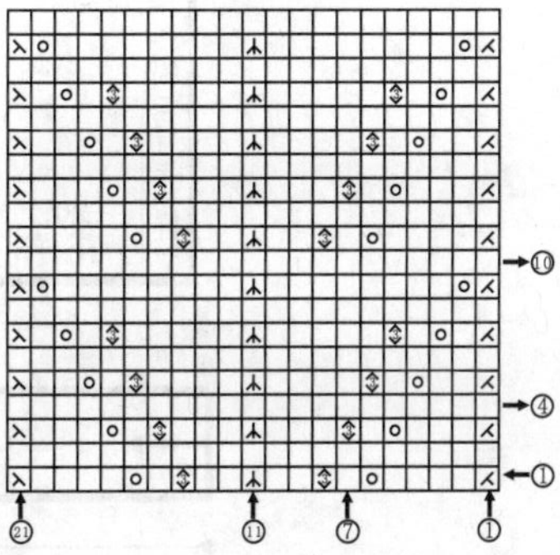

花样A

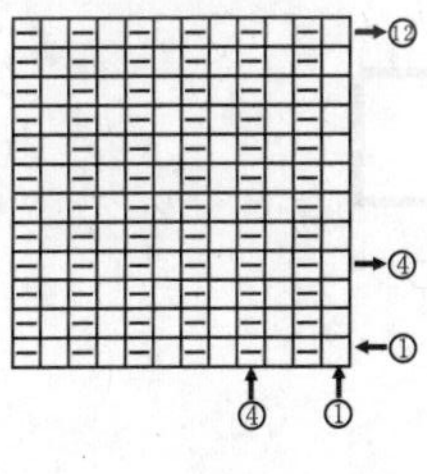

花样C

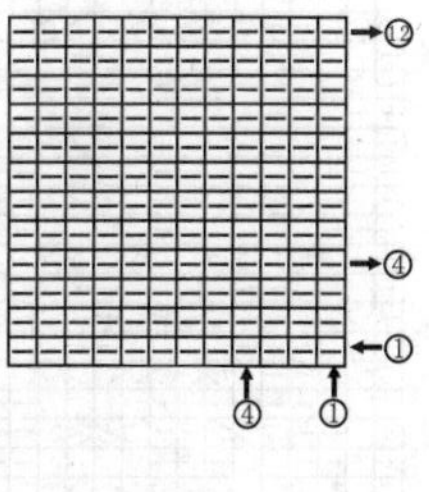

符号说明：

- ⊟ 上针
- □=⊡ 下针
- 左上1针与右下1针交叉
- 右上1针与左下1针交叉
- 左上2针与右下1针交叉
- 右上2针与左下1针交叉
- 左上2针与右下2针交叉
- 右上2针与左下2针交叉
- 左上3针与右下3针交叉
- 3针的结编织
- 中上3针并1针
- 2-1-3 行-针-次
- ↑ 编织方向

花样D

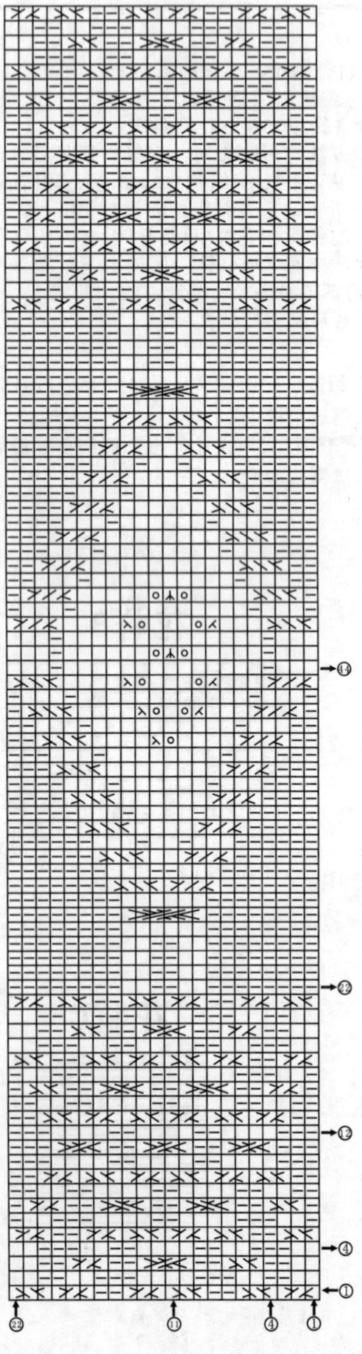

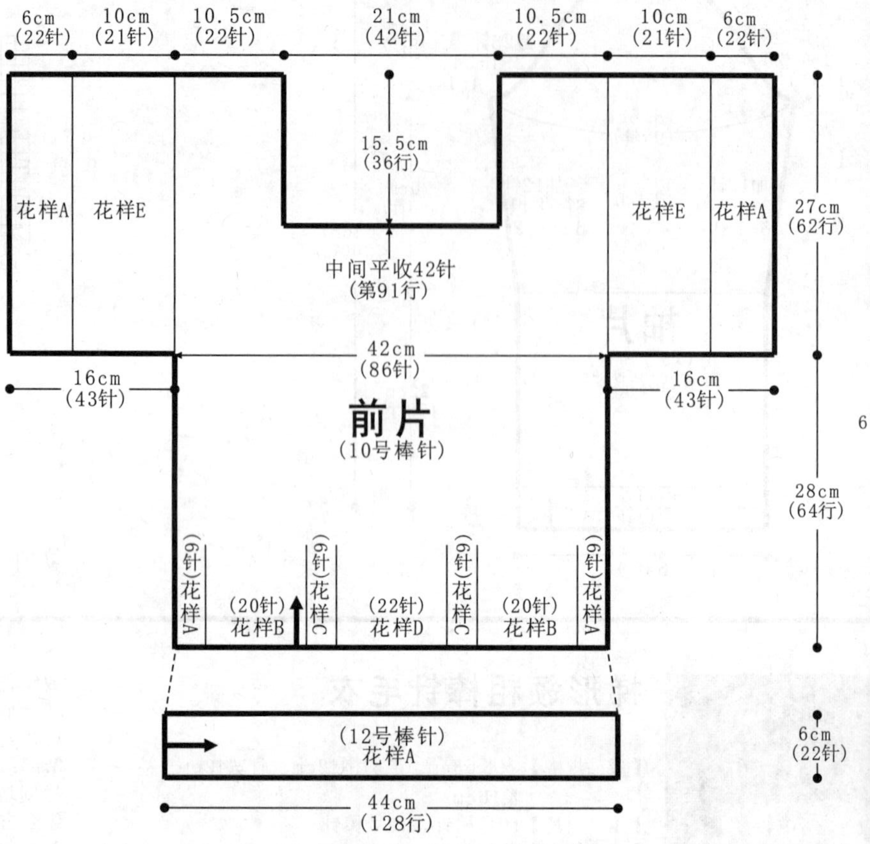
6cm (22针)
10cm (21针)
10.5cm (22针)
21cm (42针)
10.5cm (22针)
10cm (21针)
6cm (22针)
15.5cm (36行)
花样A
花样E
花样E
花样A
27cm (62行)
中间平收42针 (第91行)
42cm (86针)
16cm (43针)
16cm (43针)
前片 (10号棒针)
28cm (64行)
(6针)花样A
(20针) 花样B
(6针)花样C
(22针) 花样D
(6针)花样C
(20针) 花样B
(6针)花样A
(12号棒针) 花样A
6cm (22针)
44cm (128行)

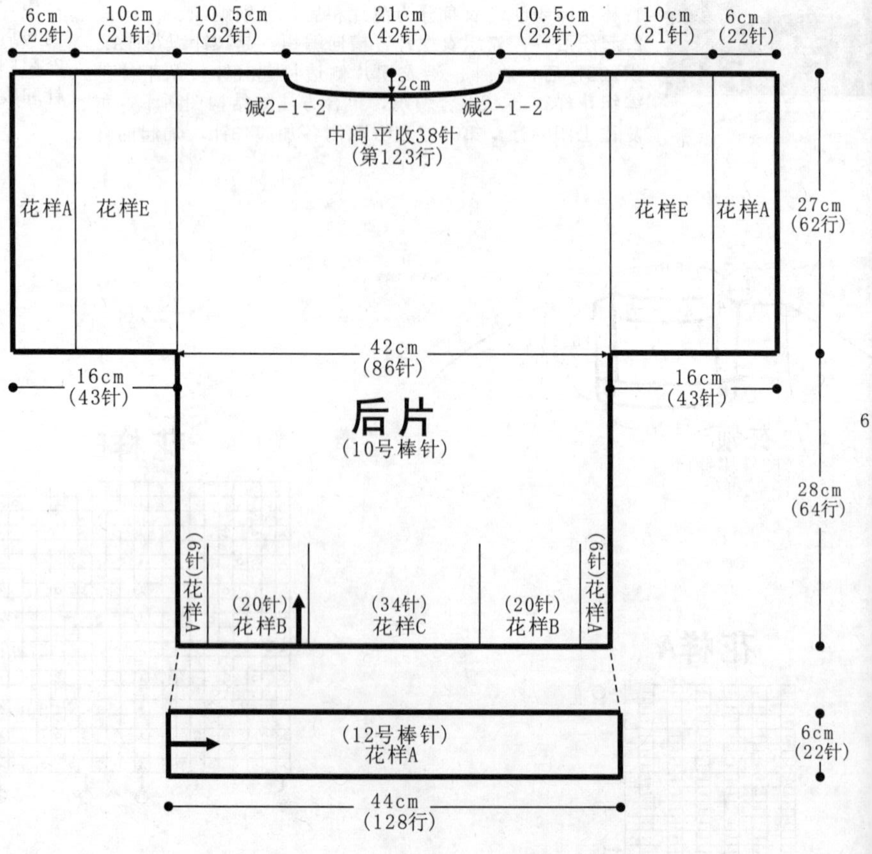
6cm (22针)
10cm (21针)
10.5cm (22针)
21cm (42针)
10.5cm (22针)
10cm (21针)
6cm (22针)
2cm
减2-1-2
减2-1-2
中间平收38针 (第123行)
花样A
花样E
花样E
花样A
27cm (62行)
42cm (86针)
16cm (43针)
16cm (43针)
后片 (10号棒针)
28cm (64行)
(6针)花样A
(20针) 花样B
(34针) 花样C
(20针) 花样B
(6针)花样A
(12号棒针) 花样A
6cm (22针)
44cm (128行)

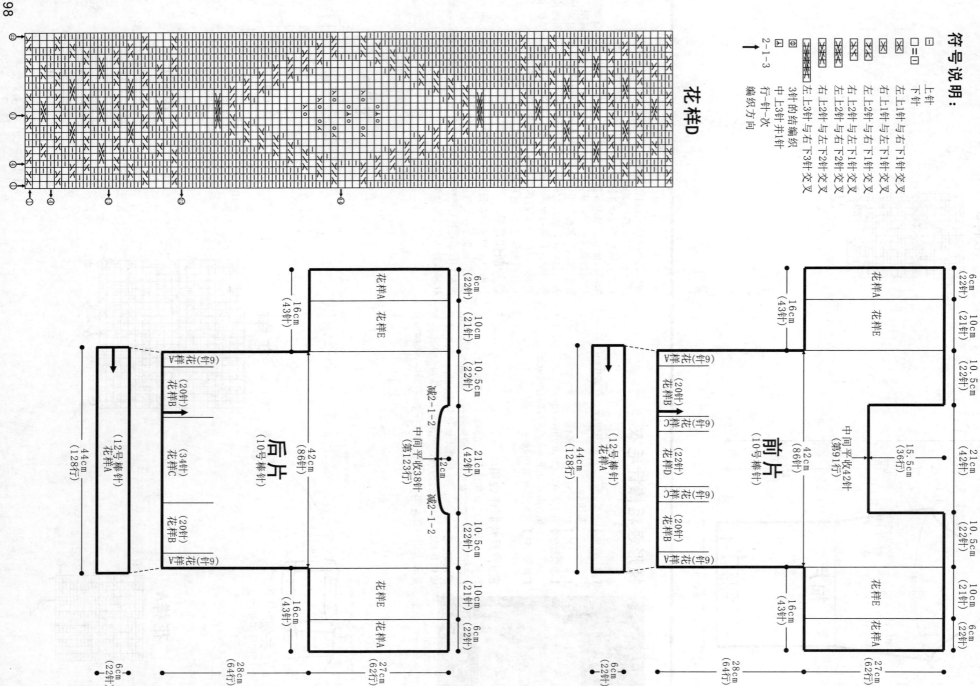

舒适中长款套头毛衣

【成品规格】衣长70cm，半胸围30cm，肩宽22cm，袖长58cm
【工　　具】13号棒针
【编织密度】44.5针×38行=10cm²
【材　　料】灰色棉线600g

前片/后片制作说明

1.棒针编织法，衣身分为前片、后片来编织。
2.起织后片，下针起针法，起160针织花样A，一边织一边两侧减针，方法为12-1-14，织至168行，织片变成132针，改织花样B，不加减针织至206行，两侧开始袖窿减针，方法为1-4-1，2-1-14，织至263行，中间平收48针，两侧减针织成后领，方法为2-1-2，织至266行，两侧肩部各余下22针，收针断线。
3.起织前片，下针起针法，起160针织花样A，一边织一边两侧减针，方法为12-1-14，织至168行，织片变成132针，第169行将织片中间平收12针，分成左前片和右前片分别编织，各取60针，先织左前片，右前片暂时留起不织。
4.分配左前片60针到棒针上，织花样B，不加减针织至198行，右侧开始前领减针，方法为3-1-20，织至206行，左侧开始袖窿减针，方法为1-4-1，2-1-14，织至266行，肩部余下22针，收针断线。
5.同样方法相反方向编织右前片，完成后将前片与后片两侧缝合，两肩部相应缝合。

领片制作说明

1.棒针编织法，沿领口挑起244针织花样C，织12行后，双罗纹针收针法收针断线。
2.领尖处将两片领片重叠缝合，如结构图所示。

袖片制作说明

1.棒针编织法，编织两片袖片。从袖口起织。
2.下针起针法起62针，织花样A，一边织一边两侧加针，方法为10-1-17，织174行后，两侧减针编织袖山。方法为1-4-1，2-1-23，织至220行，织片余下42针，收针断线。
3.同样的方法编织另一袖片。
4.缝合方法:将袖山对应前片与后片的袖窿线，用线缝合，再将两袖侧缝对应缝合。

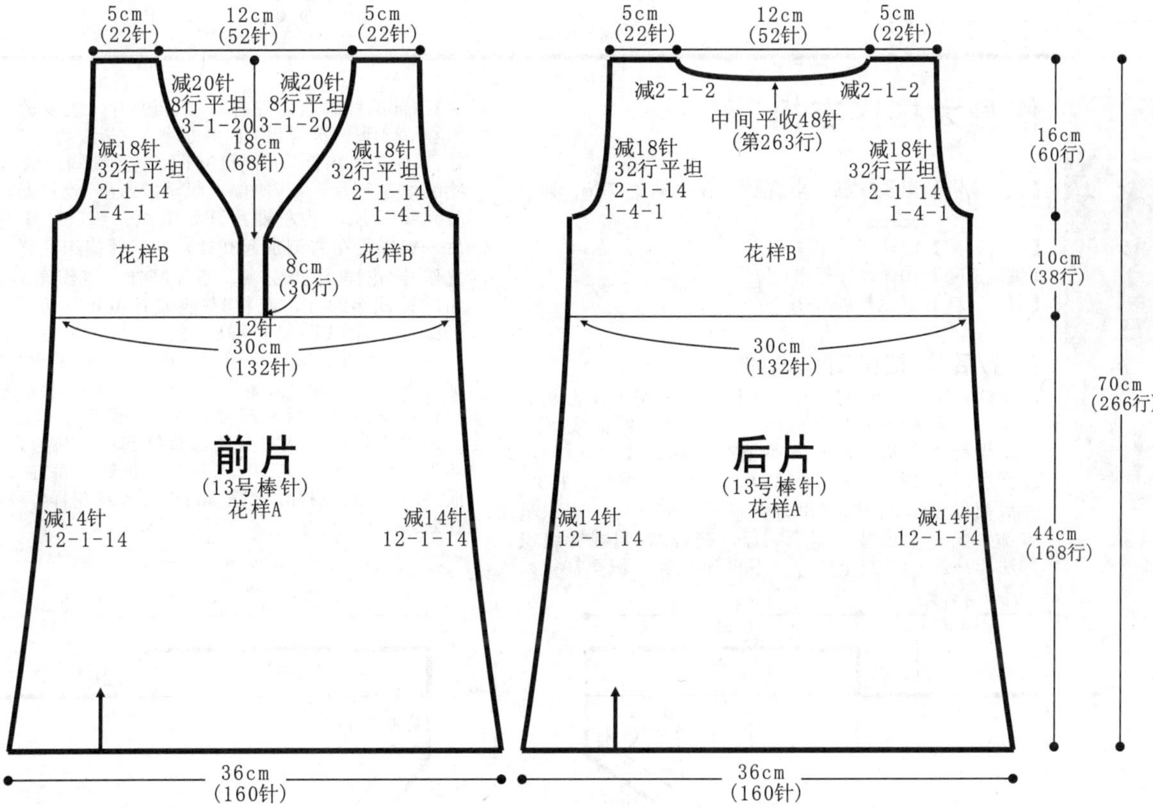
5cm
(22针)
12cm
(52针)
5cm
(22针)
减20针
8行平坦
3-1-20
18cm
(68针)
减18针
32行平坦
2-1-14
1-4-1
花样B
8cm
(30行)
12针
30cm
(132针)
前片
(13号棒针)
花样A
减14针
12-1-14
36cm
(160针)
减2-1-2
中间平收48针
(第263行)
后片
16cm
(60行)
10cm
(38行)
70cm
(266行)
44cm
(168行)

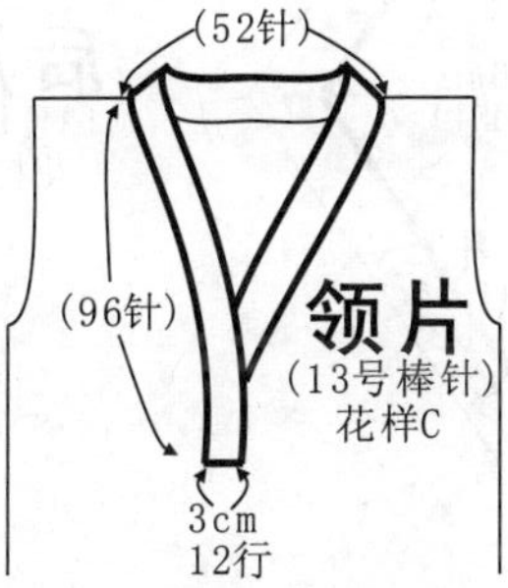
(52针)
(96针)
领片
(13号棒针)
花样C
3cm
12行

符号说明：

- ⊟ 上针
- □=⊡ 下针
- 3针上针的延伸针
- 2-1-3 行-针-次
- ↑ 编织方向

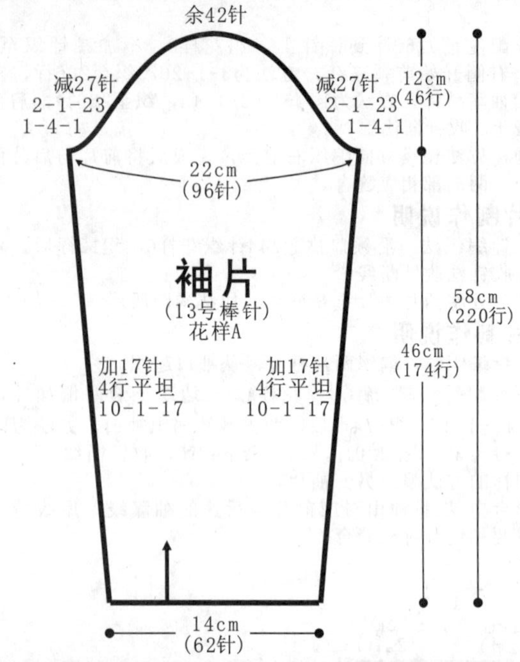
余42针
减27针
2-1-23
1-4-1
减27针
2-1-23
1-4-1
22cm
(96针)
袖片
(13号棒针)
花样A
加17针
4行平坦
10-1-17
加17针
4行平坦
10-1-17
14cm
(62针)
12cm
(46行)
46cm
(174行)
58cm
(220行)

花样A

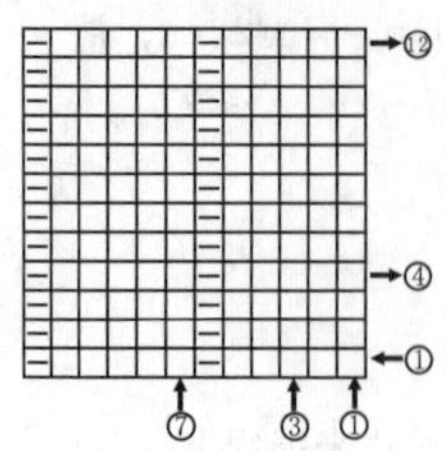

花样B

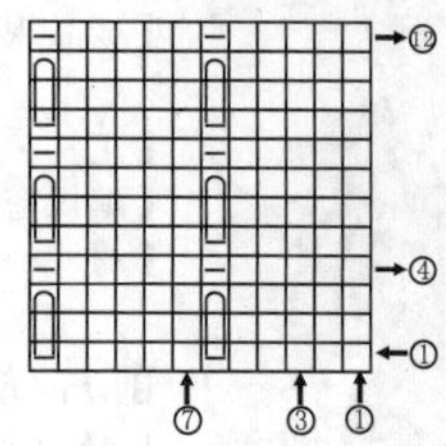

花样C

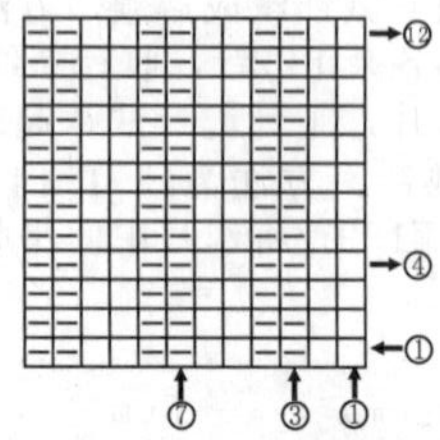

修身大摆连衣裙

【成品规格】裙长68cm，半胸围37cm，肩宽37cm，袖长3cm

【工　　具】13号棒针

【编织密度】30针×40行=10cm²

【材　　料】蓝色棉线450g

前片/后片/裙摆制作说明

1.棒针编织法，裙身分为前片和后片分别编织，从右往左织。裙摆从裙身挑织，从上往下环形编织而成。

2.起织前片，从右袖片开始编织。起56针织花样A，织12行后，第13行在左侧加起39针，共95针编织花样B，右侧肩部位置织5针花样C作为衣领，不加减针一直织至左肩部，织片不加减针织至24行，花样B右侧减针编织，方法为2-2-13，织至50行，不再加减针，织至78行，衣身花样B的针眼改织花样D，织至94行，衣身改回花样B编
织至122行，花样B的右侧加针，方法为2-2-13，织至
行，不再加减针，织至160行，左侧平收39针，余下56
续编织左袖片，织花样A，织至172行，收针断线。

3.起织后片，从左袖片开始编织。起56针织花样A，织
后，第13行在右侧加起39针，共95针编织花样B，左侧肩
置织5针花样C作为衣领，不加减针一直织至右肩部，织
加减针织至24行，花样B左侧减针编织，方法为2-2-31，
至86行，第87行起花样B左侧加针，方法为2-2-31，
148行，不再加减针，织至160行，右侧平收39针，余下
继续编织右袖片，织花样A，织至172行，收针断线。

4.将衣身前片和后片两侧缝缝合，两肩部缝合。

5.起织裙摆片，从衣身腰部挑针起织，挑起192针织花样
环形编织，织14行后，织片分散加针，每2针加1针，织
成288针，织花样B，织至134行，改织花样A，织至146行，
针断线。

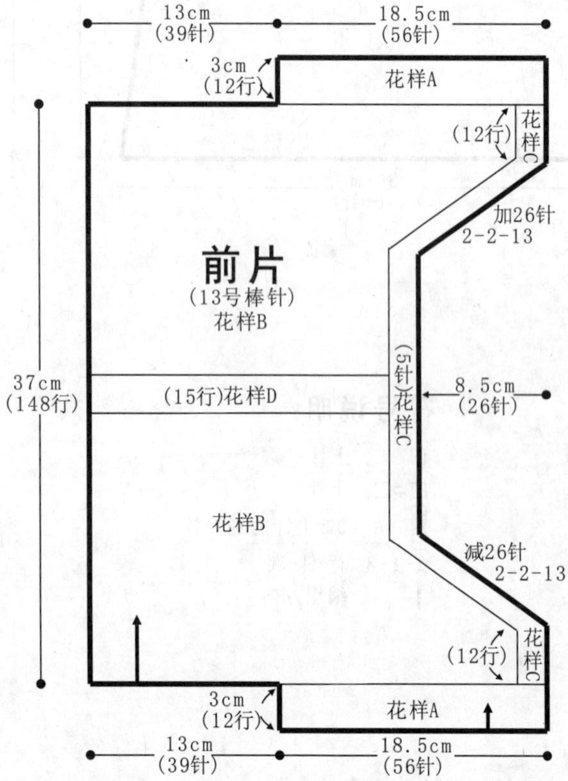
13cm
(39针)
18.5cm
(56针)
3cm
(12行)
花样A
(12行)
花样C
加26针
2-2-13
前片
(13号棒针)
花样B
37cm
(148行)
(15行)花样D
(5针)花样C
8.5cm
(26针)
花样B
减26针
2-2-13
(12行)
花样C
3cm
(12行)
花样A
13cm
(39针)
18.5cm
(56针)

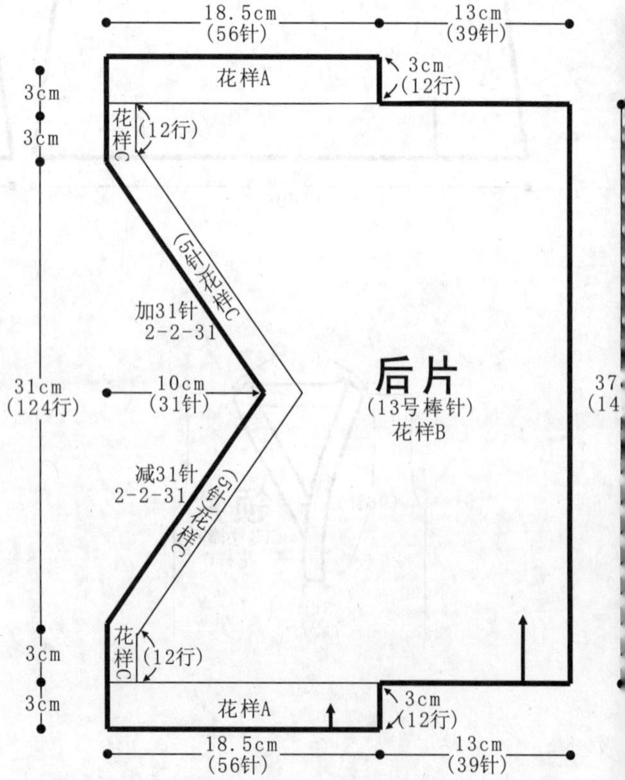
3cm
3cm
31cm
(124行)
3cm
3cm
18.5cm
(56针)
13cm
(39针)
花样A
3cm
(12行)
花样C
(12行)
(5针)花样C
加31针
2-2-31
10cm
(31针)
后片
(13号棒针)
花样B
减31针
2-2-31
(5针)花样C
花样C
(12行)
花样A
3cm
(12行)
18.5cm
(56针)
13cm
(39针)

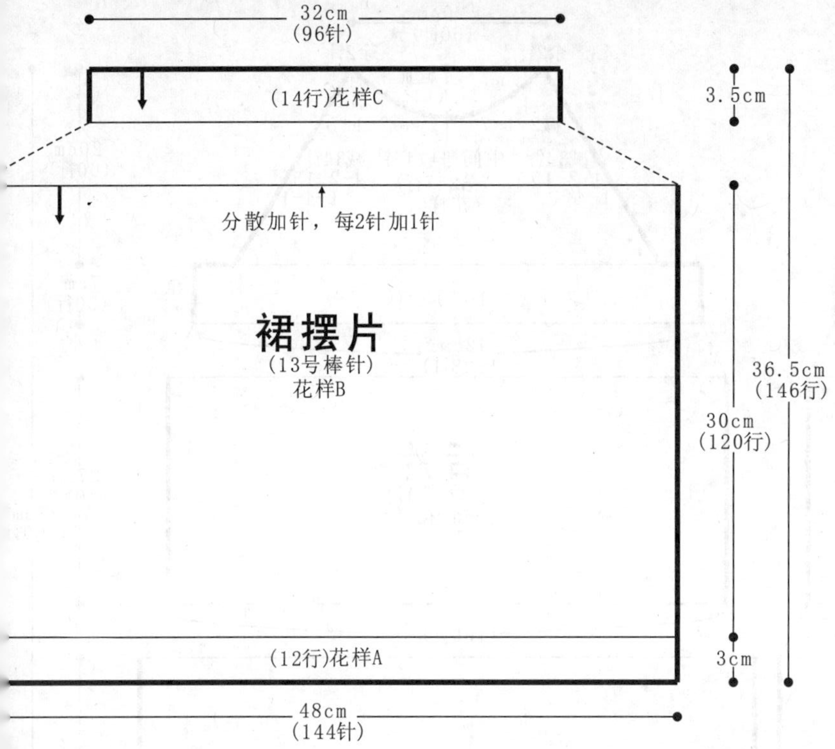

32cm
(96针)
(14行)花样C
3.5cm
分散加针，每2针加1针
裙摆片
(13号棒针)
花样B
36.5cm
(146行)
30cm
(120行)
(12行)花样A
3cm
48cm
(144针)

花样A

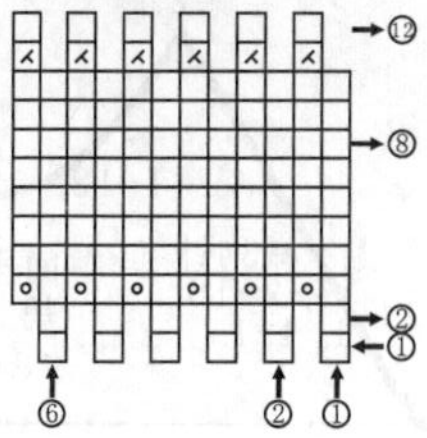

花样B

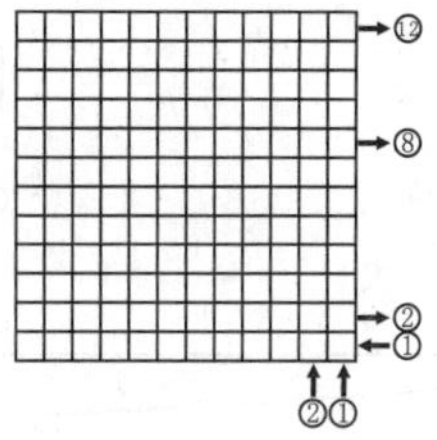

花样D

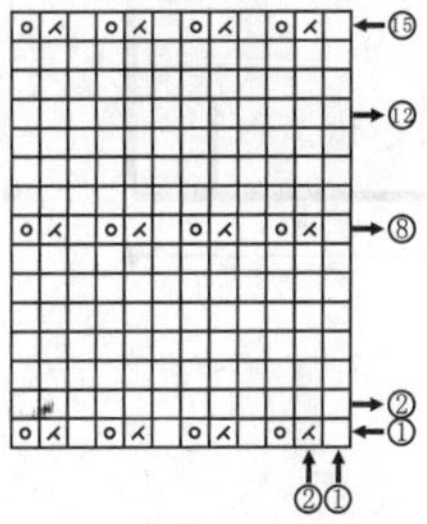

符号说明：

- 上针
- 下针
- 左上1针与右下1针交叉
- 左上2针并1针
- 镂空针
- 2-1-3　行-针-次
- 编织方向

花样C

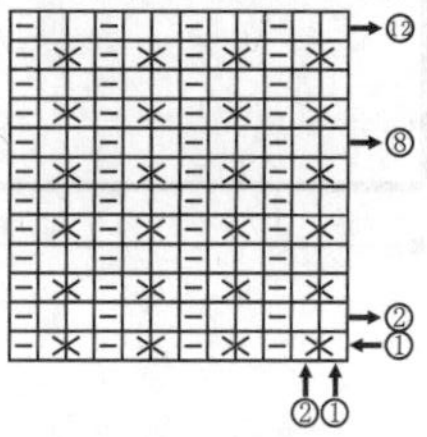

段染波浪纹连衣裙

【成品规格】衣长88cm，半胸围42cm，肩连袖长25cm
【工　　具】12号棒针，1.25cm钩针
【编织密度】30针×29.5行=10cm²
【材　　料】粉黄色段染线500g

前片/后片制作说明

1.棒针编织法，衣身袖窿以下一片环形编织，袖窿起分为前片和后片分别编织。
2.起织，下针起针法起384针织花样A，每12针一组花样，共织16组花样，织至100行，改织花样B，每10针一组花样，共16组花样，织至180行，改织花样C，每8针一组花样，共16组花样，织至200行，将织片分成前片和后片，各取128针，先织后片，前片的针数暂时留起不织。
3.起织后片。分配后片128针到棒针上，织花样D，起织时两侧减针，方法为1-4-1，4-2-15，织至247行，织片中间平收42针，两侧减针织成后领，方法为2-1-7，织至260行，两侧各余下2针，收针断线。
4.起织前片。分配前片128针到棒针上，织花样D，起织时两侧减针，方法为1-4-1，4-2-15，织至237行，织片中间平收32针，两侧减针织成前领，方法为2-1-12，织至260行，两侧各余下2针，收针断线。

领片制作说明

1.领片沿领口环形钩织花样E，织1cm的高度，断线。

袖片制作说明

1.棒针编织法，编织两片袖片。从袖口起织。
2.下针起针法，起86针织花样B，织16行，改织花样D，两侧减针织成插肩袖窿，方法为1-4-1，4-2-15，织至76行，余下18针，收针断线。
3.同样的方法编织另一袖片。
4.将两袖侧缝对应缝合，前片及后片的插肩缝对应袖片的插肩缝缝合。

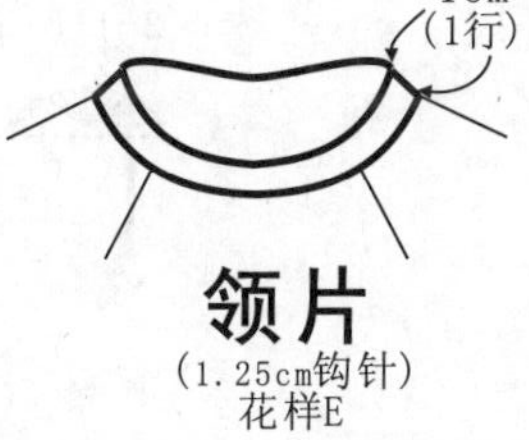

1cm
(1行)

领片
(1.25cm钩针)
花样E

花样D

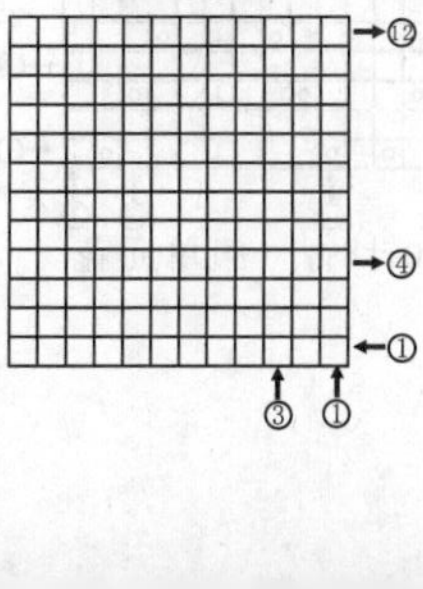

花样E

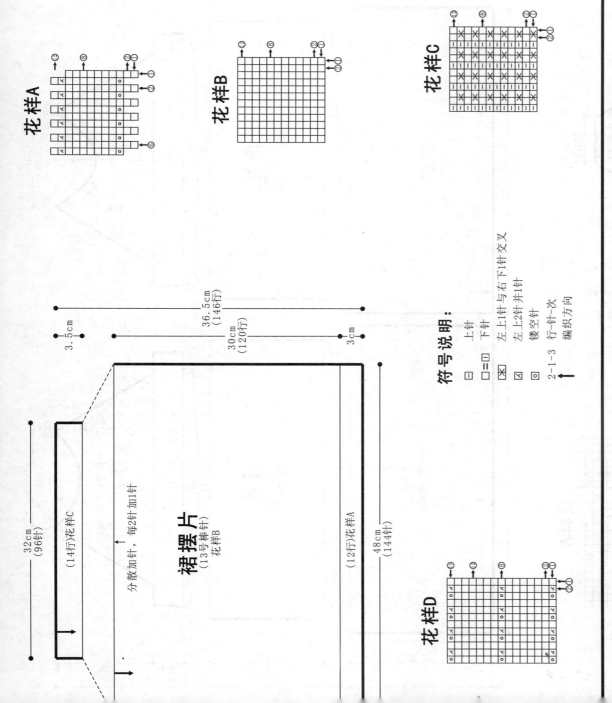

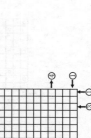

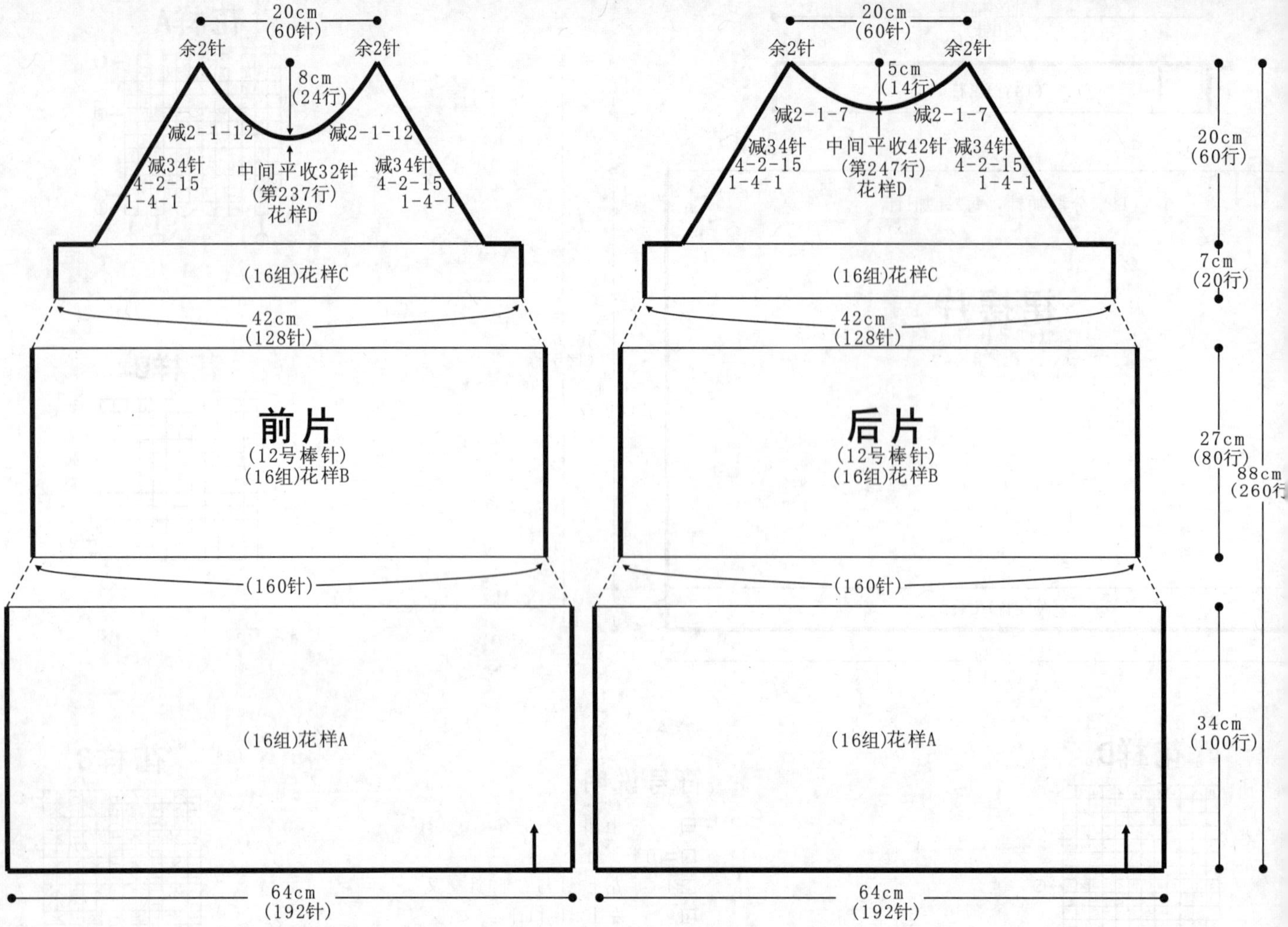
20cm
(60针)
余2针
余2针
8cm
(24行)
减2-1-12
减2-1-12
减34针
4-2-15
1-4-1
中间平收32针
(第237行)
花样D
减34针
4-2-15
1-4-1
(16组)花样C
42cm
(128针)
前片
(12号棒针)
(16组)花样B
(160针)
(16组)花样A
64cm
(192针)
20cm
(60针)
余2针
余2针
5cm
(14行)
减2-1-7
减2-1-7
减34针
4-2-15
1-4-1
中间平收42针
(第247行)
花样D
减34针
4-2-15
1-4-1
(16组)花样C
42cm
(128针)
后片
(12号棒针)
(16组)花样B
(160针)
(16组)花样A
64cm
(192针)
20cm
(60行)
7cm
(20行)
27cm
(80行)
88cm
(260行)
34cm
(100行)

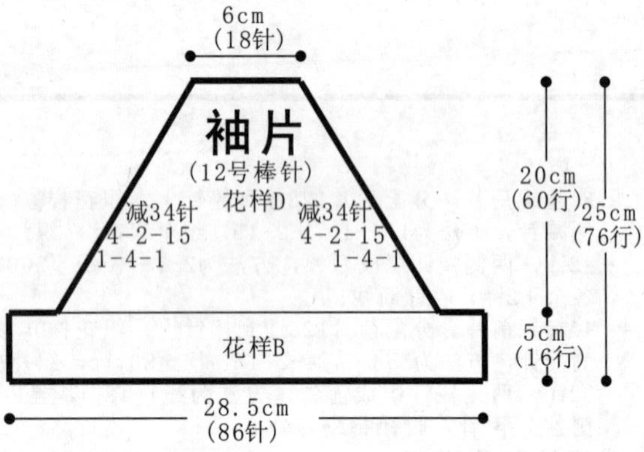
6cm
(18针)
袖片
(12号棒针)
花样D
减34针
4-2-15
1-4-1
减34针
4-2-15
1-4-1
花样B
28.5cm
(86针)
20cm
(60行)
25cm
(76行)
5cm
(16行)

花样A

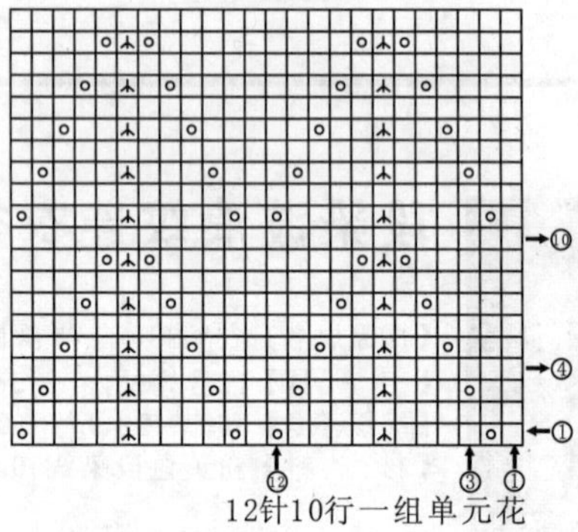
⑩
④
①
⑫
③
①

12针10行一组单元花

花样C

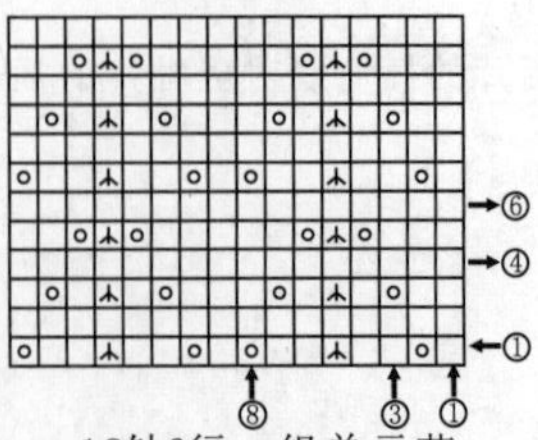
⑥
④
①
⑧
③
①

18针6行一组单元花

花样B

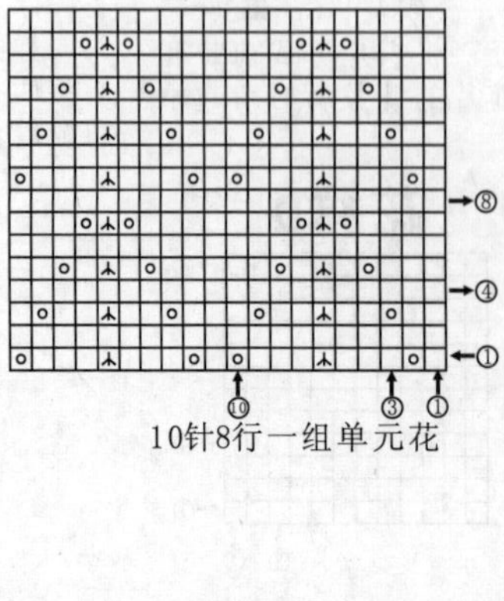
⑧
④
①
⑩
③
①

10针8行一组单元花

符号说明：

- ⊟ 上针
- □=⊞ 下针
- ⊡ 镂空针
- 中上3针并1针
- 2-1-3 行-针-次
- 11针的扇形
- ↑ 编织方向

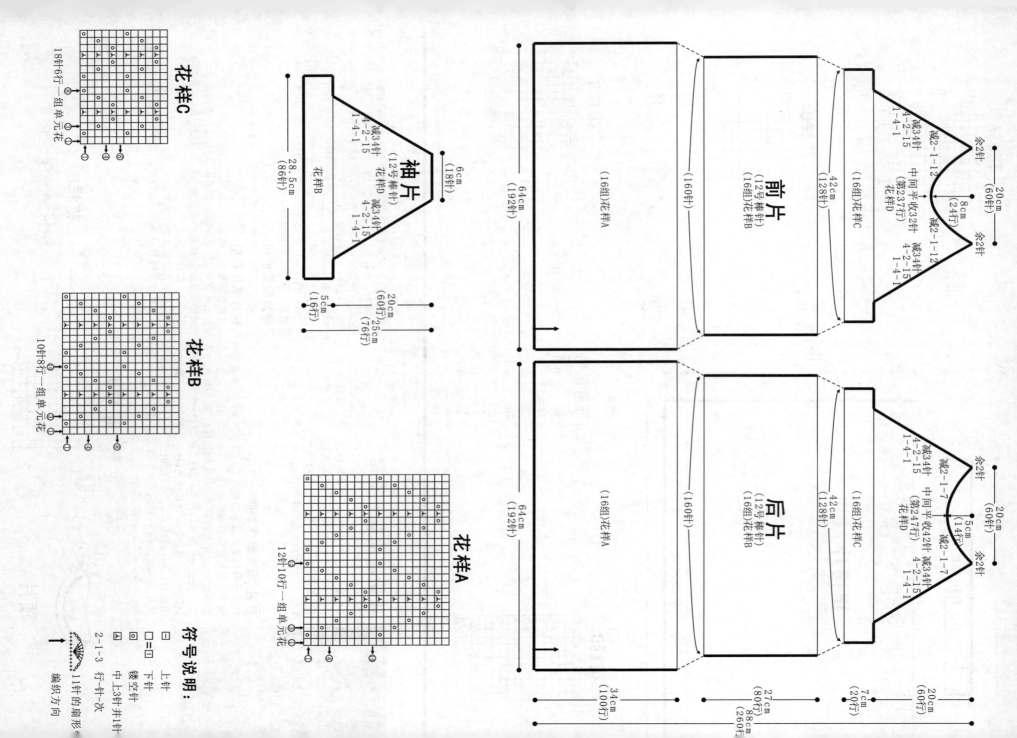

迷人裙装大衣

【成品规格】衣长71cm，半胸围35cm，肩宽28cm，
袖长58cm
【工　　具】10号棒针，12号棒针
【编织密度】16针×22行=10cm²
【材　　料】灰色棉线600g

前片/后片制作说明

1.棒针编织法，袖窿以下一片编织，袖窿起分为左前片，右前片和后片分别编织。
2.起织，下针起针法，起264针，起织和最后各织8针花样B作为衣襟，衣身织花样A，织8行后，将织片按结构图所示分成5部分，减针编织，方法为4-1-18，织至88行，织片变成120针，不加减针织至114行，第115行开始将织片分片，左右前片各取32针，后片取56针编织。
3.先织后片，织花样A，起织时两侧减针织成袖窿，方法为1-2-1，2-1-4，织至152行，第153行将织片中间平收28针，两侧减针织成后领，方法为2-1-2，织至156行，两侧肩部各余下6针，收针断线。
4.分配左前片32针到棒针上，织花样A，衣襟8针继续编织花样B，起织时左侧减针织成袖窿，方法为1-2-1，2-1-4，织至136行，第137行起右侧衣领减针，方法为1-12-1，2-1-8，共减17针，织至156行，肩部余下6针，收针断线。
5.同样的方法相反方向编织右前片，完成后前片与后片的两肩部对应缝合。

领片制作说明

1.棒针编织法，先编织领片两侧衣襟，分配衣襟8针到棒针上，织花样A，织14行后，收针断线。
2.沿一侧衣襟侧挑起22针织花样C，织88行后，与另一侧衣襟侧边缝合。

袖片制作说明

1.棒针编织法，编织两片袖片。从袖口起织。
2.单罗纹针起针法，起38针织花样B，织36行，改织花样A，两侧同时加针，方法为10-1-5，织至94行，两侧减针编织袖山，方法为1-2-1，2-1-17，两侧各减少19针，织至128行，织片余下10针，收针断线。
3.同样的方法再编织另一袖片。
4.缝合方法:将袖山对应前片与后片的袖窿线，用线缝合，再将两袖侧缝对应缝合。

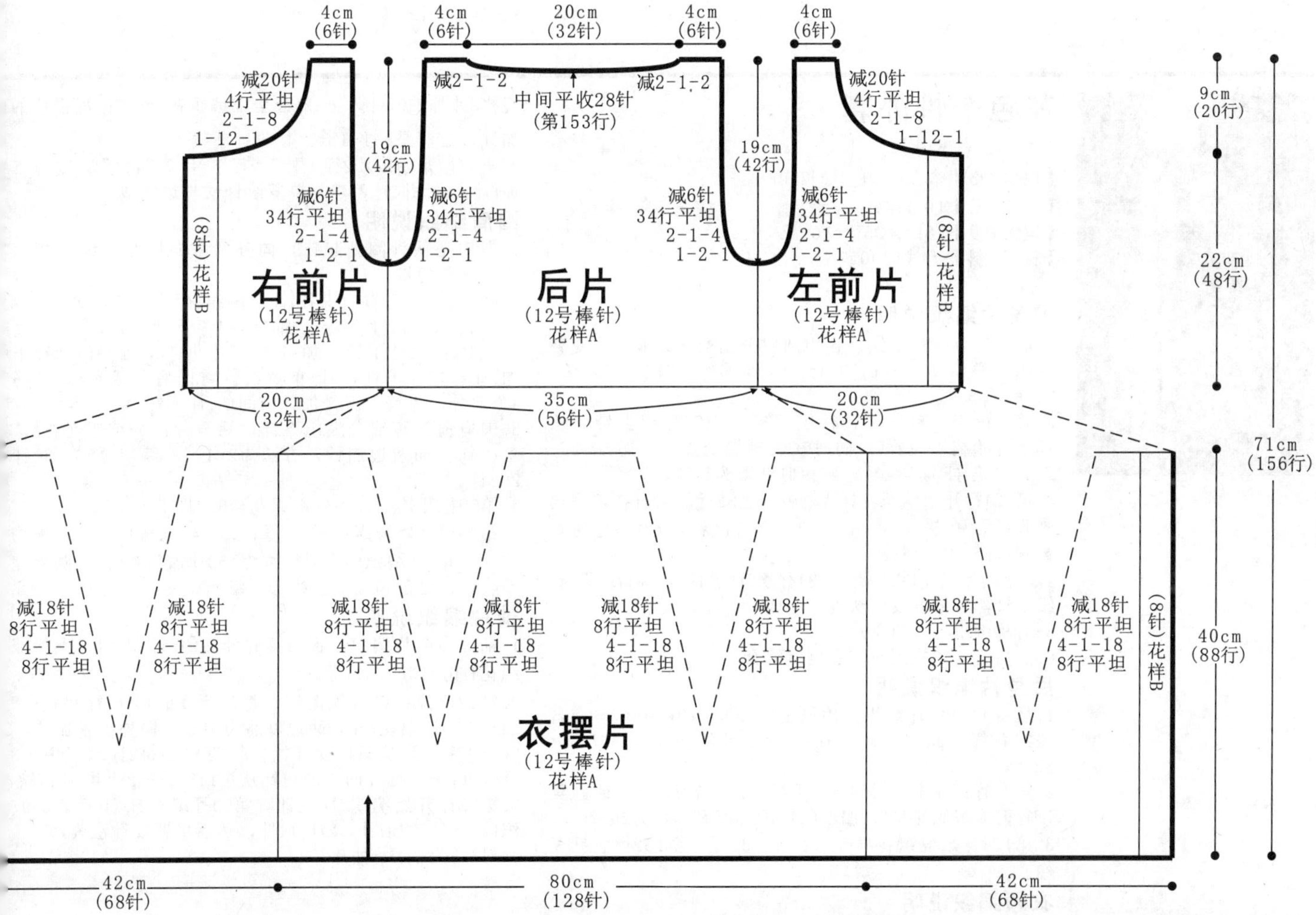

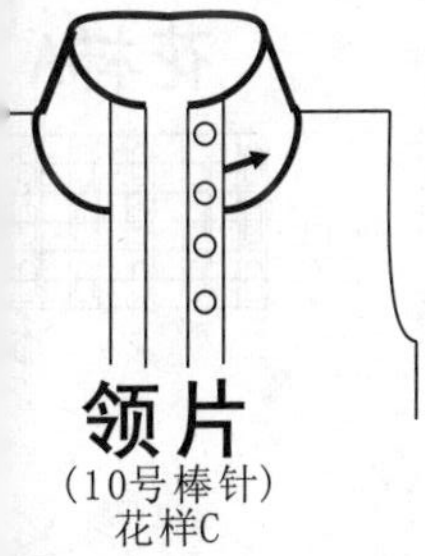
领片
(10号棒针)
花样C

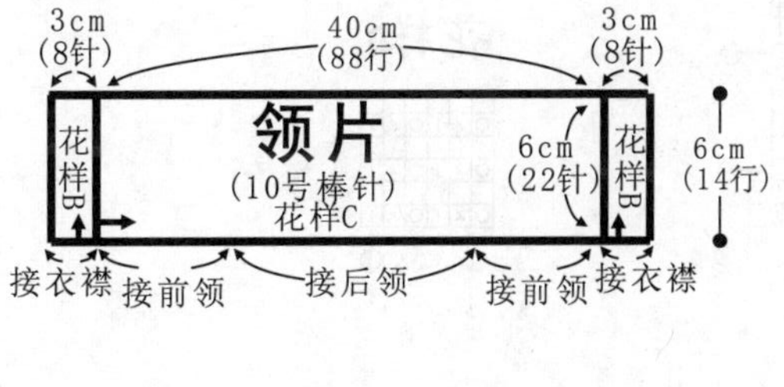

花样A

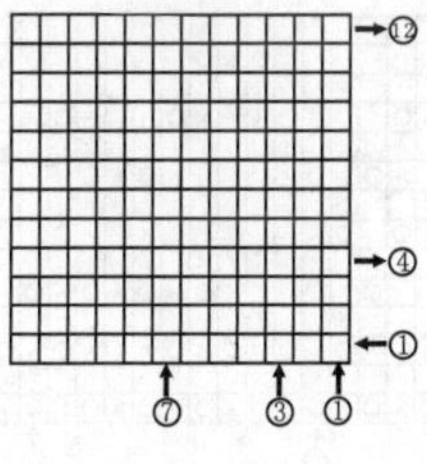

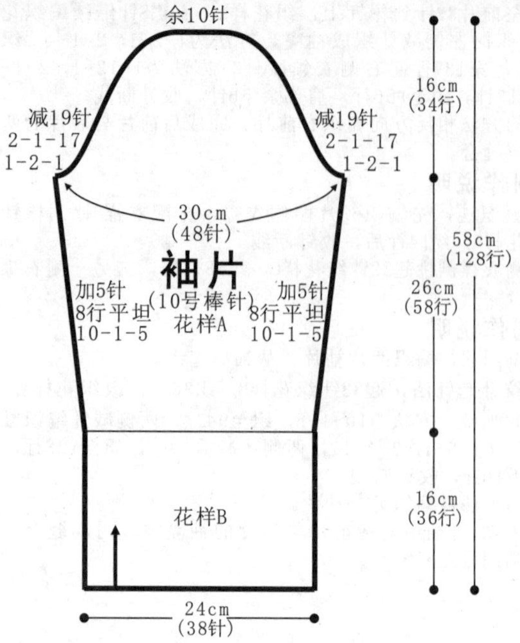

余10针
减19针
2-1-17
1-2-1
减19针
2-1-17
1-2-1
30cm
(48针)
袖片
(10号棒针)
花样A
加5针
8行平坦
10-1-5
加5针
8行平坦
10-1-5
花样B
24cm
(38针)
16cm
(34行)
58cm
(128行)
26cm
(58行)
16cm
(36行)

花样B

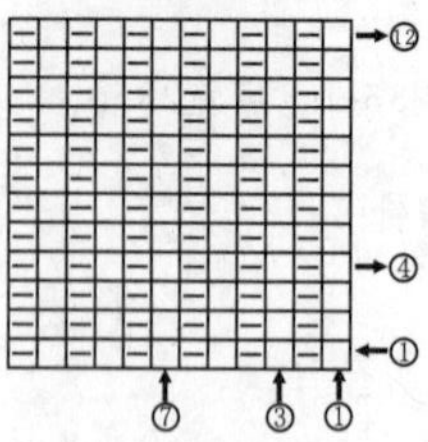

符号说明：

- 上针
- □=▯ 下针
- 右上2针与左下2针交
- 2-1-3 行-针-次
- ↑ 编织方向

花样C

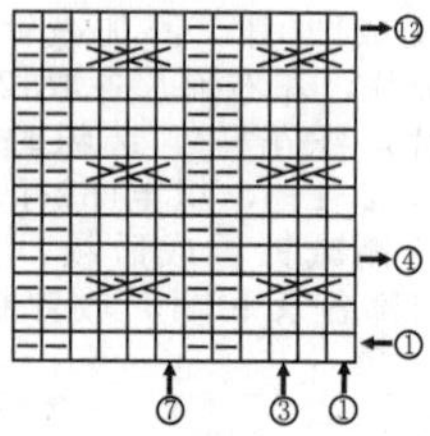

灰色个性外套

【成品规格】衣长66cm，袖长50cm
【工　　具】10号棒针
【编织密度】28针×35行=10cm²
【材　　料】毛线1000g

前身片编织说明

1.前身片为两片编织，各用圆肩分出的59针编织，交替编织花样J、D，11cm，39行后变换编织花样A，共7cm，32行。
2.第72行织上针，第73行织下针，第74行织上针。第75行开始编织花样F，同时在衣侧缝处加针，方法为4-1-12，花样F编织46行，结束时针数为71针。
3.第121行开始编织花样A，共7cm，32行，同时在门襟内侧收针，顺序是2-3-6，4-2-5交替减针，至152行时针数剩47针，收针断线。
4.沿斜下摆及门襟挑针，第1行织2针并1针，加1针;第2行织上针然后单罗纹针法收针完成。
5.对称编织另一前身片。
6.前后身片完成后对准衣侧缝缝合。

后身片编织说明

1.后身片为一片编织，用圆肩分出的110针编织，交替编织花样J、D，11cm，39行后变换编织花样A，共7cm，32行。
2.第72行织上针，第73行织下针，第74行织上针。第75行开始编织花样G，编织46行，结束时针数为205针。
3.第121开始编织花样A，共7cm，32行，至152行收针断线。

衣领编织说明

1.衣领为一片编织，方法是沿领窝对应挑出围肩起针除门襟8针外的95针，分4部分全部编织花样A，在每根筋的加针，方法是2-1-18。 行收针断线。
2.第37行开始编织2行上针，2行下针。第41行编织1针下加1针，2针并1针，然后单罗纹针法收边完成。

围肩编织说明

1.围肩是从领圈处起针，向外圆方向扩张编织，成圆状，开前门襟。
2.起103针，左右门襟各4针，编织2行单罗纹，第3行：4罗纹门襟，11针下针，加1针，1针下针，加1针，35针A，加1针，1针下针，加1针，35针花样A，加1针，1针下加1针，11针下针，4针单罗纹。将围肩分成有3条“筋4个部分，“筋”就是加针中间的1针下针。
3.围肩前身片部分编织下针，后身片部分编织花样A，条“筋”的两边加针，方法为2-1-28.编织至58行时针263针。
4.第59行开始不加减针编织花样B，共15行。
5.第75行开始编织花样C，每花25针，共排11个花，需均12针，花样C编织14行后针数为363针加门襟8针，圆肩完不收针，全部留在针上待分片编织。

袖片编织说明

1.袖片为两片编织，各用圆肩分出的71针编织，不加减织花样G，13cm，41行。
2.第42行按袖口编织图解，将71针分成4个17针和3个“(1针)，编织1花样H。两边以筋为中心，向外扩张加针，20.袖片中间从第11行开始以筋为中心每2行编织中上31针，17次。袖片两端的边针从第11行开始2针并1针17次。
3.第92行开始编织2行上针。第94行编织2行下针。第96织1针下针，加1针，2针并1针，然后单罗纹针法收边。
4.对称编织另一袖片。

花样C

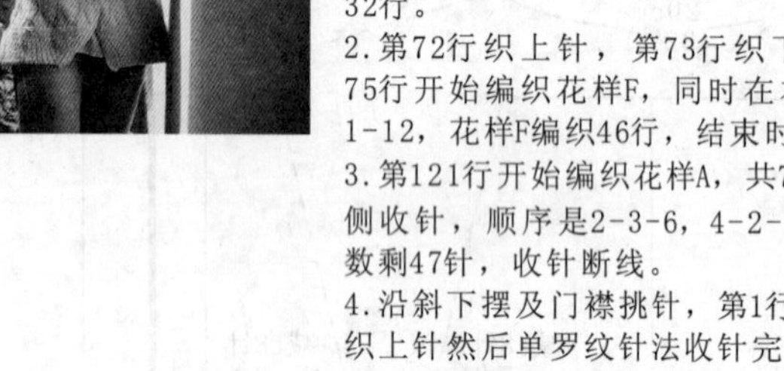

花样D

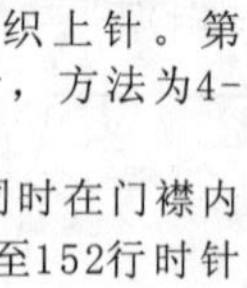

花样E

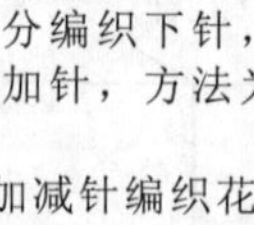

花样A

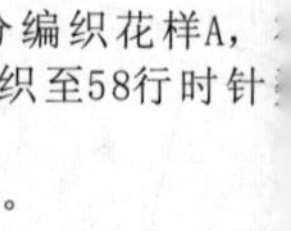

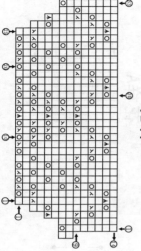

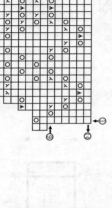

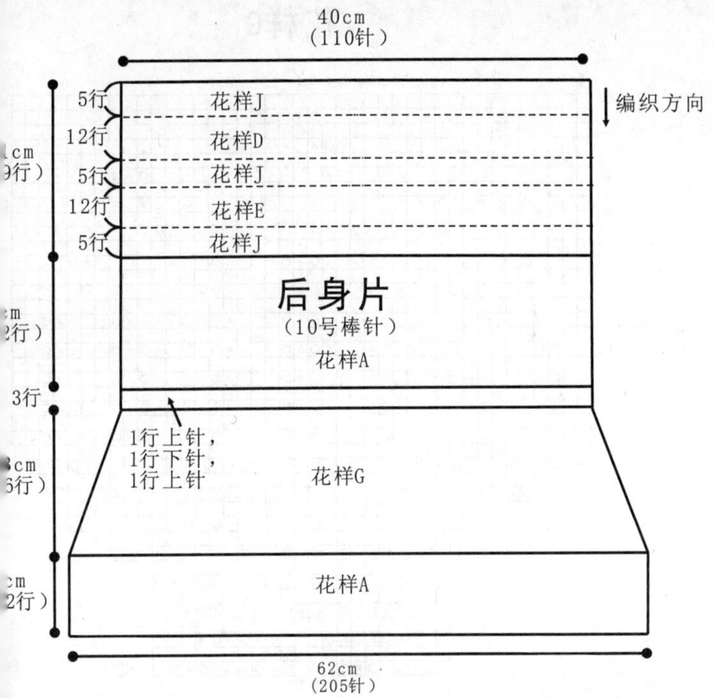

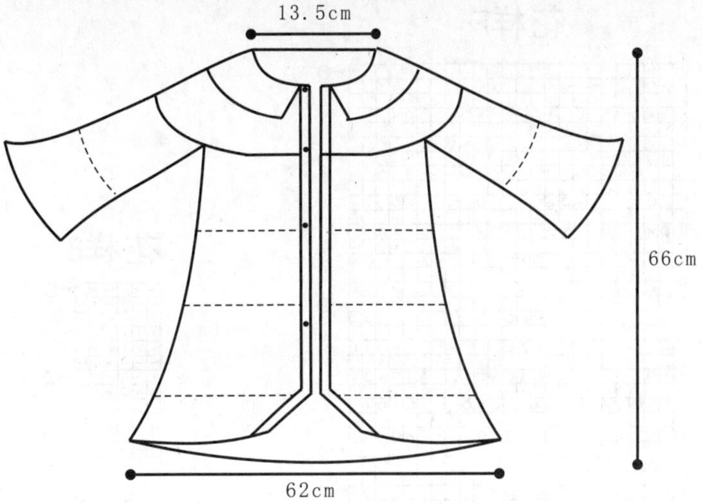

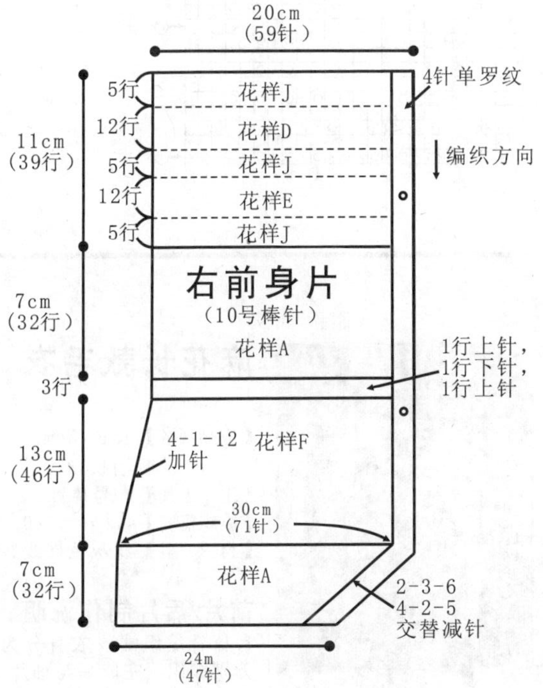

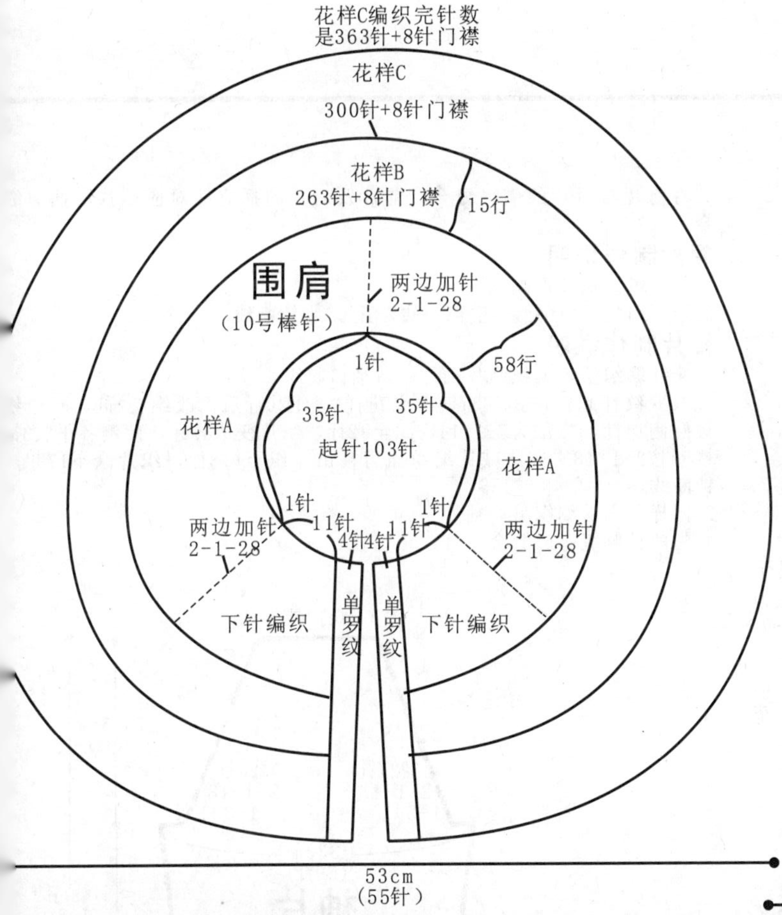

袖口花样图解

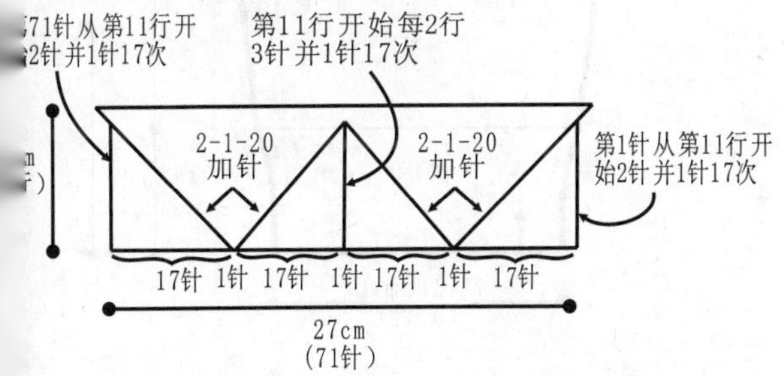

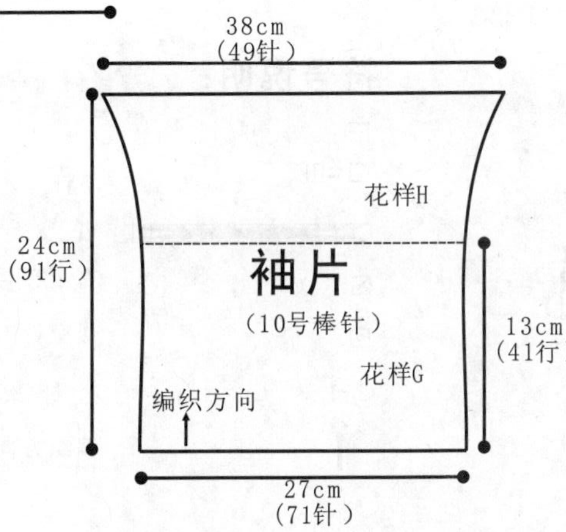

花样J

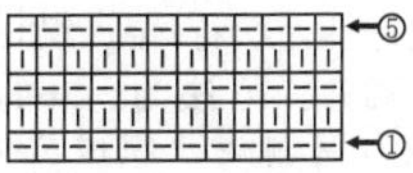

花样G

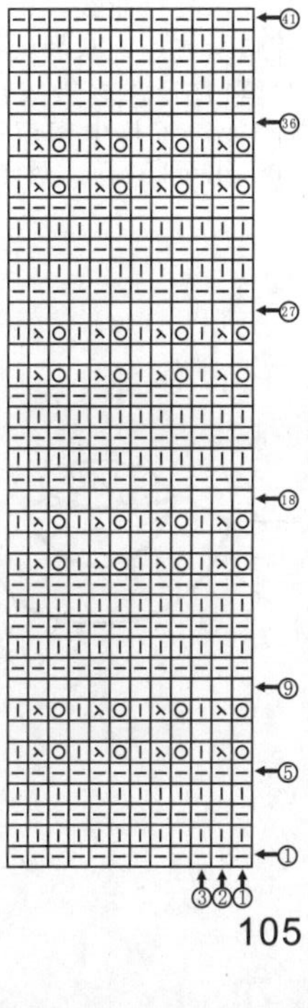

花样F

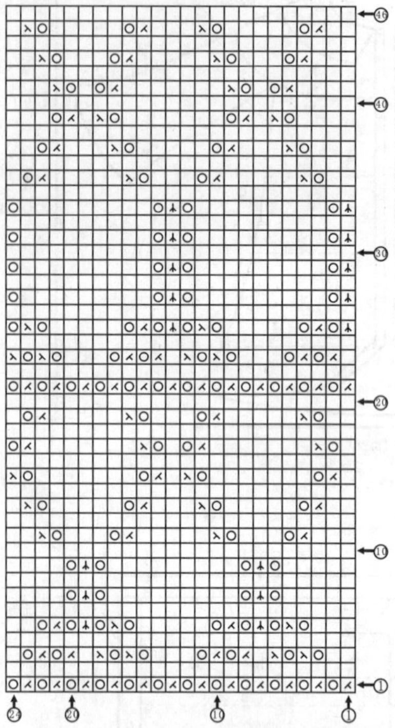
44
40
30
20
10
1
24
20
10
1

花样B

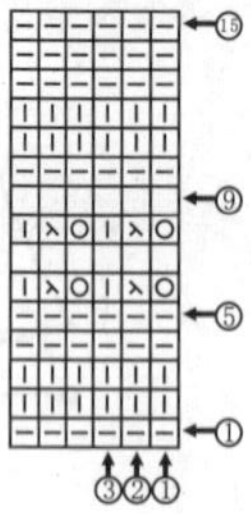
15
9
5
1
3
2
1

花样G

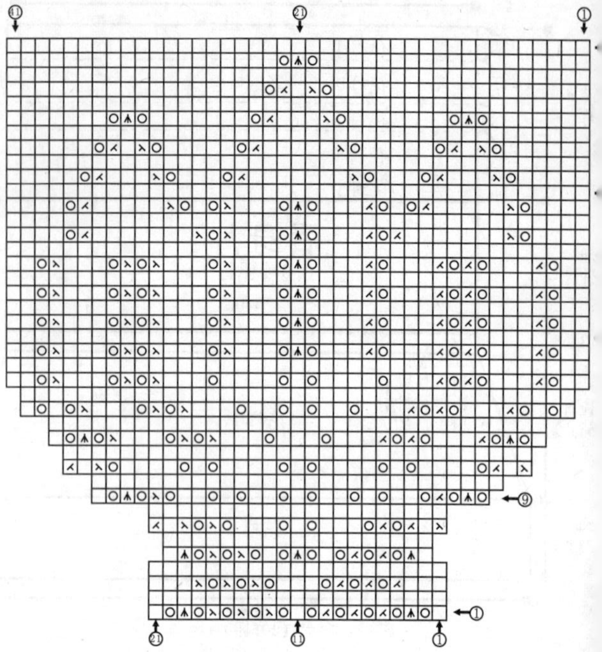
41
21
1
9
1
21
11
1

麻花长款毛衣

【成品规格】衣长75cm，半胸围44cm，袖长58cm
【工　　具】10号棒针
【编织密度】17.7针×20.3行=10cm²
【材　　料】浅灰色棉线共600g

前片/后片制作说明

1.棒针编织法，衣身分为前片和后片，分别编织，完成后与袖片缝合而成。
2.起织后片，双罗纹针起针法起78针，织花样A，织38行，改织花样B，织至116行，然后减针织成插肩袖窿，方法为1-3-1，2-1-18，织至152行，织片余下36针，收针断线。
3.起织前片，双罗纹针起针法起78针，织花样A，织38行，改织花样B，织至116行，然后减针织成插肩袖窿，方法为1-3-1，2-1-18，织至133行，织片中间留取14针不织，两侧减针织成前领，方法为2-1-10，织至152行，两侧各余下1针，收针断线。
4.将前片与后片的侧缝缝合，前片及后片的插肩缝对应袖片的插肩缝合。

领片制作说明

1.棒针编织法环形编织
2.沿领口挑起116针织花样A，共织8行，收针断线。

袖片制作说明

1.棒针编织法，编织两片袖片。从袖口起织。
2.双罗纹针起针法，起37针，织花样A，织20行后，改织花样B，一边织边两侧加针，方法为5-1-11，织至82行，织片变成59针，两侧各平收3针，接着按2-1-18的方法减针编织插肩袖山。织至118行，织片余下17针，收针断线。
3.同样的方法编织另一袖片。
4.将两袖侧缝对应缝合。

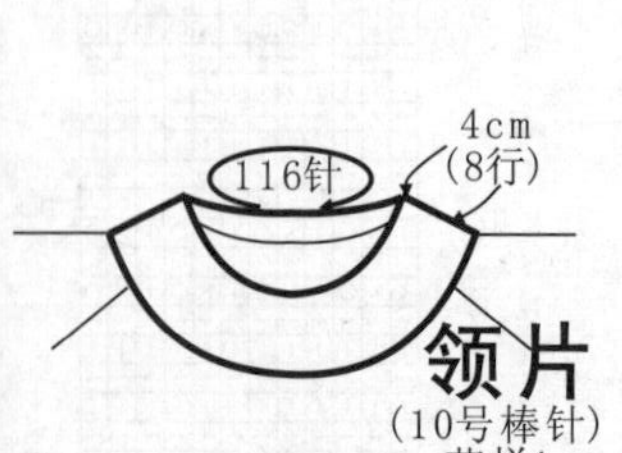
116针
4cm
(8行)
领片
(10号棒针)
花样A

符号说明：

- ⊟ 上针
- □=⊡ 下针
- ▬ 右上8针与左下7针交叉
- ⊠ 右上2针并1针
- ⊙ 镂空针
- 2-1-3 行-针-次
- ↑ 编织方向

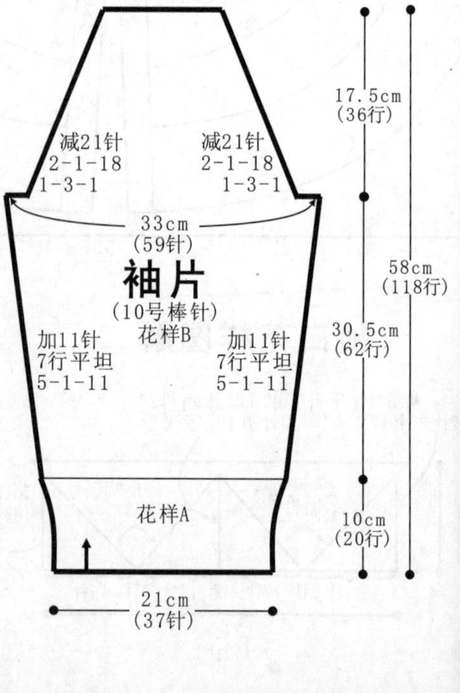
余17针
减21针
2-1-18
1-3-1
减21针
2-1-18
1-3-1
33cm
(59针)
袖片
(10号棒针)
花样B
加11针
7行平坦
5-1-11
加11针
7行平坦
5-1-11
花样A
17.5cm
(36行)
58cm
(118行)
30.5cm
(62行)
10cm
(20行)
21cm
(37针)

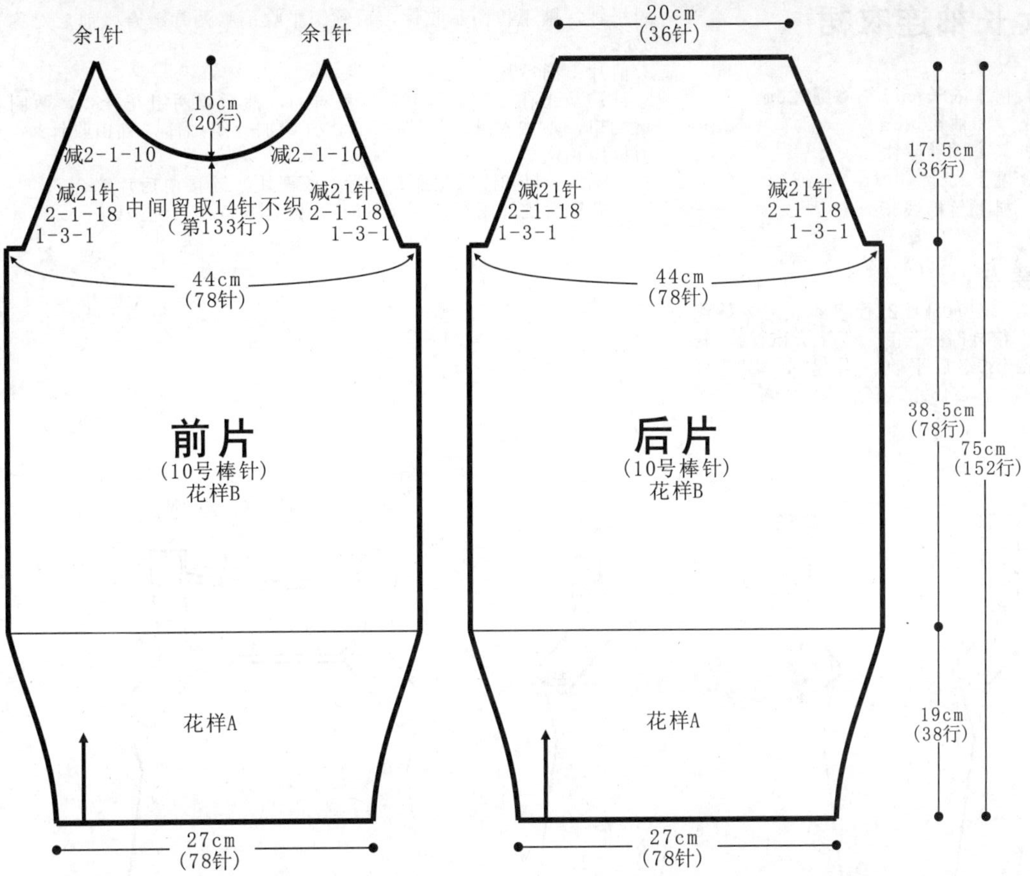
余1针
余1针
10cm
(20行)
减2-1-10
减2-1-10
减21针
2-1-18
1-3-1
中间留取14针不织
(第133行)
减21针
2-1-18
1-3-1
44cm
(78针)
前片
(10号棒针)
花样B
花样A
27cm
(78针)
20cm
(36针)
减21针
2-1-18
1-3-1
减21针
2-1-18
1-3-1
44cm
(78针)
后片
(10号棒针)
花样B
花样A
27cm
(78针)
17.5cm
(36行)
38.5cm
(78行)
75cm
(152行)
19cm
(38行)

花样A

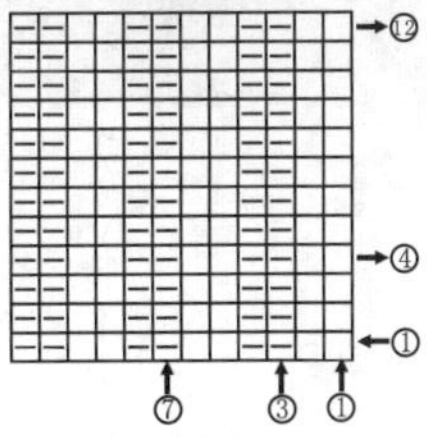

花样B

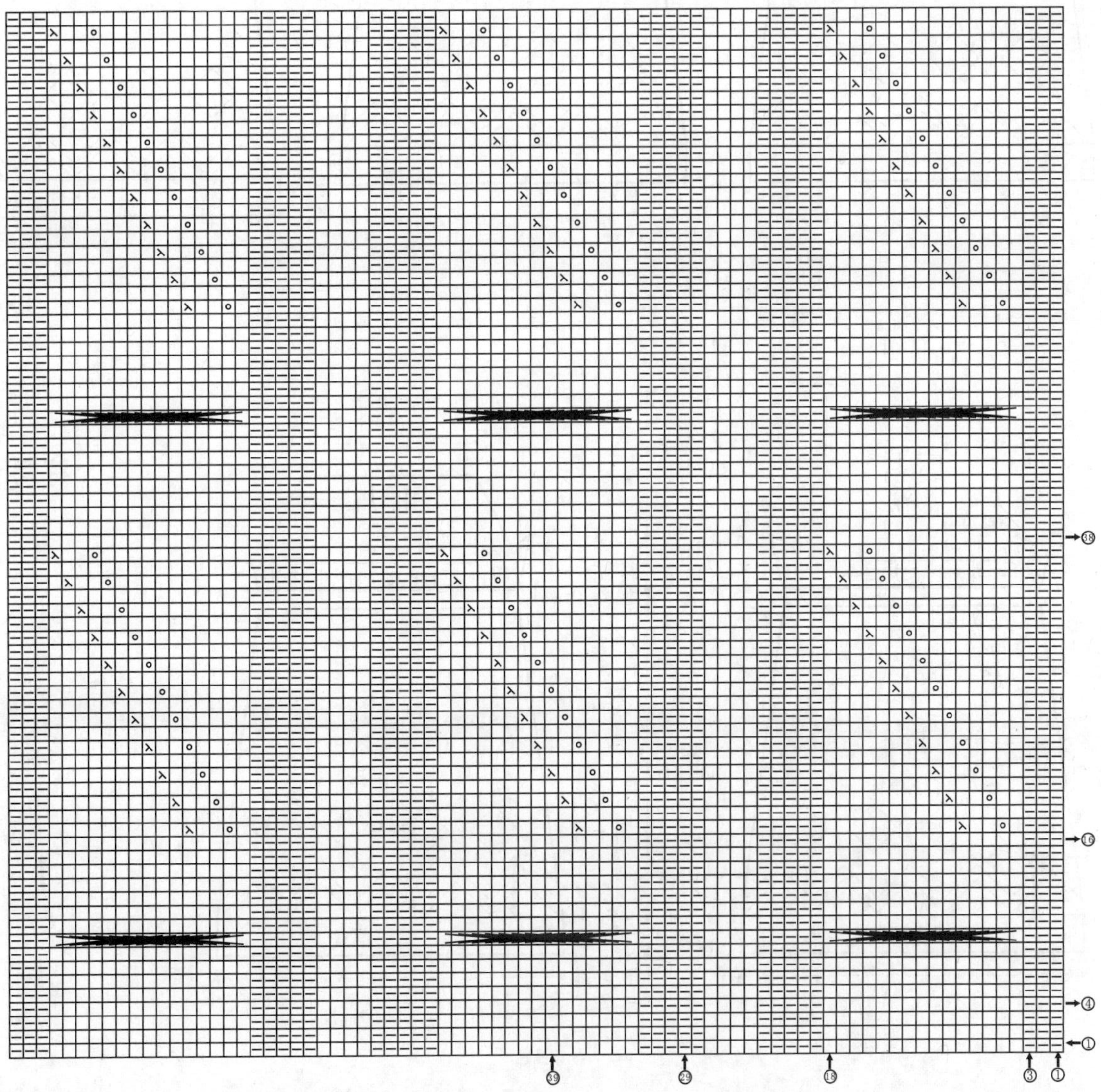

淑女长袖连衣裙

【成品规格】衣长75cm，胸围82cm，
袖长68cm
【工　　具】12号棒针
【编织密度】23针×30行=10cm²
【材　　料】丝棉线650g

编织要点

1.后片：起110针织22行双罗纹后开始织花样A、花样B各一组，然后织花样C，花样C交错织9组后平收；另起74针织花样D8行后，中心46针织花样E，两侧各14针织平针，腋下按图示收针，后领部平收；将两片缝合，前后对称各打[…]3处。

2.前片：同后片。

3.袖：从下往上织，起50针织花样A1，然后织两组花样C，两侧收针[…]喇袖口，不加不减织8行花样D，开始加针织袖筒，袖山收针每4行收2[…]为机织袖型。

4. 补肩：起92针织花样E18行，织两块，连接前后片缝合。

5. 沿领窝挑针织领，织平针8行，缝合成双层，完成。

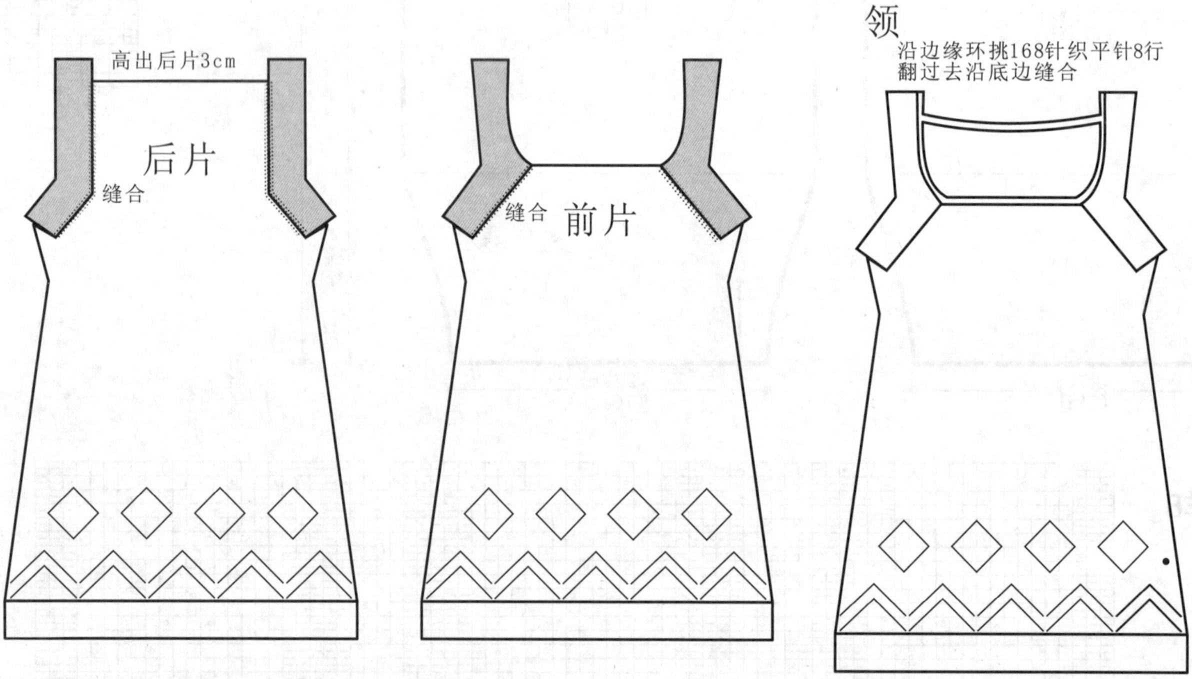
高出后片3cm
后片
缝合
缝合
前片
领
沿边缘环挑168针织平针8行
翻过去沿底边缝合

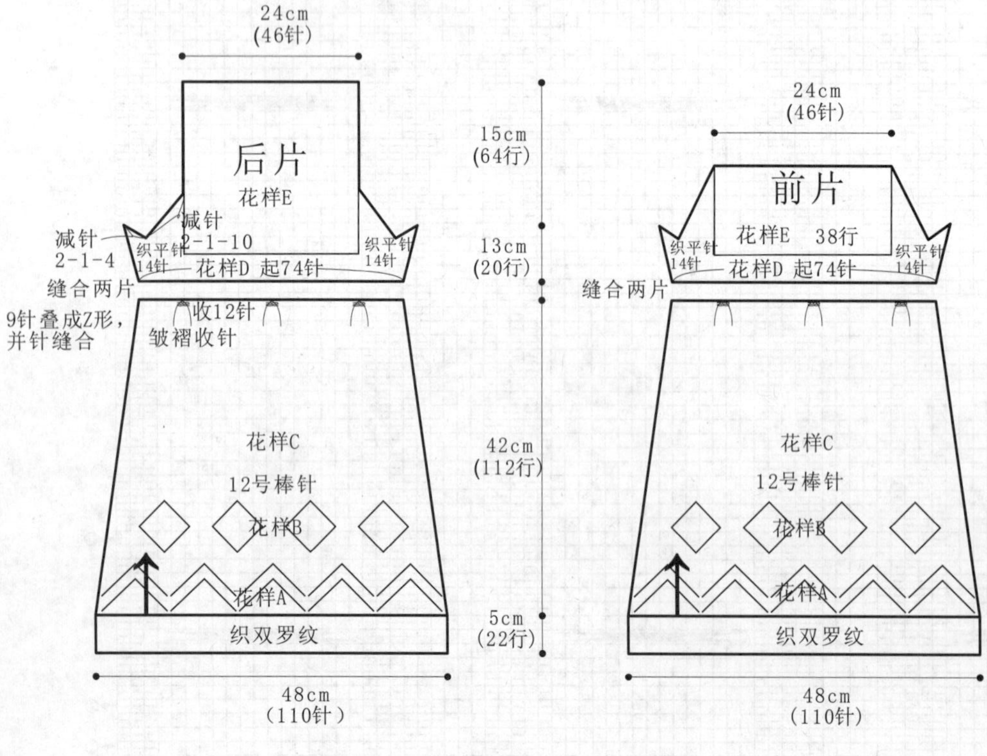
24cm
(46针)
后片
花样E
减针
2-1-10
减针
2-1-4
织平针
14针
织平针
14针
花样D 起74针
缝合两片
收12针
9针叠成Z形，
并针缝合
皱褶收针
花样C
12号棒针
花样B
花样A
织双罗纹
48cm
(110针)
15cm
(64行)
13cm
(20行)
42cm
(112行)
5cm
(22行)
24cm
(46针)
前片
花样E 38行
织平针
14针
织平针
14针
花样D 起74针
缝合两片
花样C
12号棒针
花样B
花样A
织双罗纹
48cm
(110针)

符号说明：

- 丨=□ 下针
- 上针
- 镂空针
- 左上2针并1针
- 右上2针并1针
- 中上3针并1针
- 左上1针交叉
- 右上1针交叉
- 延伸上针
- 2-1-3 行-针-次
- 编织方向

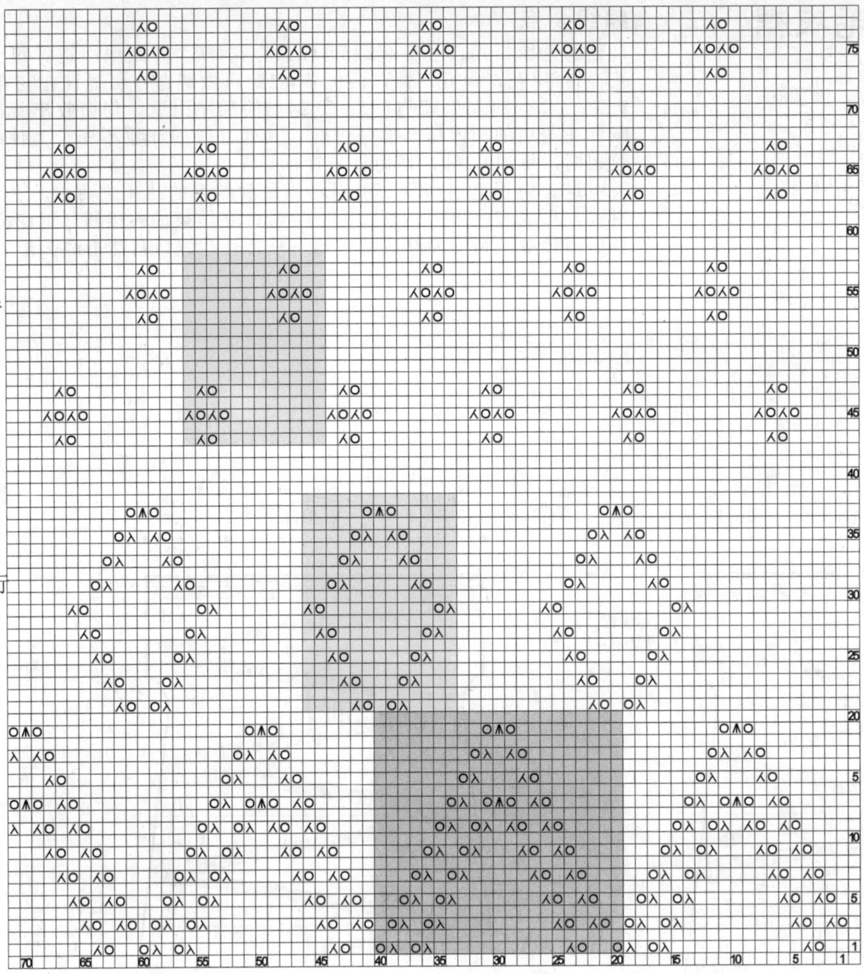

样C
×16行

样B
×18行

花样A
21针×20行

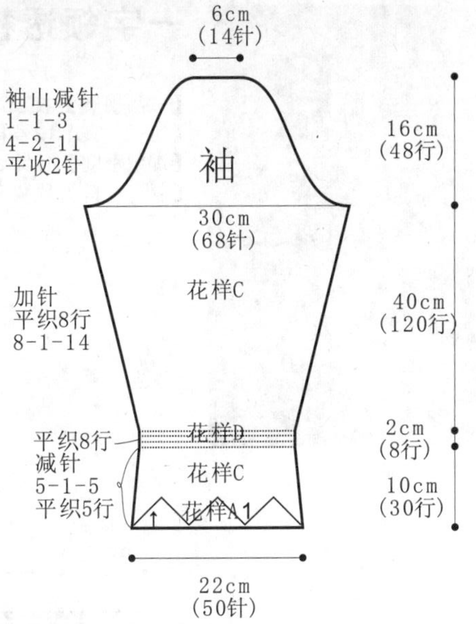
6cm
(14针)
袖山减针
1-1-3
4-2-11
平收2针
袖
16cm
(48行)
30cm
(68针)
加针
平织8行
8-1-14
花样C
40cm
(120行)
平织8行
减针
5-1-5
平织5行
花样D
花样C
花样A1
2cm
(8行)
10cm
(30行)
22cm
(50针)

袖口花样

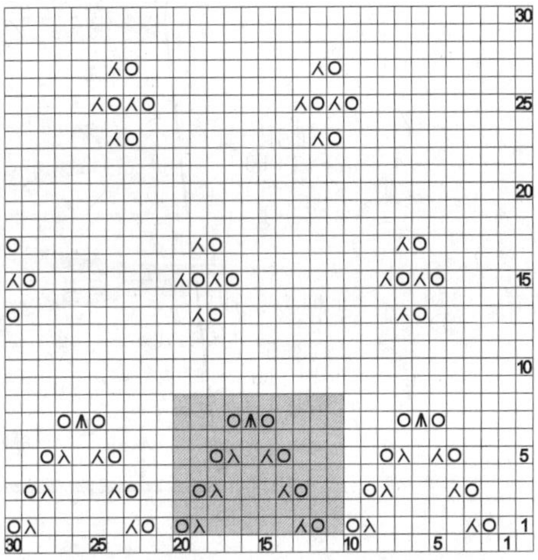

花样A1
10针×28行

肩 织两块

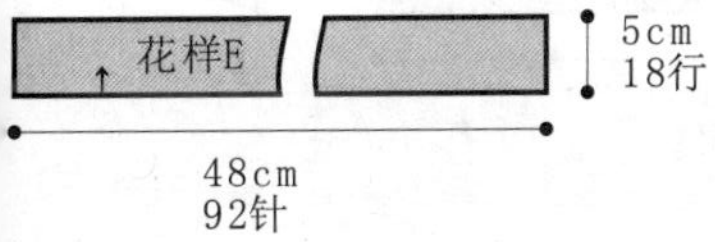
花样E
5cm
18行
48cm
92针

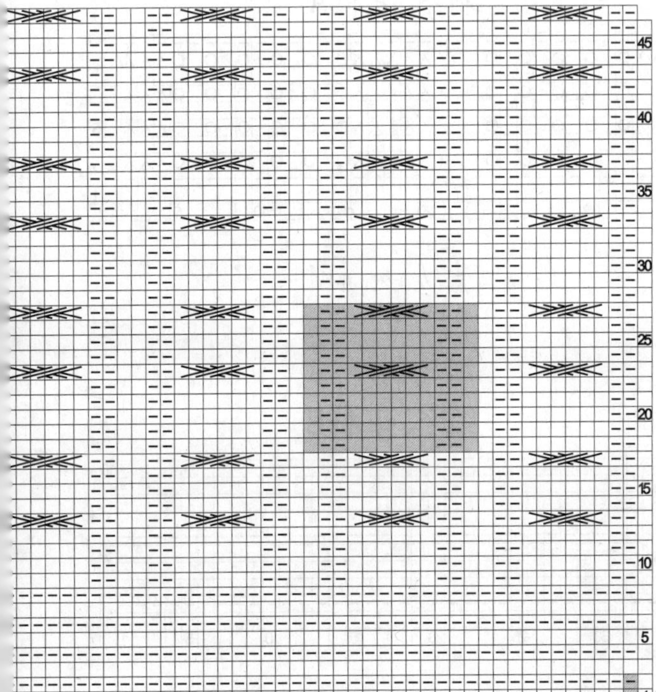

花样E
12针×10行

花样D
1针×2行

袖山收针方法

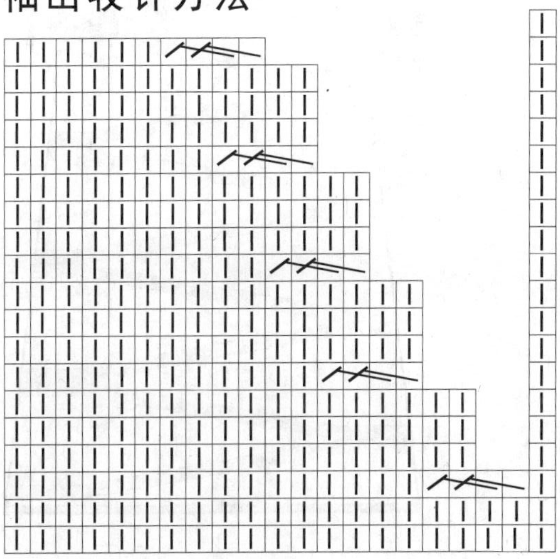

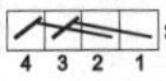= 第4针和第2针并收，第3针和第1针并收

一字领透视毛衣裙

【成品规格】衣长70cm，胸围80cm
【工　　具】13号棒针
【编织密度】42针×64行=10cm²
【材　　料】段染亚麻250g

编织要点

1.分两片织，用13号针起223针织10行花样C，开始织引退针组合花样，花样A13组花，每花17针，两侧各留1针用做缝合；引退针在花样B进行，2-24-1，2-11-10，2-13-5，2-24-1的顺序引退，稍微收出腰部曲线，减针在两边的24针那一部分进行，其他分段的针数不变。为使两边加减数相同，每加减1针，请用计号针标记。

2.引退针为正退引和反面引退，以最后结束的24针为轴心，上下引退针对称，形成一个平面，领口为一字领，在结束的时候织10行花样C为边，合肩部针数，利用亚麻线的自然下垂特性，领口自然形成弧形。

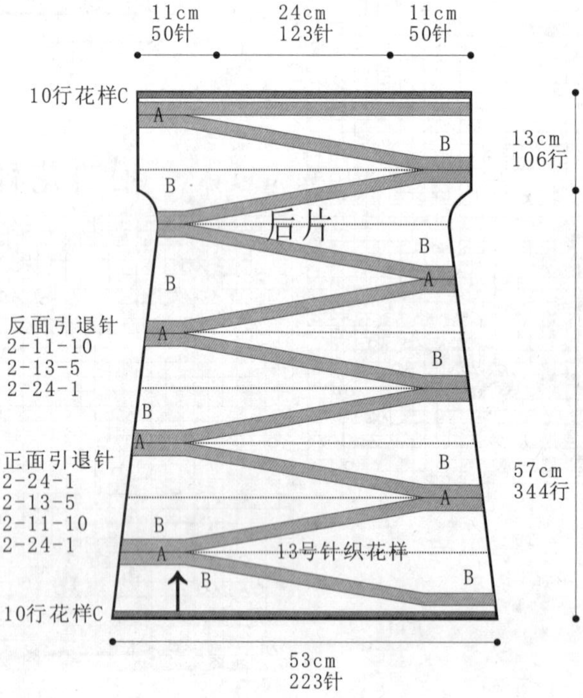

11cm
50针
24cm
123针
11cm
50针
10行花样C
13cm
106行
后片
反面引退针
2-11-10
2-13-5
2-24-1
正面引退针
2-24-1
2-13-5
2-11-10
2-24-1
57cm
344行
13号针织花样
10行花样C
53cm
223针

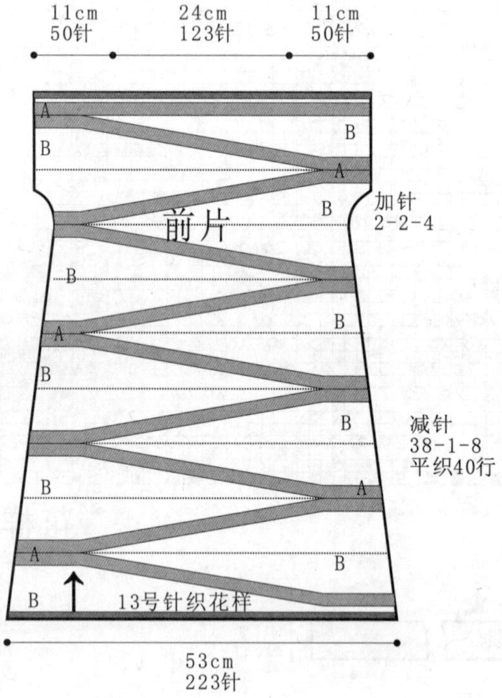

11cm
50针
24cm
123针
11cm
50针
前片
加针
2-2-4
减针
38-1-8
平织40行
13号针织花样
53cm
223针

袖

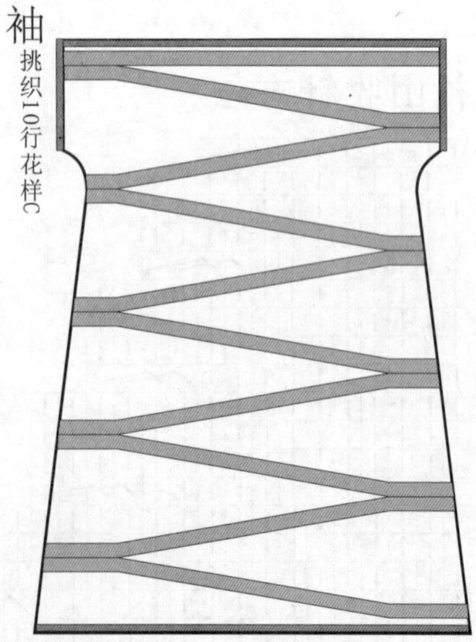

挑织10行花样C

编织花样A

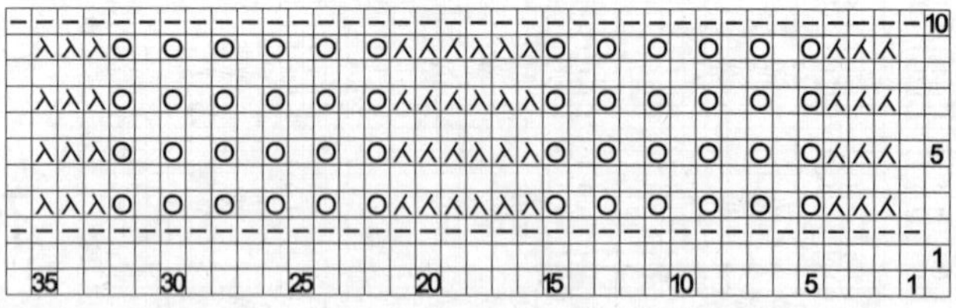

□=Ⅰ
⅄= 左上2针并1针
○= 加针

编织花样B

□=Ⅰ

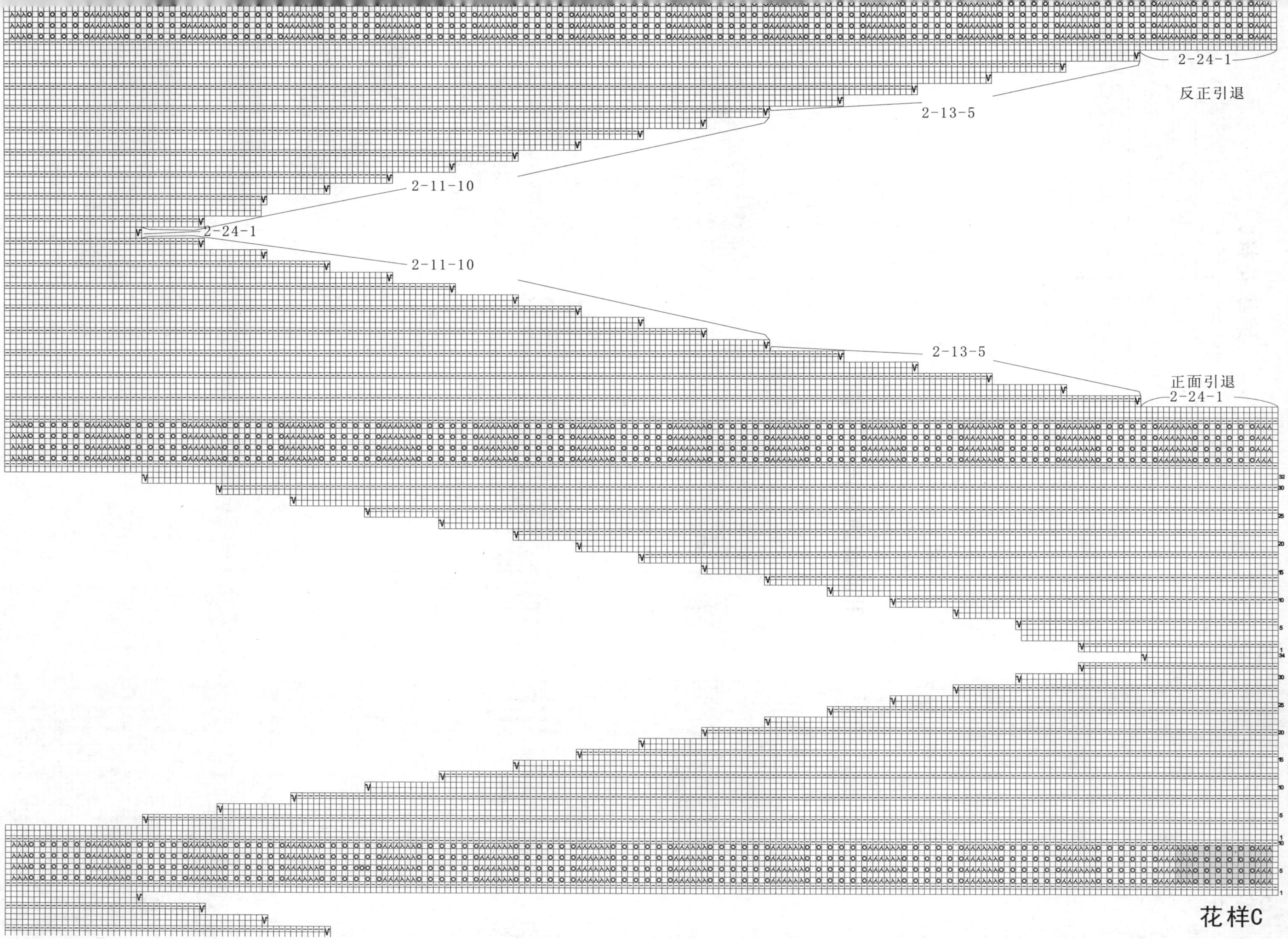

花样C

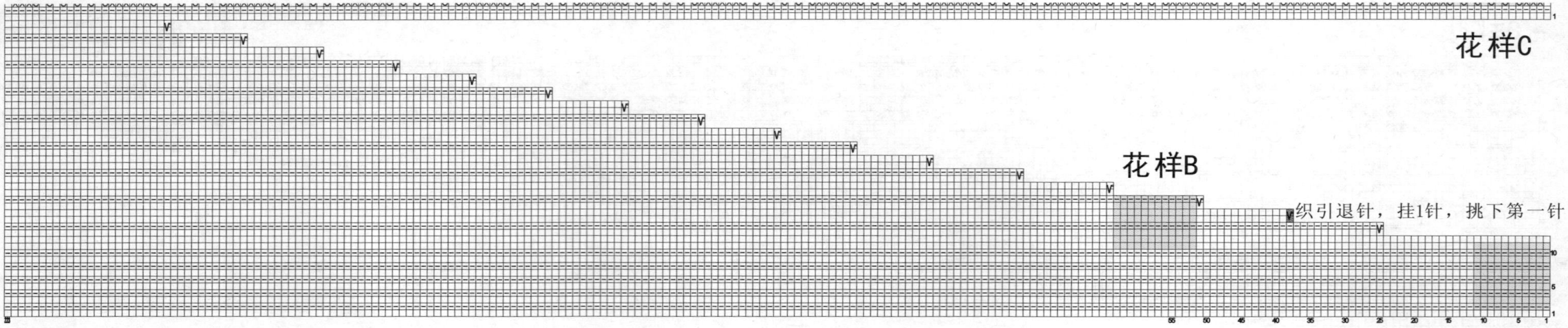
花样C
花样B
织引退针，挂1针，挑下第一针
花样C

引退针的织法

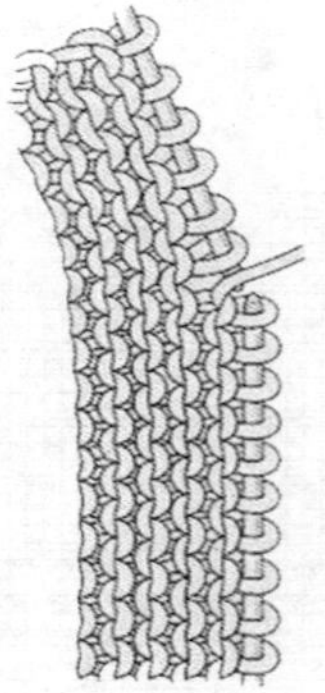
1. 停留第一个6针。

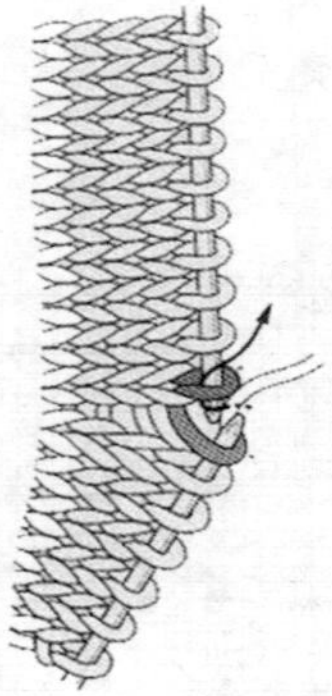
2. 第2行挂针，开始处1针往右移作滑针。

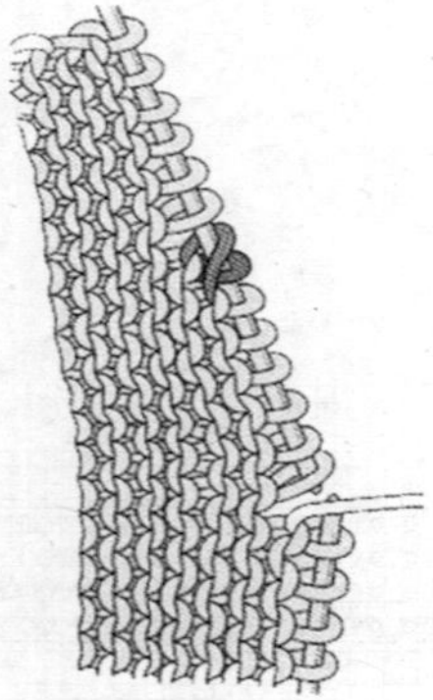
3. 背面的效果。

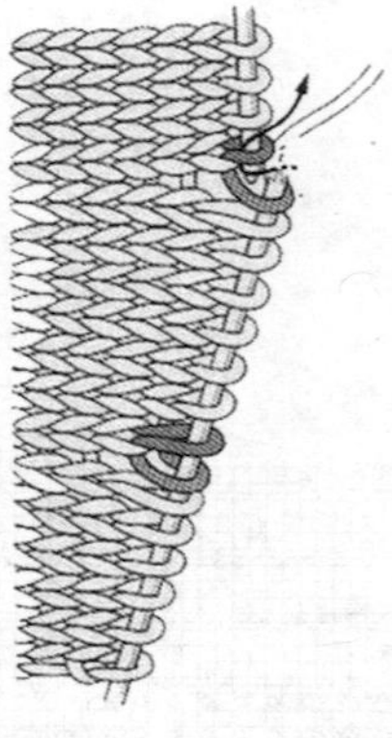
4. 编织挂针和滑针。

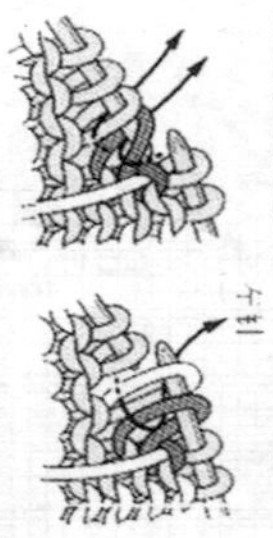
5. 右边和左边。

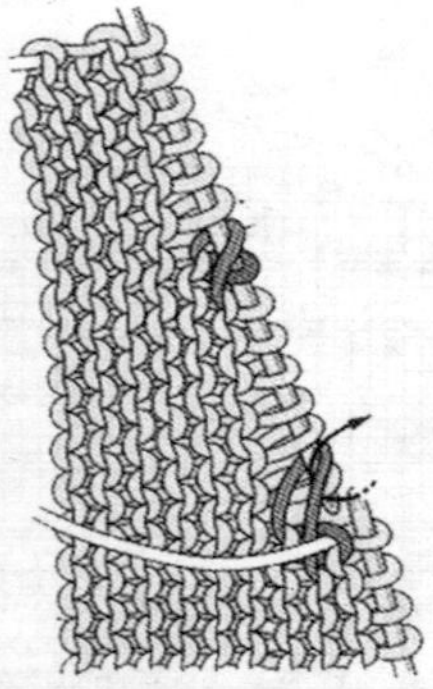
6. 消行，滑针普通编织，挂针和接下来的1针合并。

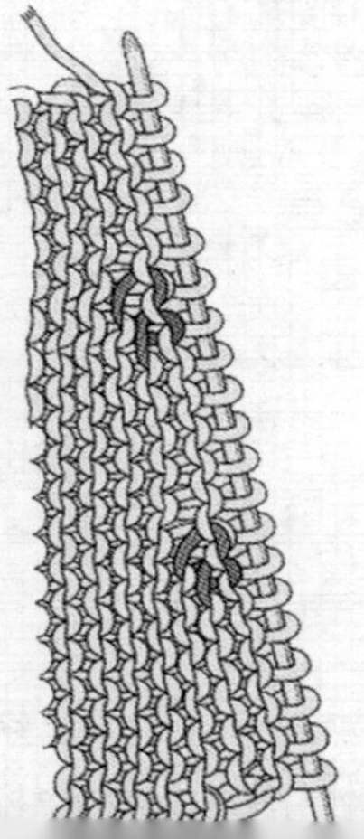
7. 消行的背面效果。

编织花样C

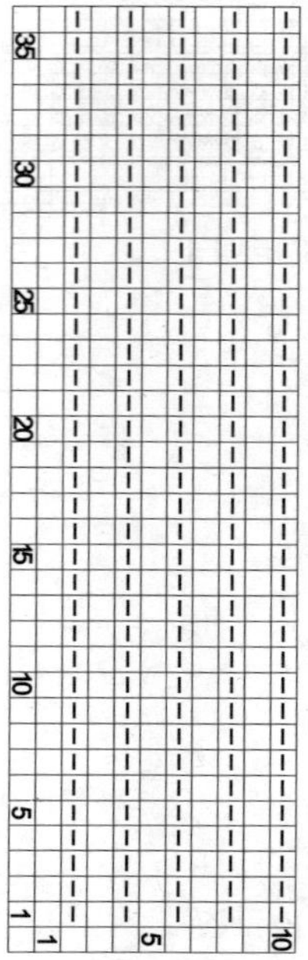

□=丨

温婉蓝色长款针织衫

【成品规格】衣长60cm，胸围80cm
【工　　具】10号棒针
【编织密度】20针×28行=10cm²
【材　　料】羊毛线450g，纽扣4枚

编织要点

1.织一条长方形:起74针，66针织花样A，边缘织8针空心针;一直织到108cm平收。

2.后片:起103针织花样A，织96行后，两花间隔的2针并成1针后织10行，开始织单罗纹;织52行平收。

3.前片:起57针织花样A，收针同后片，单罗纹织完后平收。

4.缝合:将有空心针的一边做领边缘，两条短边分别与前片缝合，底边从中心与后片缝合后，自然留出袖洞;缝合纽扣，完成。

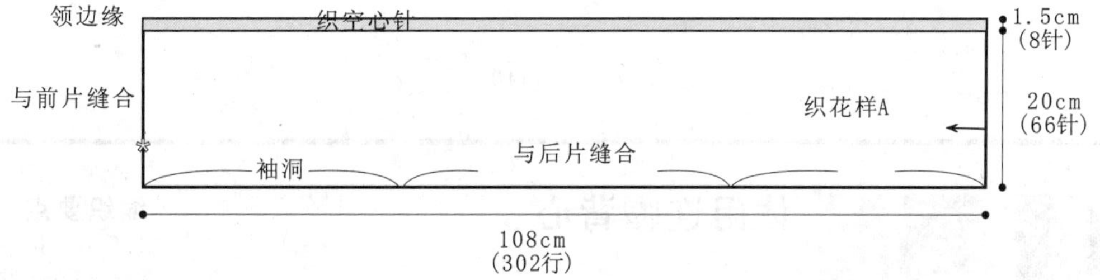

领边缘
织空心针
1.5cm
(8针)
与前片缝合
织花样A
20cm
(66针)
袖洞
与后片缝合
108cm
(302行)

花样B(空心针)

15
10
5
1
5
1

□=−

符号说明：

Ⅰ=□　下针
−　上针
6针左上交叉
V=　浮针
↑　编织方向

缝合

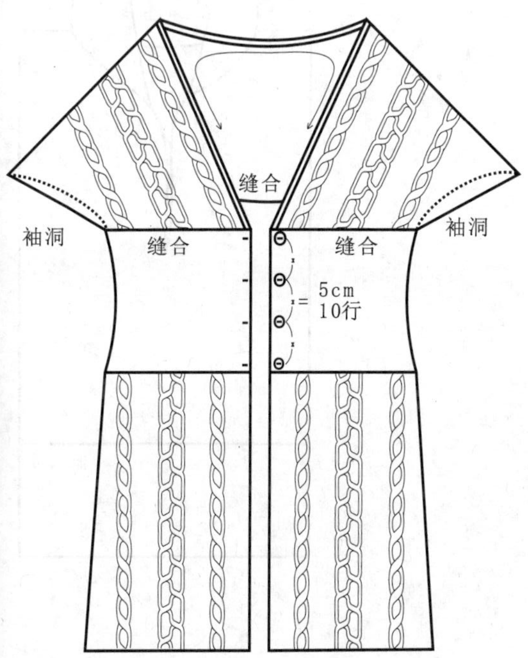

缝合
袖洞
缝合
缝合
袖洞
5cm
10行

花样A　前片

两针上针收掉1针

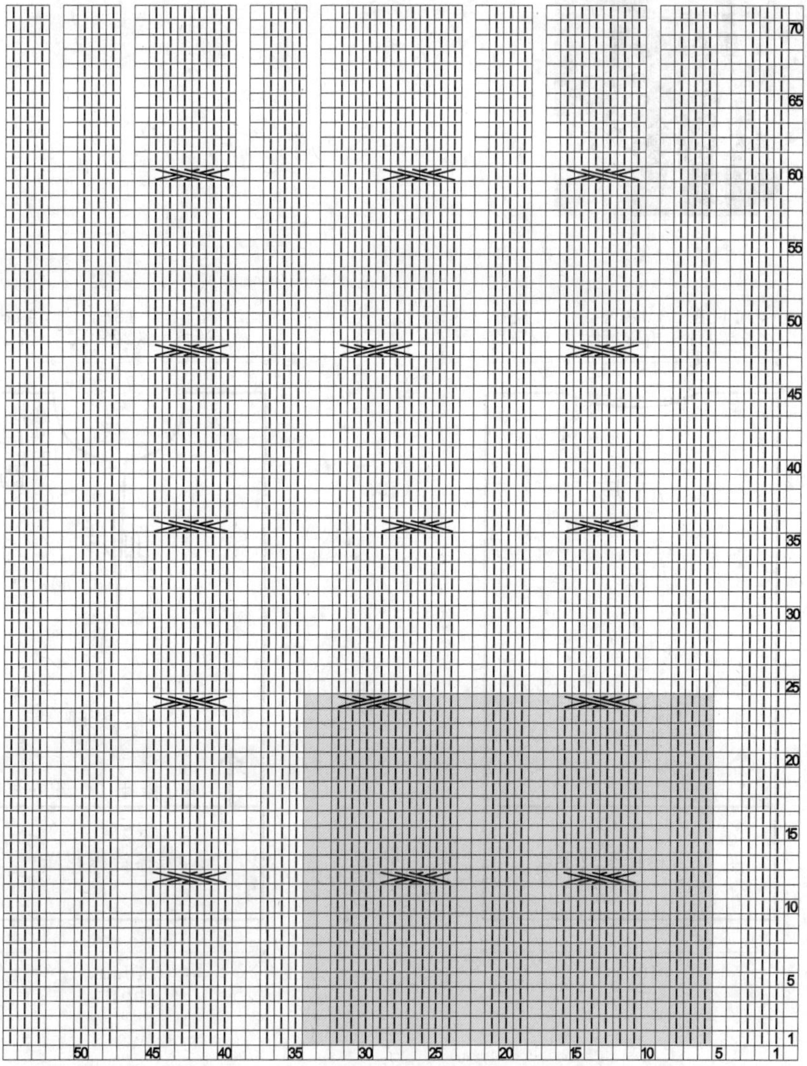

70
65
60
55
50
45
40
35
30
25
20
15
10
5
1
50
45
40
35
30
25
20
15
10
5
1

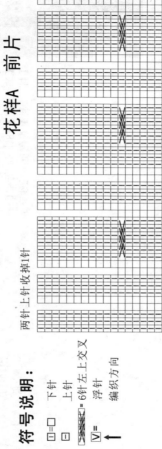

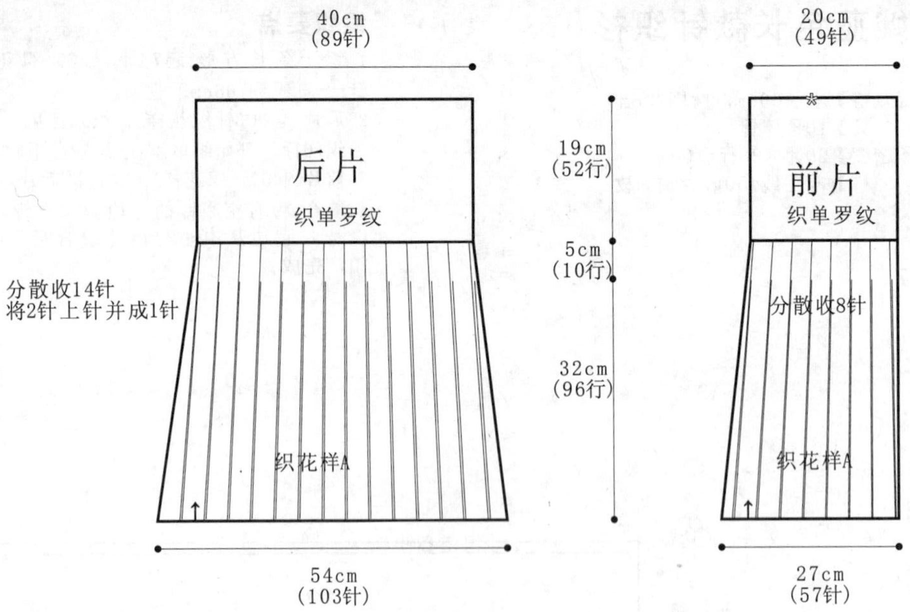
40cm
(89针)
后片
织单罗纹
分散收14针
将2针上针并成1针
织花样A
54cm
(103针)
19cm
(52行)
5cm
(10行)
32cm
(96行)
20cm
(49针)
前片
织单罗纹
分散收8针
织花样A
27cm
(57针)

休闲连帽背心

【成品规格】衣长70cm，胸围84cm
【工　　具】6号、8号棒针
【编织密度】18针×17行=10cm²
【材　　料】杏色粗羊毛线550g，深啡色粗羊毛线少许

编织要点

1.后片:用8号针起66针织24行单罗纹，换6号针织桂花针，织至68cm，挖后领窝，肩平收。

2.前片：用8号针起66针按图解先织24行后换6号针织花
织70行均分两片织，织115行开始织领窝；肩平收。

3.帽:沿领窝挑针织帽；用啡色线沿花样绣线条装饰，
成。

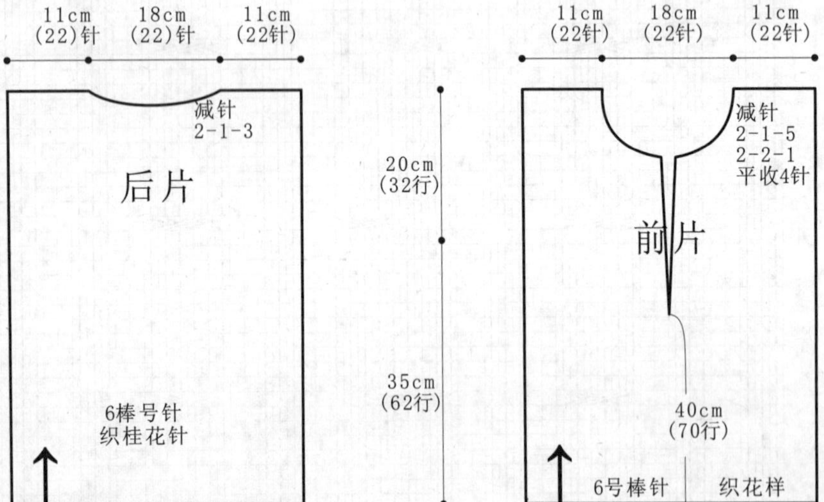
11cm
(22)针
18cm
(22)针
11cm
(22针)
减针
2-1-3
后片
6棒号针
织桂花针
8号棒针织双罗纹
40cm
(66针)
20cm
(32行)
35cm
(62行)
15cm
(24行)
11cm
(22针)
18cm
(22针)
11cm
(22针)
减针
2-1-5
2-2-1
平收4针
前片
40cm
(70行)
6号棒针
织花样
8号棒针织花样
40cm
(66针)

帽

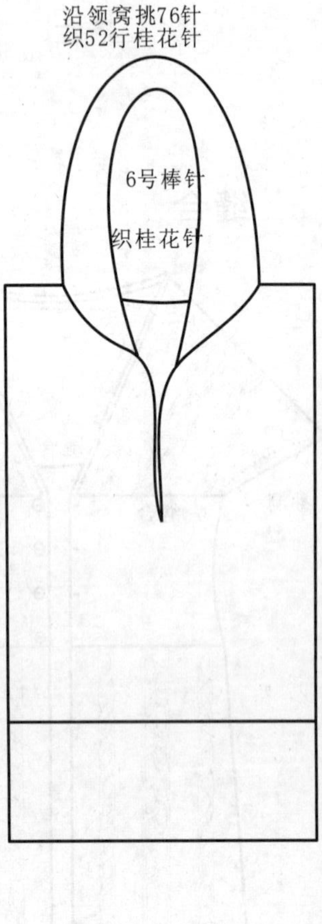
沿领窝挑76针
织52行桂花针
6号棒针
织桂花针

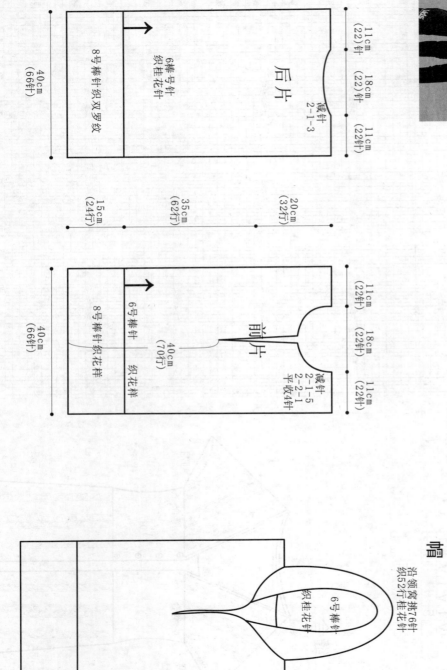

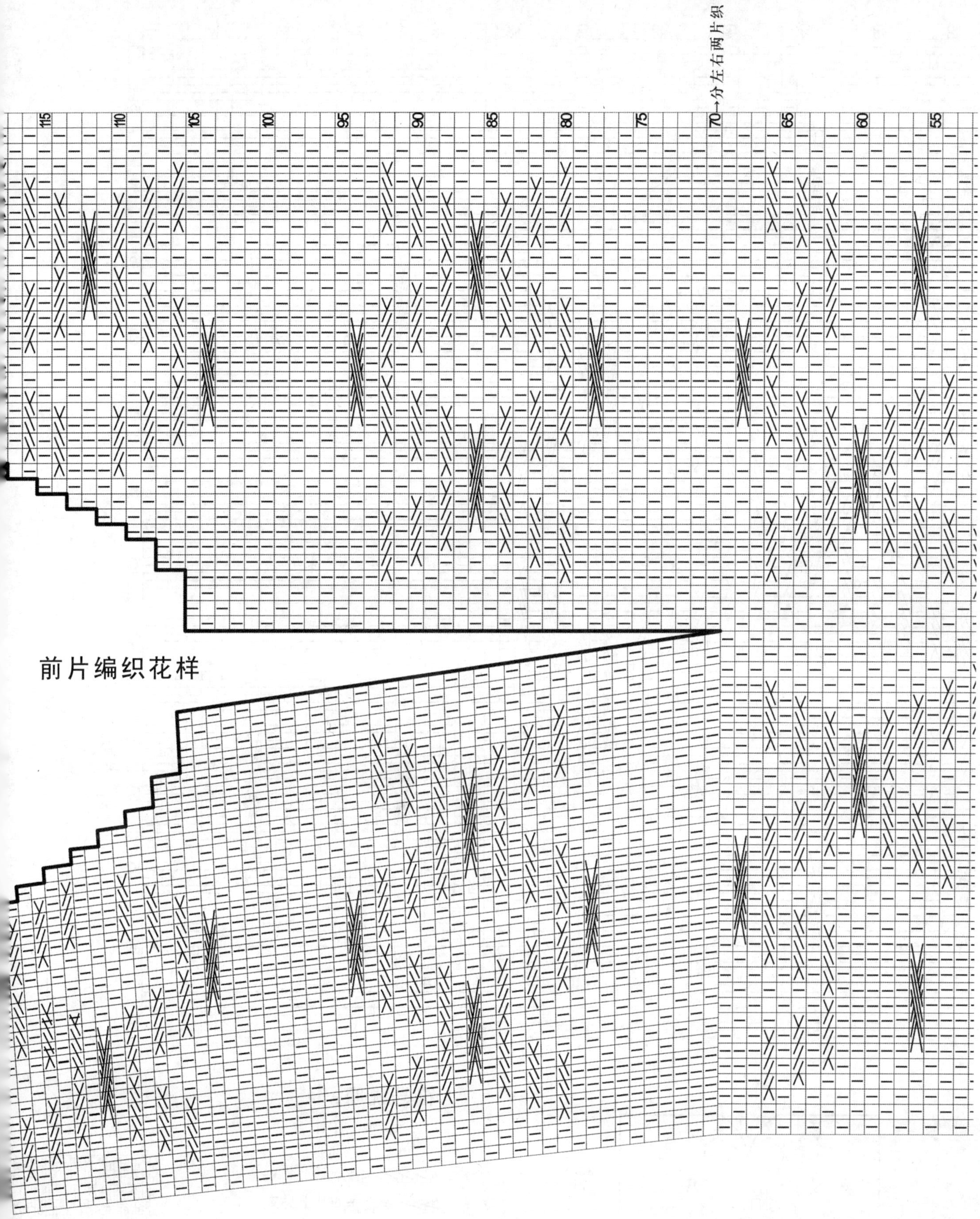

前片编织花样

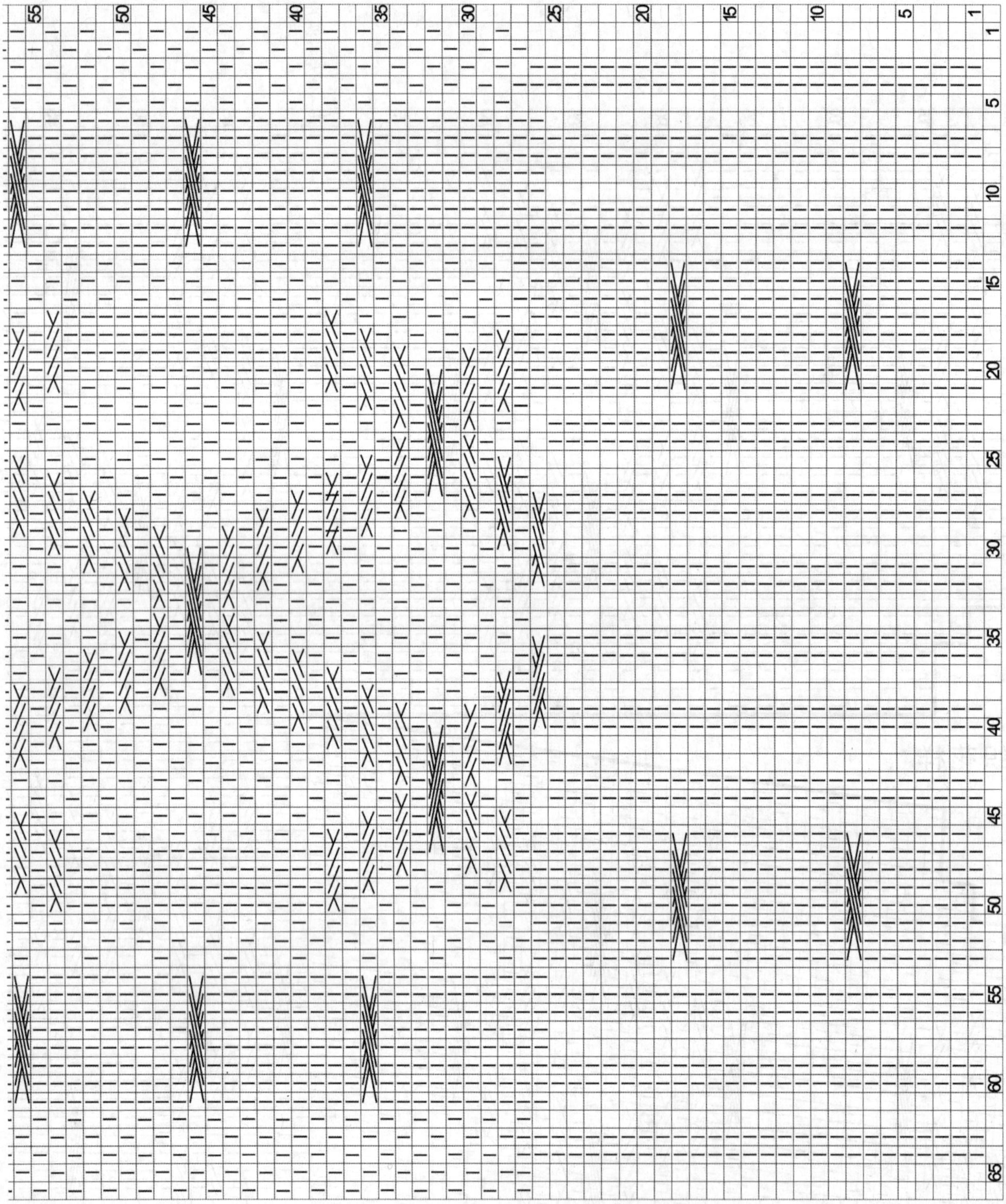

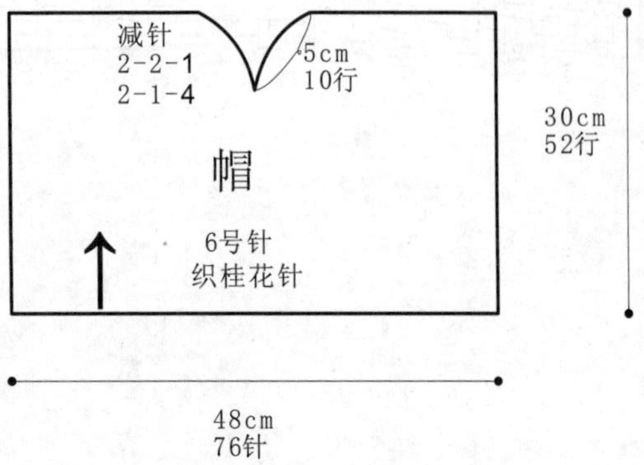
减针
2-2-1
2-1-4
5cm
10行
帽
6号针
织桂花针
30cm
52行
48cm
76针

符号说明：

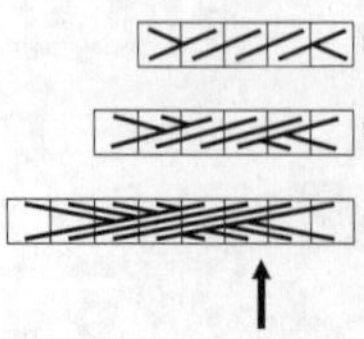

□=□ 下针

⊟ 上针

= 5针4上交叉

= 6针4上交叉

= 8针左上交叉

↑ 编织方向

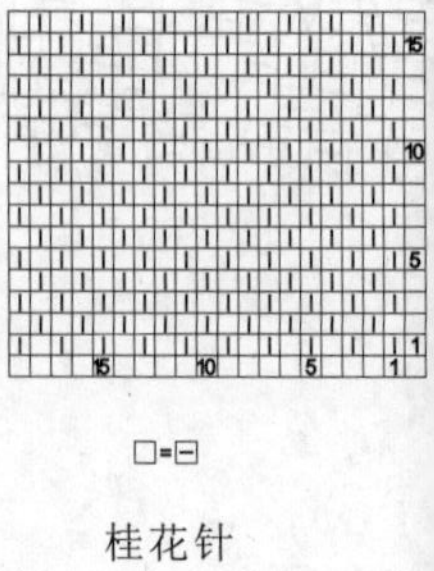

□=⊟

桂花针

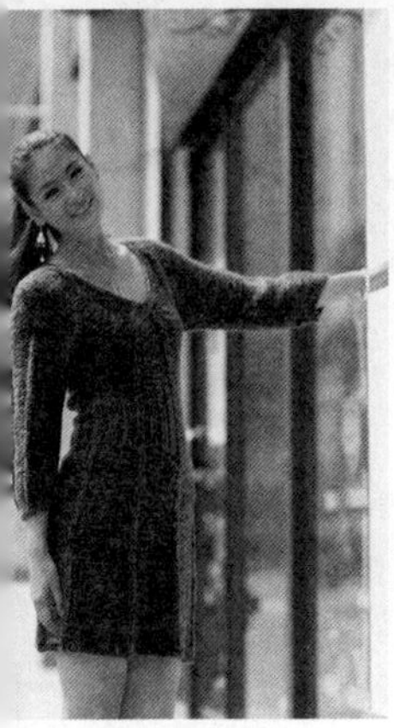

典雅九分袖毛衣裙

【成品规格】衣长89cm，胸围82cm，袖长52cm
【工　　具】9号、11号棒针
【编织密度】14针×17行=10cm²
【材　　料】AB线750g

编织要点

1.后片:用11号棒针起88针织4行单罗纹边，换9号针织花样，每隔20针上针织2针下针;平织50行后，以上针为径，在两边均匀收针，每8行每径收2针共24针;收针完成后织双罗纹28行，然后继续织花样至完成。
2.前片：同后片，领织V形，开挂织10行后分成两片织领。
3.袖:从上往下织，用9号针起12针织上针为花样中心，两侧对称织2针下针，七分袖，袖口织4行单罗纹边。
4.缝合各部分，完成。

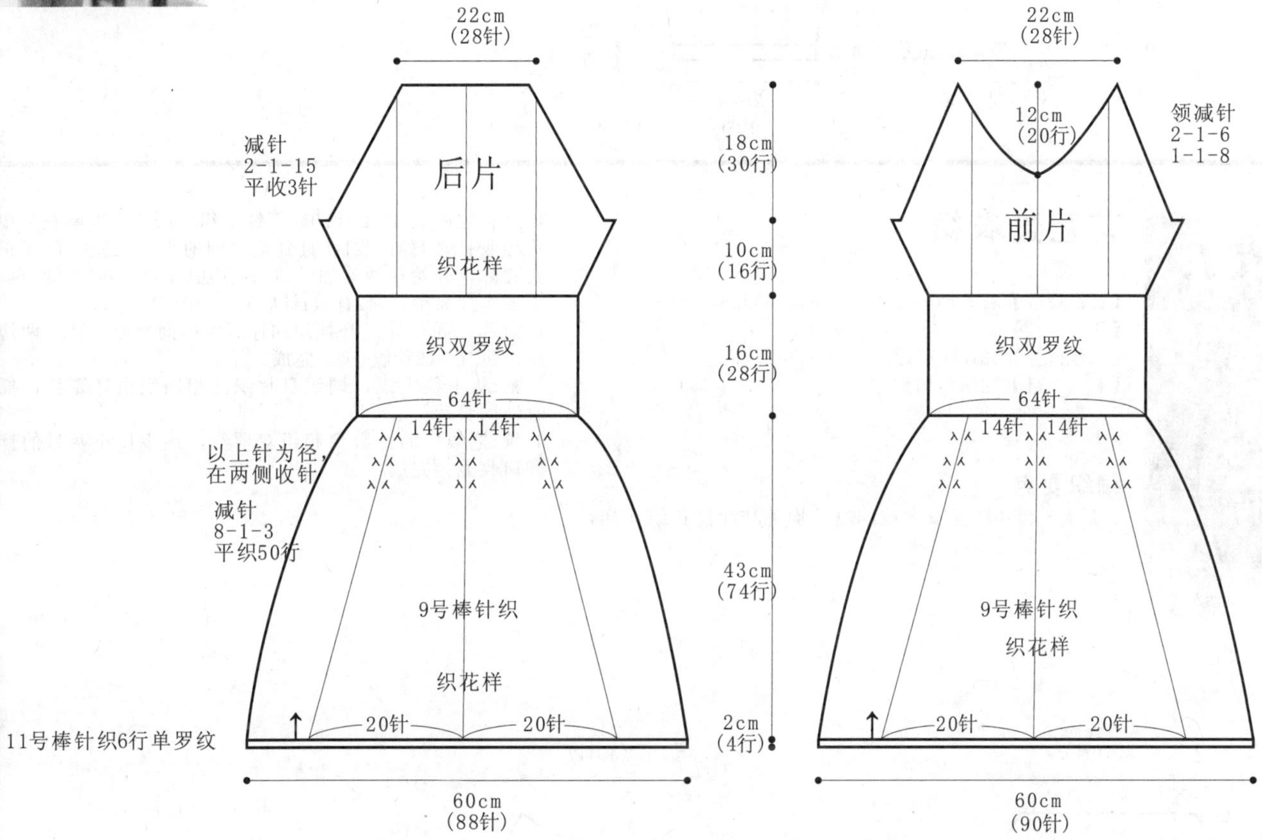

22cm
(28针)
减针
2-1-15
平收3针
后片
织花样
织双罗纹
64针
14针
14针
以上针为径，
在两侧收针
减针
8-1-3
平织50行
9号棒针织
织花样
20针
20针
11号棒针织6行单罗纹
60cm
(88针)
18cm
(30行)
10cm
(16行)
16cm
(28行)
43cm
(74行)
2cm
(4行)
22cm
(28针)
12cm
(20行)
领减针
2-1-6
1-1-8
前片
织双罗纹
64针
14针
14针
9号棒针织
织花样
20针
20针
60cm
(90针)

编织花样

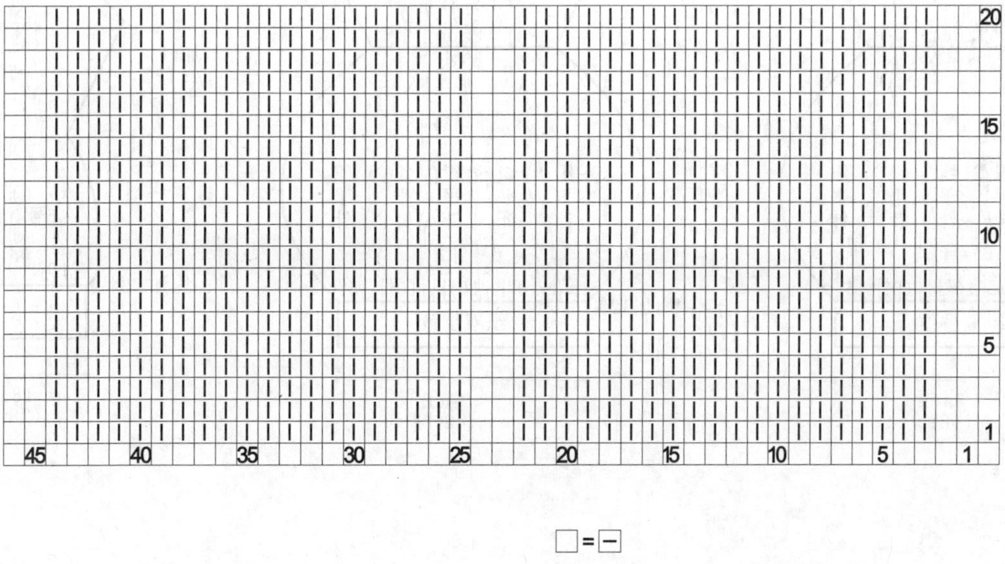

20
15
10
5
1
45
40
35
30
25
20
15
10
5
1
□=−

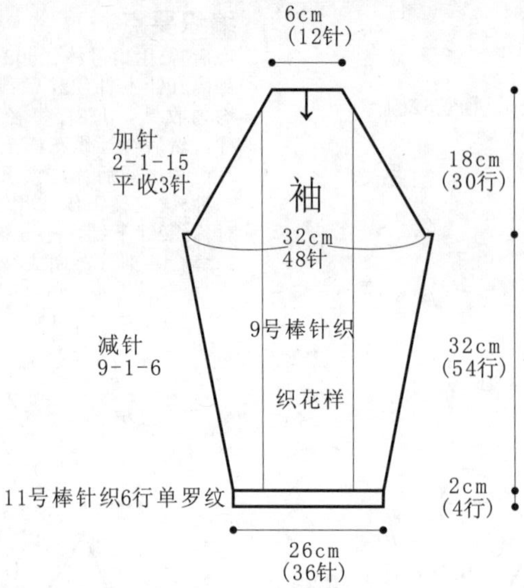
6cm
(12针)
加针
2-1-15
平收3针
袖
32cm
48针
18cm
(30行)
减针
9-1-6
9号棒针织
织花样
32cm
(54行)
11号棒针织6行单罗纹
2cm
(4行)
26cm
(36针)

花苞连衣裙

【成品规格】衣长74cm，胸围82cm，袖长58cm
【工　　具】6号、8号、10号棒针
【编织密度】22针×17行=10cm²
【材　　料】驼绒线1150g

编织要点

1.后片：起48针织双罗纹14边，均加32针排花织花样，每麻花之间隔1针上针10针下针；织30行开始以麻花为中
两边收针，每4行收1针直到把中间的平针收完；此时正
到腰际，开始在两边加针，每4行加1针两边各加6针至胸
上面织插肩袖，每2行收1针收6次，平织10行。
2.前片：同后片；开挂织14行后领中间平收32针，两边
织，每2行收2针收4次，完成。
3.袖:从下往上织，同织身片织法相同织出灯笼袖，插
收针同身片。
4.领:把领口的针数穿起织双罗纹，逐步换小两号的针
领口收笼；完成。

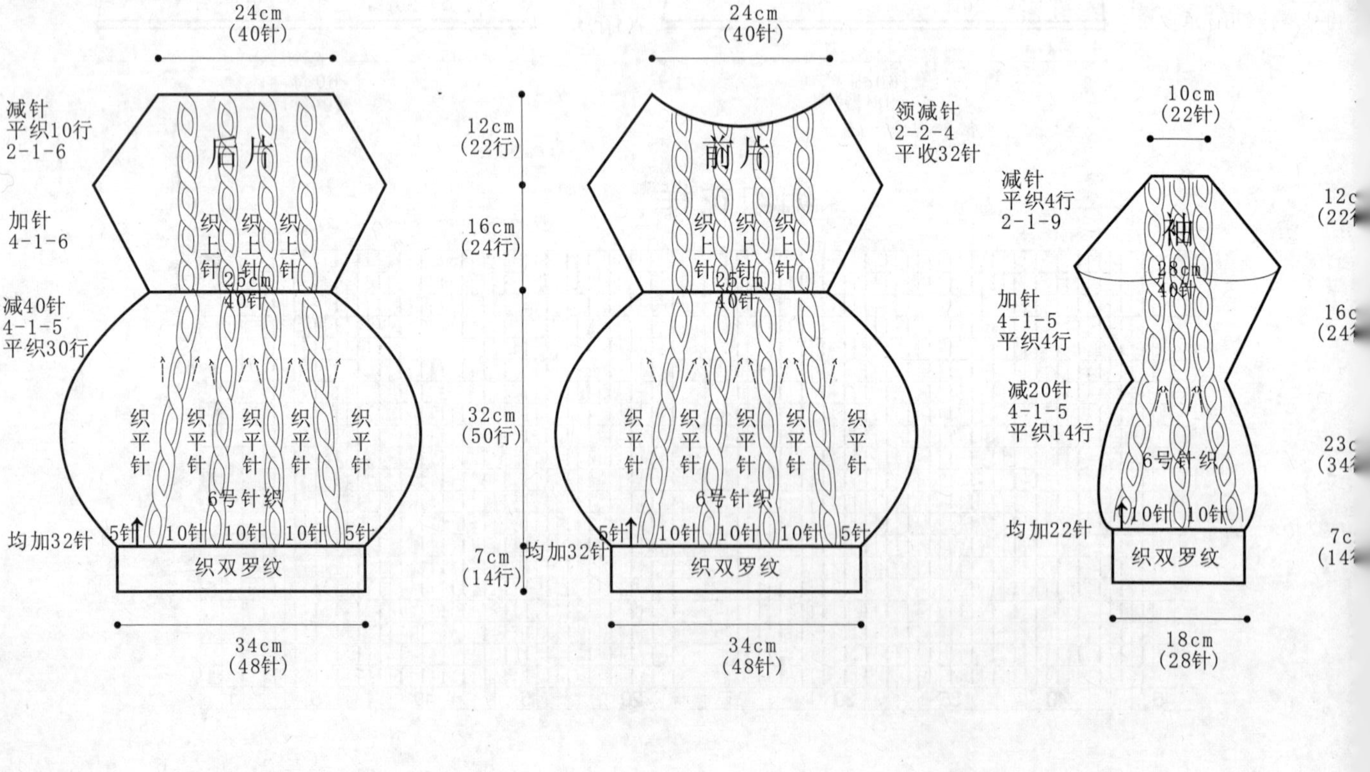
24cm
(40针)
减针
平织10行
2-1-6
后片
加针
4-1-6
织上针
25cm
40针
减40针
4-1-5
平织30行
织平针
6号针织
均加32针
5针
10针
10针
10针
5针
织双罗纹
34cm
(48针)
12cm
(22行)
16cm
(24行)
32cm
(50行)
7cm
(14行)
24cm
(40针)
前片
领减针
2-2-4
平收32针
均加32针
34cm
(48针)
10cm
(22针)
减针
平织4行
2-1-9
袖
28cm
40针
加针
4-1-5
平织4行
减20针
4-1-5
平织14行
6号针织
均加22针
18cm
(28针)

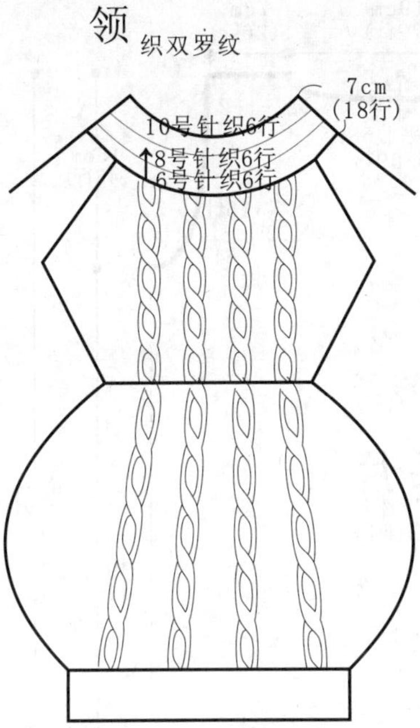
领
织双罗纹
7cm
(18行)
10号针织6行
8号针织6行
6号针织6行

编织花样

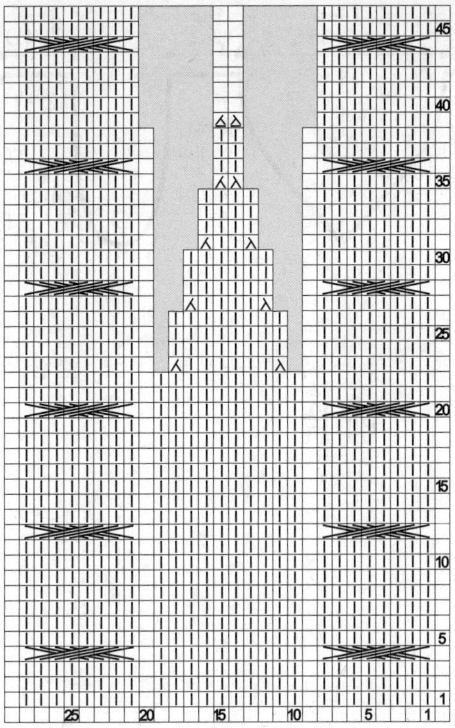
45
40
35
30
25
20
15
10
5
1
25
20
15
10
5
1

□=⊟
= 8针左上交叉

大方深紫长毛衣

【成品规格】裙长67cm，半胸围41cm，
肩宽33cm，袖长50cm
【工　　具】13号棒针
【编织密度】37.5针×31.6行=10cm²
【材　　料】深紫色棉线650g

前片/后片制作说明

1.棒针编织法，袖窿以下一片环形编织，袖窿以上分为左前片、右前片、后片来编织。

2.起织，双罗纹针起针法，起308针织花样A，织8行后，改织花样C，织至164行，将织片分成前片和后片，各取154针，先织后片，前片的针数暂时留起不织。

3.分配后片154针到棒针上，织花样C，起织时两侧减针织成袖窿，方法为1-4-1，2-1-11，织至209行，中间平收68针，两侧减针，方法为2-1-2，织至212行，两侧肩部各余下26针，收针断线。

4.同分配前片右侧的77针到棒针上，织花样C，起织时右侧减针织成袖窿，方法为1-4-1，2-1-11，同时左侧按2-2-18的方法减针织成前领，织至212行，肩部余下26针，收针断线。

5.同样的方法相反方向编织左前片，完成后将前片与后片的两肩部对应缝合。

领片制作说明

1.棒针编织法，环形编织完成。

2.挑织衣领，沿前后领口挑起184针，后领72针，前领112针，编织花样A，织8行后，收针断线。

袖片制作说明

1.棒针编织法，编织两片袖片。从袖口起织。

2.双罗纹针起针法，起52针织花样A，织8行后，改为花样B与花样C组合编织，袖片中间织16针花样C，其余织花样B，两侧一边织一边加针，方法为10-1-13，织至138行，开始减针编织袖山，两侧同时减针，方法为1-4-1，2-2-10，织至158行，织片余下30针，收针断线。

3.同样的方法再编织另一袖片。

4.缝合方法:将袖山对应前片与后片的袖窿线，用线缝合，再将两袖侧缝对应缝合。

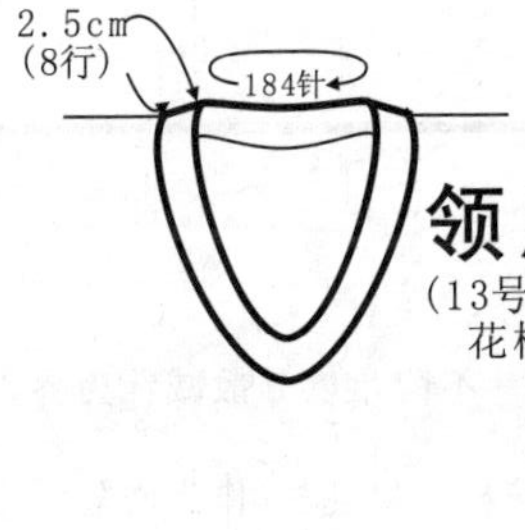
2.5cm
(8行)
184针

领片
(13号棒针)
花样A

花样A

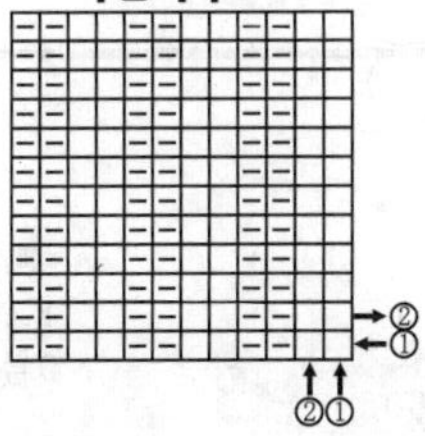
②
①
②①

花样C

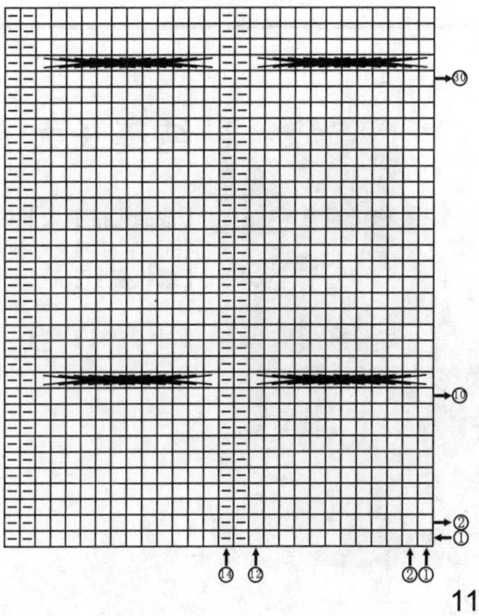
⑩
⑩
②
①
⑬ ⑫
②①

领尖减针图解

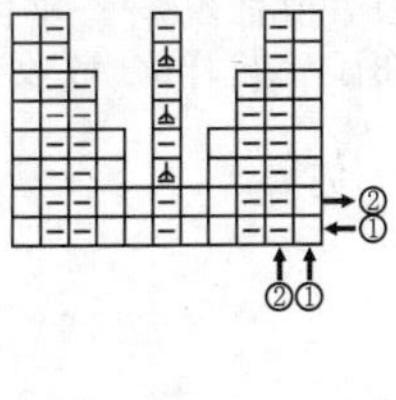
②
①
②①

花样B

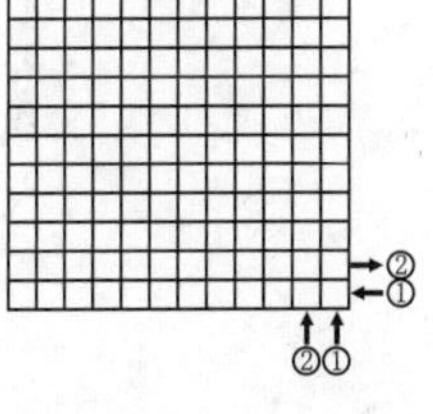
②
①
②①

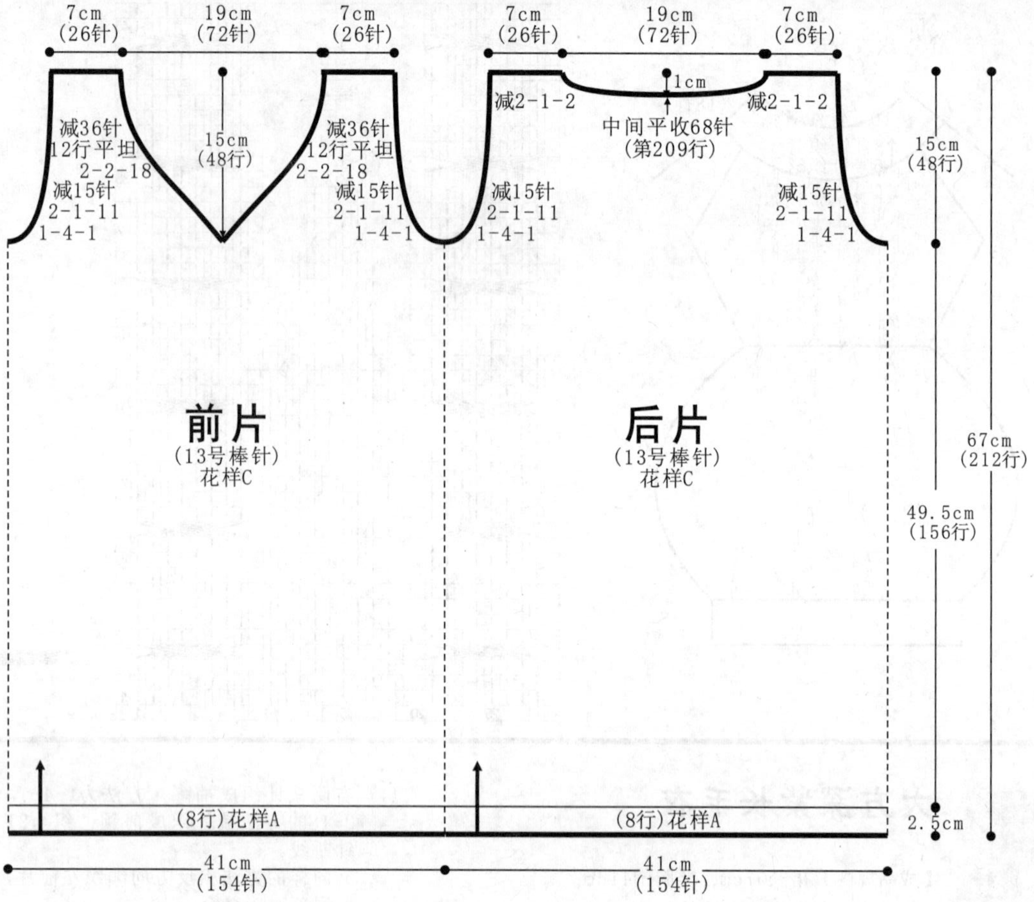
7cm
(26针)
19cm
(72针)
7cm
(26针)
减36针
12行平坦
2-2-18
减15针
2-1-11
1-4-1
15cm
(48行)
减36针
12行平坦
2-2-18
减15针
2-1-11
1-4-1
前片
(13号棒针)
花样C
(8行)花样A
41cm
(154针)
7cm
(26针)
19cm
(72针)
7cm
(26针)
减2-1-2
1cm
中间平收68针
(第209行)
减2-1-2
减15针
2-1-11
1-4-1
减15针
2-1-11
1-4-1
后片
(13号棒针)
花样C
(8行)花样A
41cm
(154针)
15cm
(48行)
49.5cm
(156行)
2.5cm
67cm
(212行)

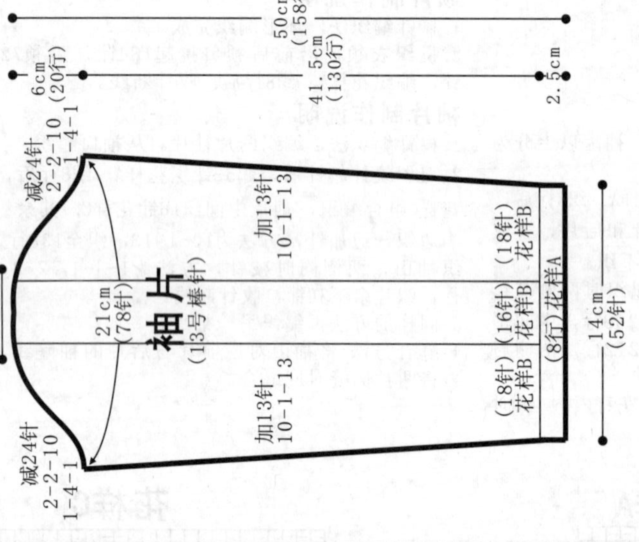
50cm
(158行)
6cm
(20行)
41.5cm
(130行)
2.5cm
8cm
(30针)
减24针
2-2-10
1-4-1
减24针
2-2-10
1-4-1
21cm
(78针)
袖片
(13号棒针)
加13针
10-1-13
加13针
10-1-13
(18针)
花样B
(16针)
花样B
(18针)
花样B
(8行)花样A
14cm
(52针)

符号说明：

⊟ 上针

□=⊞ 下针

左上6针与右下6针交

2-1-3 行-针-次

↑ 编织方向

纯美长大衣

【成品规格】衣长91cm，胸围84cm，袖长60cm
【工　　具】8号棒针，3mm钩针，9号棒针
【编织密度】9号棒针：18针×20行=10cm²
　　　　　　8号棒针：15针×15行=10cm²
【材　　料】羊仔毛线1350g，纽扣3枚

编织要点

1.本款上半部和下半部用针不同，以分散减针为界，上
9号针织，下面用8号针织。
2.后片:用8号针起86针织花样，以花样B作为间隔，中间
组花样C，两侧各一组花样A;不加不减织84行将花样B两
收1针，分散减掉6针换9号针继续往上织;开挂袖平收4针，
2行减1针减6次，肩平收。
3.前片：用8号针起47针按图示布花织花样，织法同后片
4.袖:从下往上织，用9号针起36针织6行全平针后换8号
花样，均加10针，平织48行后花样B分散收4针，换9
织;至完成。
5.衣扣:用钩针钩包扣缝合，完成。

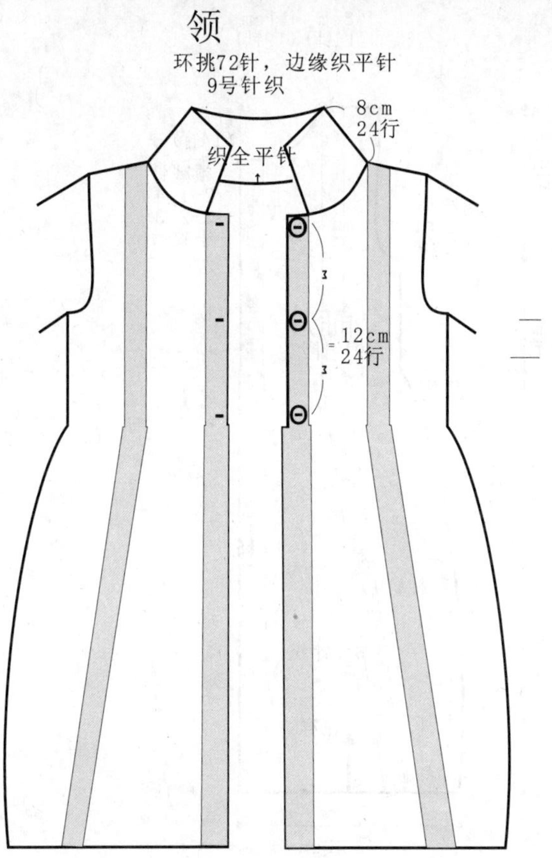
领
环挑72针，边缘织平针
9号针织
8cm
24行
织全平针
12cm
24行

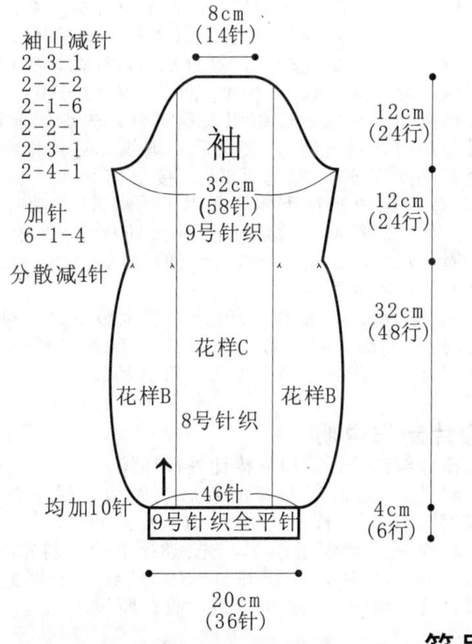
8cm
(14针)
袖山减针
2-3-1
2-2-2
2-1-6
2-2-1
2-3-1
2-4-1
加针
6-1-4
分散减4针
袖
32cm
(58针)
9号针织
花样C
花样B
花样B
8号针织
46针
均加10针
9号针织全平针
12cm
(24行)
12cm
(24行)
32cm
(48行)
4cm
(6行)
20cm
(36针)

钩包扣

扣子可根据大小调节行数

X 短针
V 加针
A 收针

符号说明：

□=⊟ 下针

3针左上交叉

4针左上交叉

编织花样

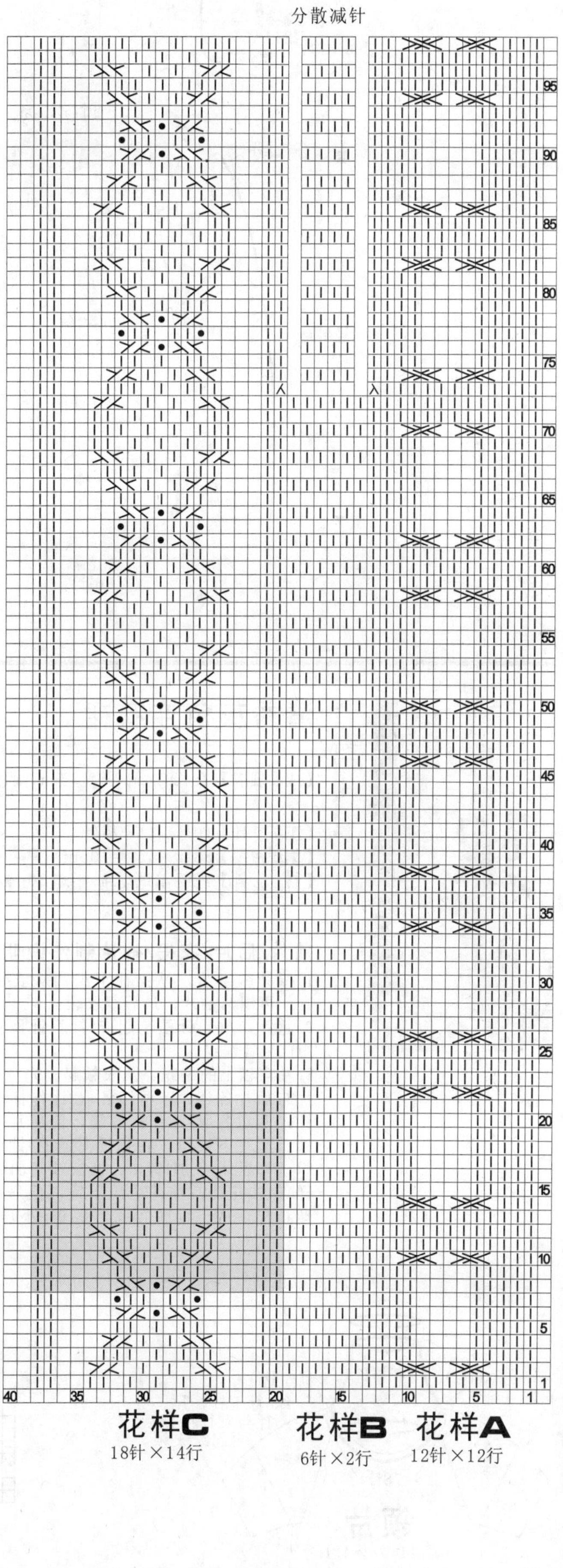
分散减针
花样C
18针×14行
花样B
6针×2行
花样A
12针×12行

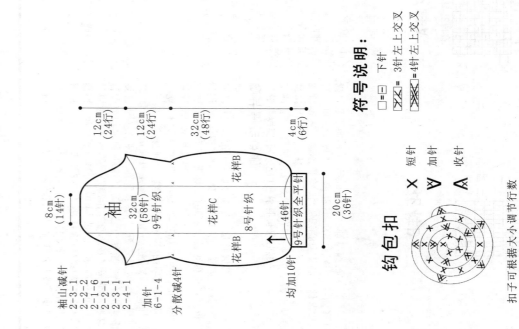

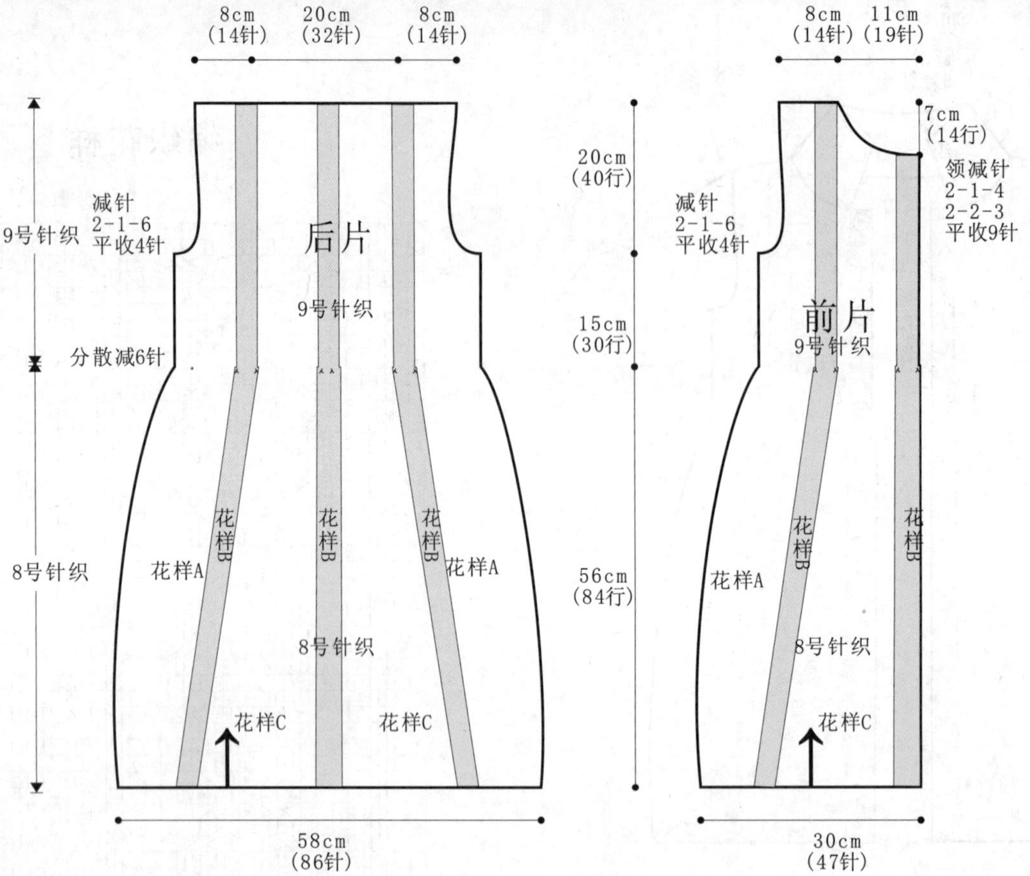

清秀灰色连衣裙

【成品规格】衣长81cm，胸宽35cm，腰宽28cm，袖长25cm，下摆宽28cm

【工　　具】10号、11号棒针

【编织密度】38针×45行=10cm²

【材　　料】纯毛羊绒型细毛线700g

前片/后片/衣摆/袖片制作说明

1.棒针编织法，从上往下织，从衣领边起织，先织衣身，再织两袖片，最后织衣领。

2.起针，单起针法，起152针下针，首尾连接，形织，用10号针编织。

3.袖窿以上的编织。从衣领起，先分配各片的针数，前片与后片各48针，两边各取2针作插肩缝，两袖片取28针，两边各取2针作插肩缝，前后片不挖领，直接和衣领一起往下编织，在作插肩缝的4针两边，同时加针编织，每织2行各加1针，一圈衣领共加成8针，后片起织花样A单桂花针，前片全织下针，但每10行，添加编织小球花样，从一行10个起，每10行小球的个数递减，10-9-8-7-6-5，最后剩5个，小球图解见花样B，余下全织下针。两袖片全织花样A单桂花针。插肩缝的4针，全织下针，插肩缝两边各加针36针，衣身织成72行高，完成上身部分编织。前后片针数为120针，袖片的针数为106针。

4.袖窿加针编织，先编织衣身部分。先编织前片120针，至最左边时，起针6针，接上后片编织，后片仍织桂花针，至最后一针时，再起针6针，接上前片，一圈的针数为252针。无加减往下织，前片仍织下针，后片仍织单桂花针。织成20行时，改织花样C棒绞花样，共32行，3个棒绞一圈共42组。织完花样C，余下的全织花样D，织210行后，收针断线。衣身完成。

5.袖片的编织，袖片共106针，织至腋下时，挑衣身加针的6针挑起编织，将针数变为112针，编织花样E双罗纹针，不加减针，共织40行的高度后，收针断线。另一边袖片织法相同。

领片制作说明

1.棒针编织法，用11号棒针进行环织。

2.起针，是沿着衣身的前后衣领边，挑下针编织，共152针，首尾连接。

3.机织领。起织机织领，先织8行下针，将第8行与第1行并接，但不收针，改织花样E双罗纹针，一圈共38组，不加减，往上编织，共织54行后，收针断线。

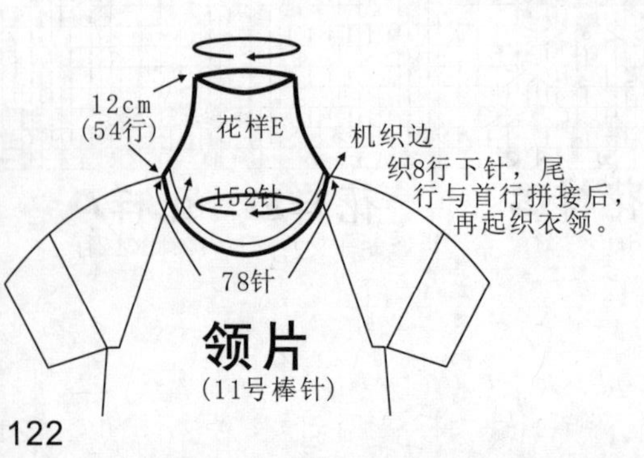

领片

(11号棒针)

花样A

(单桂花针)

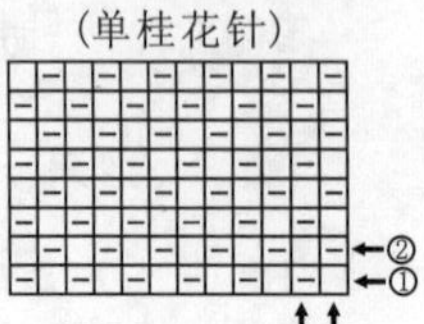

花样B

小球织法

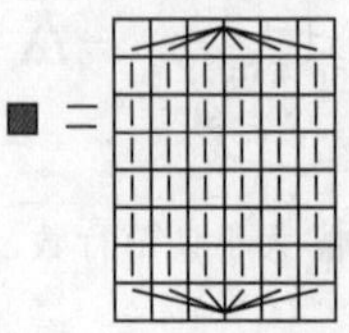

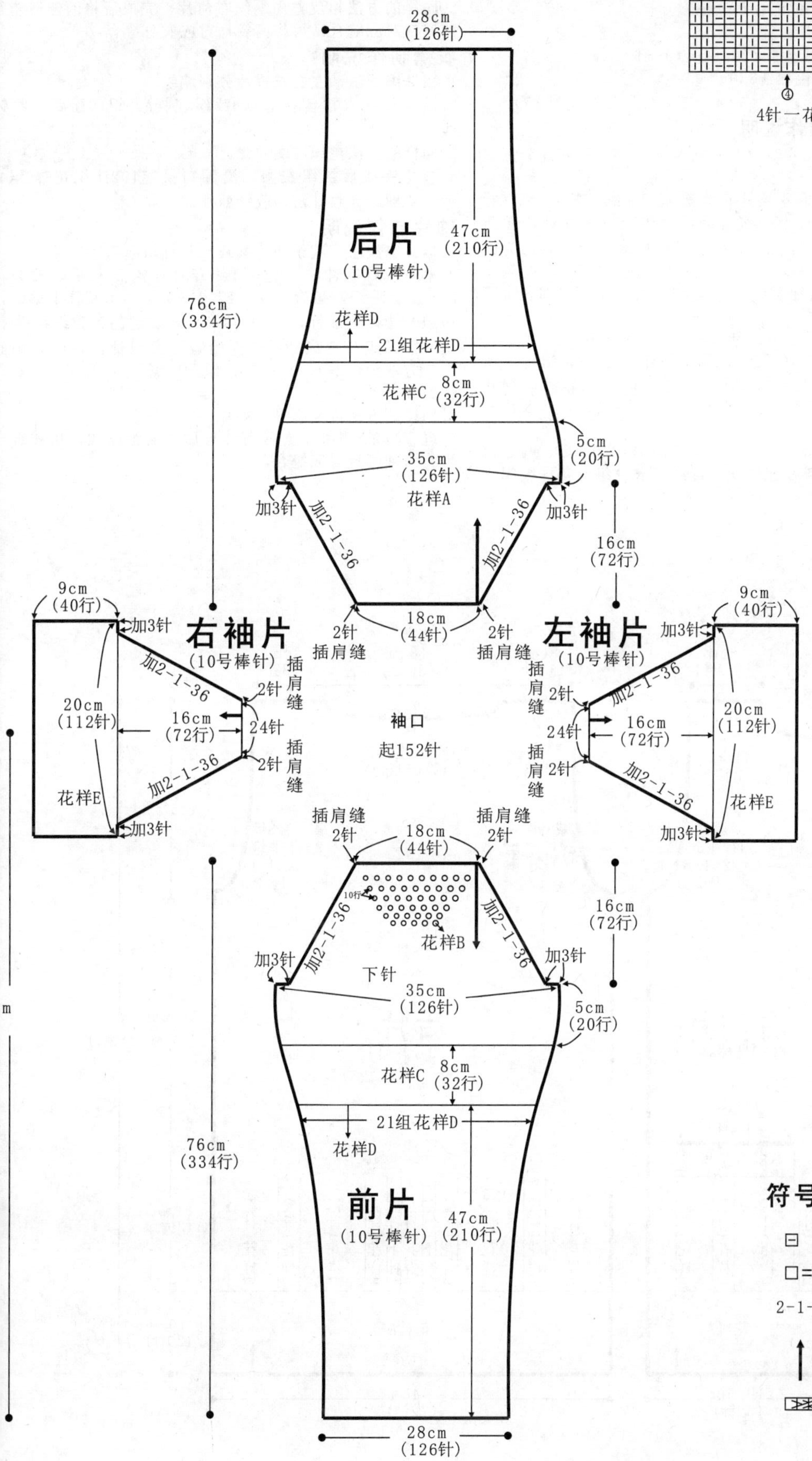
后片
(10号棒针)
28cm
(126针)
47cm
(210行)
76cm
(334行)
花样D
21组花样D
花样C
8cm
(32行)
5cm
(20行)
35cm
(126针)
花样A
加3针
加2-1-36
16cm
(72行)
18cm
(44针)
2针
插肩缝
右袖片
(10号棒针)
9cm
(40行)
20cm
(112针)
16cm
(72行)
24针
花样E
左袖片
(10号棒针)
袖口
起152针
10行
花样B
下针
前片
(10号棒针)

花样E(双罗纹)

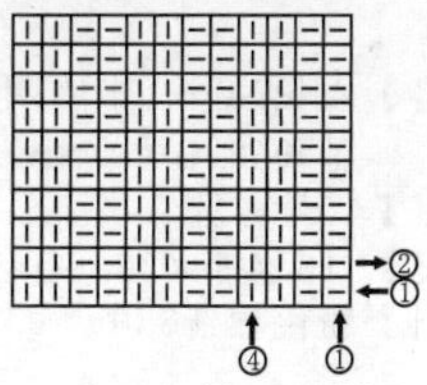
②
①
④
①

4针一花样

花样C

(腰部棒绞花样)

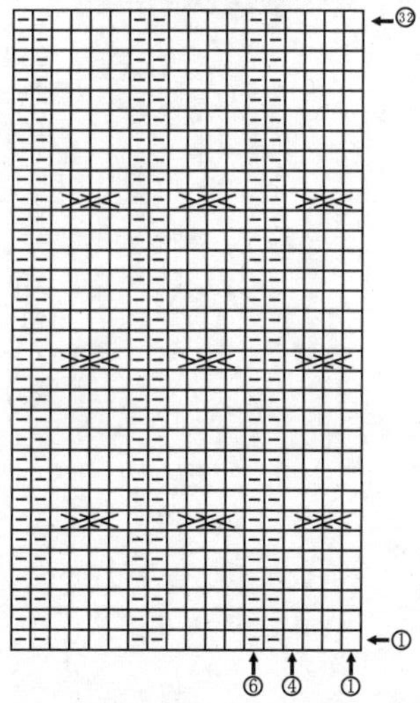
㉜
①
⑥
④
①

花样D

(下摆花样)

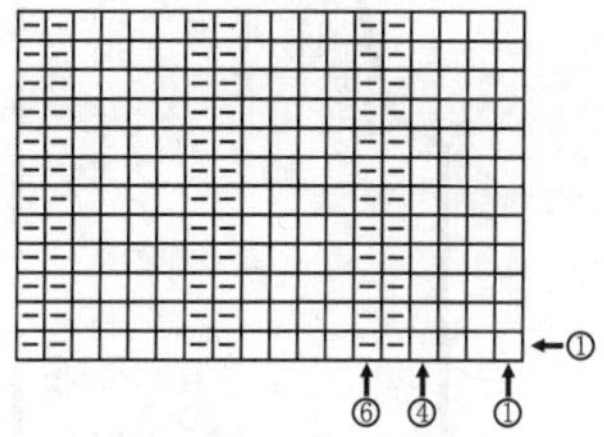
①
⑥
④
①

符号说明:

⊟ 上针

□=⊡ 下针

2-1-3 行-针-次

↑ 编织方向

左上2针与右下2针相交叉

粉色柔美外套

【成品规格】衣长73cm，半胸围44cm，肩宽34cm，
袖长58cm
【工　　具】10号棒针
【编织密度】16.4针×20.8行=10cm²
【材　　料】粉色棉线650g

前片/后片制作说明

1.棒针编织法，衣身分为左前片、右前片和后片分别编织。
2.起织后片，单罗纹针起针法起72针织花样A，织20行后，改为花样B、C、D组合编织，组合方法如结构图所示，重复往上编织至106行，两侧袖窿减针，方法为1-2-1，2-1-6，织至151行，织片中间平收28针，两侧按2-1-1的方法减针织后领，织至152行，两侧肩部各余下13针，收针断线。
3.起织左前片，单罗纹针起针法起32针织花样A，织20行后，改为花样B、C、D组合编织，组合方法如结构图所示，重复往上编织至42行，将织片第7针至28针改织花A作为袋口，织至50行，将两袋口花样A收针，其余针数留起暂时不织。
4.分别起织2片袋片，起22针织下针，织30行后，与之前织片对应袋口连起来编织，继续按衣身组合花样编织，织至30行，与左前片针数对应连起来继续编织花样组合，至106行，左侧袖窿减针，方法为1-2-1，2-1-6，织至1行，织片右侧减针织前领，方法为1-3-1，2-2-4，织152行，肩部余下13针，收针断线。
5.同样的方法相反方向编织右前片，完成后将两侧缝缝合两肩部对应缝合。再将两袋片对应衣身缝合。

衣襟制作说明

1.棒针编织法，左右衣襟片分别编织。
2.沿左前片衣襟侧挑起114针织花样A，织10行后，收针线。
3.同样的方法挑织右侧衣襟。
4.衣襟完成后挑织衣领，沿领口挑起102针织花F，织4后，单罗纹针收针法，收针断线。

袖片制作说明

1.棒针编织法，编织两片袖片。从袖口起织。
2.单罗纹针起针法，起36针织花样A，织20行后，改为花B、C组合编织，组合方法如结构图所示，重复往上编织，边织一边两侧加针，方法为8-1-8，加起的针数织花样E，至90行，织片变成52针，开始减针编织袖山，两侧同时针，方法为1-2-1，2-1-15，织至120行，织片余下18针，针断线。
3.同样的方法再编织另一袖片。
4.缝合方法:将袖山对应前片与后片的袖窿线，用线缝合再将两袖侧缝对应缝合。

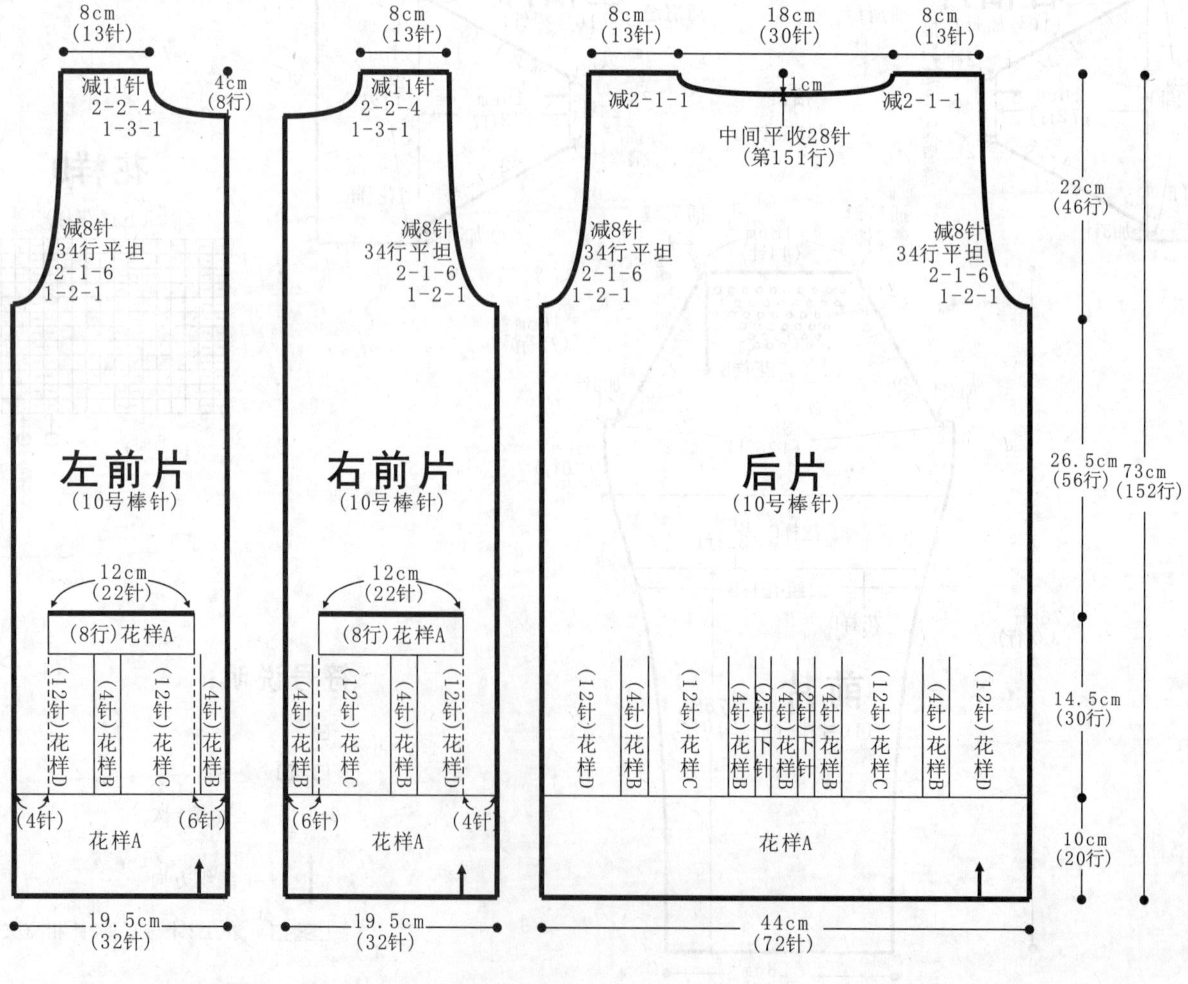

8cm
(13针)
减11针
2-2-4
1-3-1
4cm
(8行)
减8针
34行平坦
2-1-6
1-2-1
左前片
(10号棒针)
12cm
(22针)
(8行)花样A
(12针)花样D
(4针)花样B
(12针)花样C
(4针)花样B
(4针)
(6针)
花样A
19.5cm
(32针)
右前片
(10号棒针)
(4针)花样B
(12针)花样C
(4针)花样B
(12针)花样D
(6针)
(4针)
18cm
(30针)
1cm
减2-1-1
中间平收28针
(第151行)
后片
(10号棒针)
(2针)下针
44cm
(72针)
22cm
(46行)
26.5cm
(56行)
73cm
(152行)
14.5cm
(30行)
10cm
(20行)

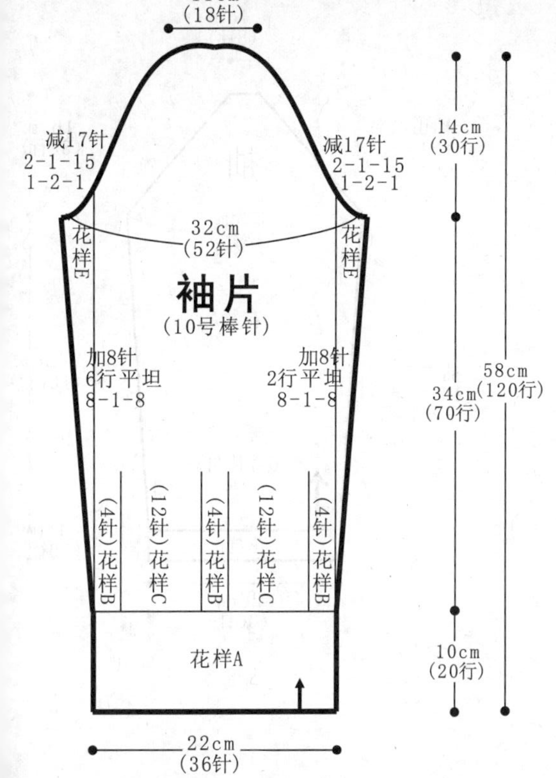
11cm
(18针)
减17针
2-1-15
1-2-1
减17针
2-1-15
1-2-1
32cm
(52针)
花样E
花样E
袖片
(10号棒针)
加8针
6行平坦
8-1-8
加8针
2行平坦
8-1-8
(4针)花样B
(12针)花样C
(4针)花样B
(12针)花样C
(4针)花样B
花样A
22cm
(36针)
14cm
(30行)
34cm
(70行)
58cm
(120行)
10cm
(20行)

花样A

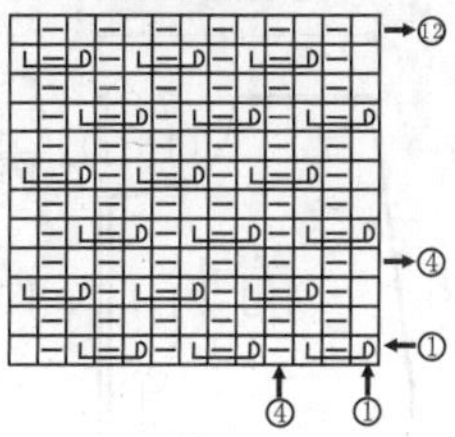

花样B

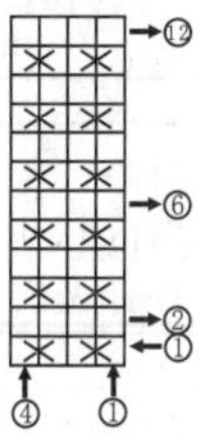

花样C

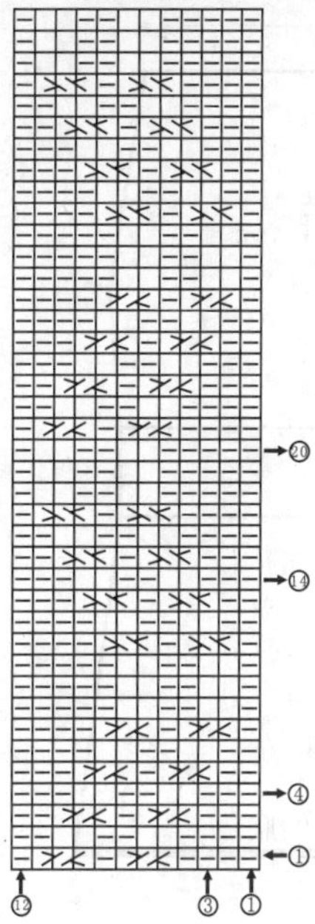

花样D

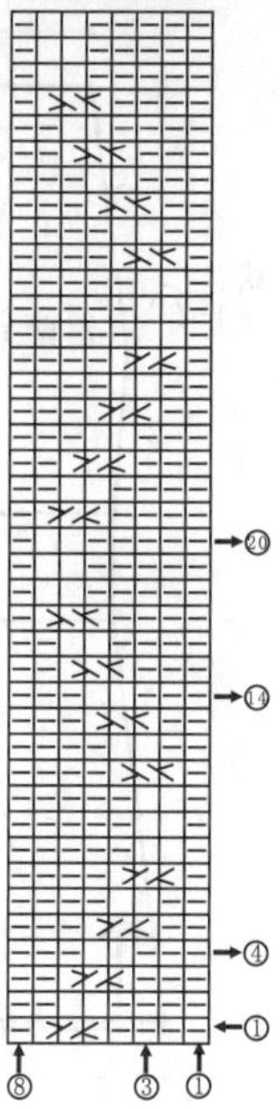

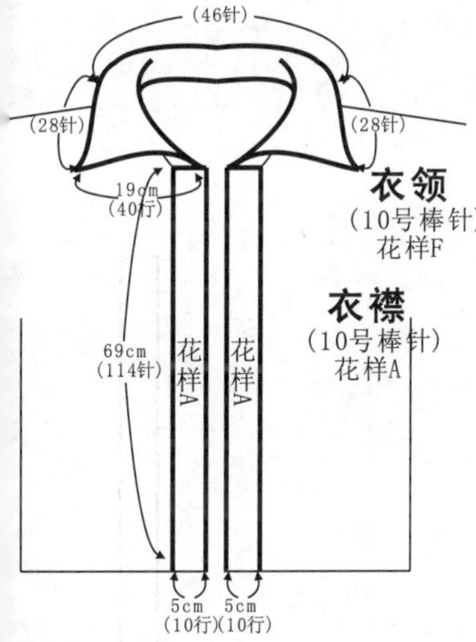
(46针)
(28针)
(28针)
19cm
(40行)
衣领
(10号棒针)
花样F
衣襟
(10号棒针)
花样A
69cm
(114针)
花样A
花样A
5cm
(10行)
5cm
(10行)

花样E

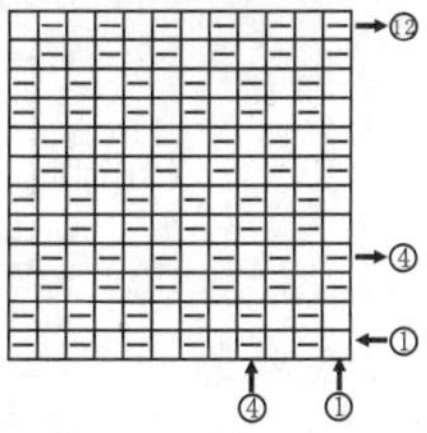

花样F

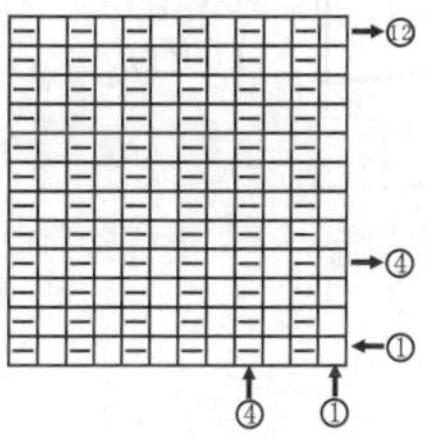

符号说明：

⊟	上针
□=⊡	下针
	左上1针与右下1针交叉
	右上1针与左下1针交叉
	左上2针与右下1针交叉
	右上2针与左下1针交叉
	右拉针（3针时）
2-1-3	行-针-次
↑	编织方向

闲适毛衣外套

【成品规格】衣长70cm，胸围84cm，袖长62cm
【工　　具】6号棒针
【编织密度】14针×24行=10cm²
【材　　料】羊仔毛线850g，纽扣3枚

编织要点

1.后片:起66针织4行平针，开始织花样A72行再织花样B20行形成自然收腰，继续织花样A28行后开挂肩:以边针2针为径，每2行各收1针共收6针;肩部平收。
2.前片：起33针门襟边留4针织单罗纹，织4行平针后开始织花样A，织30行后衣袋口20针织花样B6行平针4行后平收;另用针起20针织平针36行连接衣袋口两边继续织花样A至72行后织花样20行做腰线，上面织花样A至结束。
3.袖:从下往上织，起36针织花样A10行后，全部织花样A;平织16行每14行加1针共加6针开始织袖山，留2针做边针，每4行收2针共收9次，再1行减1针减2次平收。
4.帽:用织花样A，帽沿和衣边连起来织单罗纹；沿领窝中心挑44针，两边每2行各挑出2针挑5次，边缘同门襟一致织单罗纹4针;帽顶收针形成弧形更好看。
5.腰带:织单罗纹120cm.
6.缝合:所有的边缘对齐后，从正面缝合，两边的辫子针形成一条径做装饰，最后订上纽扣，完成。

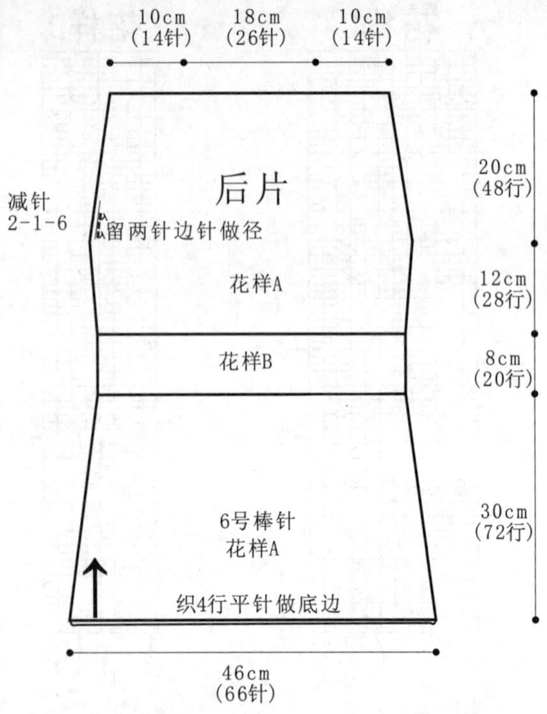
10cm (14针)
18cm (26针)
10cm (14针)
减针 2-1-6
后片
留两针边针做径
花样A
花样B
6号棒针
花样A
织4行平针做底边
20cm (48行)
12cm (28行)
8cm (20行)
30cm (72行)
46cm (66针)

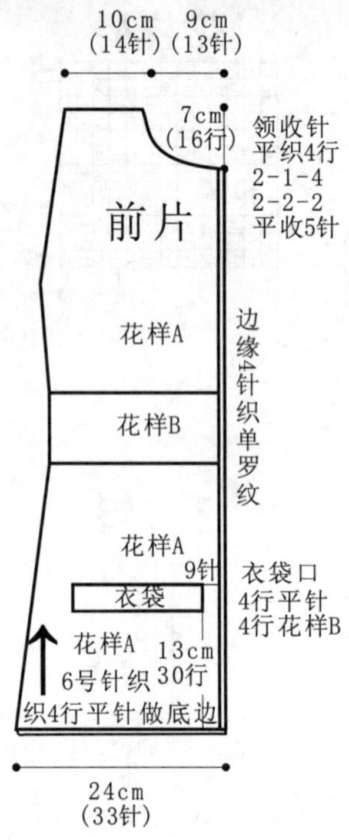
10cm (14针)
9cm (13针)
7cm (16行)
领收针
平织4行
2-1-4
2-2-2
平收5针
前片
花样A
边缘4针织单罗纹
花样B
花样A
9针
衣袋
衣袋口
4行平针
4行花样B
花样A
13cm
6号针织 30行
织4行平针做底边
24cm (33针)

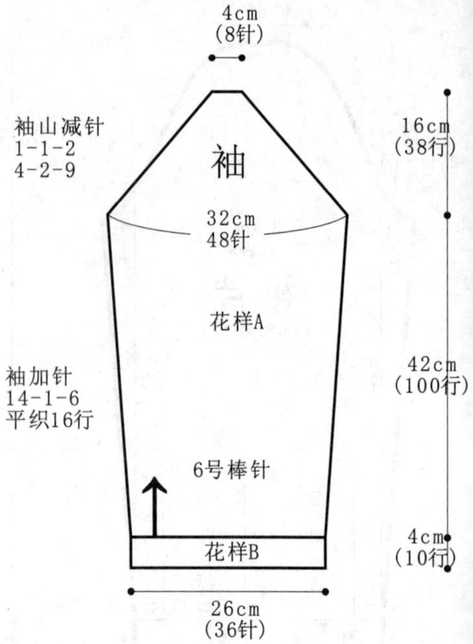
4cm (8针)
袖山减针
1-1-2
4-2-9
袖
32cm
48针
16cm (38行)
花样A
袖加针
14-1-6
平织16行
42cm (100行)
6号棒针
花样B
4cm (10行)
26cm (36针)

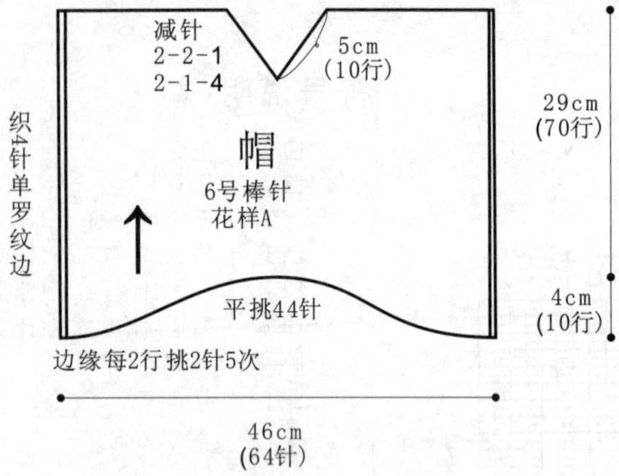
减针
2-2-1
2-1-4
5cm (10行)
29cm (70行)
织4针单罗纹边
帽
6号棒针
花样A
平挑44针
4cm (10行)
边缘每2行挑2针5次
46cm (64针)

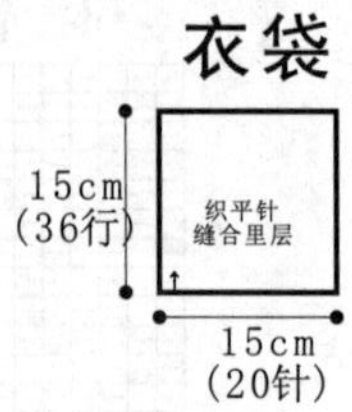
衣袋
15cm (36行)
织平针
缝合里层
15cm (20针)

花样B

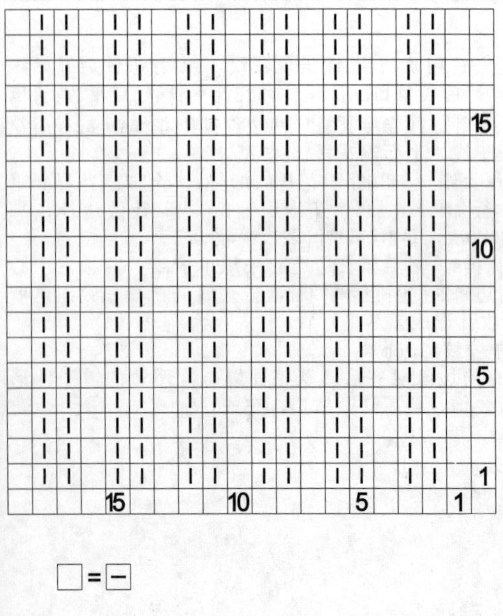
15
10
5
1
15
10
5
1
□=—

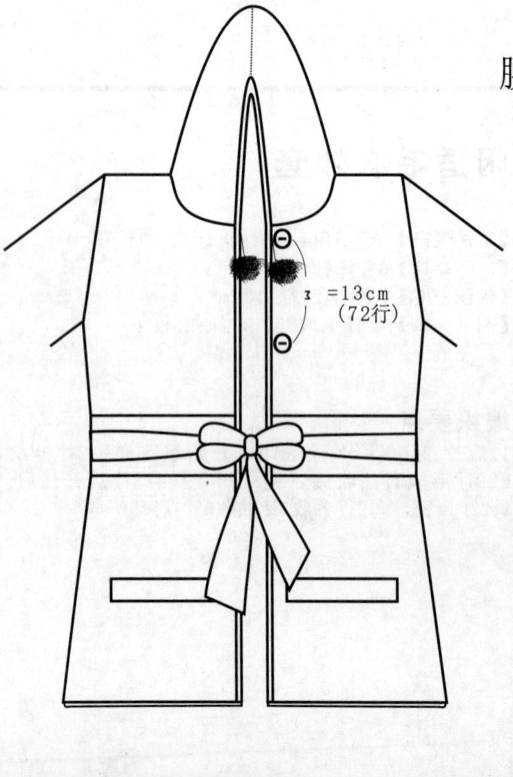
=13cm (72行)

腰带

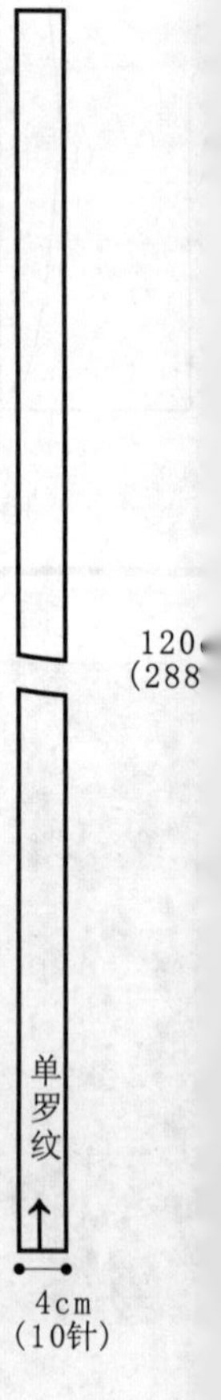
120 (288
单罗纹
4cm (10针)

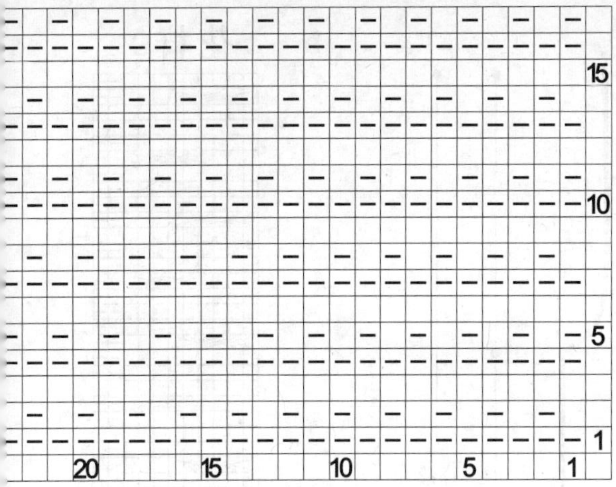

花样A

□=Ⅰ

□=−

符号说明：

⊟ 上针

□=Ⅰ 下针

Ⅴ= 滑针

↑ 编织方向

带子:起4针织所需长度连接绣球

经典黑色小外套

【成品规格】衣长65cm，半胸围36cm，
肩宽32cm，袖长46cm
【工　　具】11号棒针
【编织密度】29.4针×25.6行=10cm²
【材　　料】黑色棉线600g

前片/后片制作说明

1.棒针编织法，衣身分为左前片、右前片和后片分别编织。

2.起织后片，双罗纹针起针法，起106针织花样A，织10行后，改织花样B，织至110行，两侧袖窿减针，方法为1-3-1，2-1-3，织至163行，中间平收50针，两侧减针织成后领，方法为2-1-2，织至166行，两侧肩部各余下20针，收针断线。

3.起织左前片，下针起针法，起20针织花样D与花样E组合编织，起织时右侧衣摆加针，方法为2-2-2，2-1-21，4-1-2，织至54行，织片变成47针，花样C与花样D组合编织，如结构图所示，不加减针织至100行，左侧袖窿减针，方法为1-3-1，2-1-3，同时右侧前领减针，方法为2-1-21，织至166行，余下20针，收针断线。

4.同样的方法相反方向编织右前片。完成后将左右前片与后片的两侧缝缝合，两肩部对应缝合。

领片/衣襟制作说明

1.沿领口及衣襟挑起288针织花样A，共织10行，双罗纹针收针法，收针断线。

袖片制作说明

1.棒针编织法，编织两片袖片。从袖口起织。

2.下针起针法起112针，织花样E，织18行后，将织片分散减针成56针，改织花样A，织至24行，改织花样B与花样D组合编织，如结构图所示，一边织一边两侧加针，方法为6-1-9，织至82行，两侧减针编织袖山。方法为1-3-1，2-1-18，织至118行，织片余下32针，收针断线。

3.同样的方法编织另一袖片。

4.缝合方法:将袖山对应前片与后片的袖窿线，用线缝合，再将两袖侧缝对应缝合。

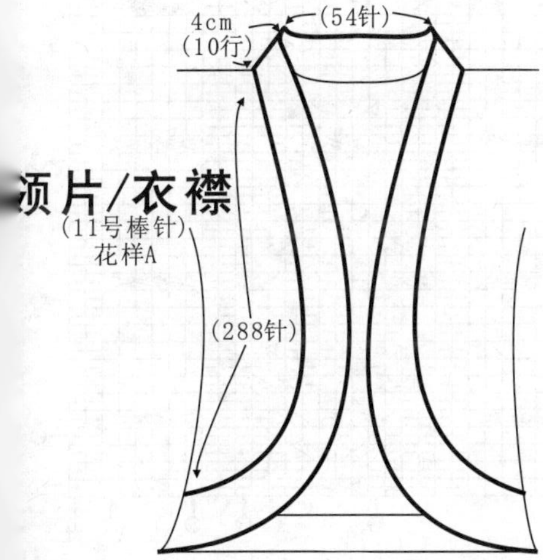

花样A

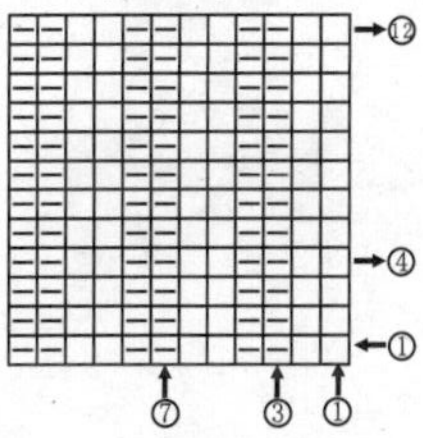

花样B

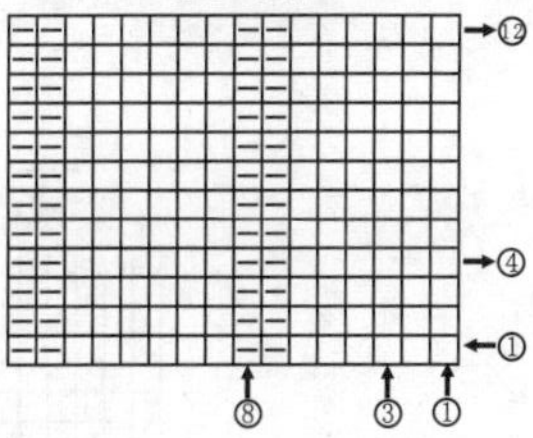

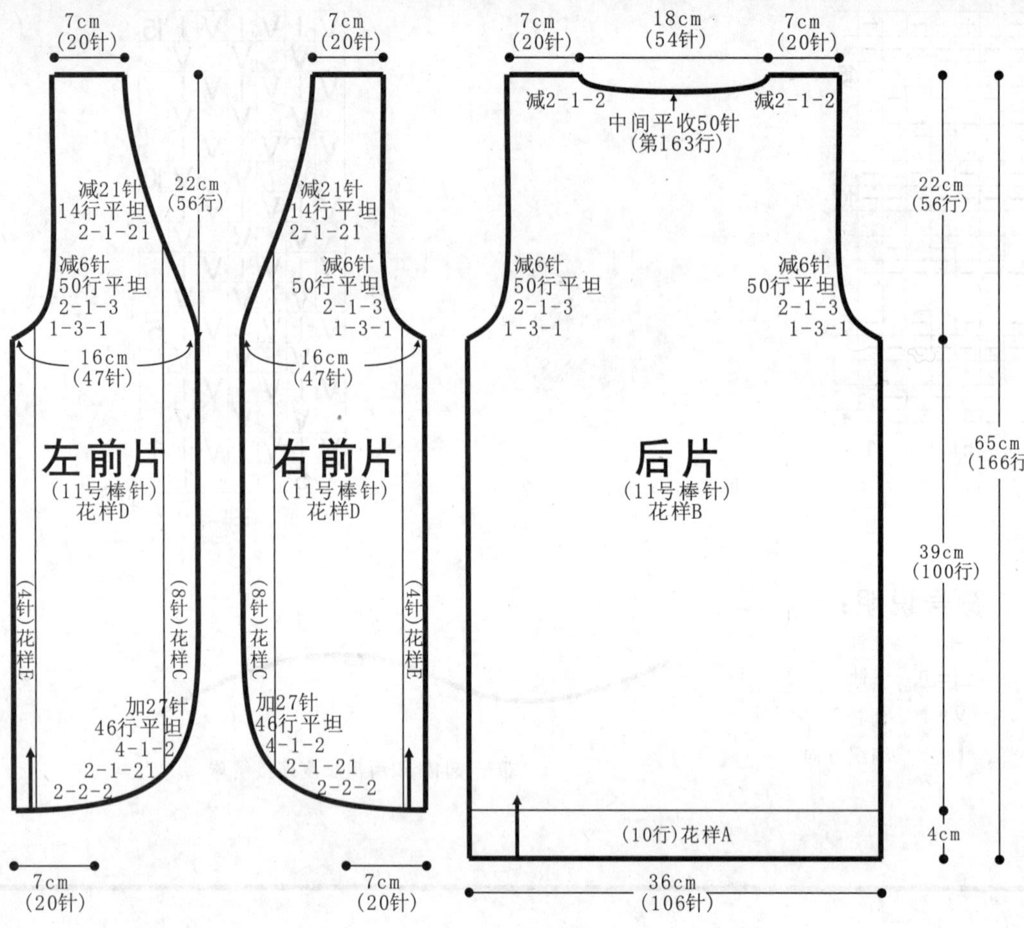

花样C

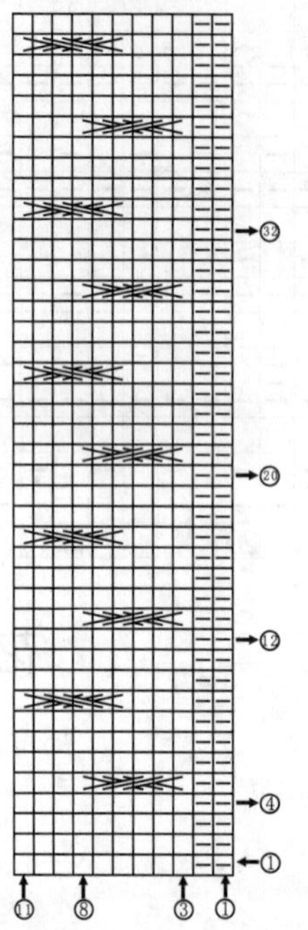

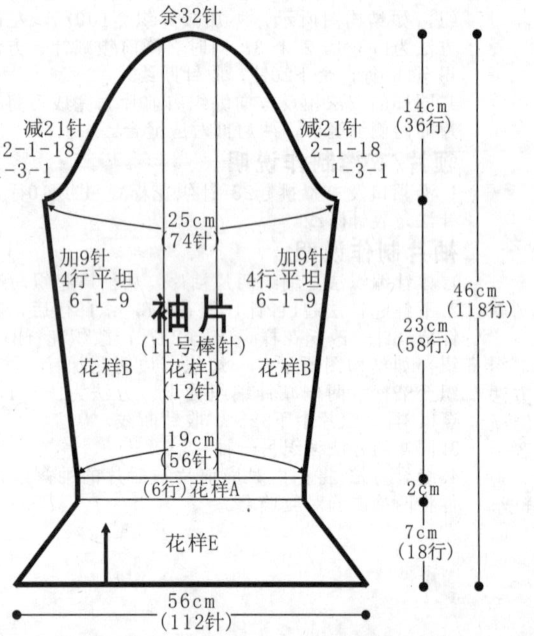

符号说明：

- 上针
- 下针
- 左上3针与右下3针交叉
- 右上3针与左下3针交叉
- 左上2针与右下2针交叉
- 右上2针与左下2针交叉
- 左上2针与右下1针交叉
- 右上2针与左下1针交叉
- 2-1-3 行-针-次
- 编织方向

花样E

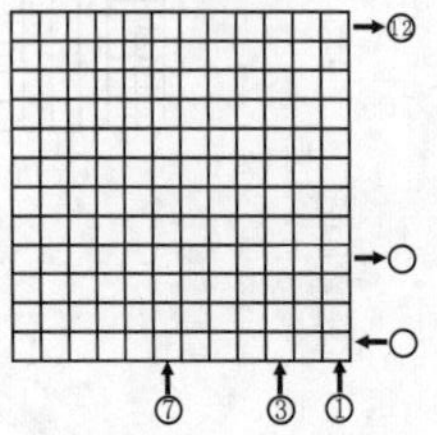

花样D

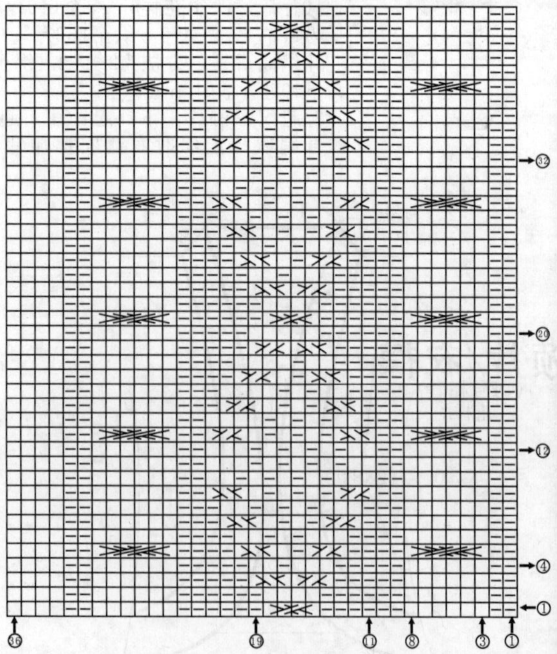

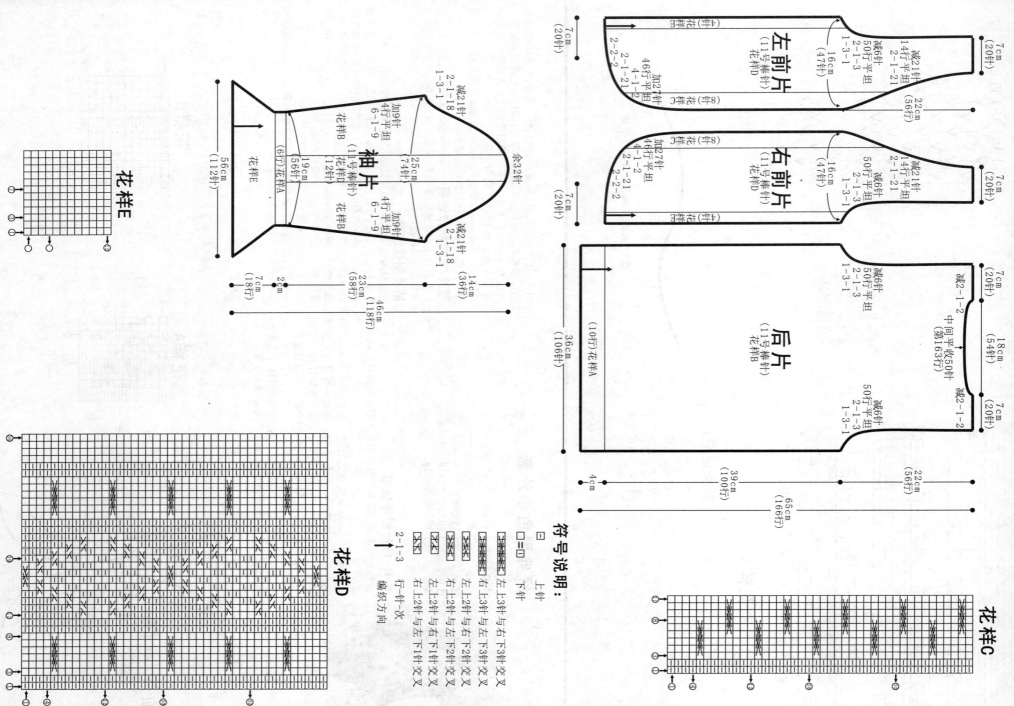

宝蓝色镂空针织衫

【成品规格】衣长67cm，半胸围43cm
【工　　具】10号棒针
【编织密度】13.5针×22.3行=10cm²
【材　　料】蓝色棉线共450g

前片/后片/袖片制作说明

1.棒针编织法，从下往上织，衣身分前后两片分别编织。
2.起织后片，起58针织花样A，织48行后，改织花样B，织至96行，两侧各加起21针，织片共100针，改织花样C，两侧各织12针下针，重复往上编织至120行，织片变成43针，改织花样D，不加减针织至128行，收针断线。
3.同样的方法编织前片。完成后将前后片侧缝缝合，肩缝缝合。
4.沿两侧袖窿分别挑起42针环形编织，织花样D，织8行后，收针断线。

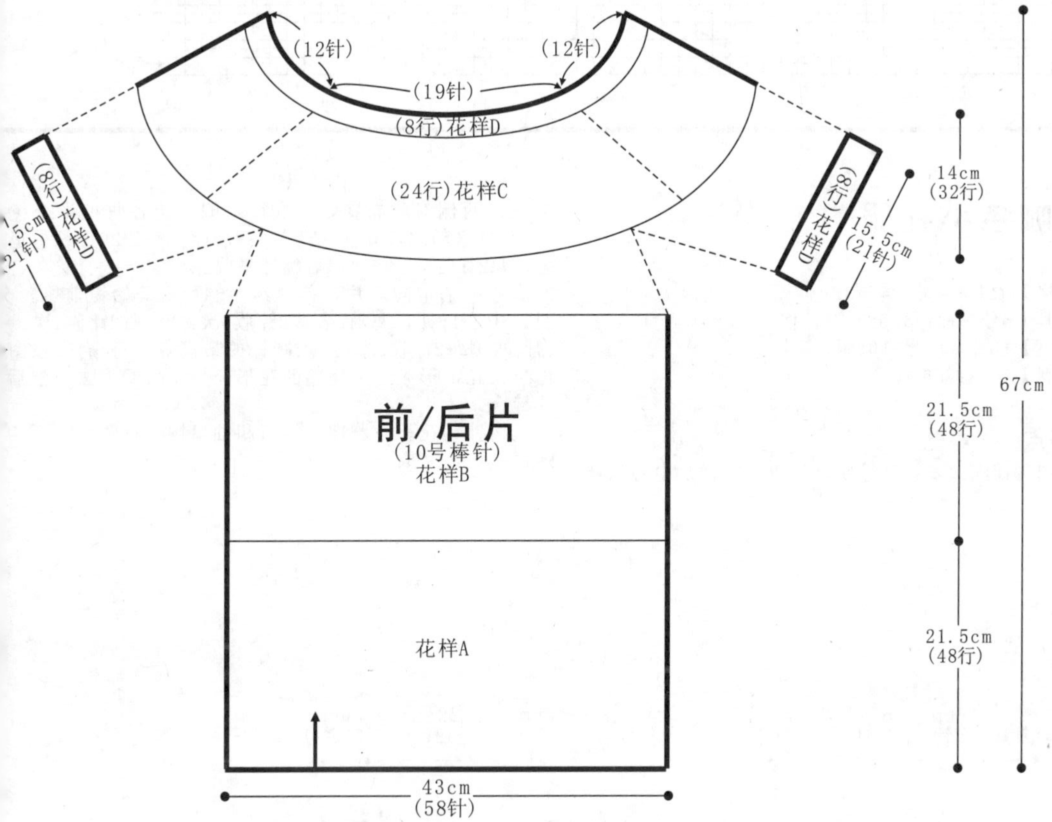

(12针)
(12针)
(19针)
(8行)花样D
(24行)花样C
(8行)花样D
.5cm
21针)
(8行)花样D
15.5cm
(21针)
14cm
(32行)
67cm
21.5cm
(48行)
21.5cm
(48行)
前/后片
(10号棒针)
花样B
花样A
43cm
(58针)

符号说明：

⊟ 上针
□=⊡ 下针
⊙ 镂空针
⧄ 左上2针并1针
⧅ 右上2针并1针
⊞ 中上3针并1针
2-1-3 行-针-次
↑ 编织方向

花样D

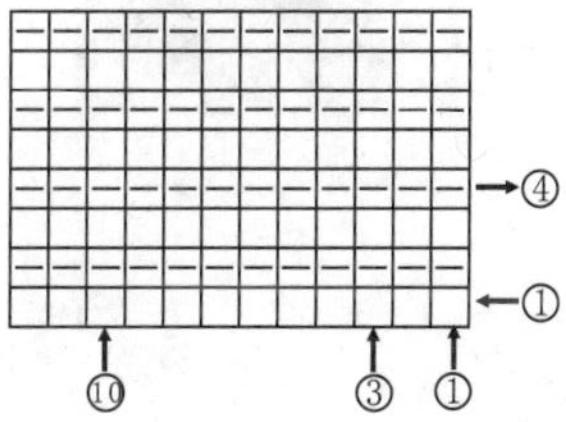

花样C

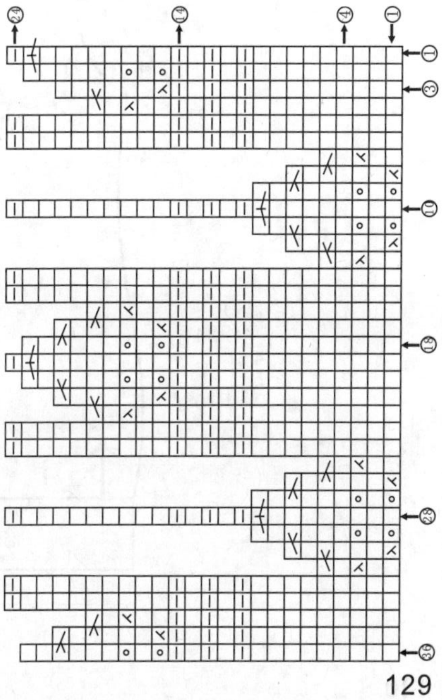

花样A

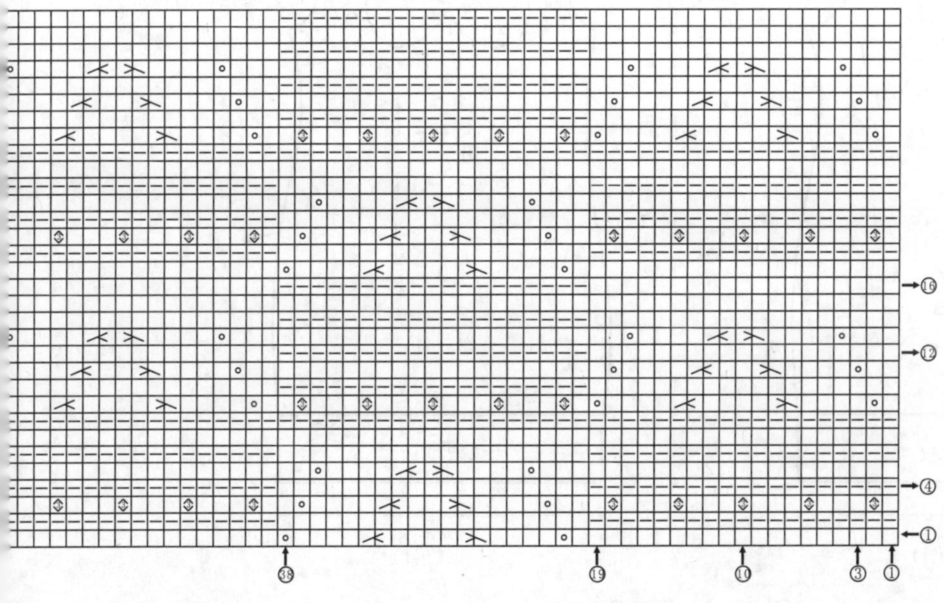

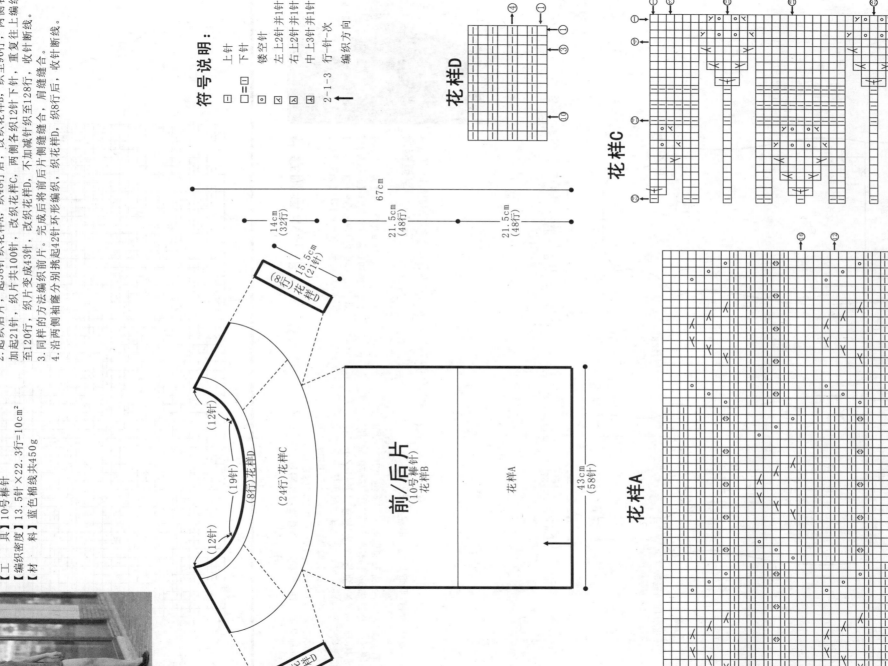

花样B

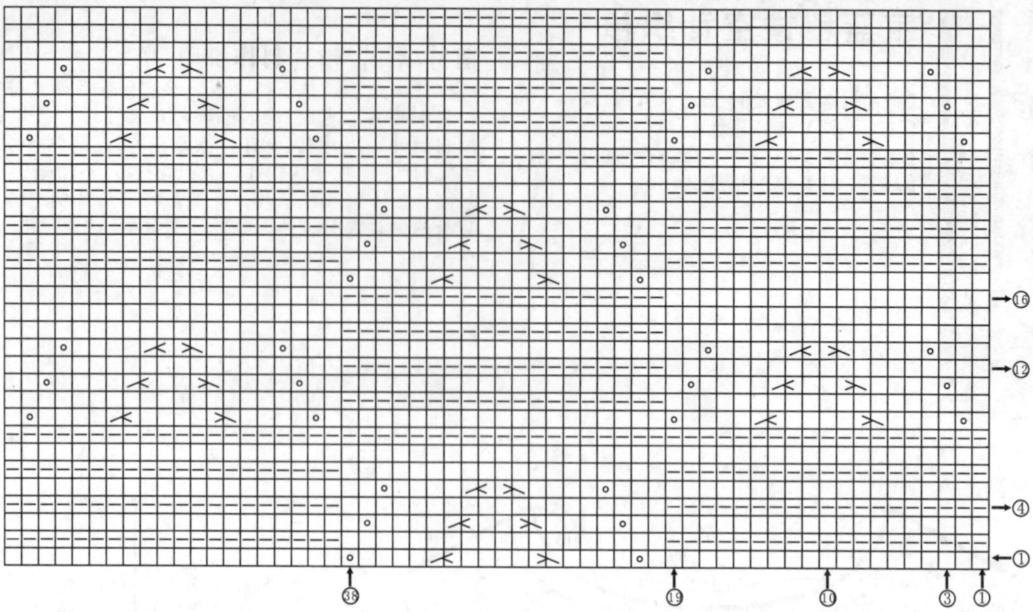

16
12
4
1
38
19
10
3
1

优雅咖色小礼服

【成品规格】衣长80cm，胸围82cm
【工　　具】6号棒针，3.5mm钩针
【编织密度】15针×15行=10cm²
【材　　料】羊毛线650g

编织要点

1.后片:起69针织双罗纹22行后，织组合花样，中心织棱形花，两侧对称布花，织16行两侧开始各收掉半个棱7针，再平织24行开挂，两侧各收7针，平织20行织引退肩，每2行收4针收3次，后领针平收。

2.前片：基本同后片，前片织至64行后开始织前胸，分织，中心15针，每2行各收2针收3次，2行收2针收1次，2行;两侧每2行收1针收4次;减针的最高点平行;肩带按图出半朵花，形成一朵完整的花形，一直平织上去，然后片缝合。

3.用钩针钩花补齐胸部，领口和袖口钩一行短针，再钩逆短针边，完成。

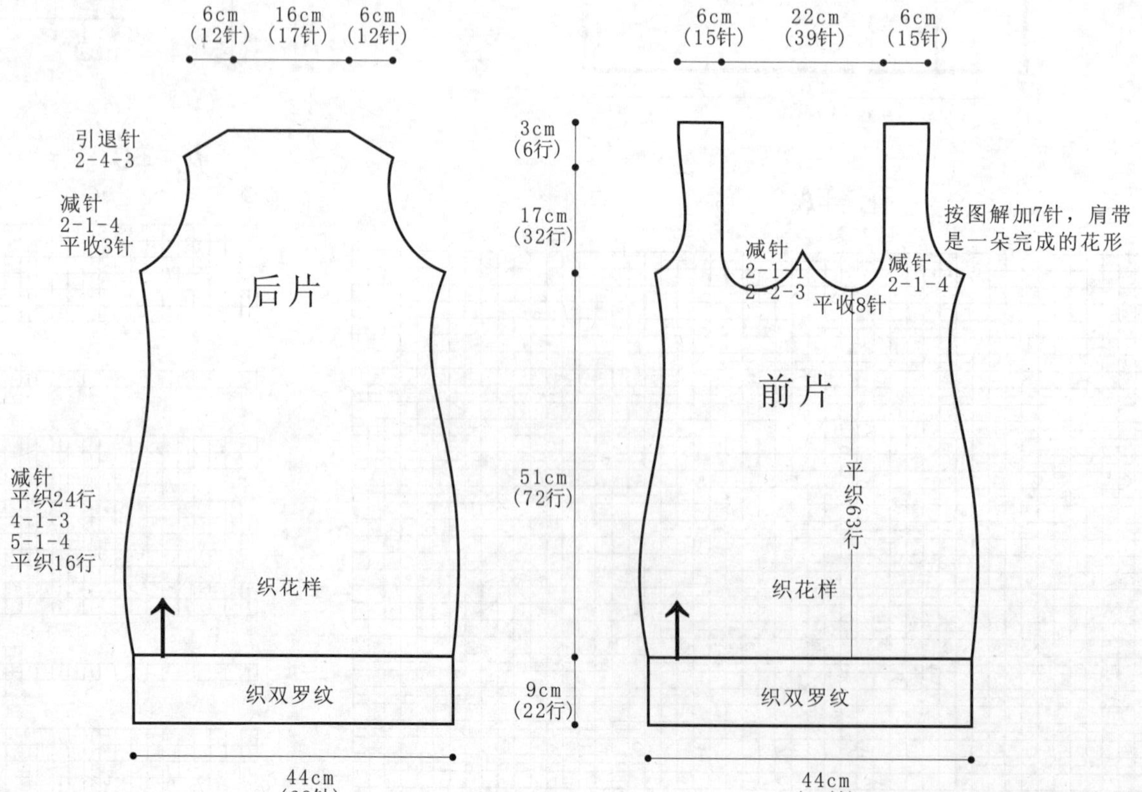

6cm
(12针)
16cm
(17针)
6cm
(12针)
引退针
2-4-3
减针
2-1-4
平收3针
后片
减针
平织24行
4-1-3
5-1-4
平织16行
织花样
织双罗纹
44cm
(69针)
3cm
(6行)
17cm
(32行)
51cm
(72行)
9cm
(22行)
6cm
(15针)
22cm
(39针)
6cm
(15针)
按图解加7针，肩带
是一朵完成的花形
减针
2-1-1
2-2-3
平收8针
减针
2-1-4
前片
平织63行
织花样
织双罗纹
44cm
(69针)

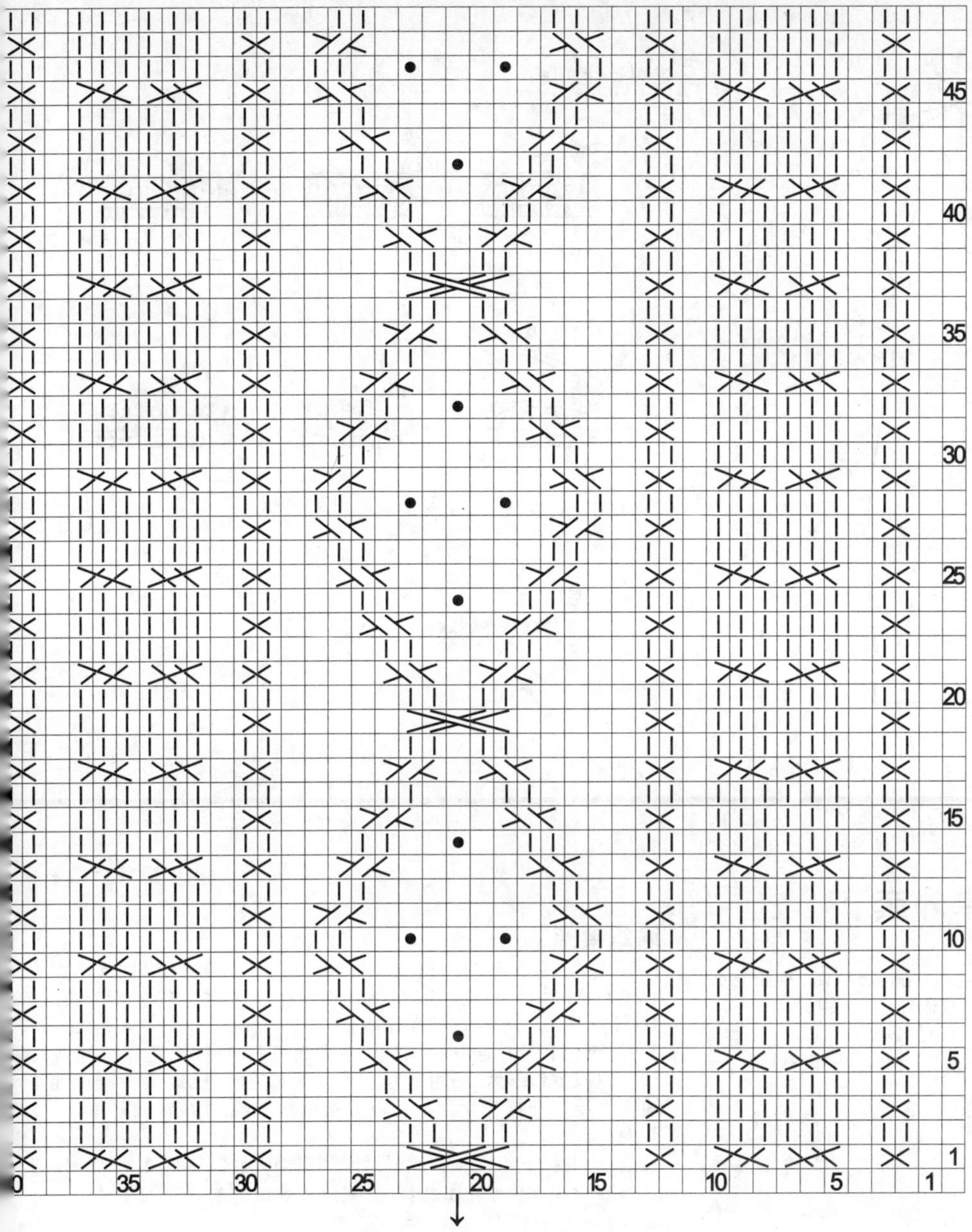
前后片中心

符号说明：

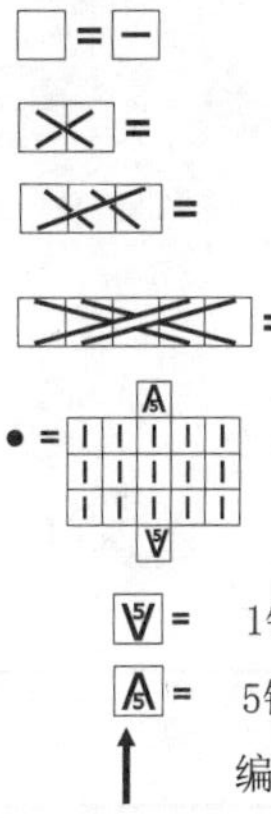
□=–
2针右上交叉
3针左上交叉
4针左上交叉，中间一针织上针
1针放5针
5针并1针
编织方向

前胸编织花样

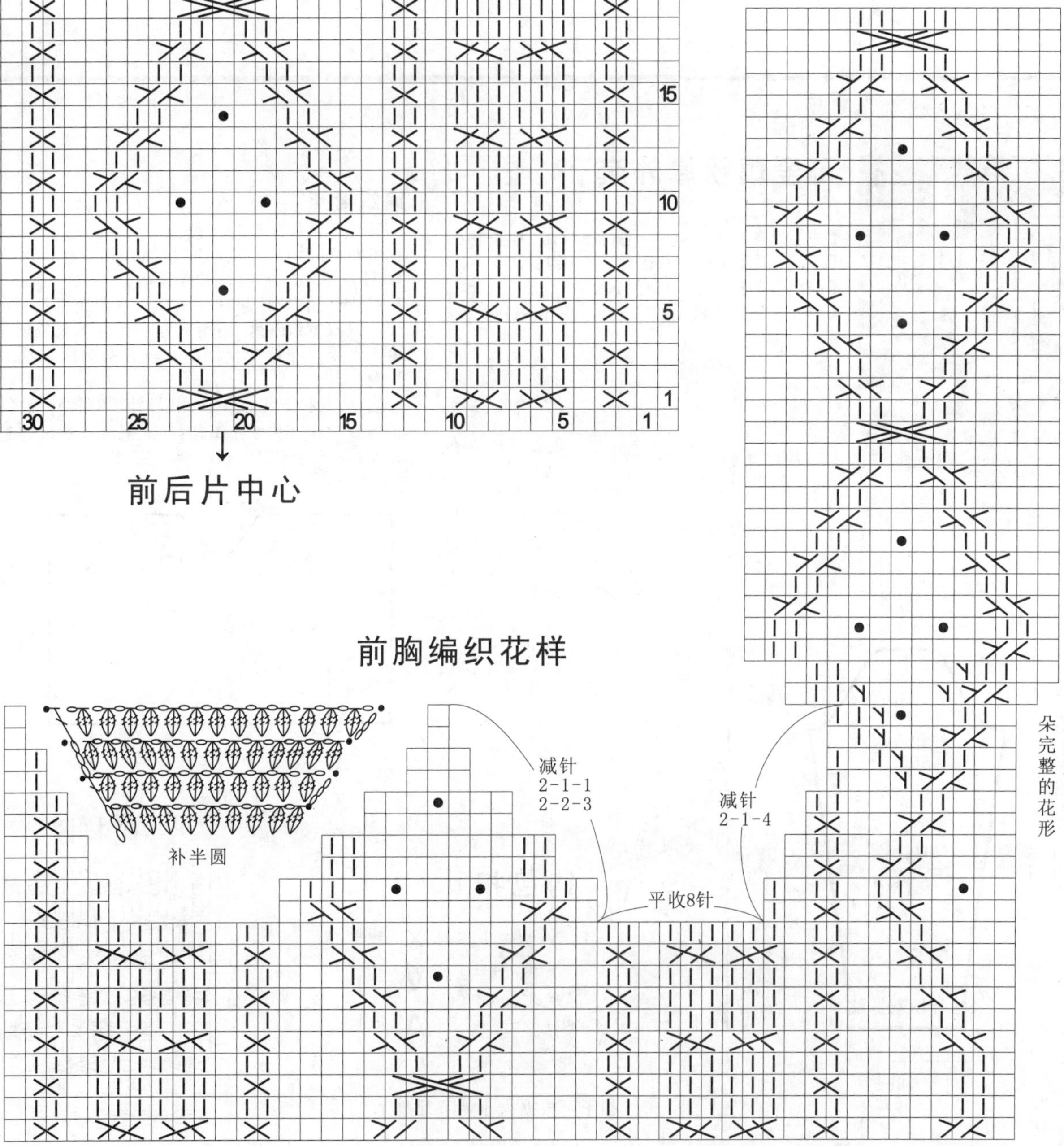
补半圆
减针
2-1-1
2-2-3
平收8针
减针
2-1-4
此处加出一朵完整的花形

边缘

沿边缘先钩一行短针
再钩一行逆短针
前肩带回去与后片缝合
补钩半圆

X̃ 逆短针针法图：

1.的针针

4.第一针完成

5.第二针开始（按前四步）进行

6.由左向右倒退着行进因故得名“逆短针”

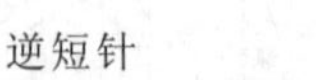
逆短针

可爱藕粉厚外套

【成品规格】衣长81cm，胸围84cm，袖长56cm
【工　　具】6号、8号棒针，3mm钩针
【编织密度】18针×16行=10cm²
【材　　料】羊仔毛线1150g，纽扣5枚

编织要点

1.后片:用8号针起62针织双罗纹20行后，换6号针织花样A4组，织4
后织花样B36行，继续织花样A16行开挂，两侧各平收2针后每2行减
减4针后平织，完成尺寸后平收。
2.前片：用8号针起36针织20行双罗纹后换6号针织花样A28行后衣
30针织双罗纹6行，另用针起30针织出衣袋的里层，然后连接起前
续往上织，花样变化同后片，开挂两侧平收4针减针同后片，织20
开领窝。
3.袖:从上往下织，袖筒用6号针织花样A，袖口用8号针织双罗纹。
4.边缘。帽:用6号针织花样A，帽沿和衣边连起来织双罗纹。
5.衣扣:用钩针钩包扣缝合，完成。

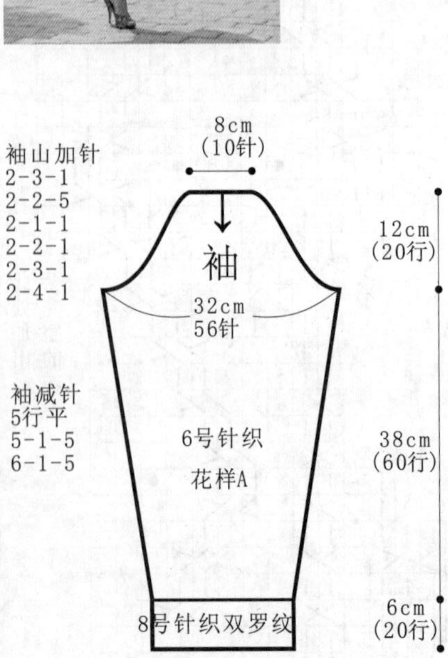
8cm
(10针)
袖山加针
2-3-1
2-2-5
2-1-1
2-2-1
2-3-1
2-4-1
袖
32cm
56针
12cm
(20行)
袖减针
5行平
5-1-5
6-1-5
6号针织
花样A
38cm
(60行)
8号针织双罗纹
6cm
(20行)
18cm
(36针)

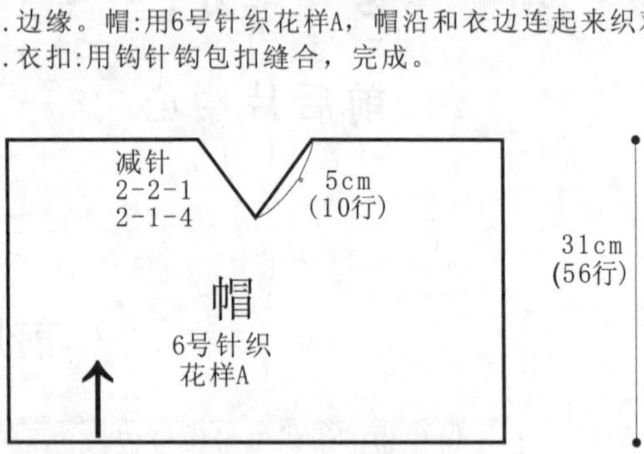
减针
2-2-1
2-1-4
5cm
(10行)
31cm
(56行)
帽
6号针织
花样A
40cm
(62针)

钩包扣

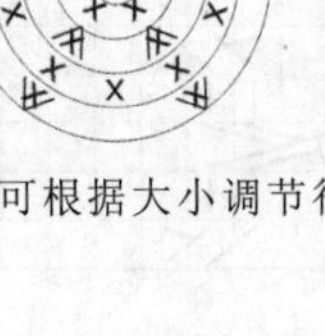

X 短针
V 加针
A 收针

扣子可根据大小调节行数

花样B

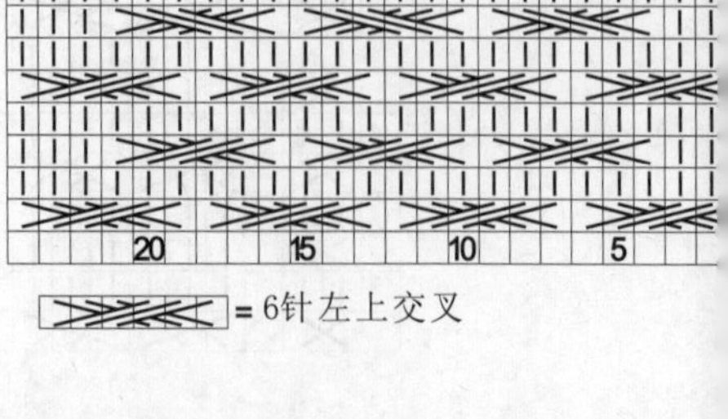
20
15
10
5

=6针左上交叉

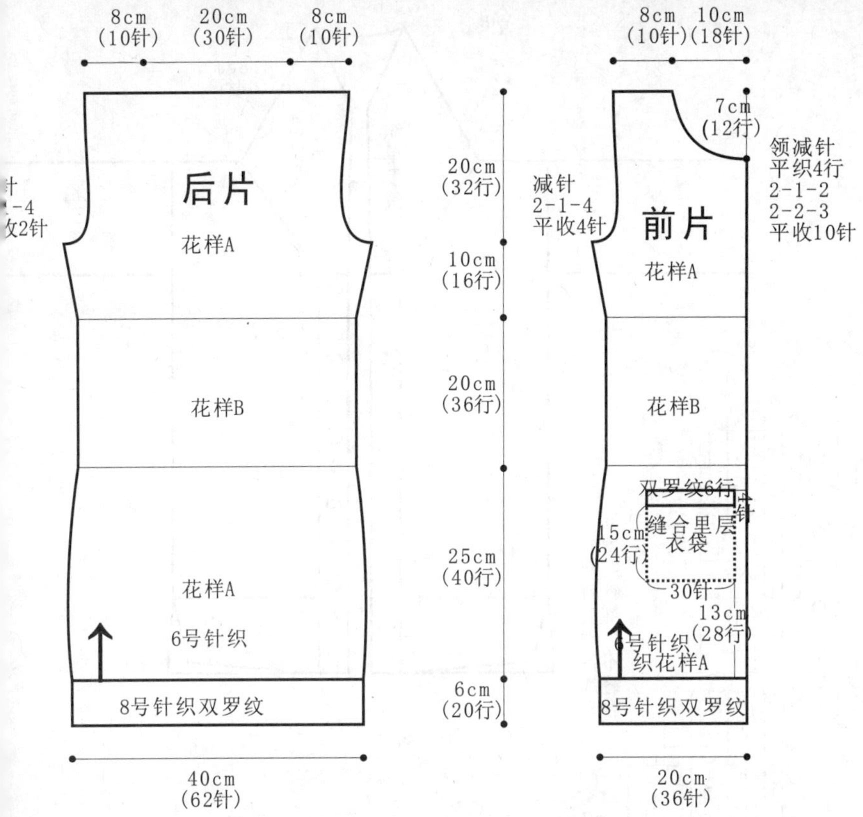
8cm
(10针)
20cm
(30针)
8cm
(10针)
后片
花样A
花样B
花样A
6号针织
8号针织双罗纹
40cm
(62针)
20cm
(32行)
10cm
(16行)
20cm
(36行)
25cm
(40行)
6cm
(20行)
8cm
(10针)
10cm
(18针)
7cm
(12行)
领减针
平织4行
2-1-2
2-2-3
平收10针
减针
2-1-4
平收4针
前片
花样A
花样B
双罗纹6行
缝合里层
衣袋
15cm
(24行)
30针
13cm
(28行)
6号针织
织花样A
8号针织双罗纹
20cm
(36针)

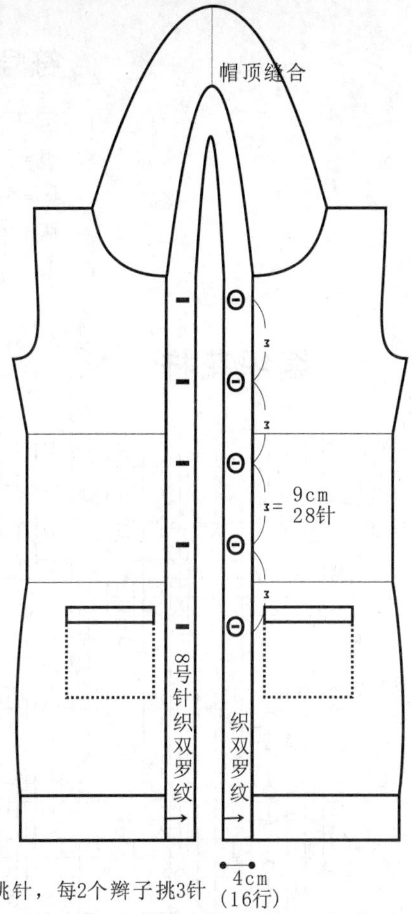
帽顶缝合
9cm
28针
8号针织双罗纹
织双罗纹
4cm
(16行)

门襟

沿边缘挑针，每2个辫子挑3针

花样A

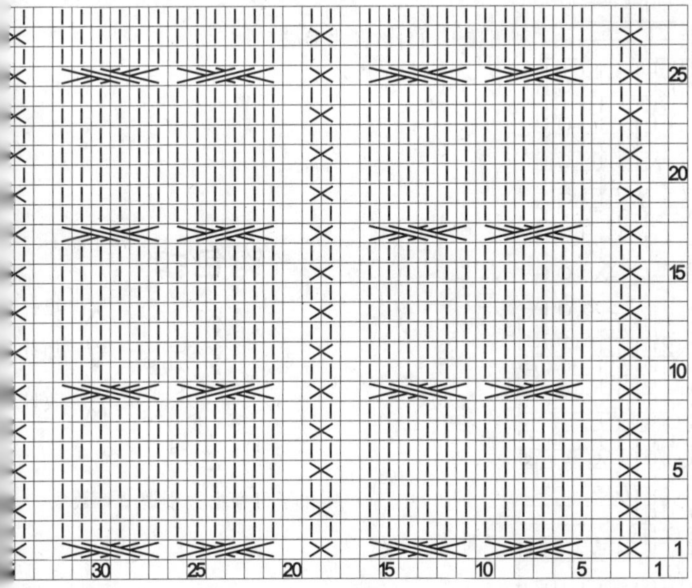
25
20
15
10
5
1
30
25
20
15
10
5
1

符号说明：

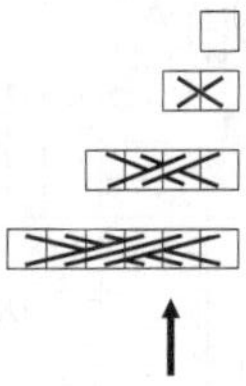

□=−
=2针右上交叉
=4针左上交叉
=6针左上交叉
编织方向

高雅白色开衫

【成品规格】衣长68cm，胸围80cm，袖长27cm
【工　　具】6号棒针
【编织密度】9针×19行=10cm²
【材　　料】羊毛线850g，纽扣5枚

编织要点

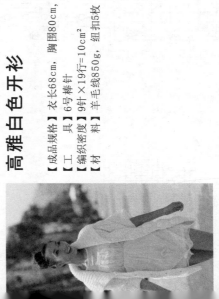

1. 后片:起35针织18行单罗纹，开始布花织花样，花样33针，两边各留1针边做缝合用;一直平直织至长度后，平收。
2. 前片:起24针，门襟边6针织桂花针，其余织单罗纹18后开始织花样，同后片;前片织至开领时利用花样的加收针变化，形成领窝，肩平收。
3. 袖:起27针织花样28行，平收，织两片。
4. 领:织单罗纹18cm;另钩扣子5枚，缝合，完成。

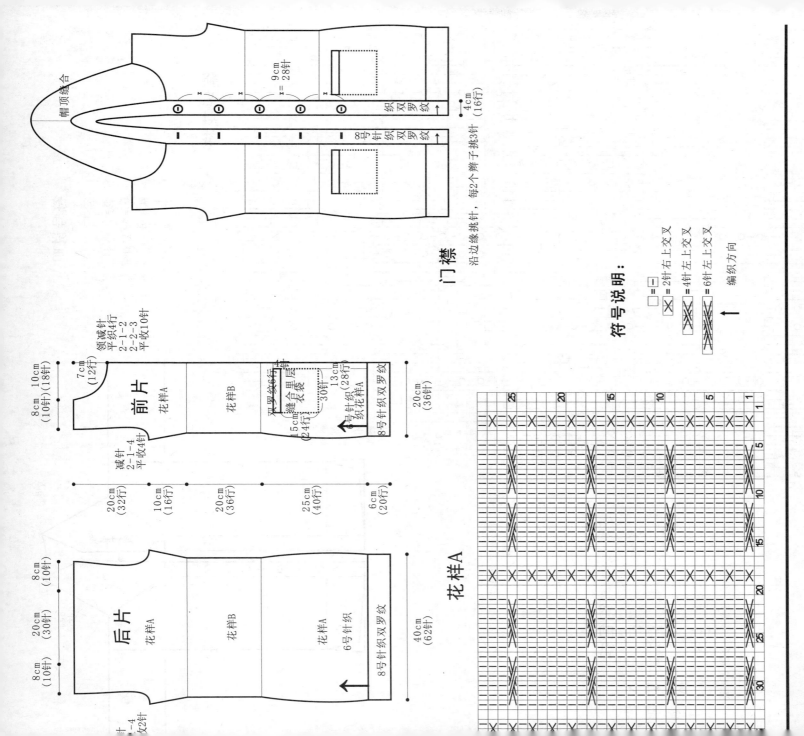

符号说明：

□=⊟

⊡= 加针

⋏= 右上2针并1针

⩚= 中上3针并1针

↑ 编织方向

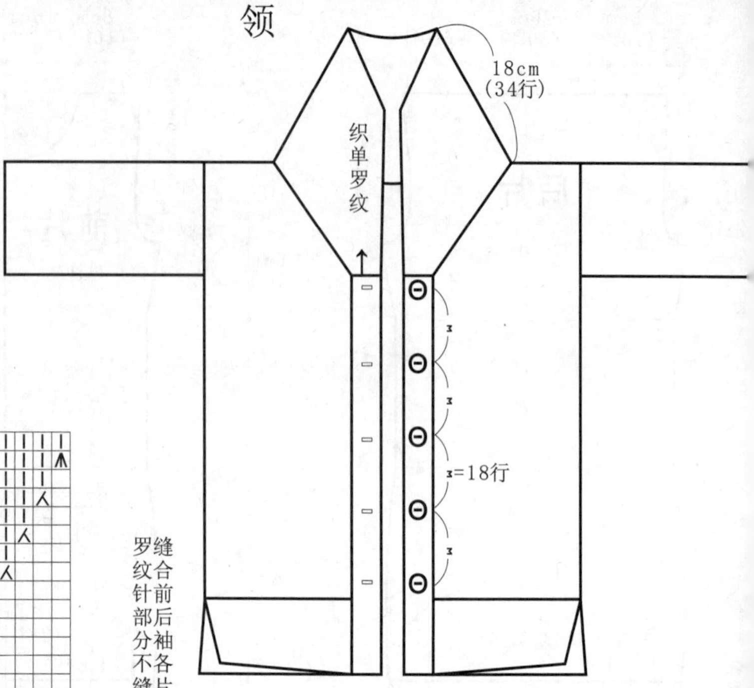

编织花样

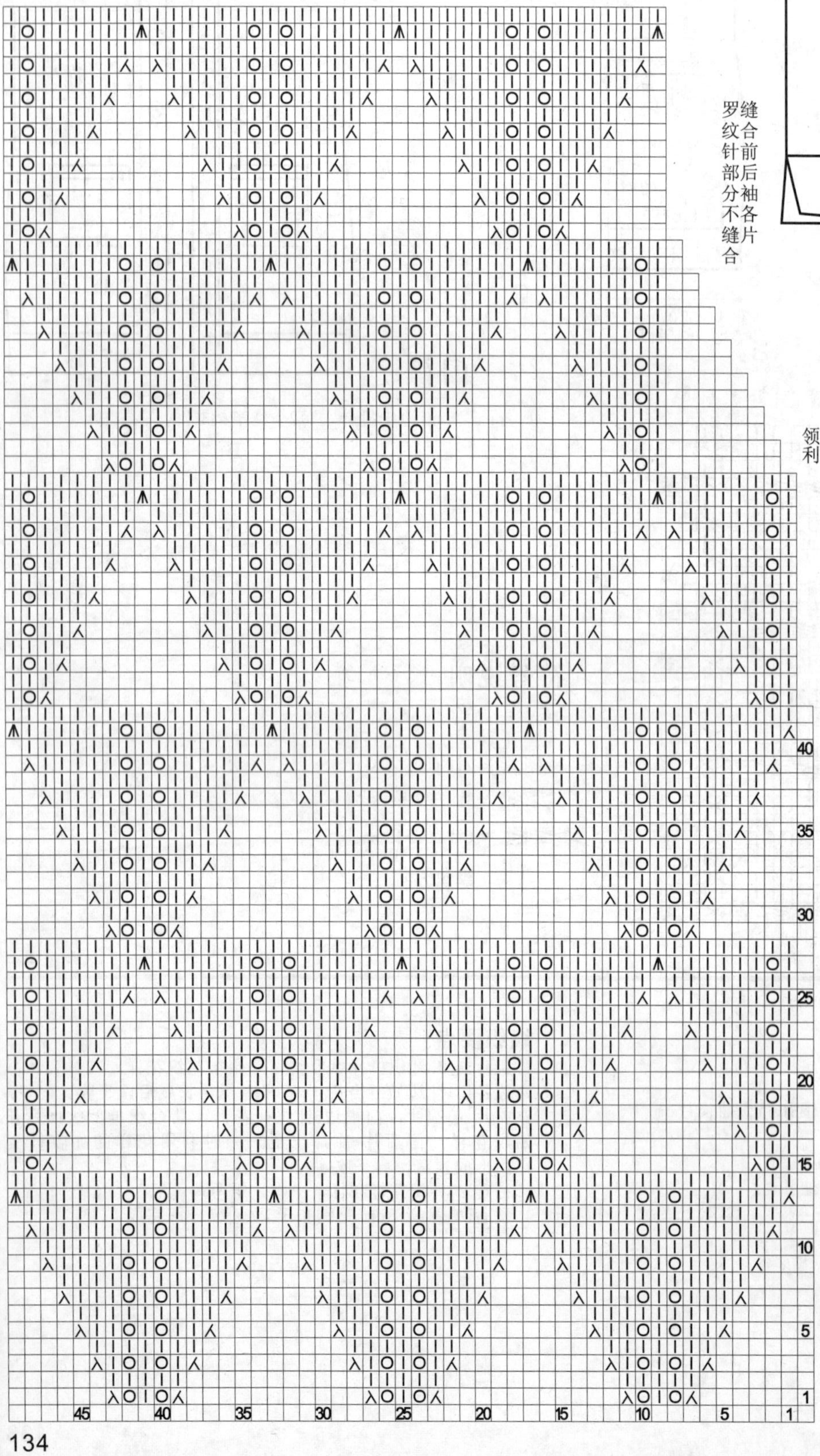

钩包扣

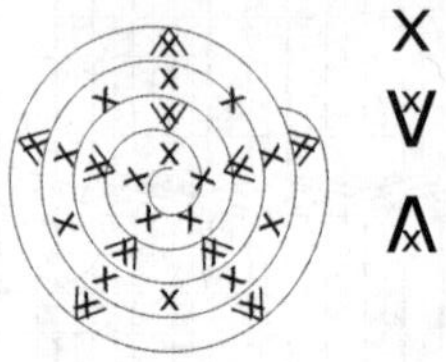

扣子可根据大小调节行数

桂花针

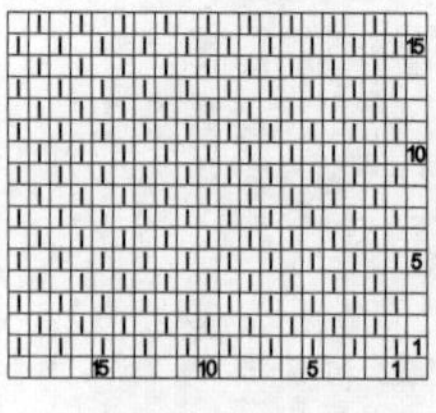

□=⊟

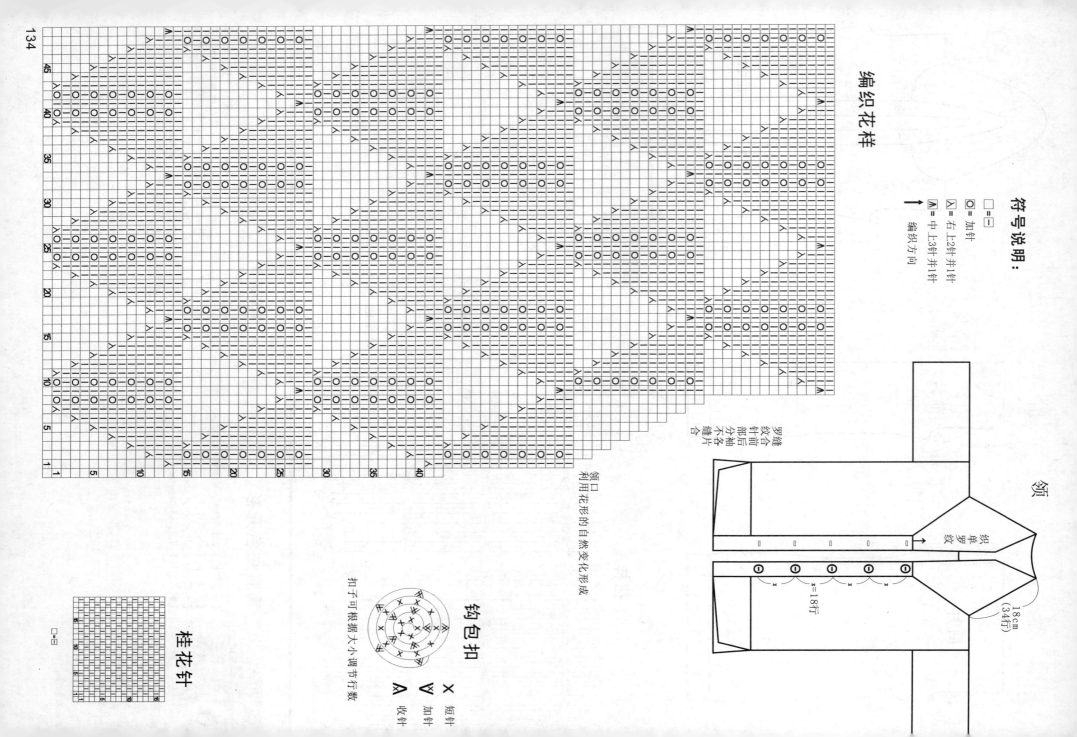

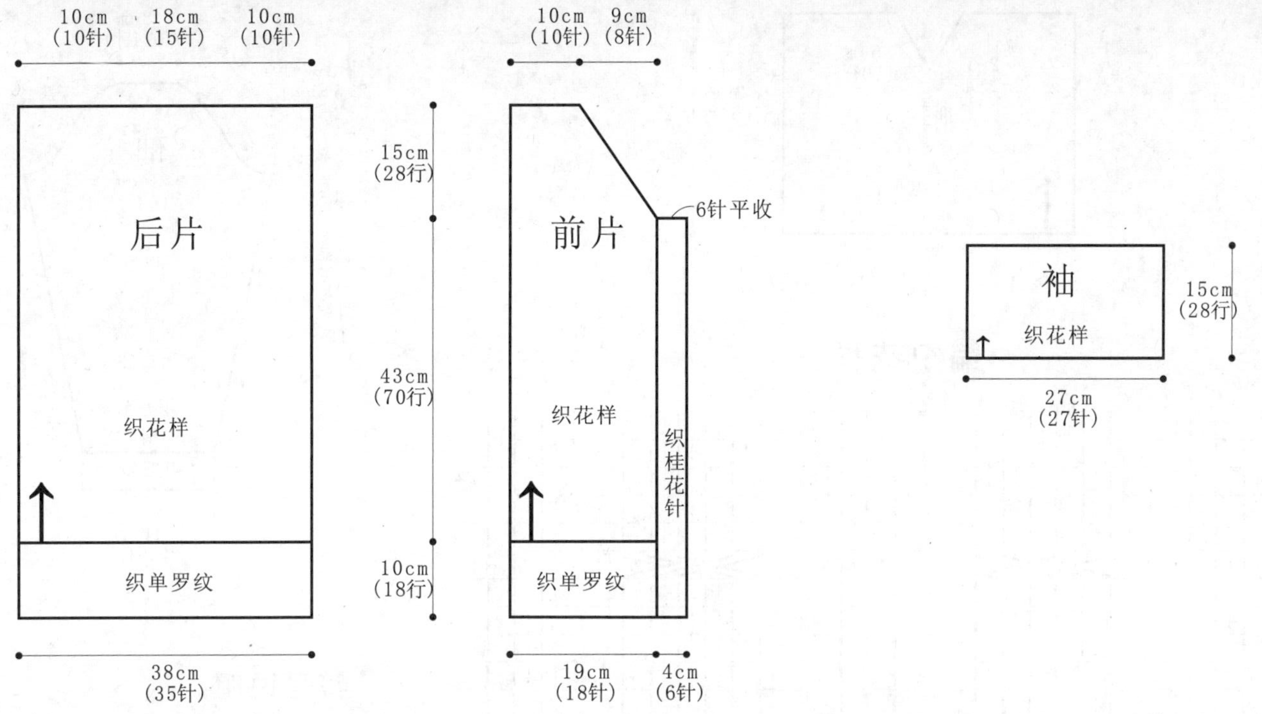
10cm (10针)
18cm (15针)
10cm (10针)
后片
织花样
织单罗纹
38cm (35针)
15cm (28行)
43cm (70行)
10cm (18行)
10cm (10针)
9cm (8针)
前片
6针平收
织花样
织桂花针
织单罗纹
19cm (18针)
4cm (6针)
袖
织花样
15cm (28行)
27cm (27针)

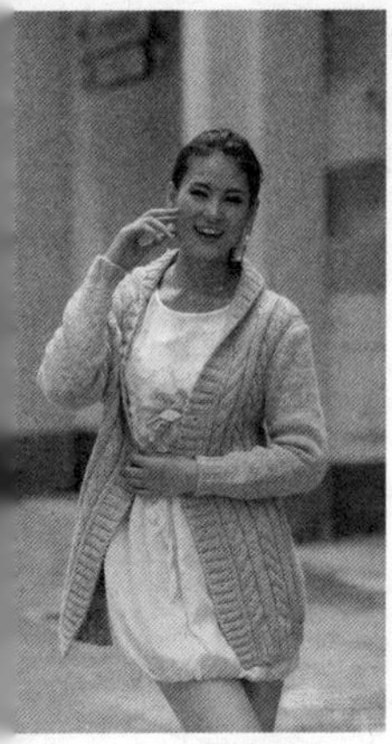

灰色连帽外套

【成品规格】衣长71cm，胸围88cm，袖长54cm
【工　　具】10号棒针
【编织密度】19针×22行=10cm²
【材　　料】羊毛线1000g，纽扣5枚

编织要点

1.后片:起84针织16行双罗纹后开始织平织，平织30行后每8行收1针收2次，每6行收1针收4次，平织12行每8行加1针加2次，开挂肩:两侧各平收4针，每2行减1针减3次，肩织引退针3次成斜肩，并开后领窝。
2.前片:起38针，织16行双罗纹开始织花样，其他同后片。
3.袖:从下往上织，起30针织16行双罗纹后每5针加1针共加6针开始织平针，按图示织并缝合。
4.帽:各片织好后缝合，沿领窝挑出76针织帽，织平针，帽顶减针然后缝合。
5.门襟:沿边缘挑针织双罗纹门襟，帽边同织;缝上纽扣，完成。

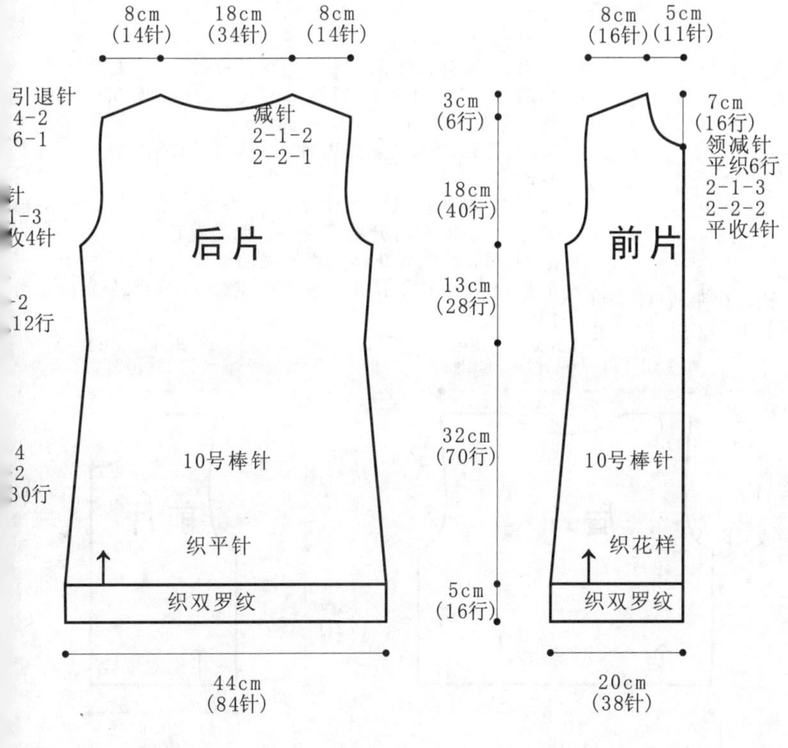
8cm (14针)
18cm (34针)
8cm (14针)
减针
2-1-2
2-2-1
后片
10号棒针
织平针
织双罗纹
44cm (84针)
3cm (6行)
18cm (40行)
13cm (28行)
32cm (70行)
5cm (16行)
8cm (16针)
5cm (11针)
7cm (16行)
领减针
平织6行
2-1-3
2-2-2
平收4针
前片
10号棒针
织花样
织双罗纹
20cm (38针)

门襟、帽

沿边缘挑针织门襟，
每2个辫子挑3针

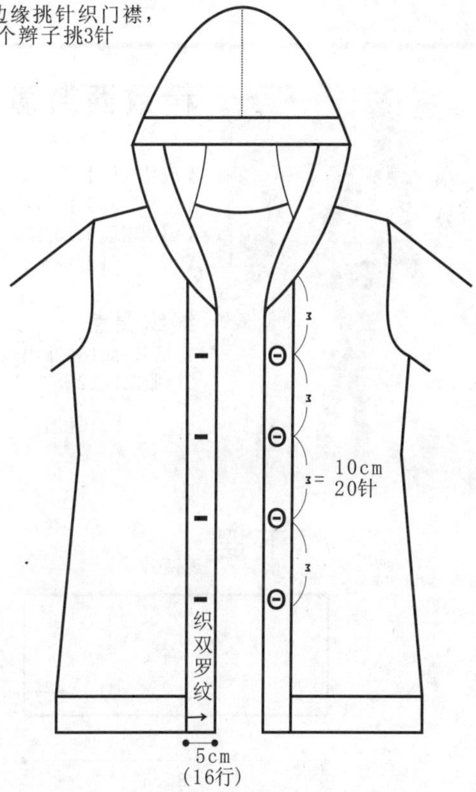
10cm
20针
织双罗纹
5cm (16行)

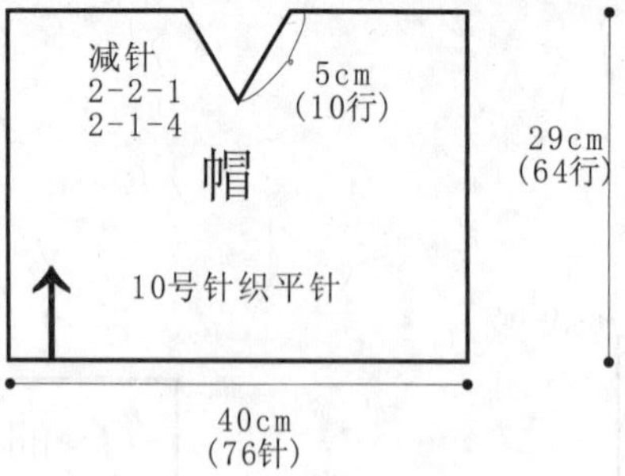
减针
2-2-1
2-1-4
5cm
(10行)
帽
10号针织平针
29cm
(64行)
40cm
(76针)

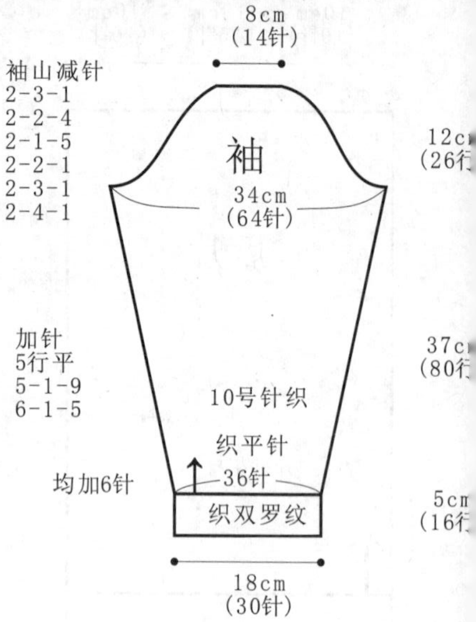
8cm
(14针)
袖山减针
2-3-1
2-2-4
2-1-5
2-2-1
2-3-1
2-4-1
袖
34cm
(64针)
加针
5行平
5-1-9
6-1-5
10号针织
织平针
36针
均加6针
织双罗纹
18cm
(30针)

编织花样

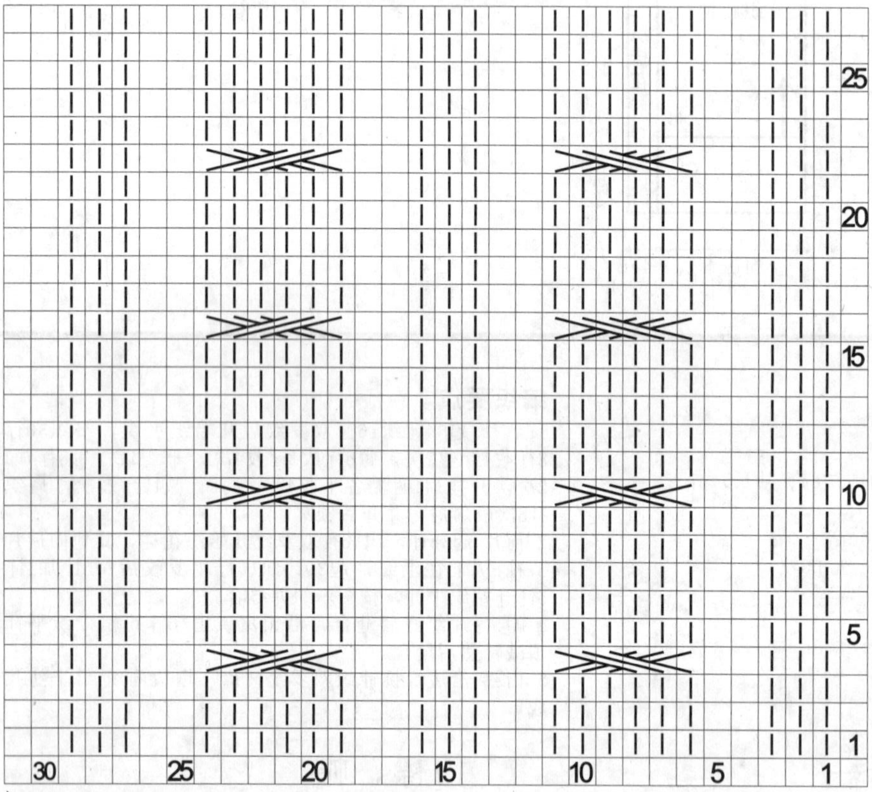
25
20
15
10
5
1
30
25
20
15
10
5
1

符号说明：

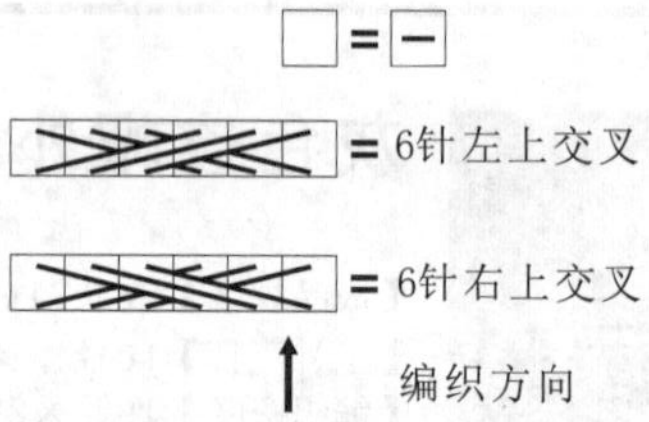
= 6针左上交叉
= 6针右上交叉
编织方向

精致西装款小外套

【成品规格】衣长52cm，胸围80cm，袖长58cm
【工　　具】12号棒针
【编织密度】40针×40行=10cm²
【材　　料】细毛线550g，蕾丝若干，纽扣1枚

编织要点

1.后片:起160针织双罗纹，织72行开挂，先平收5针，再2行收2针收2次，2行收1针收7次;后领窝2行减1针2次，肩平收。
2.前片:起80针织双罗纹，织法同后片，在右片下角开扣眼;领平收10针，2行减3针2次，2行减2针5次，2行减次，最后平织4行。
3.袖:起32针，逐渐加出袖山，袖口边缝上蕾丝，向上4cm。
4.下摆:织两块长方形;起78针，按图示织花样，交叉部97行，织122行时开始织花样，两边对称。
5.领:起38针织领花样，织够领的一周。
6.缝合:将两片下摆在后片中心重叠6cm缝合;分别缝上蕾纽扣;完成。

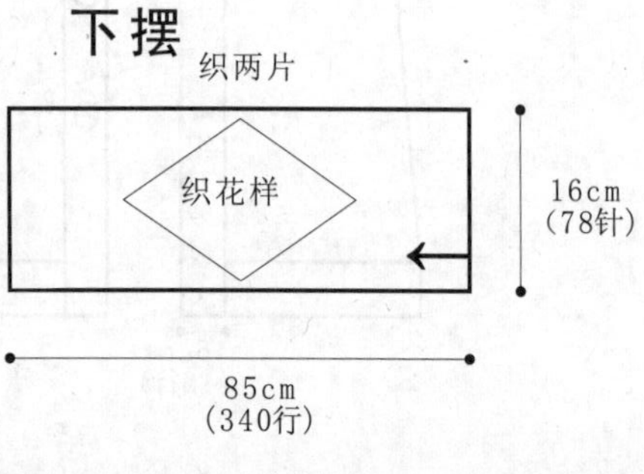
下摆
织两片
织花样
16cm
(78针)
85cm
(340行)

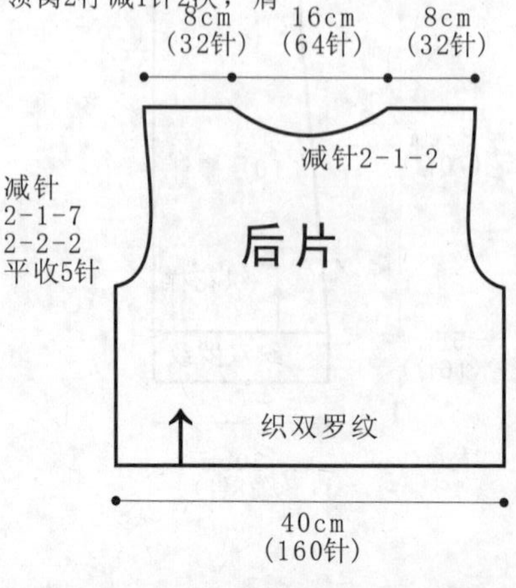
8cm
(32针)
16cm
(64针)
8cm
(32针)
减针2-1-2
减针
2-1-7
2-2-2
平收5针
后片
18cm
(72行)
18cm
(72行)
织双罗纹
40cm
(160针)

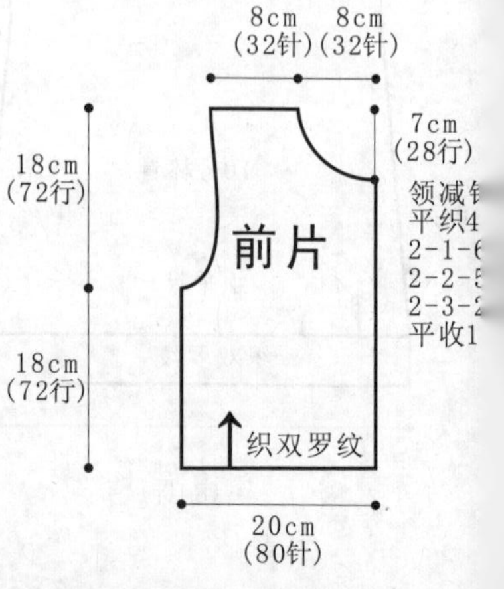
8cm
(32针)
8cm
(32针)
7cm
(28行)
前片
织双罗纹
20cm
(80针)

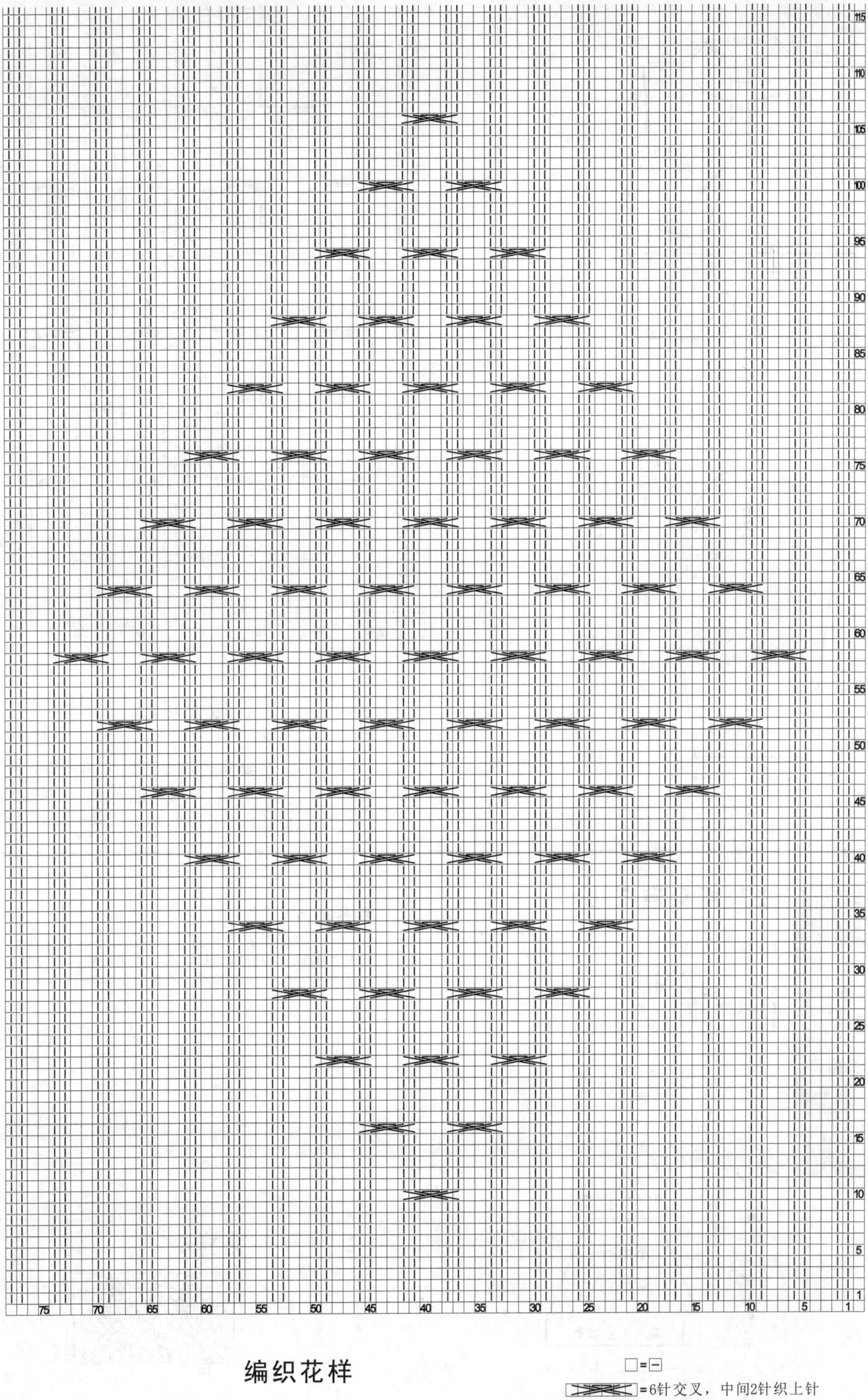

编织花样

□=−

=6针交叉，中间2针织上针

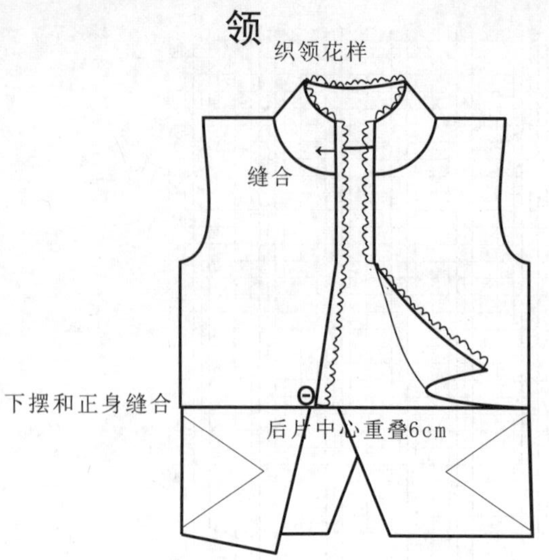
领
织领花样
缝合
下摆和正身缝合
后片中心重叠6cm

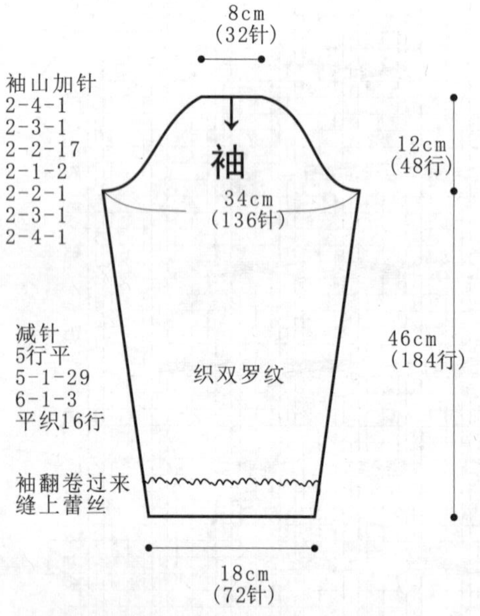
8cm
(32针)
袖山加针
2-4-1
2-3-1
2-2-17
2-1-2
2-2-1
2-3-1
2-4-1
袖
34cm
(136针)
12cm
(48行)
46cm
(184行)
减针
5行平
5-1-29
6-1-3
平织16行
织双罗纹
袖翻卷过来
缝上蕾丝
18cm
(72针)

领花样

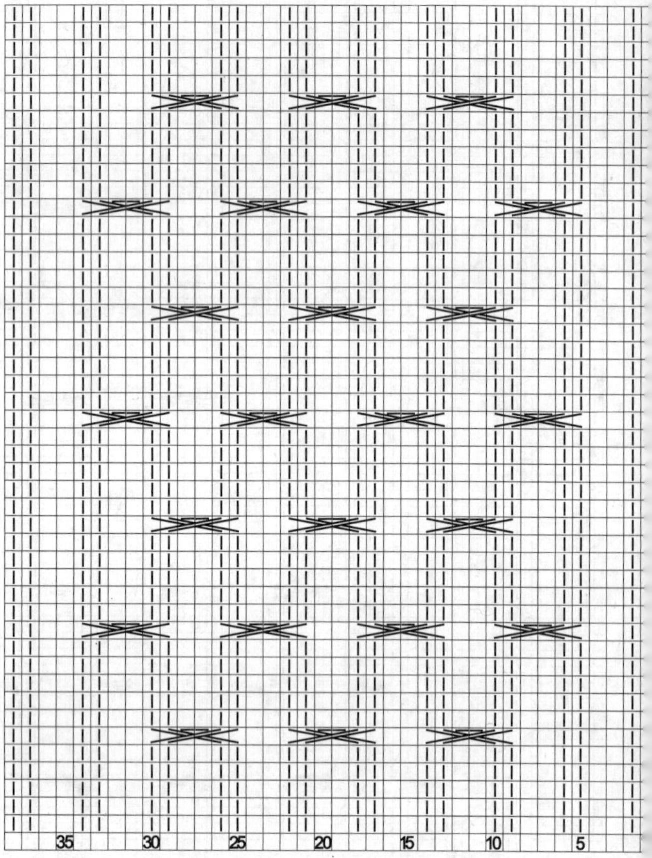
35
30
25
20
15
10
5

符号说明：

□=⊟

= 6针交叉，中间2针织上针

编织方向

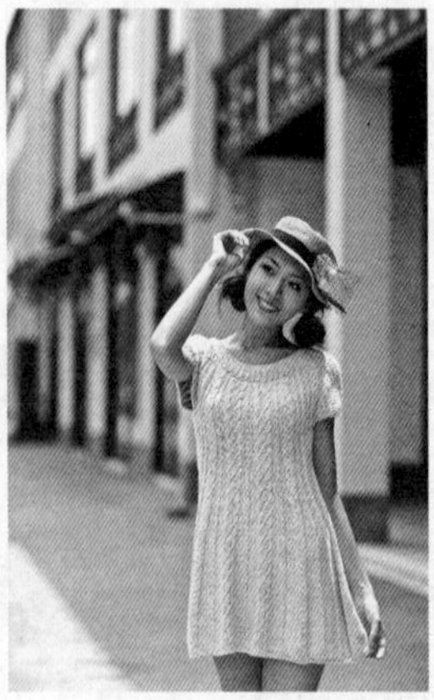

浅灰修身连衣裙

【成品规格】胸围:90cm　衣长:64cm

　　　　　　肩袖长:18cm

【工　　具】3mm棒针

【编织密度】23针×34行=10cm²

【材　　料】浅灰色丝光线640g

制作要点

衣服从下摆起针按结构图往上编织。前片按花样A编织，花样的间隔针中分散减针。后片织平针在两侧减针或加针，袖子从袖口起针往上编织。衣领按花样B针法图编织3cm。

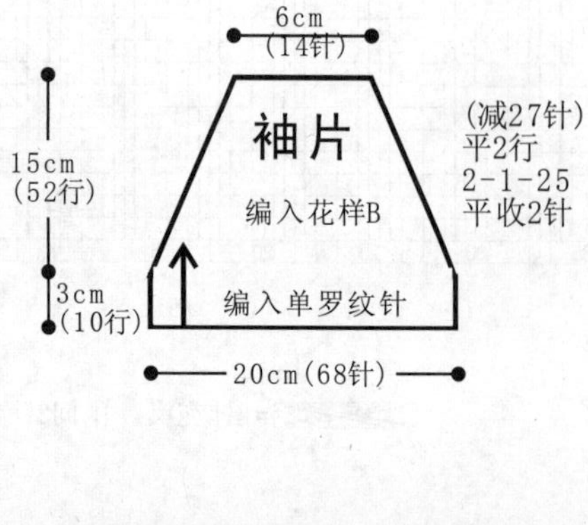
6cm
(14针)
袖片
(减27针)
平2行
2-1-25
平收2针
15cm
(52行)
编入花样B
3cm
(10行)
编入单罗纹针
20cm(68针)

花样B

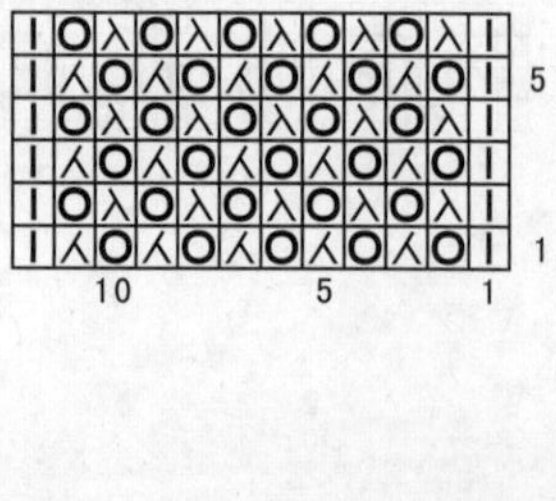
5
1
10
5
1

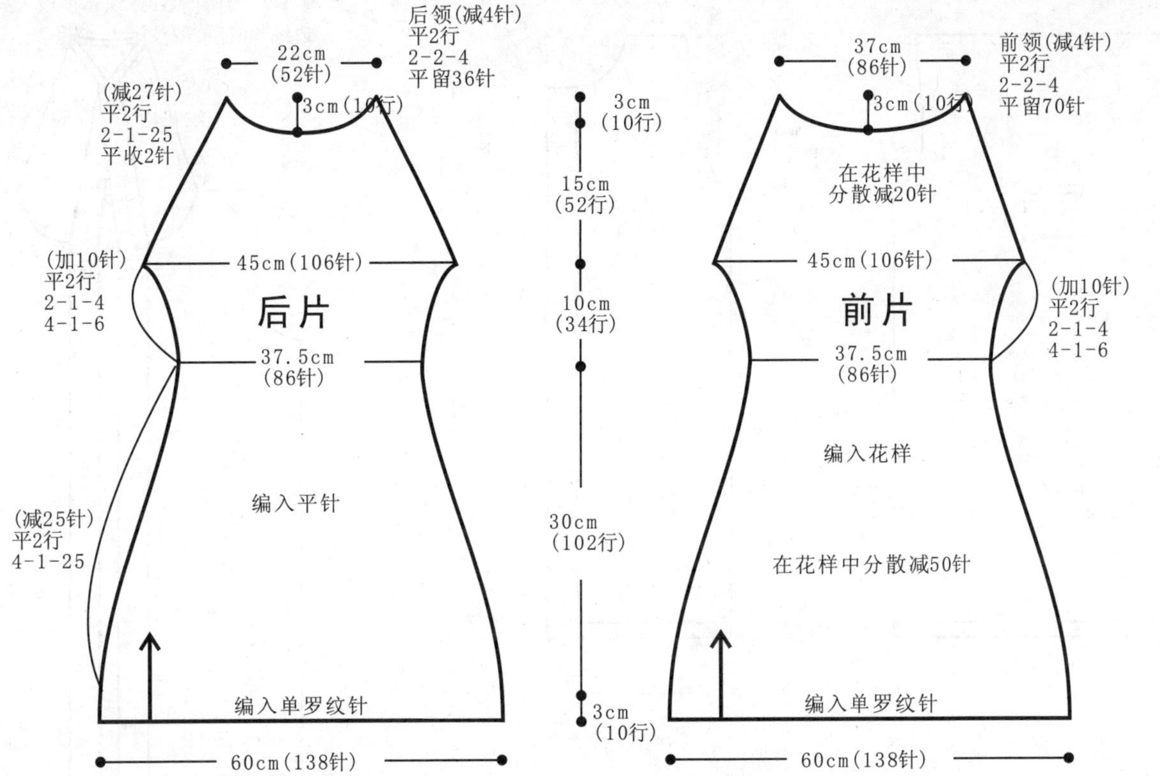
后领(减4针)
平2行
2-2-4
平留36针
22cm
(52针)
3cm(10行)
(减27针)
平2行
2-1-25
平收2针
(加10针)
平2行
2-1-4
4-1-6
45cm(106针)
后片
37.5cm
(86针)
(减25针)
平2行
4-1-25
编入平针
编入单罗纹针
60cm(138针)
3cm
(10行)
15cm
(52行)
10cm
(34行)
30cm
(102行)
3cm
(10行)
37cm
(86针)
前领(减4针)
平2行
2-2-4
平留70针
3cm(10行)
在花样中
分散减20针
45cm(106针)
(加10针)
平2行
2-1-4
4-1-6
前片
37.5cm
(86针)
编入花样
在花样中分散减50针
编入单罗纹针
60cm(138针)

花样A

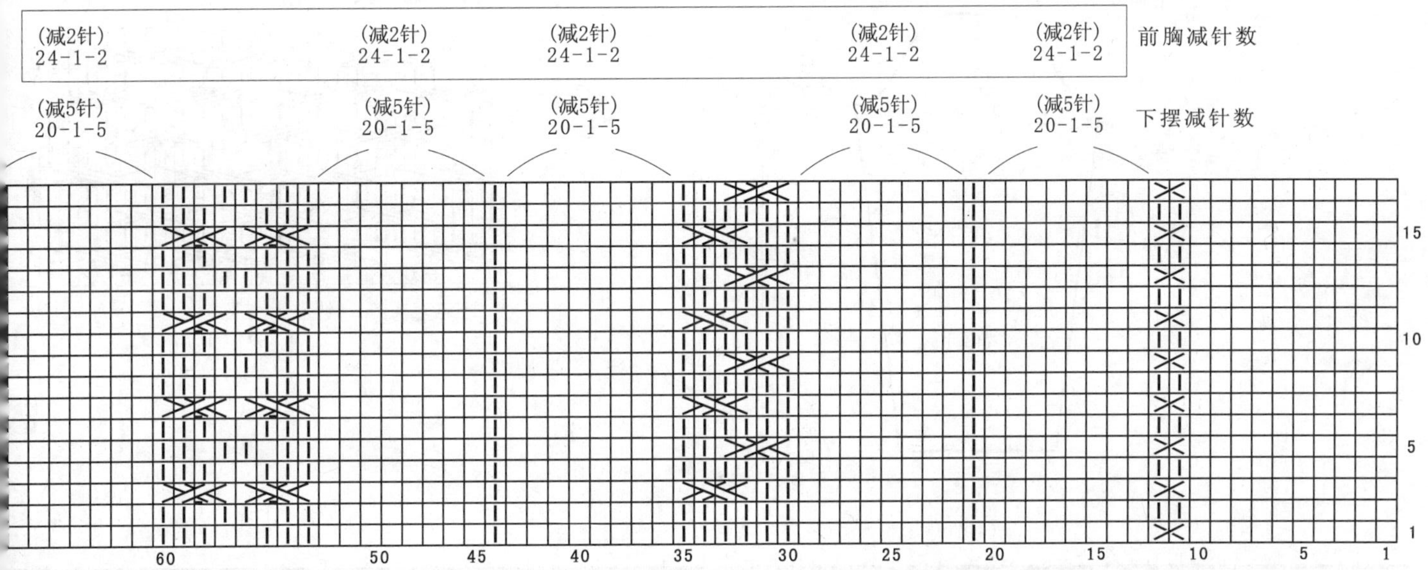
(减2针)
24-1-2
(减2针)
24-1-2
(减2针)
24-1-2
(减2针)
24-1-2
(减2针)
24-1-2
前胸减针数
(减5针)
20-1-5
(减5针)
20-1-5
(减5针)
20-1-5
(减5针)
20-1-5
(减5针)
20-1-5
下摆减针数
15
10
5
1
60
50
45
40
35
30
25
20
15
10
5
1

大气长大衣

【成品规格】衣长80cm，胸围90cm，袖长58cm
【工　　具】10号棒针
【编织密度】20针×22行=10cm²
【材　　料】羊毛线1000g，纽扣1枚

编织要点

1.后片:起96针织6行单罗纹后开始织花样，一直平织至128行后开挂肩:两侧各平收4针，每2行减1针减6针，织44行后平收。
2.前片:起56针，48针为身片，边缘8针为门襟;织6行单罗纹开始织花样，门襟8针一直织单罗纹;开挂同后片，领收针。
3.袖:从上往下织，织花样，袖口织6行单罗纹。
4.领:各片织好后缝合，沿领窝挑出所有针数织领，沿门襟的8针织单罗纹，其他花样，最后织6行单罗纹收针;领口缝一枚大纽扣;完成。

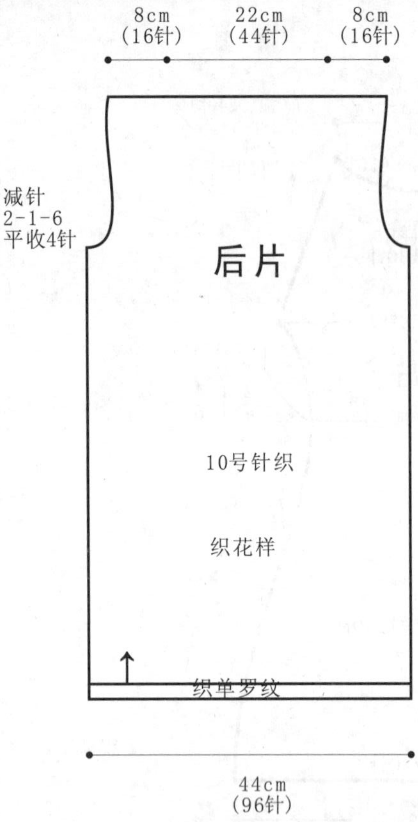

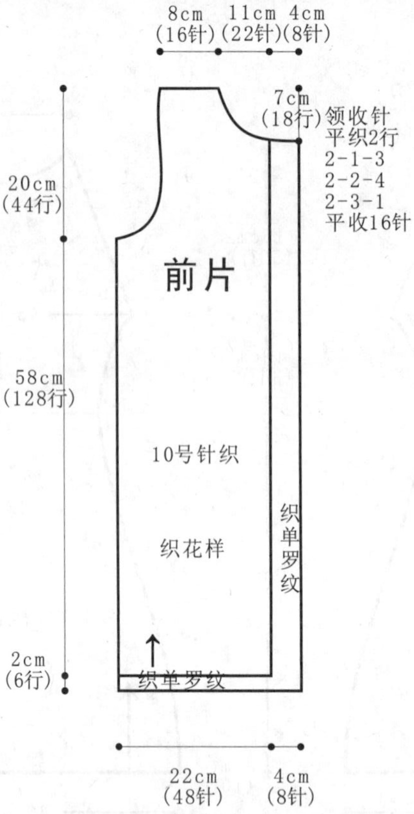

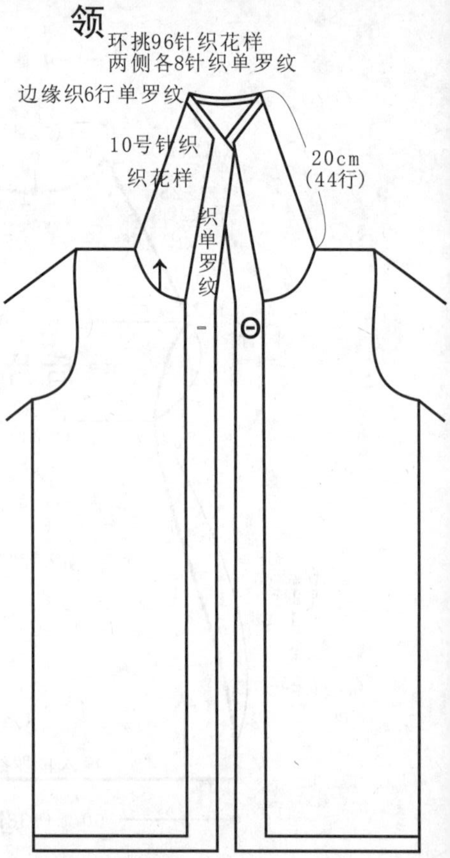

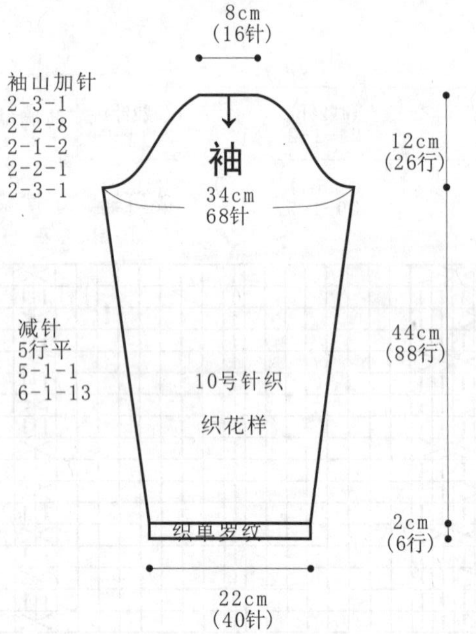

编织花样

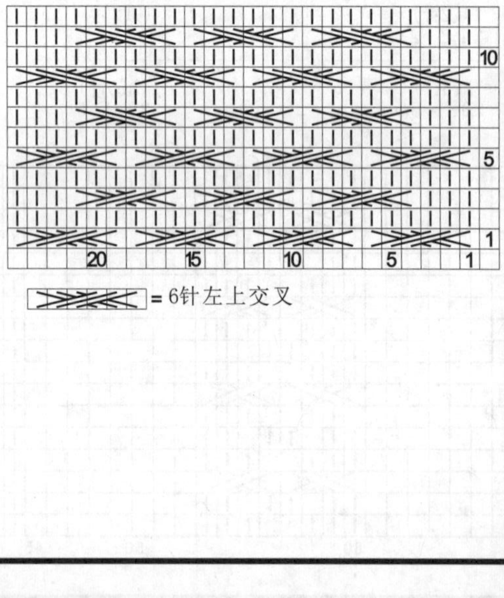

两穿大红连衣裙

【成品规格】衣长80cm，胸围80cm，袖长47cm
【工　　具】10号棒针
【编织密度】21针×23行=10cm²
【材　　料】羊毛线650g

编织要点

1.后片:起84针织6行单罗纹，开始织组合花样，中心织花样A，两侧各织一组花样B，边缘各织10针反针作为腰针用;平织18行后开始每14行收1针共收6针，开始织挂肩2行各收1针收8针后平收。
2.前片:起78针织6行单罗纹，开始织花样C3组，两侧各上针收腰线用;织法同后片。
3.另织一条长方形，起20针织花样B12组，作为连接前之用，及袖部分。
4.袖:从下往上织，袖中心织花样B。
5.领:织全平针，起48针织引退针成盆领，缝合在领口成前后片翻转可任意穿着，风格各有不同。

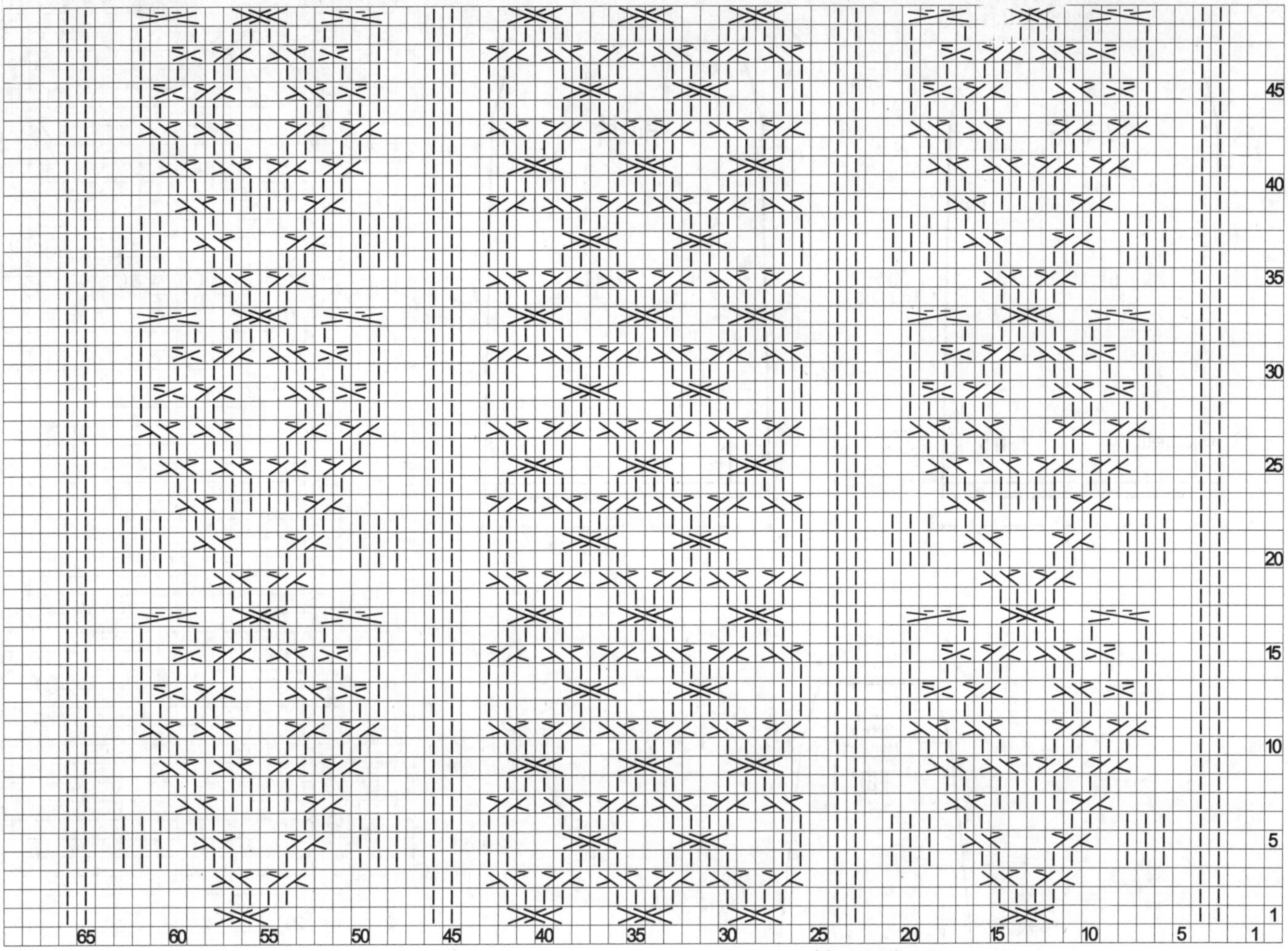

花样A　　符号说明：　　花样B

□=−

=2针右上交叉，左边的1针织上针

=3针左上交叉，右边的1针织上针

=4针左上交叉

=2针左上交叉，中间2针织上针

↑ 编织方向

横织部分

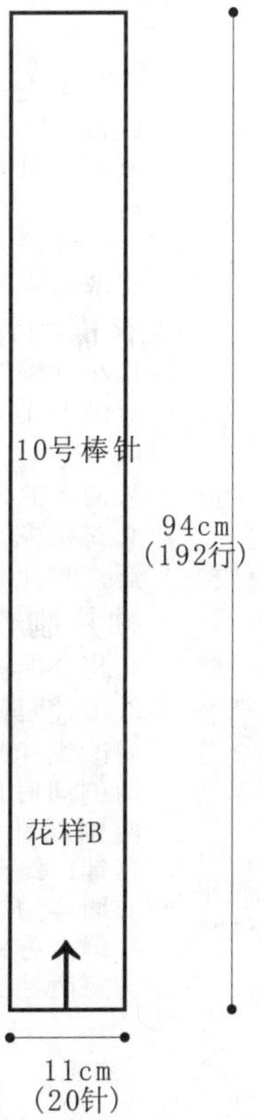

10号棒针
94cm
(192行)
花样B
11cm
(20针)

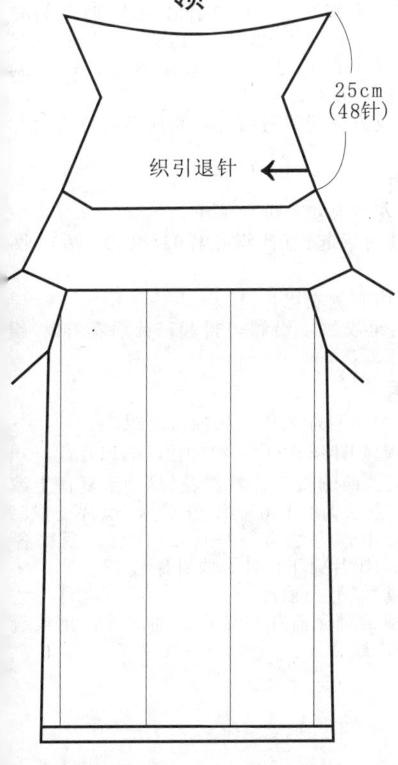

领
25cm
(48针)
织引退针

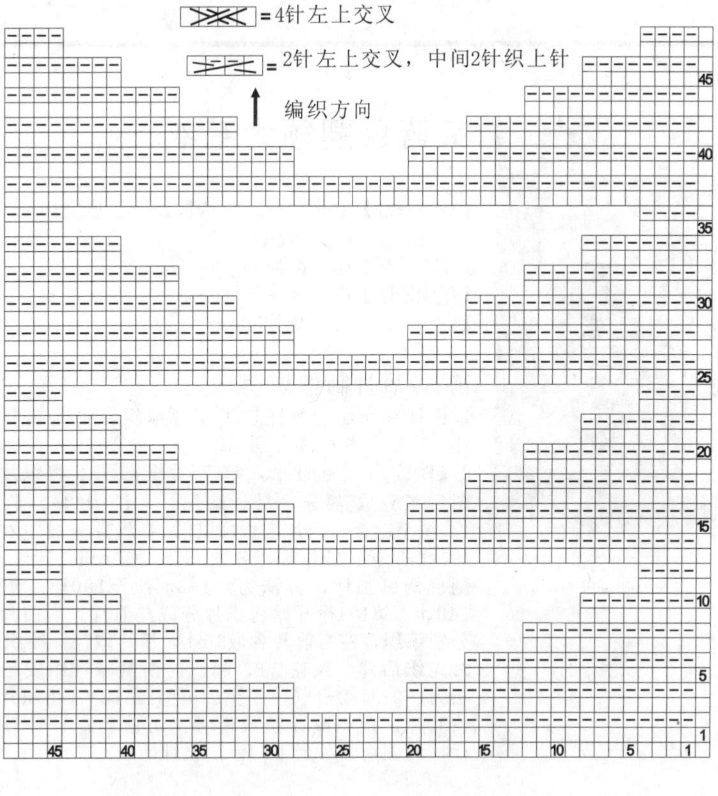

□=Ⅰ

领 起48针织引退针

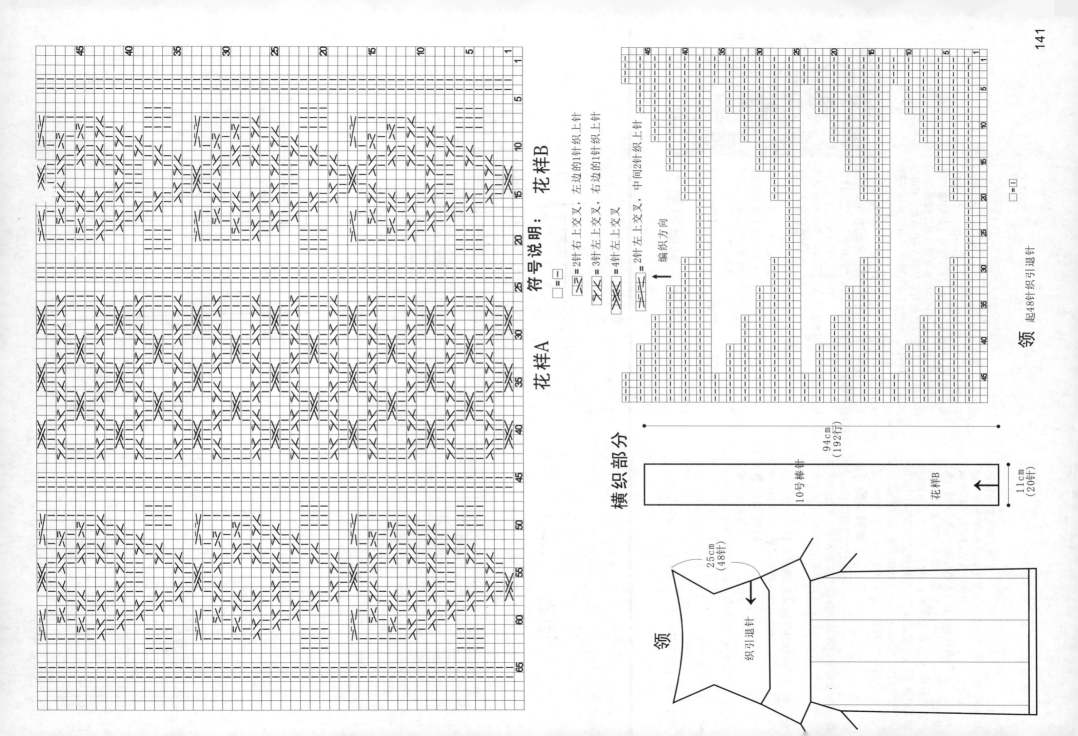

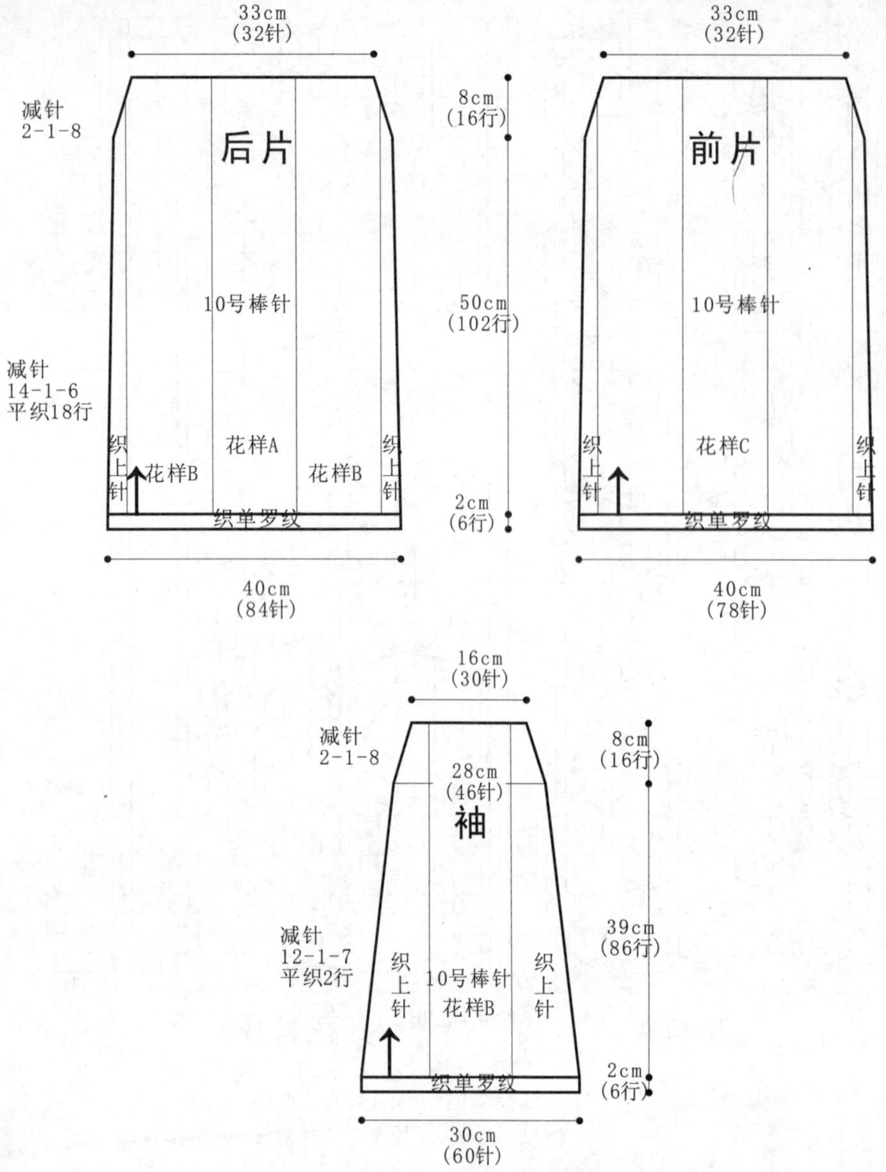
33cm
(32针)
减针
2-1-8
后片
10号棒针
减针
14-1-6
平织18行
织上针
花样B
花样A
花样B
织上针
织单罗纹
40cm
(84针)
8cm
(16行)
50cm
(102行)
2cm
(6行)
33cm
(32针)
前片
10号棒针
织上针
花样C
织上针
织单罗纹
40cm
(78针)
16cm
(30针)
减针
2-1-8
28cm
(46针)
袖
减针
12-1-7
平织2行
织上针
10号棒针
花样B
织上针
织单罗纹
30cm
(60针)
8cm
(16行)
39cm
(86行)
2cm
(6行)

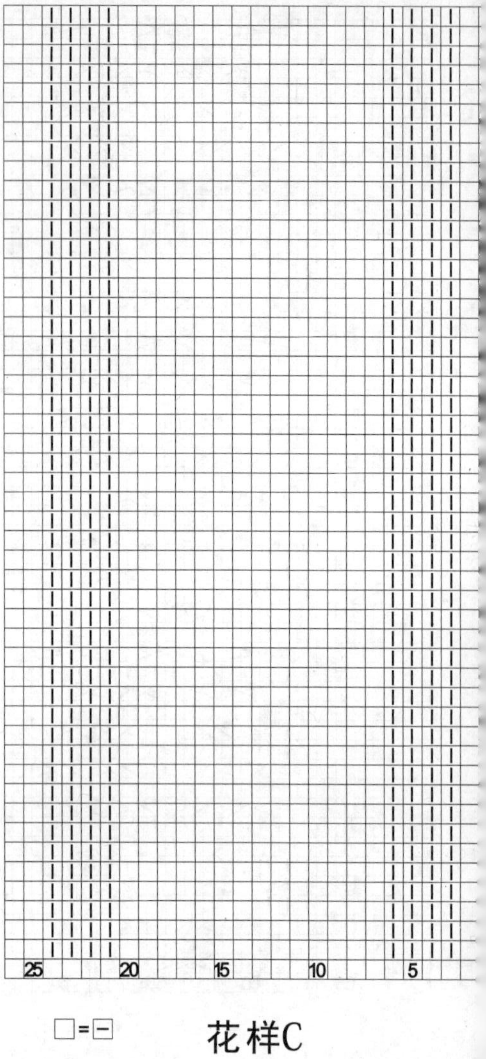
25
20
15
10
5
□=⊟

花样C

宝蓝色翻领大毛衣

【成品规格】衣长74cm，半胸围42cm，肩宽36cm，袖长52cm

【工　　具】10号棒针

【编织密度】17针×18行=10cm²

【材　　料】蓝色棉线500g

前片/后片制作说明

1.棒针编织法，袖窿以下一片编织，袖窿起分为左前片、右前片和后片分别编织。

2.起织，下针起针法，起176针织花样A，将织片按结构图所示分成5部分，减针编织，方法为34-1-1，10-1-4，织至74行，织片变成136针，将织片分成左右前片和后片3部分，左右前片各取32针，后片取72针，两袖底侧缝两侧加针，方法为8-1-3，织至100行，织片变成148针，第101行开始将织片分成左前片、右前片和后片分别编织，左右前片各取35针，后片取78针编织。

3.先织后片，织花样B，起织时两侧减针织成袖窿，方法为1-2-1，2-1-6，织至130行，第131行将织片中间平收30针，两侧减针织成后领，方法为2-1-2，织至134行，两侧肩部各余下14针，收针断线。

4.分配左前片35针到棒针上，织花样A，起织时左侧减成袖窿，方法为1-2-1，2-1-6，织至118行，第119行起衣领减针，方法为1-6-1，2-1-7，共减13针，织至134肩部余下14针，收针断线。

5.同样的方法相反方向编织右前片，完成后前片与后片肩部对应缝合。

衣襟制作说明

1.棒针编织法，左右衣襟片分别编织。

2.沿左前片衣襟侧挑起110针织花样D，织12行后，收线。

3.同样的方法挑织右侧衣襟。

4.衣襟完成后挑织衣领，沿领口挑起78针织花样D，织后，收针断线。

袖片制作说明

1.棒针编织法，编织两片袖片。从袖口起织。

2.下针起针法，起40针织花样A，织10行，第11行起，织间改织20针花样C，两侧余下针数织花样A，重复往上编两侧同时加针，方法为8-1-6，织至64行，织片变成52两侧减针编织袖山，方法为1-2-1，2-1-15，两侧各17针，织至94行，织片余下18针，收针断线。

3.同样的方法再编织另一袖片。

4.缝合方法:将袖山对应前片与后片的袖窿线，用线缝再将两袖侧缝对应缝合。

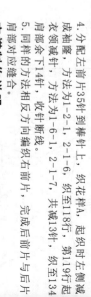

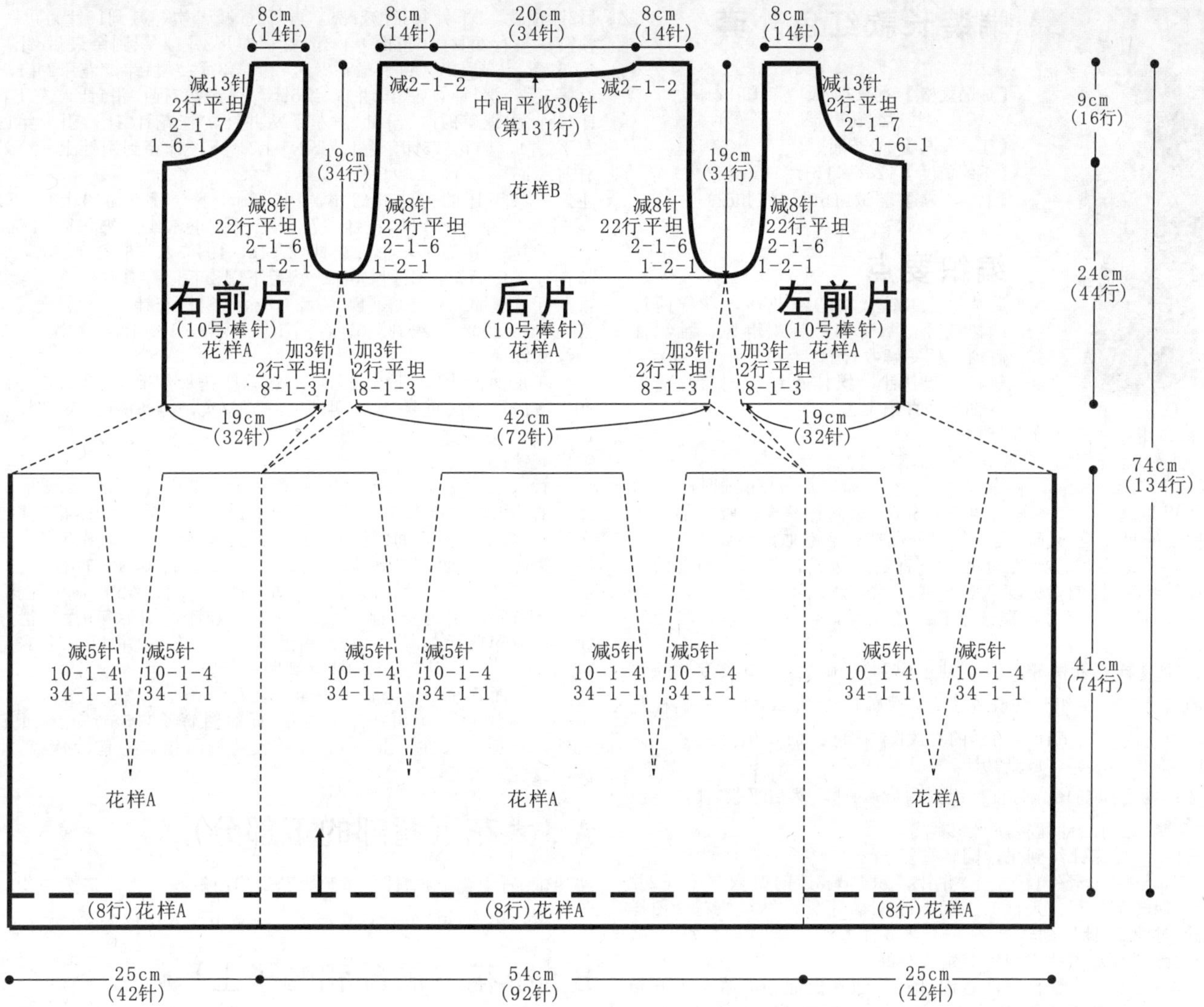
8cm (14针)
8cm (14针)
20cm (34针)
8cm (14针)
8cm (14针)
减13针
2行平坦
2-1-7
1-6-1
减2-1-2
中间平收30针
(第131行)
减2-1-2
减13针
2行平坦
2-1-7
1-6-1
19cm (34行)
19cm (34行)
花样B
减8针
22行平坦
2-1-6
1-2-1
右前片
(10号棒针)
花样A
后片
(10号棒针)
花样A
左前片
(10号棒针)
花样A
加3针
2行平坦
8-1-3
19cm (32针)
42cm (72针)
19cm (32针)
减5针
10-1-4
34-1-1
花样A
(8行)花样A
25cm (42针)
54cm (92针)
25cm (42针)
9cm (16行)
24cm (44行)
74cm (134行)
41cm (74行)

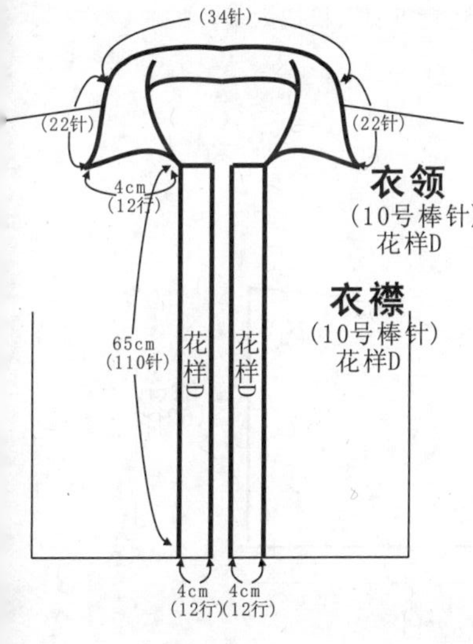
(34针)
(22针)
(22针)
4cm (12行)
衣领
(10号棒针)
花样D
衣襟
(10号棒针)
花样D
65cm (110针)
花样D
花样D
4cm (12行)
4cm (12行)

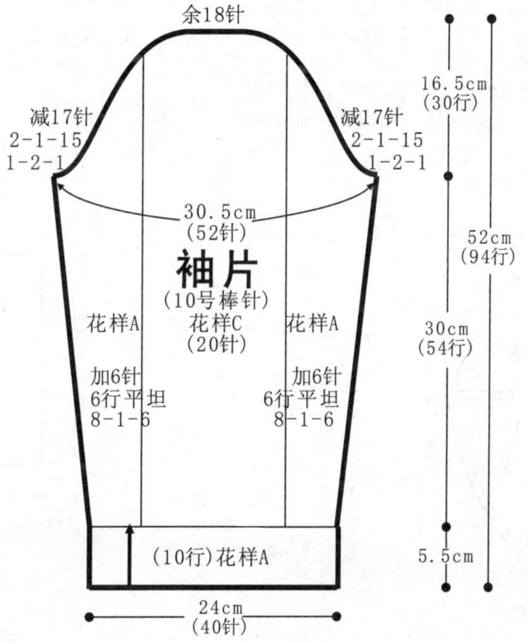
余18针
减17针
2-1-15
1-2-1
减17针
2-1-15
1-2-1
30.5cm (52针)
袖片
(10号棒针)
花样C
(20针)
花样A
花样A
加6针
6行平坦
8-1-6
加6针
6行平坦
8-1-6
(10行)花样A
24cm (40针)
16.5cm (30行)
52cm (94行)
30cm (54行)
5.5cm

符号说明：

⊟	上针
□=⊡	下针
(元宝针符号)	元宝针
2-1-3	行-针-次
↑	编织方向

花样D

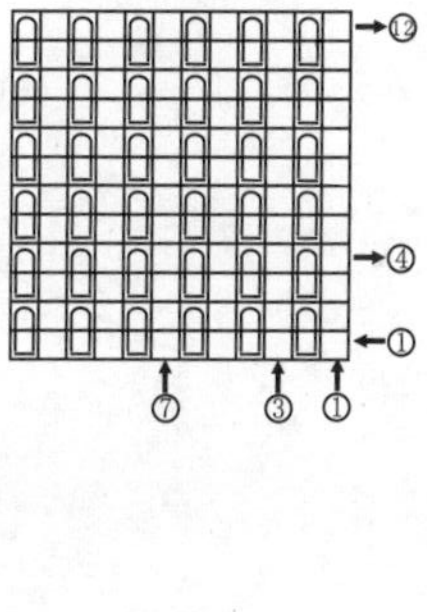
⑫
④
①
⑦
③
①

花样A

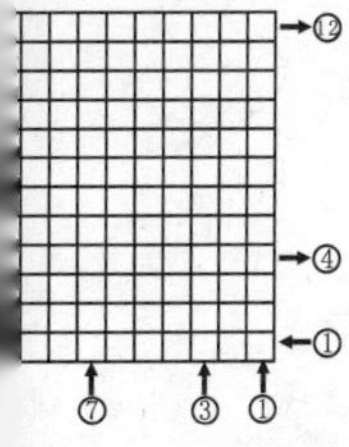
⑫
④
①
⑦
③
①

花样B

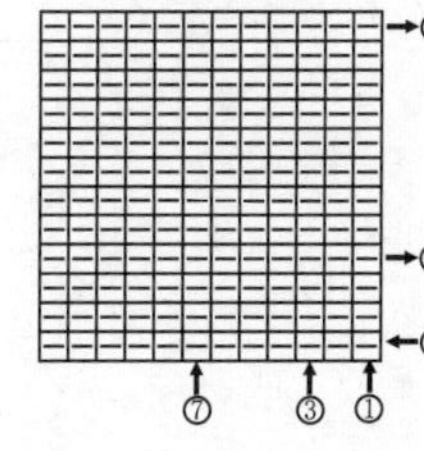
⑫
④
①
⑦
③
①

花样C

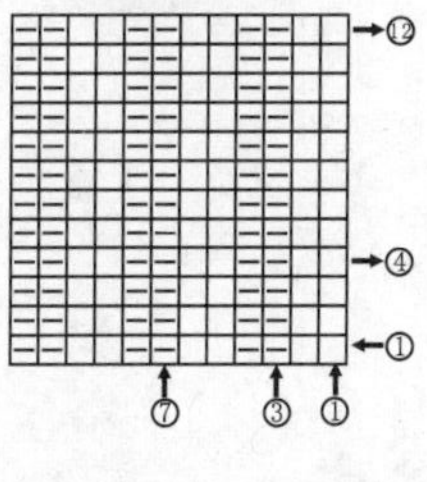
⑫
④
①
⑦
③
①

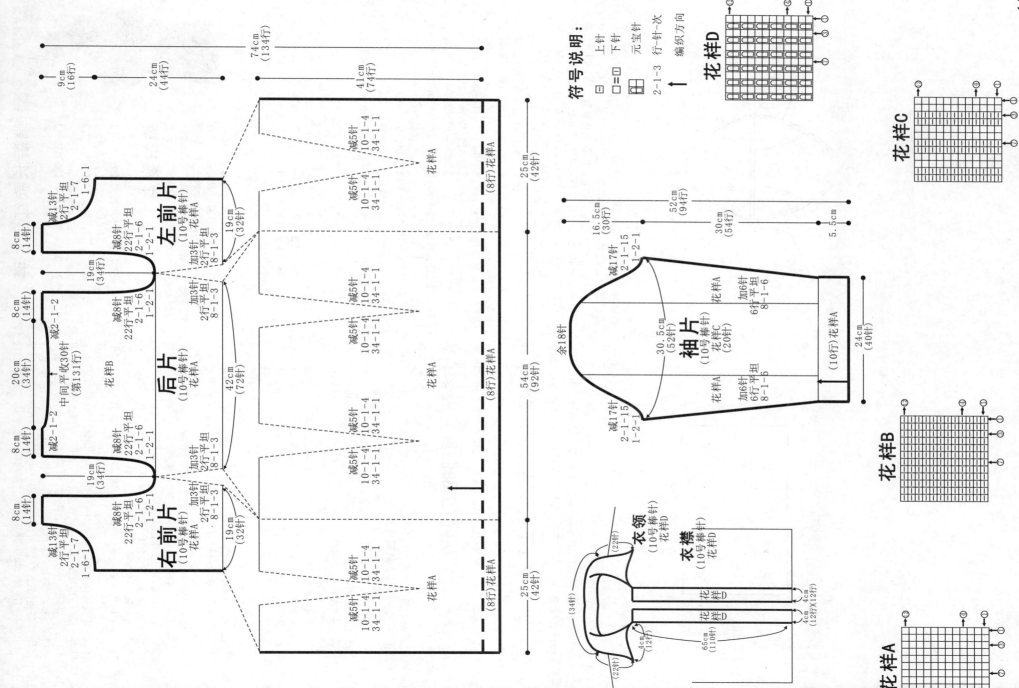

端装长款红色外套

【成品规格】衣长74cm，胸围82cm，袖长60cm
【工　　具】6号棒针
【编织密度】12针×16行=10cm²
【材　　料】驼绒1150g，纽扣5粒

编织要点

后片：起90针，中心织花样，花样两边织桂花针，每行第一针织滑针，袖织插肩袖，按图解收针。
前片：起46针，织桂花针，同后片，领不收针平直织上去。
右袖：袖口用短的环形针起针14。
第一行：上针5，下针2，上针2，下针4，转过来。
第二行：上4下2上3下5，翻转重复上述步骤，织到36cm收针，留40cm的线用作缝合袖口的短边重叠2.5cm，来回针缝合，收针的一边朝上。袖带的尺寸是33cm。上针的部分保持自然卷曲，不要拉伸。
正面朝上，从缝合处开始挑39针（4下针的一边），从织片的前面挑出来，棒针从第2针的后方穿入，形成圈织。（1下1上）织4次，下针（共9针）。放一个记号，继续桂花针的图样，1上1下。从记号处开始圈织。
特小号：重复桂花针图样，直到袖子织到46cm（含袖口长度）除特小号外的其他尺寸：织到39cm长，到记号前1针，左放1针，根据桂花针的图样决定上针或下针，同样的右放1针。重复每（10、10、8、6）行放（1、2、3、4次），放到39针。
所有尺寸：袖子织到46cm为止，织到剩最后4针，然后平收7针，再织剩下的部分。还有32针翻转，平织袖山。
反面：滑1针，桂花针织到尾，翻转重复4行。
减针行（正面），滑针1，左下2并针，织到剩3针的时候，右下2并针，下1，翻转下一行（反面）：朝上滑1针，下针，继续桂花针图样至最后2针时织2下针，翻转每4行按上述减针方法，减2次，再每2行减8次，余10针。剩余的针用别针或别线穿好。
左袖：与右袖相同，缝合时注意起针行的边在上面正面缝合处开始挑39针，从第2针的后方穿入棒针，挑出。围成圈织。（下1，上1）14次，下1，共29针。放置记号，继续桂花针图样：即上1下1.从记号处开始圈织。按照左袖的办法，继续完成右袖。按156行的办法减针。减到26针的时候，用别针或别线穿过。
袖笼减针：下一行（正面）：收5针，织余下的针平织3行，然后减针：滑一针，左下2并1，余下行织桂花针。下一行（反面）织到剩最后2针位置，2下针每4行减2次，再每2行减一次，减到19针为止。
领窝：短行第1行（正面）：滑1针，左下2并1，织到余最后6针，引返第4、6、8、10行，织到余最后2针，2下第3行：滑1针，左下2并1，织8针，引返第5行：滑1针，左下2并1，织6针，引返第7行：滑1针，左下两并针桂针4针，引返第9行：滑针1，左下两并针，桂花针2针，引返第11行：滑左下2并1，桂花针5针，上1，下2，上3余下13针穿到别针上。
右前片：
注意一按下述的方法开纽扣洞织39cm，下一行下面织上3，下1，右下1，空针，余下行织桂花针。反面把空针正常织起来每隔14cm开一个纽洞，重复3次用短的环形针起针42（46、49、52、56）。
起花行（反面）：织到剩6针，然后下1上2下3。
第一行（正面）：上3，下2，上1，余下织桂花针。
第2行（反面）：织到剩6针，下1 上2 下3，1 2 行重复4次。
边缘减针：
11行（反面）上3，下2，上1，然后桂花针织到剩3针，右下2并1，下10行按11行方法重复5次，再每8行重复7次，再每6行重复3次。余29针平127行。
斜肩减针：
下一行（反面）：收5针，织完余下行。平织2行，然后减针。织到最针，右上2并1，下1.下一行反面：滑1，下1，余下织桂花针图样每4行次，重复2次。然后每2行减一次，直到余19针为止，在反面行结束领窝短行第1行（反面）织到最后6针，引返第2、4、6、8、10行（正面）织到后3针，右下2并1，下1第3行（反面）滑1，下1，织9针，引返第5行，滑下1，织7针，引返第7行，滑1，下1，织5针，引返第9行，滑1，下1，针，引返第11行，滑1，下2，引返第12行，右下2并1，下1第13行，滑1，1，织7针，上1，下3余下13针穿到别针上。
结束：反面叠在一起缝合，正面可以看到缝边。
帽子：从别针上挑出72针，按第8页的图解织1-58行分到2根针上，每36针。反面对准在一起，用3根针收针缝纽扣。左前片4颗，袖圈各1颗洗，熨烫大衣花瓣。

A：大花（背部的下部分）

在图纸P的位置上挑2针，按照大花瓣的图解织下去。每朵花织5片花瓣。开花瓣，用往返针缝合在衣服上。注意不要太松或太紧。

B：小花（肩部和帽子上）

在P的位置上挑2针，按照小花瓣的图解织下去。每朵花5片花瓣。微微开花瓣，用往返针缝合在衣服上。注意不要太松或太紧。

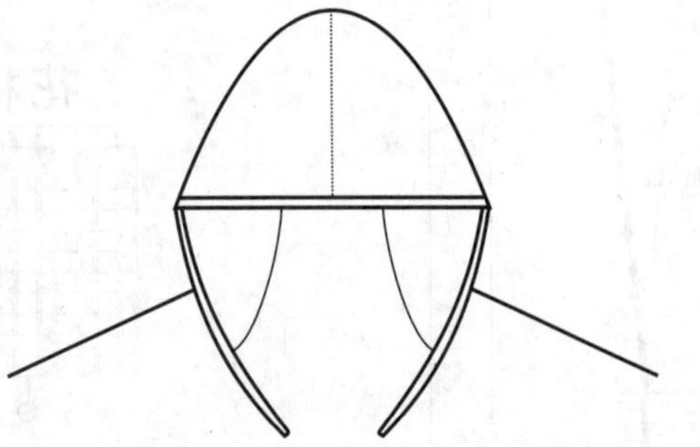

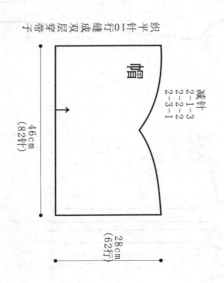

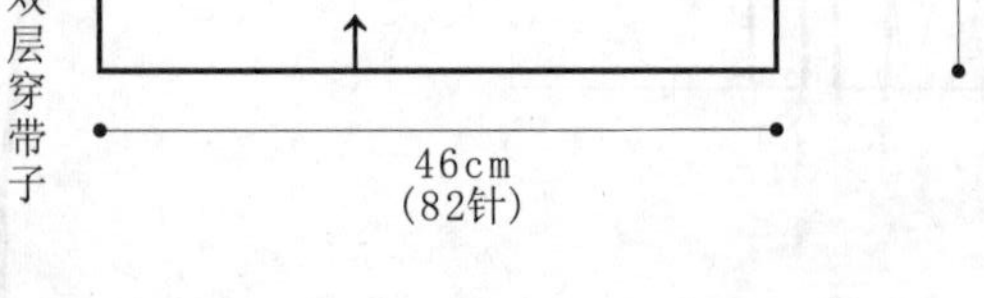

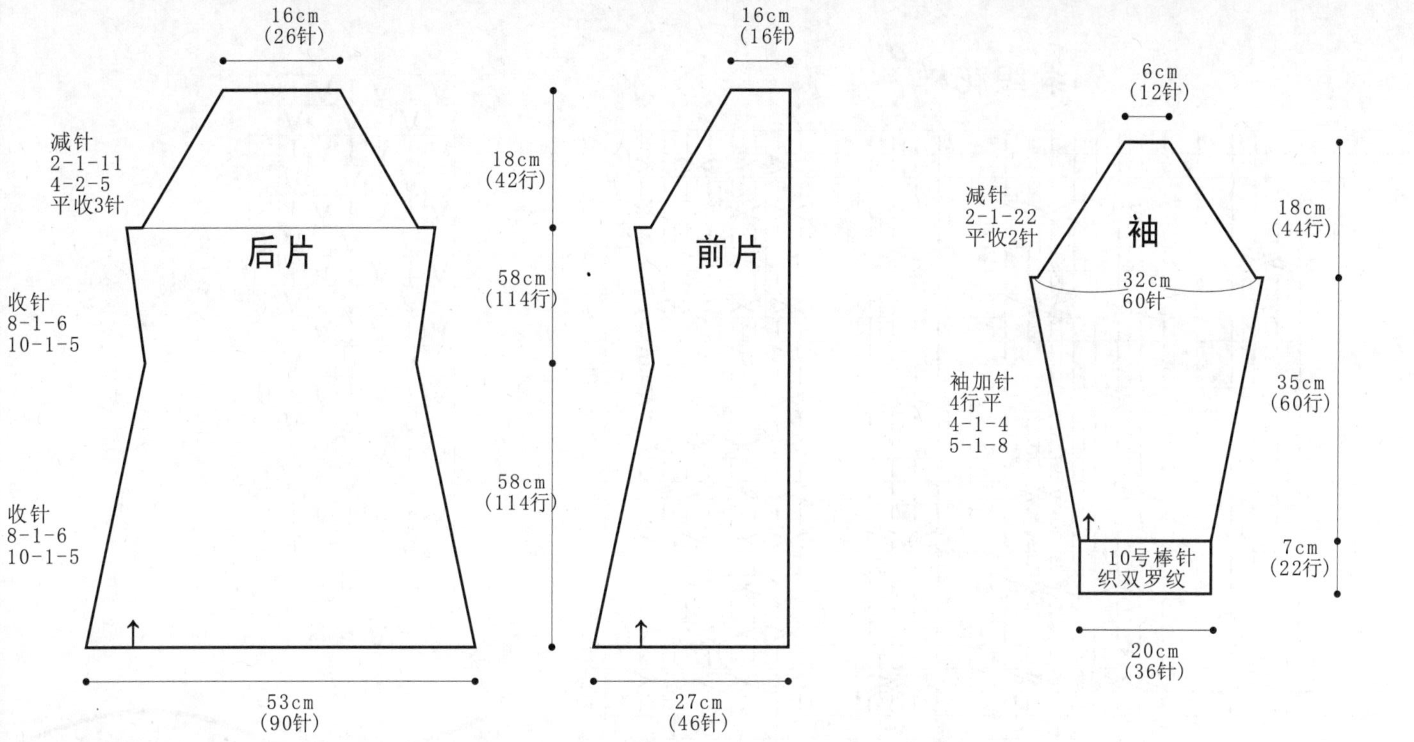
16cm
(26针)
减针
2-1-11
4-2-5
平收3针
后片
收针
8-1-6
10-1-5
收针
8-1-6
10-1-5
53cm
(90针)
16cm
(16针)
18cm
(42行)
58cm
(114行)
58cm
(114行)
前片
27cm
(46针)
6cm
(12针)
减针
2-1-22
平收2针
袖
32cm
60针
18cm
(44行)
袖加针
4行平
4-1-4
5-1-8
35cm
(60行)
10号棒针
织双罗纹
7cm
(22行)
20cm
(36针)

温暖长外套

【成品规格】衣长73cm，胸围84cm，袖长60cm
【工　　具】9号、10号棒针
【编织密度】18针×17行=10cm²
【材　　料】粗毛线1500g

编织要点

1.后片:用10号针起76针织双罗纹22行后，换9号针织组合花样，每个花样之间两针上针间隔；织100行后开始织挂肩，两侧各平收2针，以1针为径收针，每2行各收1针，至28针后平收；
2.前片：用10号针起40针，门襟的一侧留8针织单罗纹，边22行完成后换9号针织组合花样，门襟8针不变；织至54行后织口袋边，中间的40针织8行花样A平收;另起40针织袋底片14cm后，连接前片继续织，至完成；
3.袖:从下往上织，用10号针起36针织22行双罗纹后换9号针织组合花样，逐渐加针织出袖筒，插肩同后片；
4.帽:沿着衣服的花形向上织帽，帽沿织双层边，穿上带子，另做两只球球点缀；
5.衣扣:织几根带子打成盘扣，缝上，完成。

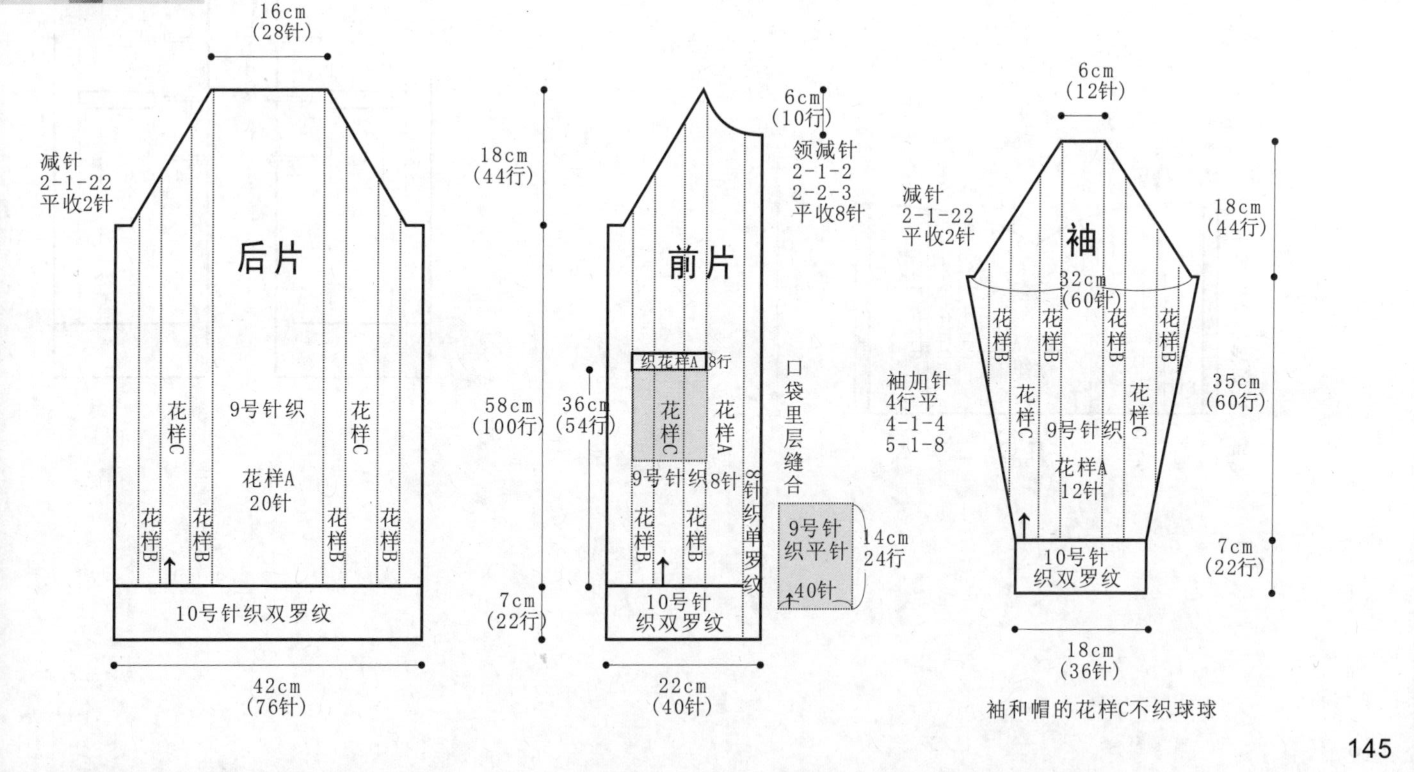
16cm
(28针)
减针
2-1-22
平收2针
后片
花样C
9号针织
花样C
花样A
20针
花样B
花样B
花样B
花样B
10号针织双罗纹
42cm
(76针)
18cm
(44行)
58cm
(100行)
7cm
(22行)
36cm
(54行)
前片
6cm
(10行)
领减针
2-1-2
2-2-3
平收8针
织花样A
8行
花样C
花样A
9号针织
8针
8针织单罗纹
花样B
花样B
10号针
织双罗纹
22cm
(40针)
口袋里层缝合
9号针
织平针
14cm
24行
40针
6cm
(12针)
减针
2-1-22
平收2针
袖
32cm
(60针)
18cm
(44行)
花样B
花样B
花样B
花样B
花样C
花样C
袖加针
4行平
4-1-4
5-1-8
9号针织
花样A
12针
35cm
(60行)
10号针
织双罗纹
7cm
(22行)
18cm
(36针)

袖和帽的花样C不织球球

编织花样

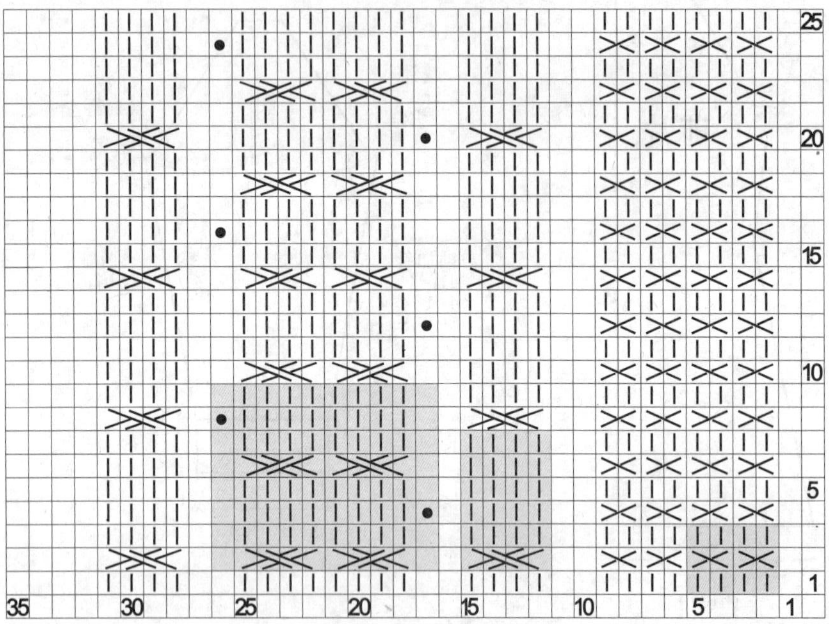

花样C
花样B
花样A

□ = −
V = 滑针

带子:起4针按需要织不同的长度若干条

符号说明:

□ = −

╳ = 2针右上交叉

╳╳ = 4针左上交叉

↑ 编织方向

● = (A5 / V5)

V5 = 1针放5针

A5 = 5针并1针

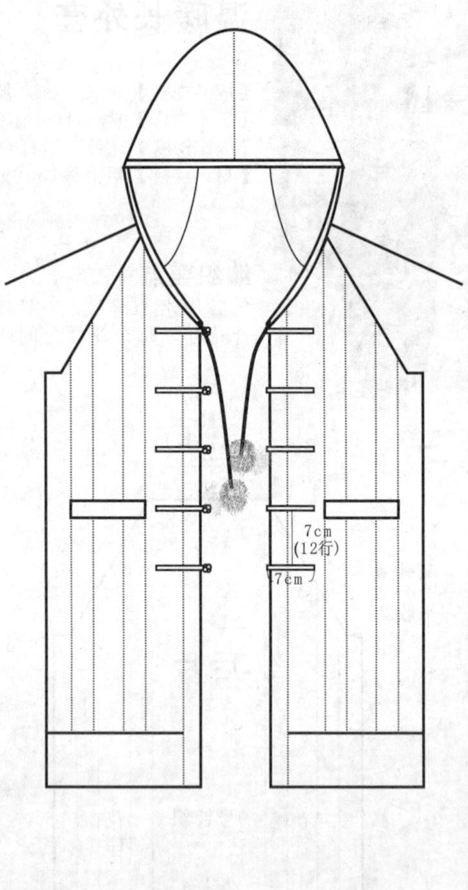

7cm
(12行)
7cm

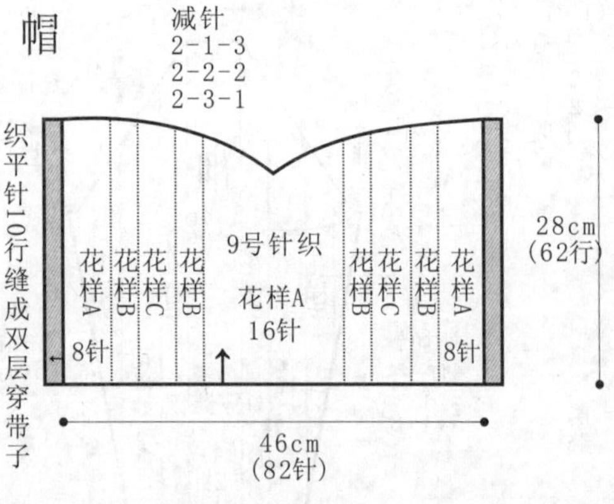

帽
减针
2-1-3
2-2-2
2-3-1
织平针10行缝成双层穿带子
花样A
花样B
花样C
花样B
9号针织
花样A
16针
花样B
花样C
花样B
花样A
8针
8针
28cm
(62行)
46cm
(82针)

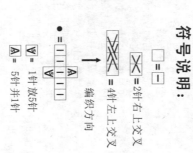

创意气质斗篷

【成品规格】衣长65cm，半胸围36cm，肩宽32cm，袖长27cm
【工　　具】11号棒针
【编织密度】18.7针×25.7行=10cm²
【材　　料】墨绿色棉线600g

前片/后片制作说明

1.棒针编织法，衣身分为左片和右片分别编织。
2.起织左片，双罗纹针起针法，起148针织花样A，织16行后，改为花样B与花样C组合编织，右侧76针织花样B，左侧72针织花样C，织至64行，织片变成106针，改织花样A，织
4行，改织花样D，织至94行，第95行将织片第32针至75针留起不织，
袖窿，在同一个位置加起44针，织至128行，第129行起，在第31针
侧减针，方法为2-1-22，同时左侧也按2-1-22的方法减针，织至
行，织片右侧减针织成前领，方法为2-1-8，织至172行，织片余下
，收针断线。
样的方法相反方向编织右片。完成后将左右片后背缝合。

片/衣襟制作说明

针编织法，编织两片衣襟。
织左襟片，起24针织花样A，一边织一边左侧减针，方法为8-1-
织至140行，第141行起左侧加针，方法为2-1-4，加针后不加减针
200行，收针断线。
样的方法相反方向编织右襟片，完成后将左右襟片分别与衣身缝
再将后领缝合。

片制作说明

针编织法，环形编织两片袖筒。从衣身袖窿挑织。
起88针，织花样D，织10行后，改织花样G，织至18行，改织花样D，
28行，改织花样H，织至68行，织片变成100针，收针断线。
样的方法编织另一袖片。

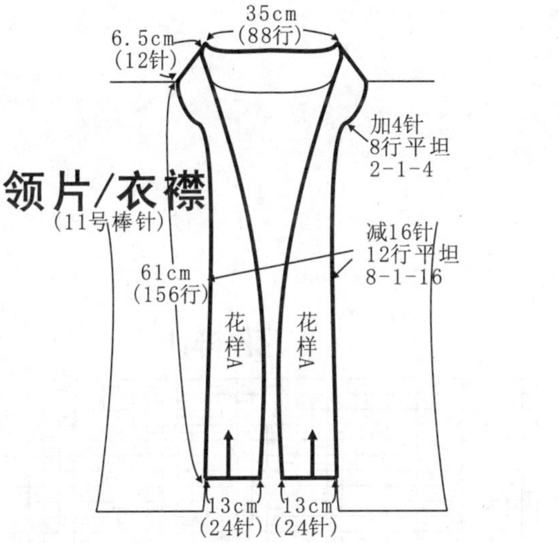

领片/衣襟
(11号棒针)
35cm
(88行)
6.5cm
(12针)
加4针
8行平坦
2-1-4
减16针
12行平坦
8-1-16
61cm
(156行)
花样A
花样A
13cm
(24针)
13cm
(24针)

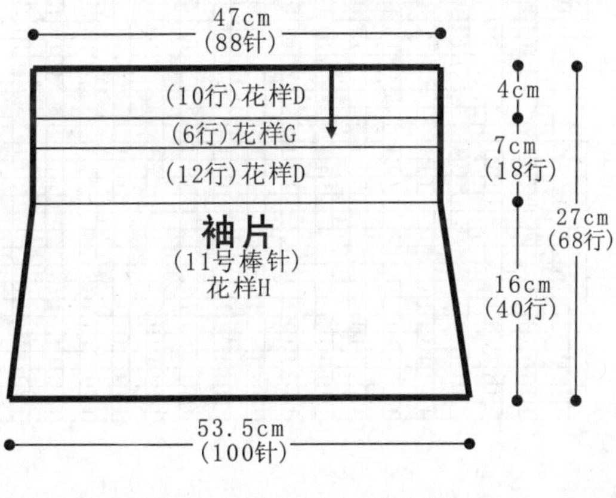

47cm
(88针)
(10行)花样D
(6行)花样G
(12行)花样D
袖片
(11号棒针)
花样H
4cm
7cm
(18行)
27cm
(68行)
16cm
(40行)
53.5cm
(100针)

符号说明：

- 上针
- 下针
- 元宝针
- 左上2针并1针
- 右上2针并1针
- 中上3针并1针
- 镂空针
- 左加针
- 右加针
- 2-1-3　行-针-次
- 编织方向

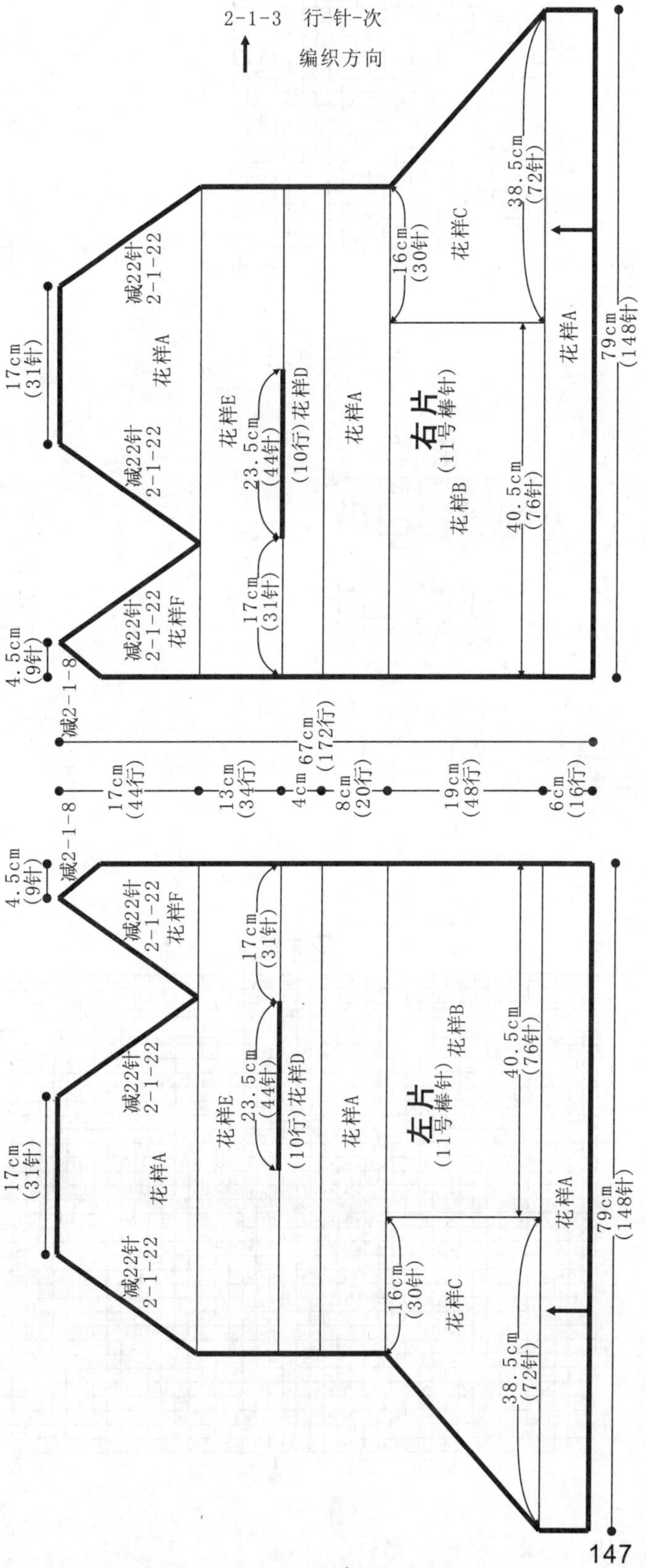

右片
(11号棒针)
左片
(11号棒针)
花样A
花样B
花样C
花样D
花样E
花样F
(10行)花样D
79cm
(148针)
38.5cm
(72针)
40.5cm
(76针)
16cm
(30针)
23.5cm
(44针)
17cm
(31针)
4.5cm
(9针)
减22针
2-1-22
减2-1-8
67cm
(172行)
17cm
(44行)
13cm
(34行)
4cm
8cm
(20行)
19cm
(48行)
6cm
(16行)

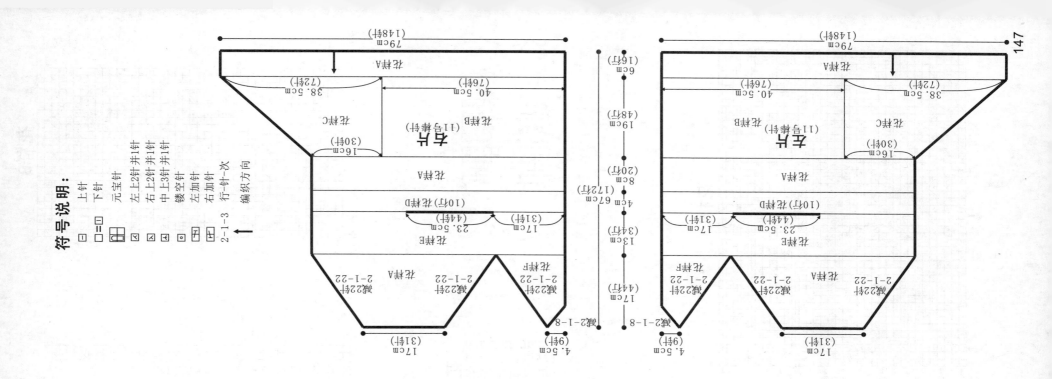

花样B

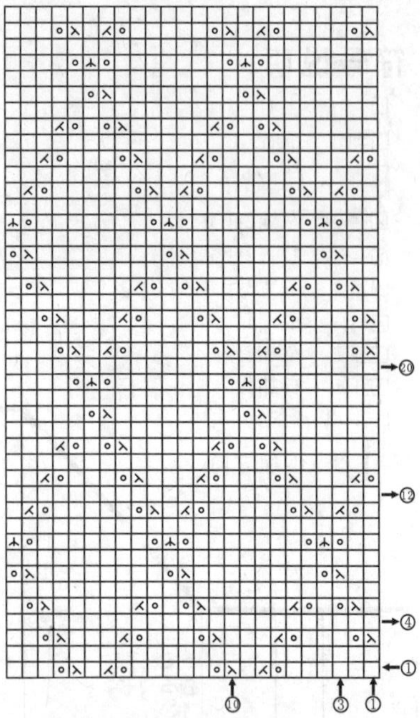

花样C

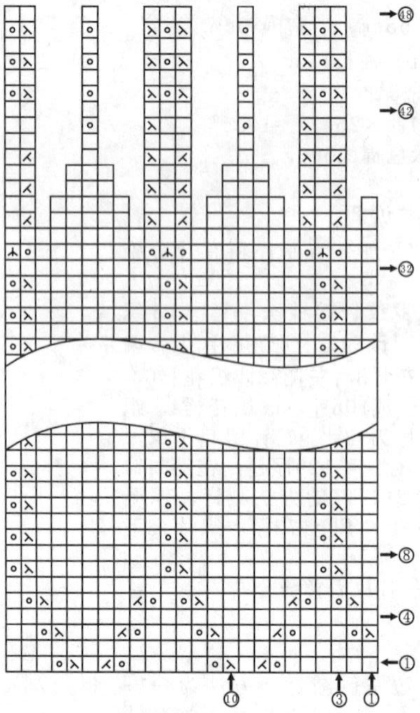

花样F

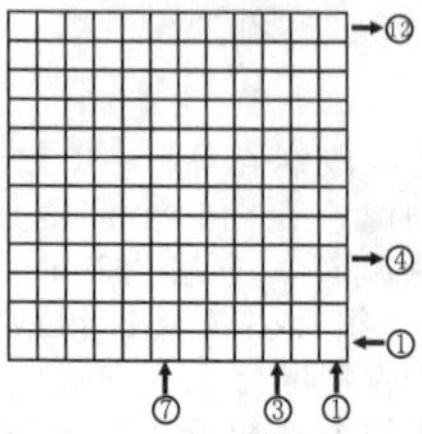

花样A

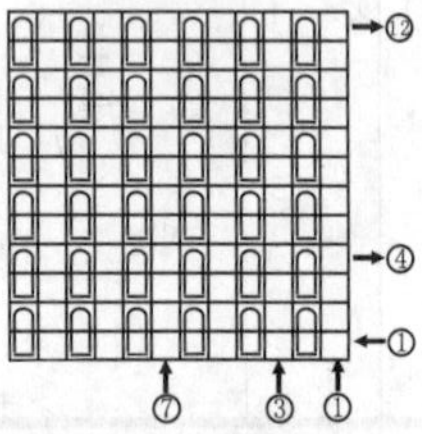

花样D

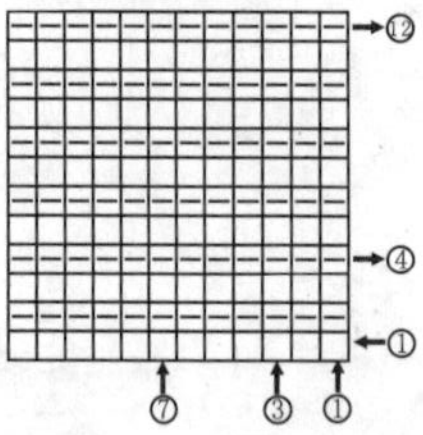

花样G

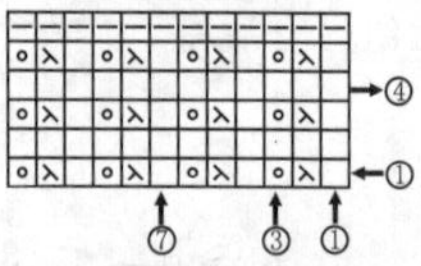

花样E

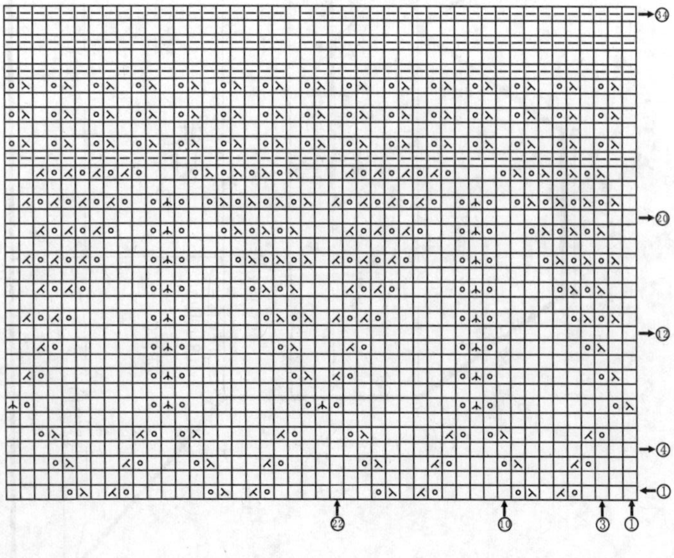

花样H

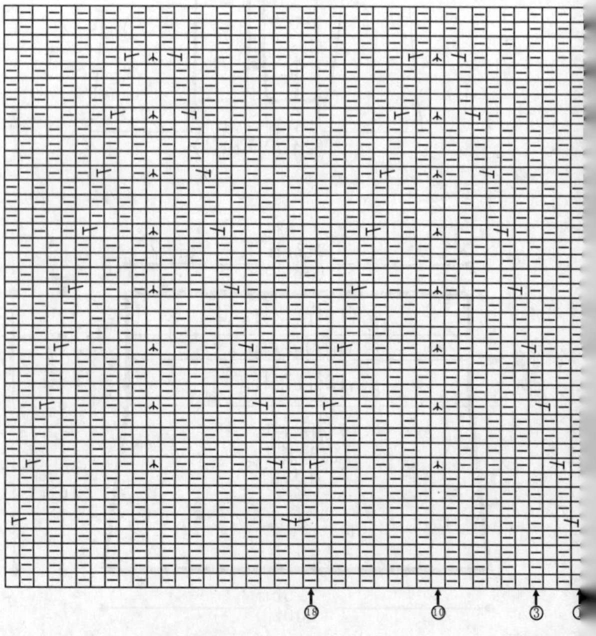

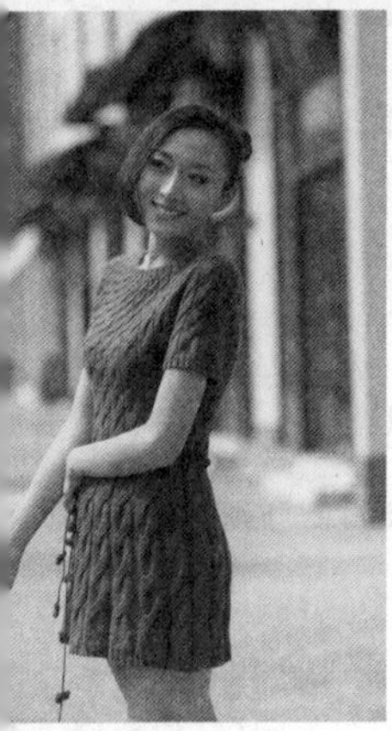

麻花圆领连衣裙

【成品规格】衣长67m，衣宽51cm，肩宽22cm
【工　　具】10号棒针，2.0mm钩针
【编织密度】37针×37行=10cm²
【材　　料】黑灰色圆棉线800g

前片/后片/袖片制作说明

1.棒针编织法，从上往下编织，环织领片，再分片织成袖片与前后片。
2.袖窿以上的编织。从领口起织，双罗纹起针法，起240针，首尾连接，环织。起织花样A双罗纹针，不加减针，编织10行的高度。下一行起，依照花样B图解进行编织。每8针一组，共分成30组。依照花样B图解进
独每组的加针编织。织成94行时，完成领胸片的编织。下一行起，
分片。前后片各取135针，两边各取6组花样B的宽度。
后片的编织。前后片各135针，连接起来做一片环织。继续花样B编
织成136行后，改织花样A，不加减针，再织10行后，收针断线。衣
成。袖片的编织，两边余下的针数共90针，各自编织，织14行的高
，改织花样A，不加减针，编织10行后，收针断线。相同的方法去
另一边袖片。
钩针，单独钩织一段系带，图解见花样C，衣服完成。

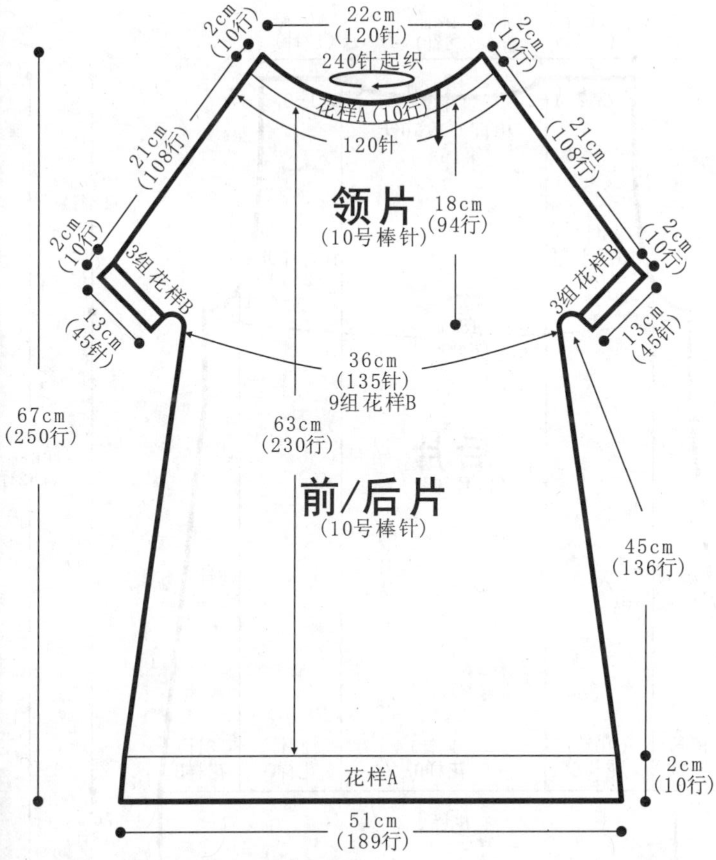

22cm
(120针)
240针起织
2cm
(10行)
花样A(10行)
120针
21cm
(108行)
领片
(10号棒针)
18cm
(94行)
3组花样B
13cm
(45针)
36cm
(135针)
9组花样B
67cm
(250行)
63cm
(230行)
前/后片
(10号棒针)
45cm
(136行)
花样A
2cm
(10行)
51cm
(189行)

系带
花样C
(2mm钩针)

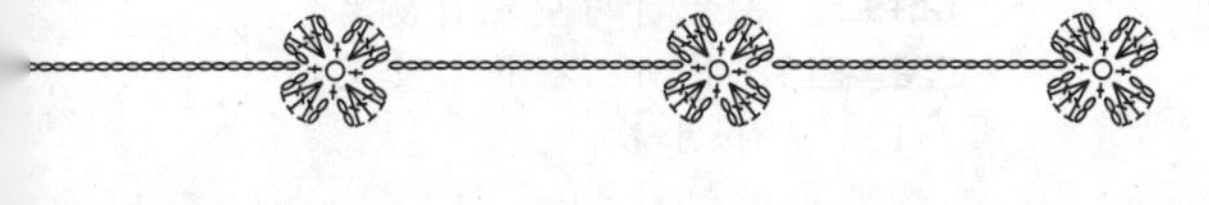

花样C
(系带图解)

花样A(双罗纹)

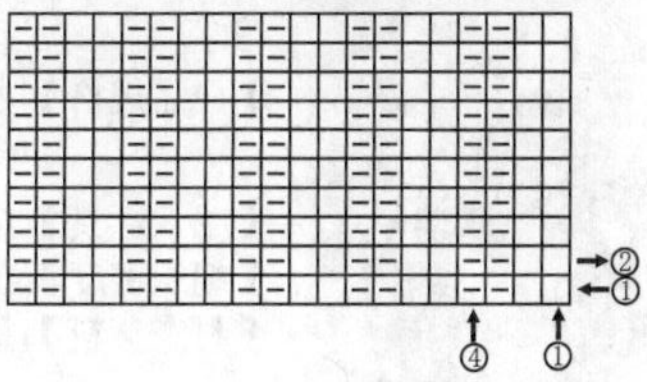

4针一花样

花样B

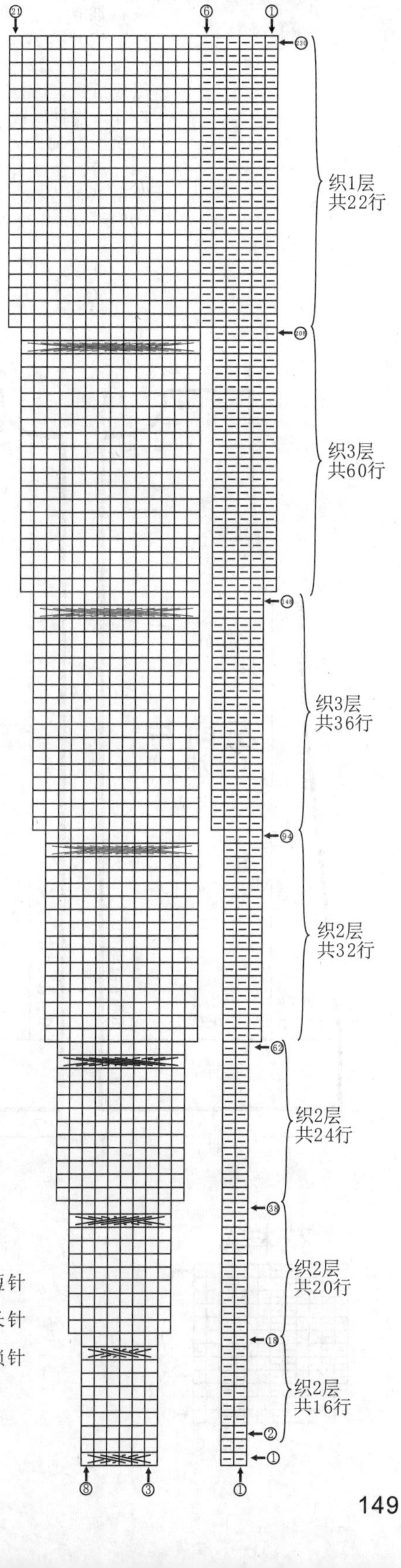

织1层
共22行
织3层
共60行
织3层
共36行
织2层
共32行
织2层
共24行
织2层
共20行
织2层
共16行

符号说明：

⊟ 上针　＋ 短针
□=⊡ 下针　长针
2-1-3 行-针-次　锁针
↑ 编织方向

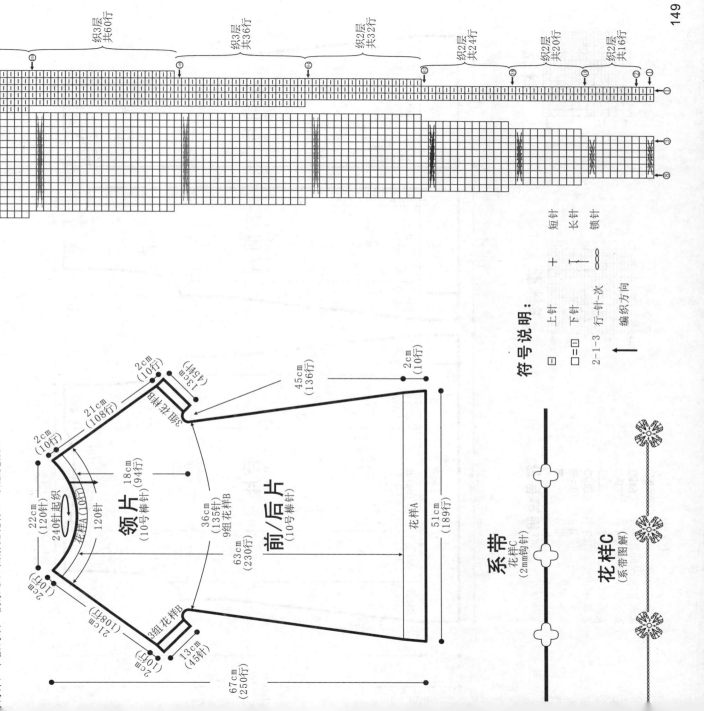

简约连帽衫

【成品规格】衣长66cm，半胸围48cm，肩宽39cm，袖长56cm

【工　　具】11号棒针

【编织密度】17.6针×24.5行=10cm²

【材　　料】蓝色羊毛线650g

前片/后片制作说明

1.棒针编织法，衣身分为左前片、右前和后片来编织。

2.起织后片，双罗纹针起针法，起96针织花样A，织18行后，改为花样B、C、D组合编织，组合方法如结构图所示，两侧一边织一边减针，方法为12-1-6，织至108行，织片变成84针，两侧开始袖窿减针，方法为1-4-1，2-1-4，织至159行，中间平收30针，左右两侧减针织成后领，方法为2-1-2，织至162行，两侧肩部各余下17针，收针断线。

3.起织左前片，双罗纹针起针法，起43针织花样A，织18行后，改为花样B与花样E组合编织，组合方法如结构图所示，左侧一边织一边减针，方法为12-1-6，织至108行，织片变成37针，左侧开始袖窿减针，方法为1-4-1，2-1-4，织至151行，右侧减针织成前领，方法为1-6-1，2-1-6，织至162行，肩部余下17针，收针断线。

4.同样的方法相反方向编织右前片，完成后将前后片两侧对应缝合，两肩部对应缝合。

帽片/衣襟制作说明

1.棒针编织法，一片往返编织完成。

2.沿前后领口挑起58针，编织花样B与花样E组合编织，组合方法如结构图所示，不加减针织至56行的高度，织片中间对称缝两侧减针，方法为2-1-6，织至68行，织片两侧各余23针，收针，将帽顶缝合。

3.编织衣襟，沿左右前片衣襟侧及帽侧分别挑针起织，挑166针编织花样A，织10行后，收针断线。

袖片制作说明

1.棒针编织法，编织两片袖片。从袖口起织。

2.双罗纹针起针法，起34针织花样A，织18行后，改为花样B与花样C组合编织，组合方法如结构图所示，两侧一边织一边加针，方法为8-1-11，织至106行，织片变成56针，开始减针编织袖山，两侧同时减针，方法为1-4-1，2-1-16，织至138行，织片余下16针，收针断线。

3.同样的方法再编织另一袖片。

4.缝合方法:将袖山对应前片与后片的袖窿线，用线缝合，再将两袖侧缝对应缝合。

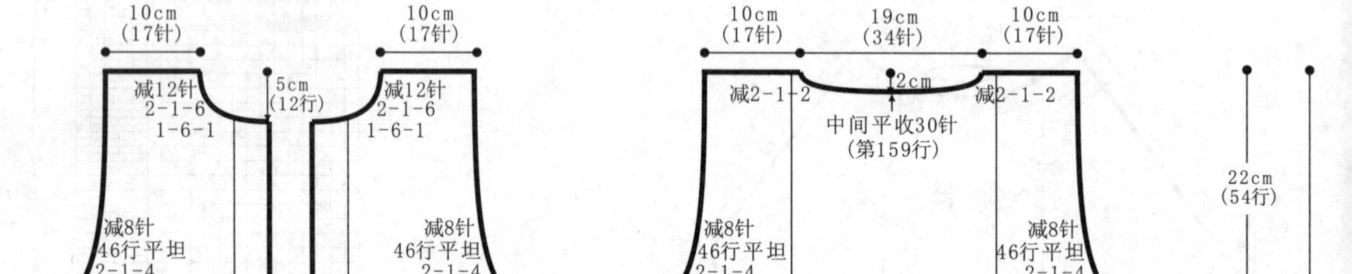

左前片
(11号棒针)
10cm (17针)
减12针 2-1-6 1-6-1
5cm (12行)
减8针 46行平坦 2-1-4 1-4-1
22cm (37针)
减6针 18行平坦 12-1-6
(6针) 花样B
(34针) 花样E
(4针) 花样B
花样A
25cm (43针)
右前片
(11号棒针)
10cm (17针)
减12针 2-1-6 1-6-1
减8针 46行平坦 2-1-4 1-4-1
22cm (37针)
减6针 18行平坦 12-1-6
(4针) 花样B
(34针) 花样E
(6针) 花样B
花样A
25cm (43针)
后片
(11号棒针)
10cm (17针)
19cm (34针)
10cm (17针)
2cm
减2-1-2
减2-1-2
中间平收30针 (第159行)
减8针 46行平坦 2-1-4 1-4-1
48cm (84针)
减6针 18行平坦 12-1-6
(8针) 花样B
(20针) 花样C
(40针) 花样D
(20针) 花样C
(8针) 花样B
花样A
54cm (96针)
22cm (54行)
66cm (162行)
37cm (90行)
7cm (18行)

花样A

⑫
④
①
⑦
③
①

花样B

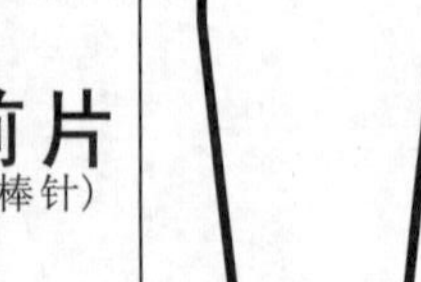

⑫
④
①
⑦
③
①

符号说明：

⊟ 上针

□=⊡ 下针

左上2针与右下1针交叉

右上2针与左下1针交叉

左上2针与右下2针交叉

右上2针与左下2针交叉

左上3针与右下3针交叉

2-1-3 行-针-次

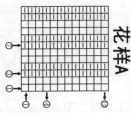

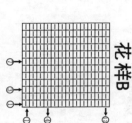

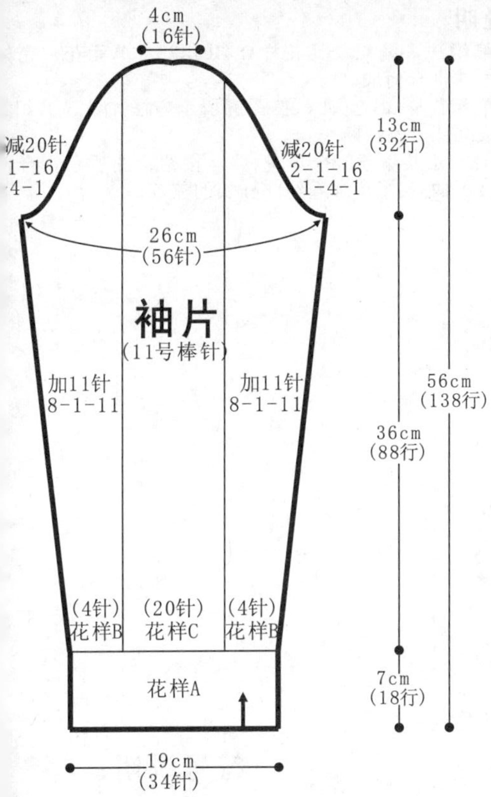
4cm
(16针)
减20针
1-16
4-1
减20针
2-1-16
1-4-1
26cm
(56针)
袖片
(11号棒针)
加11针
8-1-11
加11针
8-1-11
(4针)
花样B
(20针)
花样C
(4针)
花样B
花样A
19cm
(34针)
13cm
(32行)
36cm
(88行)
7cm
(18行)
56cm
(138行)

花样C

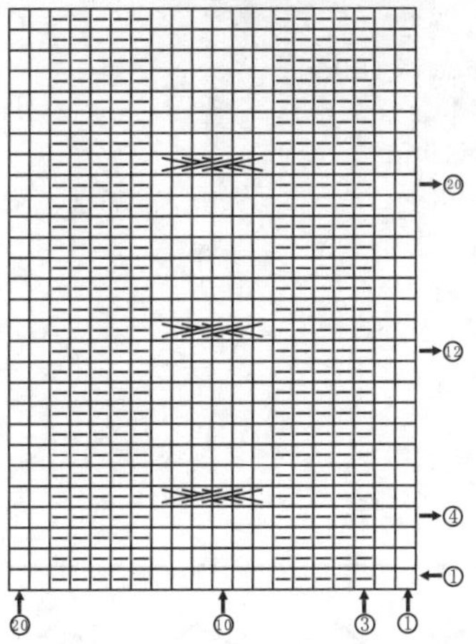
20
12
4
1
20
10
3
1

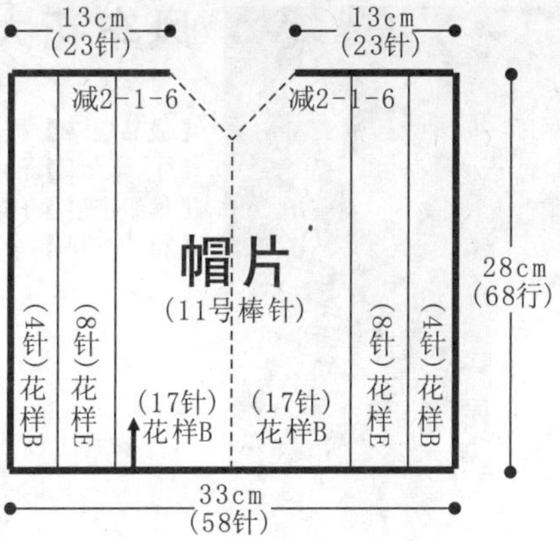
13cm
(23针)
13cm
(23针)
减2-1-6
减2-1-6
帽片
(11号棒针)
28cm
(68行)
(4针)花样B
(8针)花样E
(17针)花样B
(17针)花样B
(8针)花样E
(4针)花样B
33cm
(58针)

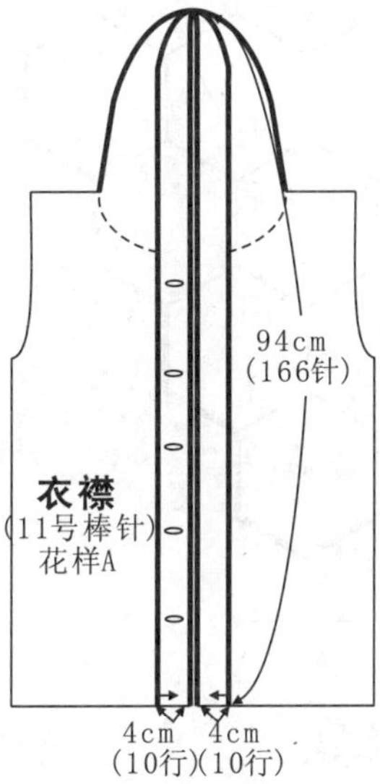
94cm
(166针)
衣襟
(11号棒针)
花样A
4cm
(10行)
4cm
(10行)

花样D

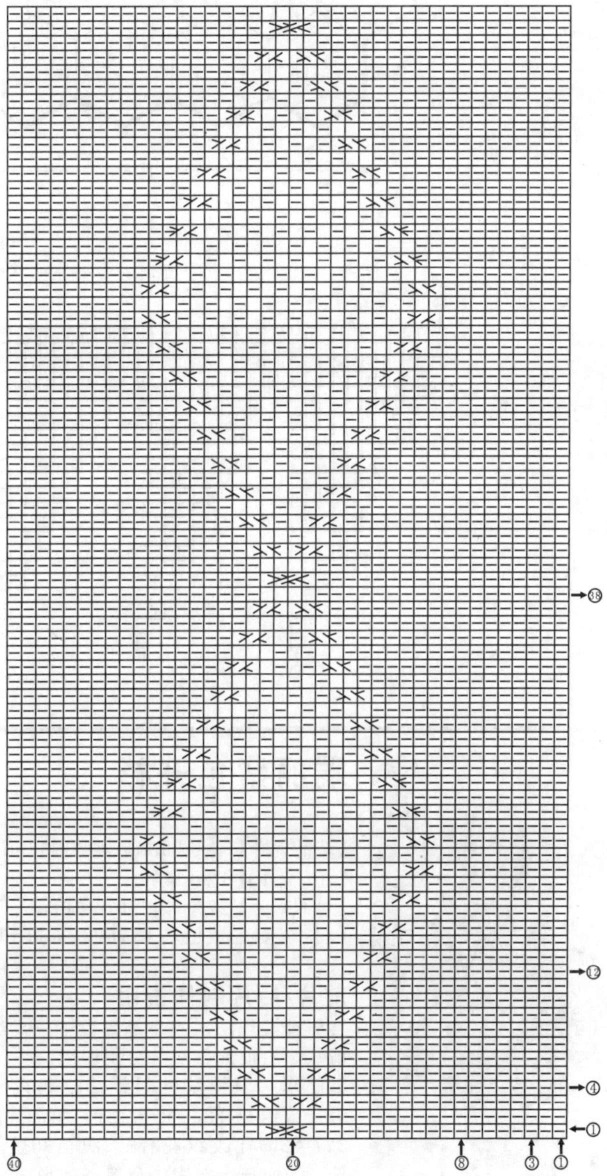
38
12
4
1
40
20
8
3
1

花样E

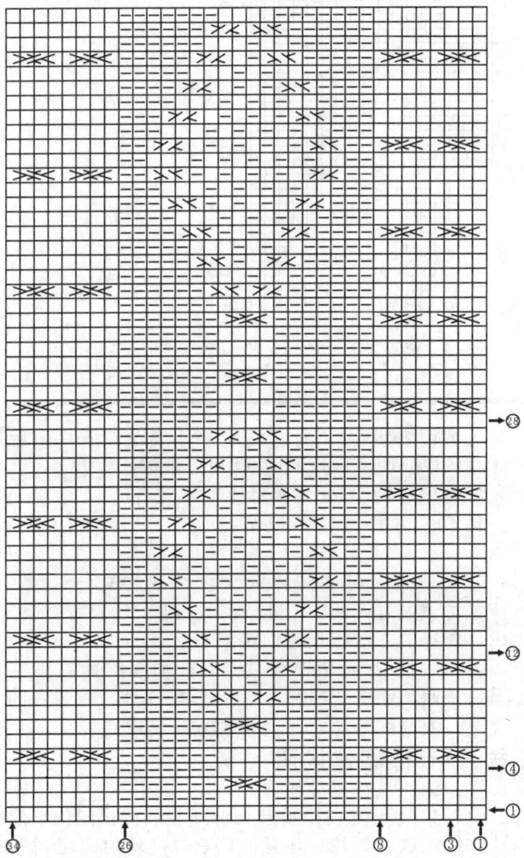
28
12
4
1
34
26
8
3
1

风车花大披肩

【成品规格】披肩长100cm，宽189cm
【工　　具】10号棒针
【编织密度】16针×21行=10cm²
【材　　料】绿色棉线500g

制作说明

1.棒针编织法，编织单元花样A，共织35个单元花，完成后按图示方法拼合而成。
2.起织单元花样A，起6针，按图解所示方法加针，共织22行，织片变成66针，收针断线。
3.相同的方法共编织35个单花样A，按结构图所示拼合，完成后在披肩的3条短边绑系约16cm长的流苏。

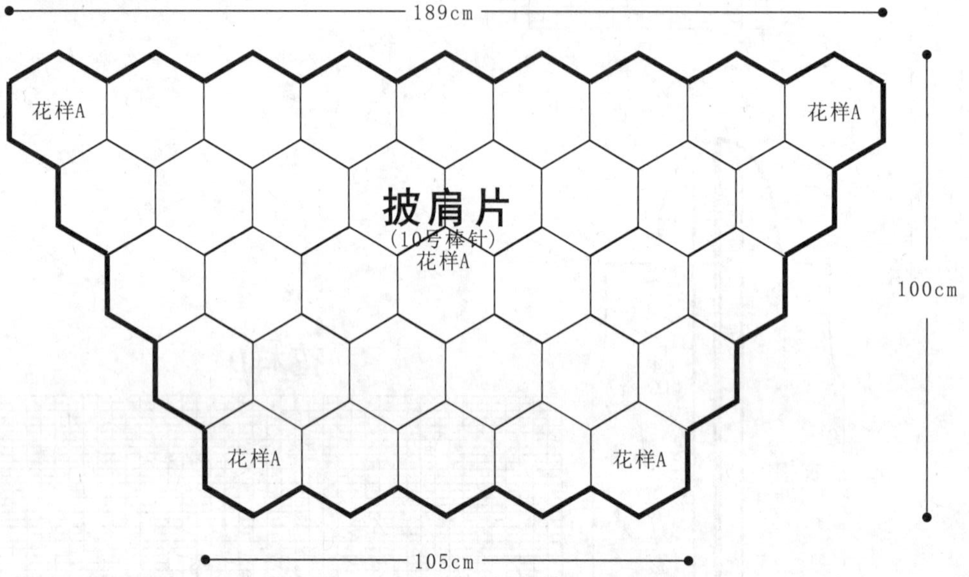

符号说明：

⊟　上针
□=⊡　下针
⊡　镂空针
2-1-3　行-针-次
↑　编织方向

花样A

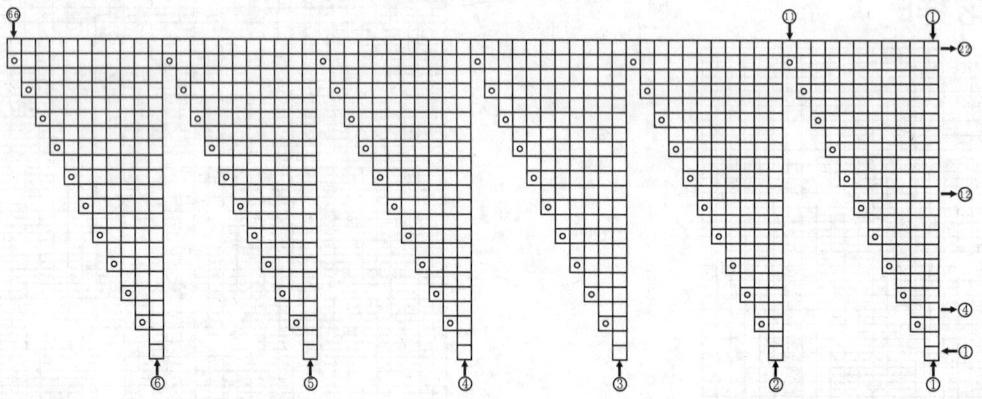

端丽紫色开衫

【成品规格】衣长73cm，半胸围53cm，袖连肩长65cm
【工　　具】12号棒针
【编织密度】27针×32.6行=10cm²
【材　　料】紫色羊毛线600g，扣子5枚

前片/后片制作说明

1.棒针编织法，衣身袖窿以下一片编织，袖窿起分为左前片、右前片、后片分别编织。
2.起织，双罗纹针起针法，起276针织花样A，织26行后，改织花样B，织至72行，第73行的第25至50针以及第227至257针改织花样A，织至80行，将花样A的部分收针，第81行，在同一位置分别加起26针，织花样B，继续往上编织，织至158行，将织片分成左右前片和后片，前片各取66针，后片取144针，分别编织。
3.分配后片的144针到棒针上，织花样B，一边织一边两2-1-40的方式减针，织至238行，织片余下64针，收线。
4.分配左前片66针到棒针上，织花样B，一边织一两针，右侧2-1-36，左侧2-1-30，织至218行，织片减成。同样的方法相反方向编织右前片。
5.编织2片袋片。沿左前片第81行加起的针眼在内侧挑织，挑起26针织花样B，织54行后，收针，将袋片的左右底部与衣身织片缝合。同样的方法编织右袋片。

领片/衣襟制作说明

1.棒针编织法往返编织。
2.沿领口及两侧衣襟挑起460针织花样A，织14行后，双针收针法收针断线。注意右侧衣襟处均匀留起5个扣眼。

片制作说明

奉针编织法，编织两片袖片。从袖口起织。

起54针，织16行花样A，改织花样B，两侧一边织一边加针，方法为8-1-13，两侧的针各增加13针，织至132行。接着减针编织插肩袖山，两侧同时减针，方法为2-1-40，则各减少40针，织至212行，断线。

司样的方法再编织另一袖片。

逢合方法:将袖山对应前片与后片的袖窿线，用线缝合，再将两袖侧缝对应缝合。

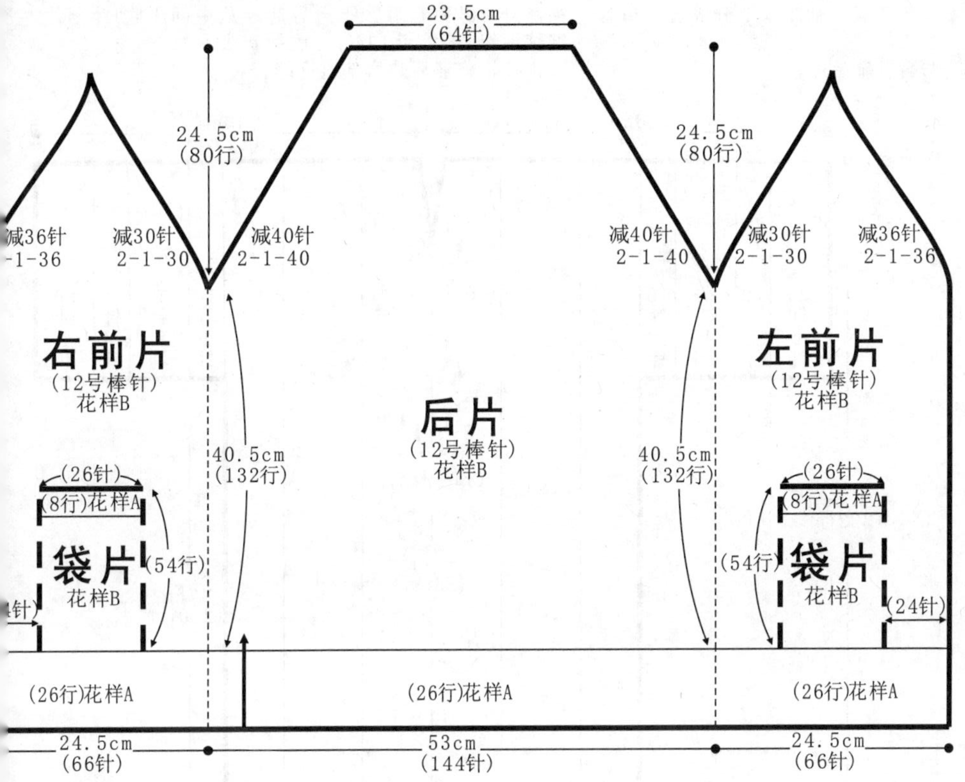

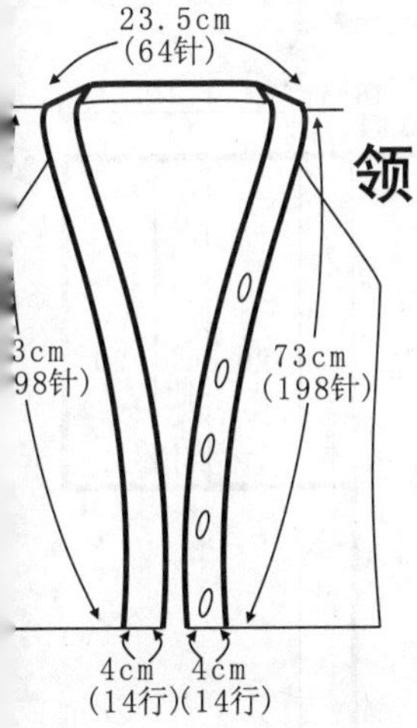

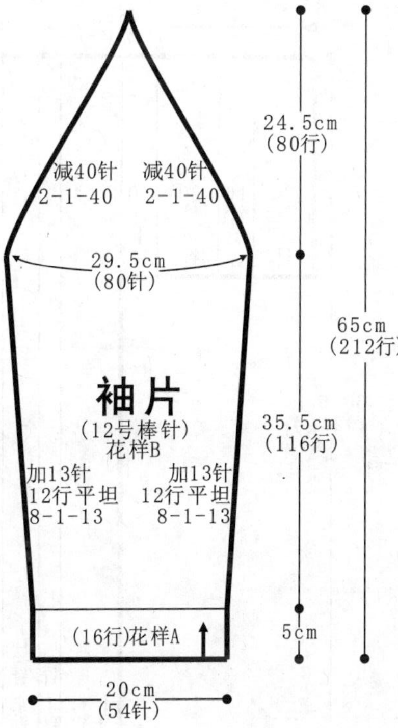

花样A

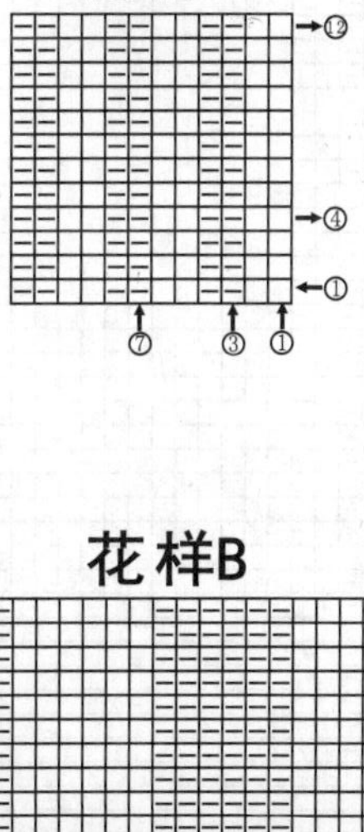

花样B

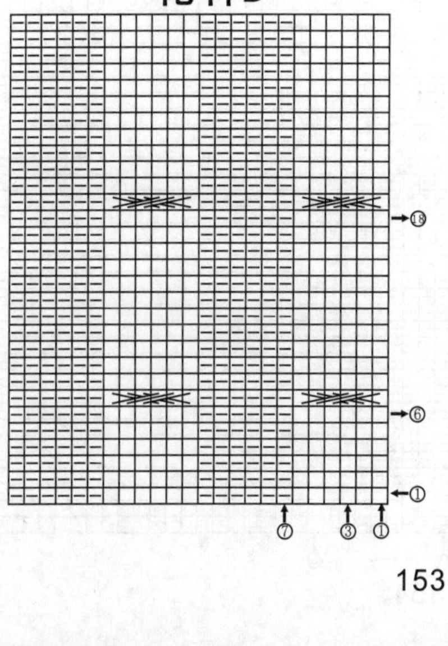

符号说明：

⊟ 上针

□=⊡ 下针

⋈ 左上3针与右下3针交叉

2-1-3 行-针-次

↑ 编织方向

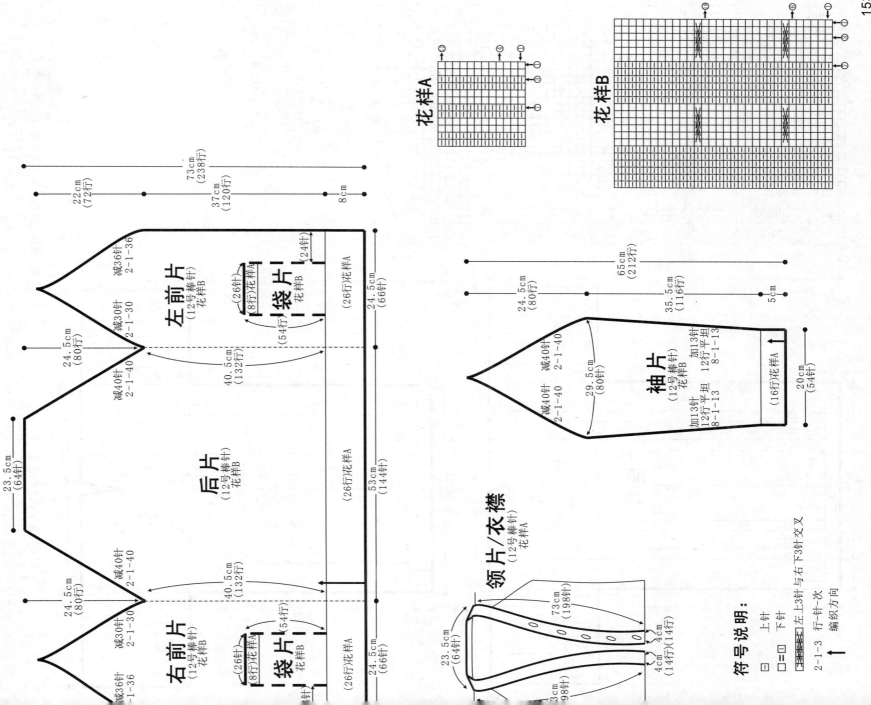

宽松中袖针织衫

【成品规格】衣长68.5m，胸宽50cm，袖长48cm，袖宽20cm
【工　　具】11号棒针
【编织密度】33.8针×47行=10cm²
【材　　料】灰色羊毛线650g

前片/后片制作说明

1.棒针编织法，袖窿以下环织；袖窿以上分成前片和后片各自编织。
2.袖窿以下的编织，先编织前后片。

(1)下针起针法，起338针，首尾连接，环织。起织花样
不加减针，编织8行，下一行起，改织18针下针，34针花样
65针下针，34针花样B，18针下针;编织220行，下一行起，
片编织，前后片各169针，以前片为例，两边同时加针，
加60针，从内往外，分配成10针上针，20针下针，10针
针，20针下针，织成袖窿算起62行时，下一行起，从中间
1针分片，将织片分成两半各自编织。两边不加减针，继
编织32行，余144针，收针断线。
(2)后片的编织，在编织花样A8行后，下一行起，花样分
与前片相同，只是将花样B中的棒绞花样改成全织下针，
袖窿处编织76行后，下一行起，从中间平收1针分片，各
继续编织18行，余144针，收针断线。
3.拼接，将前后片肩部对应缝合。

符号说明：

⊟ 上针　　⊠ 左并针
□=⊡ 下针　　◎ 镂空针
↑ 编织方向

花样A

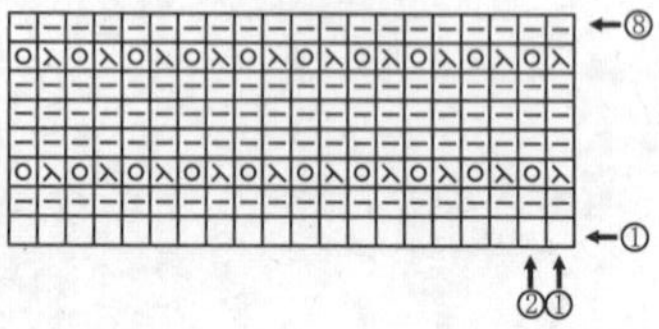

⑧
①
②①

花样B

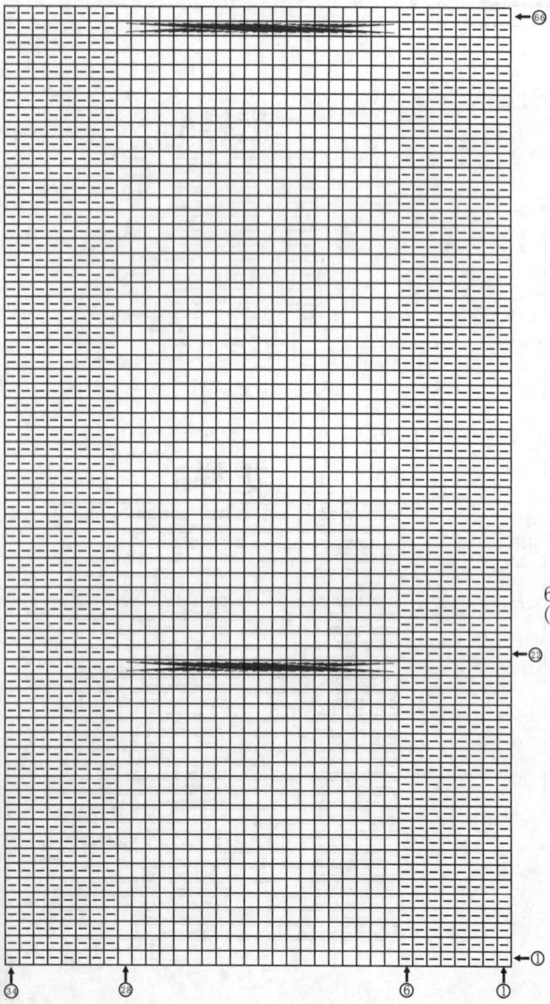

66
22
①
34
23
⑥
①

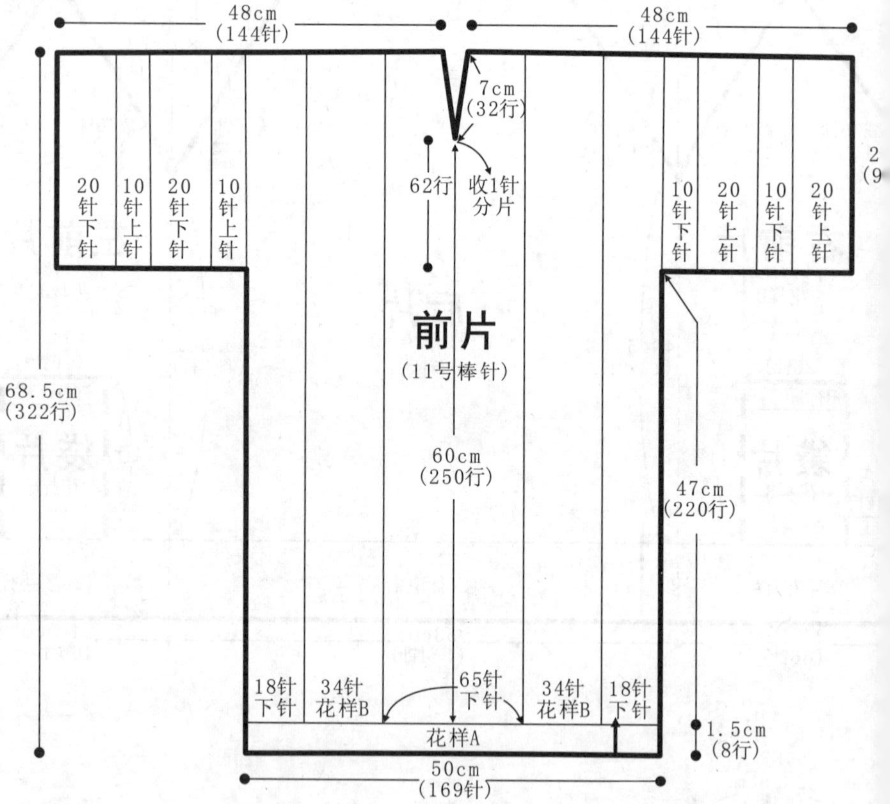

48cm
(144针)
48cm
(144针)
7cm
(32行)
62行
收1针
分片
20针下针
10针上针
20针下针
10针上针
10针下针
20针上针
10针下针
20针上针
前片
(11号棒针)
68.5cm
(322行)
60cm
(250行)
47cm
(220行)
18针下针
34针花样B
65针下针
34针花样B
18针下针
花样A
1.5cm
(8行)
50cm
(169针)

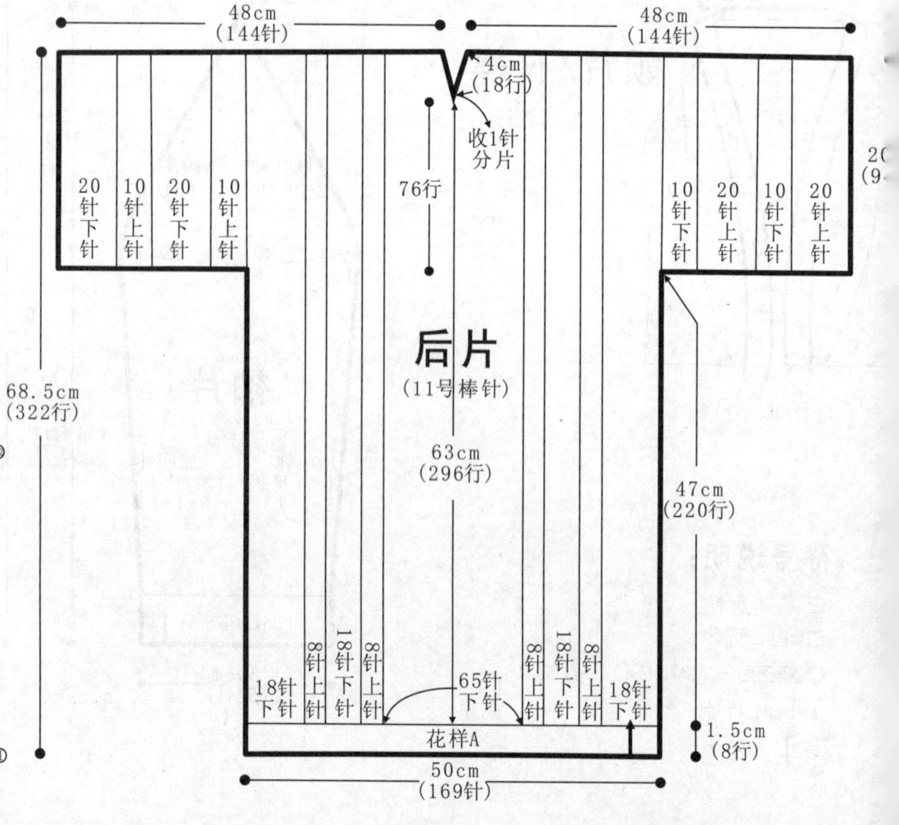

48cm
(144针)
48cm
(144针)
4cm
(18行)
收1针
分片
76行
20针下针
10针上针
20针下针
10针上针
10针下针
20针上针
10针下针
20针上针
后片
(11号棒针)
68.5cm
(322行)
63cm
(296行)
47cm
(220行)
18针下针
8针上针
18针下针
8针上针
65针下针
8针上针
18针下针
8针上针
18针下针
花样A
1.5cm
(8行)
50cm
(169针)

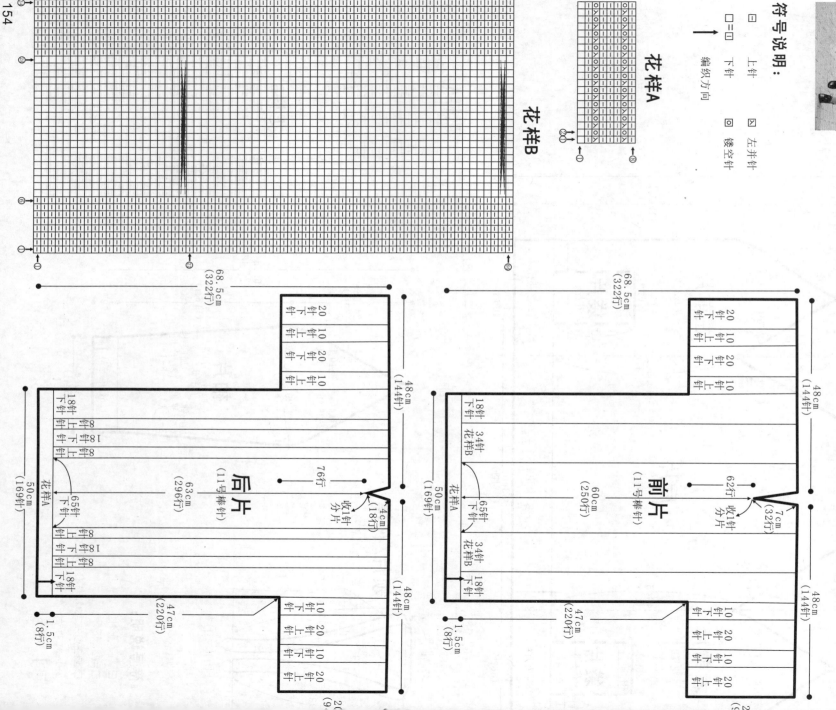

粉色宽松连衣裙

【成品规格】衣长69m，胸宽43cm，肩宽24cm，
袖长25cm，袖宽46cm
【工　　具】12号棒针
【编织密度】32.5针×38.6行=10cm²
【材　　料】淡粉色纯棉线600g

前片/后片/袖片/领片制作说明

1.棒针编织法，分前后片、袖片、领片分别编织
2.前后片起针280针，起织花样B，不加减针，织184行后，至袖窿。分成前片和后片两半各自编织。每一片两边同时减针，4-2-10，两边各减掉20针，织成40行时，继续编织4行，织成44行，在最后一行里，中间分散收针32针，余下68针收针断线；从起针行往下方向挑针，挑出231针一面，一圈共462针，分配编织花样A，共33组，每组14针，不加减针，织成3层花样A，织成48行后，收针断线。衣身完成。
3.袖片的编织，下针起针法，起针116针，起织花样A，织16行后改织花样E，织16行后，往上全织花样A，编织52行后至袖山，两边减针，减20针，4-2-10，织成40行，不加减针再织4行后，织成44行，余下76针，收针断线。
4.拼接，将前后片与袖片对应缝合。
5.领片的编织，从左右袖片各挑38针，前后片各挑68针，花样D起织，在领片转角时进行并针编织。每织2行，将3针并为1针，减少2针，共织6次，织成12行高度后收针断线，衣服完成。

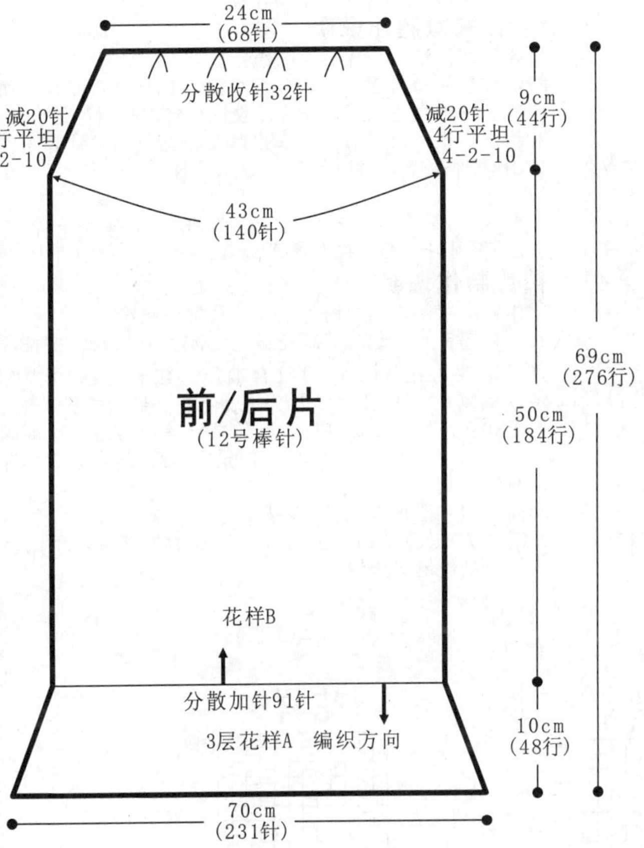

24cm
(68针)
分散收针32针
减20针
4行平坦
-2-10
减20针
4行平坦
4-2-10
43cm
(140针)
前/后片
(12号棒针)
花样B
分散加针91针
3层花样A 编织方向
70cm
(231针)
9cm
(44行)
50cm
(184行)
10cm
(48行)
69cm
(276行)

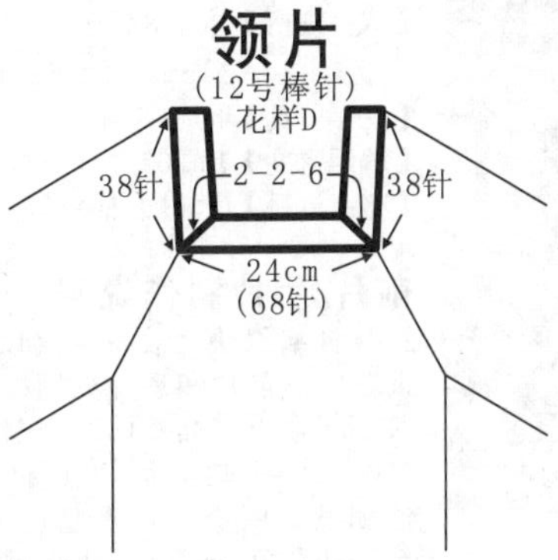

领片
(12号棒针)
花样D
38针
-2-2-6
38针
24cm
(68针)

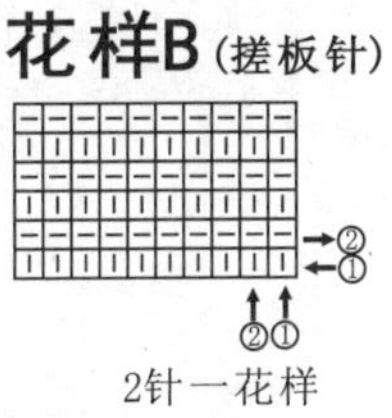

花样B(搓板针)
2
1
2针一花样

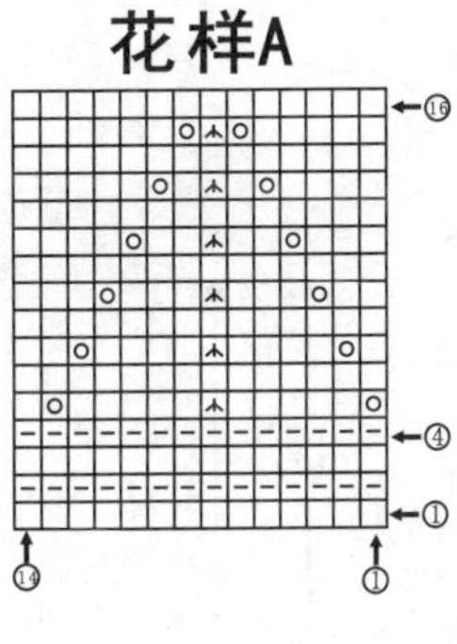

花样A

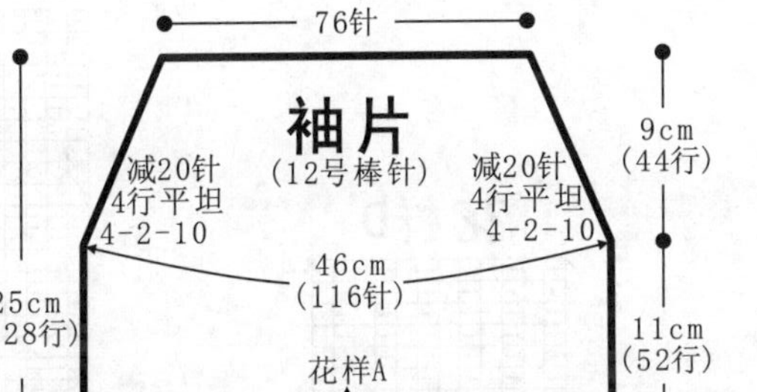

76针
袖片
(12号棒针)
减20针
4行平坦
4-2-10
减20针
4行平坦
4-2-10
46cm
(116针)
25cm
(128行)
花样A
穿系带
花样E
花样A
46cm
(116针)
9cm
(44行)
11cm
(52行)
2.5cm
(16行)
2.5cm
(16行)

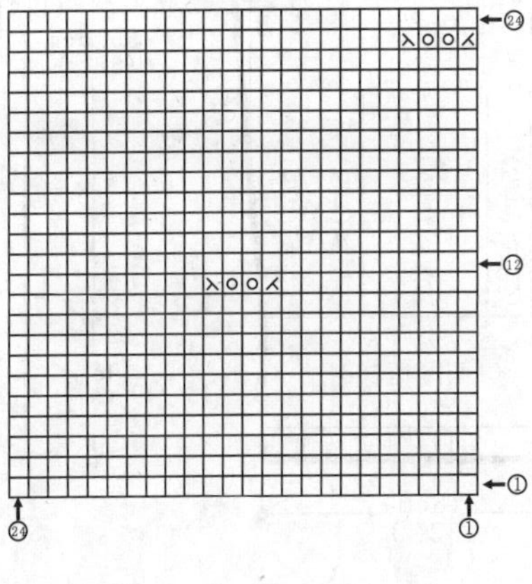

花样C

花样D(单罗纹)

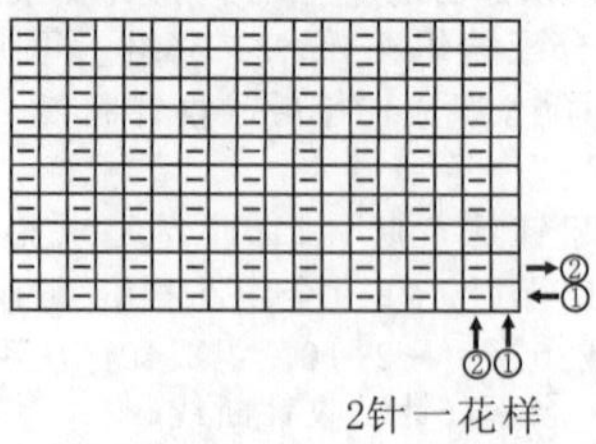

2针一花样

花样E(双罗纹)

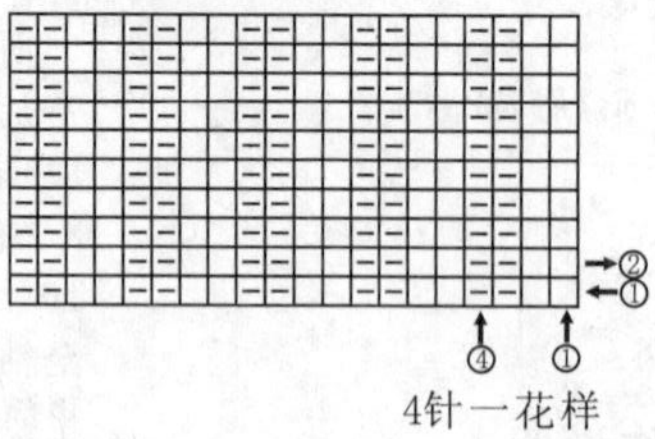

4针一花样

符号说明:

⊟	上针	⧅	左并针
□=⊡	下针	⧄	右并针
4-2-10	行-针-次	⊡	镂空针
↑	编织方向	⊠	中上3针并1针

连帽长款外套

【成品规格】衣长84cm，半胸围43cm，肩宽34cm，袖长59cm

【工　　具】10号棒针

【编织密度】17.6针×19.3行=10cm²

【材　　料】米白色棉线650g

前片/后片制作说明

1.棒针编织法，衣身袖窿以下一片编织，袖窿起分为左前片、右前片和后片分别编织。

2.起织，下针起针法起144针织花样A，织4行后，改织花样B，织至18行，改为花样C、D、E、F组合编织，组合方法如结构图所示，重复往上编织至74行，将织片第9针至26针及第119至136针改织花样B作为袋口，织至82行，将两袋口花样B收针，其余针数留起暂时不织。

3.分别起织2片袋片，起18针织花样A，织36行后，与之前织片对应袋口连起来编织，继续按衣身组合花样编织，织至118行，将织片分成左前片、右前片和后片分别编织，左右前片各取34针，后片取76针。

4.先织后片，起织时两侧袖窿减针，方法为1-3-1，2-1-5，织至160行，织片中间平收32针，两侧按2-1-1的方法减针织后领，织至162行，两侧肩部各余下13针，收针断线。

5.编织左前片，起织时左侧袖窿减针，方法为1-3-1，2-5，织至146行，右侧按1-3-1，2-2-2，2-1-6的方法减针前领，织至162行，肩部余下13针，收针断线。

6.同样的方法相反方向编织右前片，完成后将两肩部对应合。再将两袋片对应衣身缝合。

帽片/衣襟制作说明

1.棒针编织法，一片往返编织完成。

2.沿前后领口挑起63针，编织花样C、D、F组合编织，如图所示，重复往上织至48行，收针，将帽顶对称缝合。

3.编织衣襟，沿左右前片衣襟侧及帽侧分别挑针起织，挑178针编织花样B，织6行后，改织花样A，织至10行，收针线。

4.编织一条长约10cm的绳子，绳子一端绑制一个直径6cm的毛绒球，另一端与帽顶缝合。

袖片制作说明

1.棒针编织法，编织两片袖片。从袖口起织。

2.下针起针法，起32针织花样A，织4行后，改织花样B，织18行，改为花样C、D、F组合编织，组合方法如结构图示，重复往上编织，一边织一边两侧加针，方法为8-1-织至86行，织片变成48针，开始减针编织袖山，两侧同时针，方法为1-3-1，2-1-14，织至114行，织片余下14针，针断线。

3.同样的方法再编织另一袖片。

4.缝合方法:将袖山对应前片与后片的袖窿线，用线缝合再将两袖侧缝对应缝合。

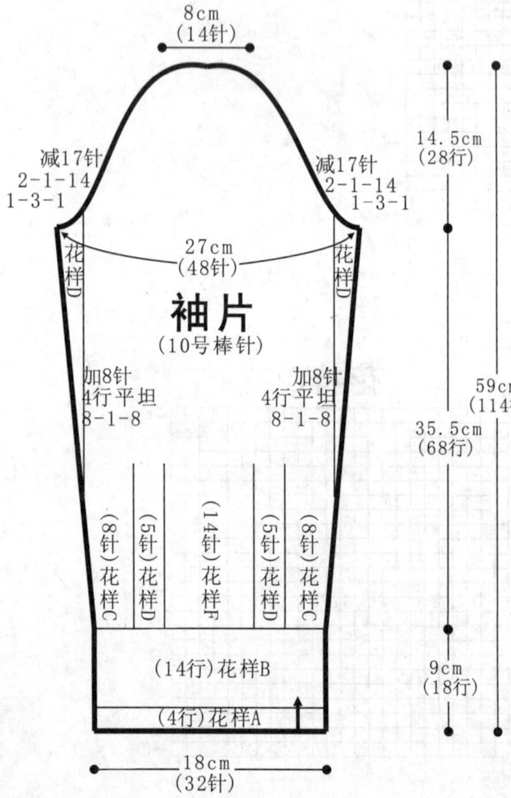

8cm
(14针)
减17针
2-1-14
1-3-1
减17针
2-1-14
1-3-1
27cm
(48针)
花样D
花样D
袖片
(10号棒针)
加8针
4行平坦
8-1-8
加8针
4行平坦
8-1-8
(8针)花样C
(5针)花样D
(14针)花样F
(5针)花样D
(8针)花样C
(14行)花样B
(4行)花样A
18cm
(32针)
14.5cm
(28行)
59cm
(114行)
35.5cm
(68行)
9cm
(18行)

花样A

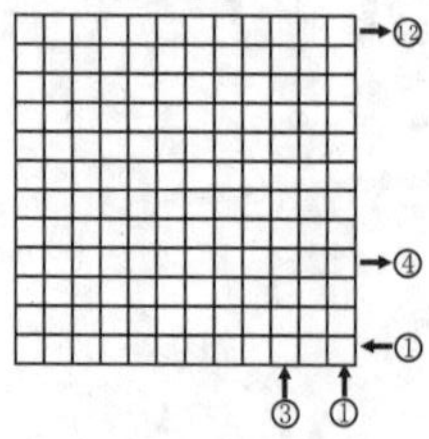

花样B

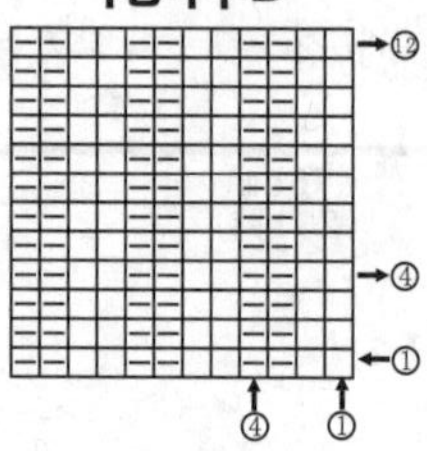

花样C

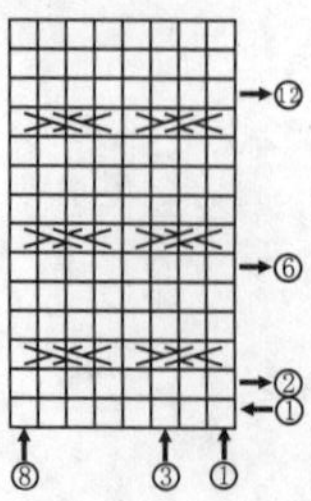

花样D

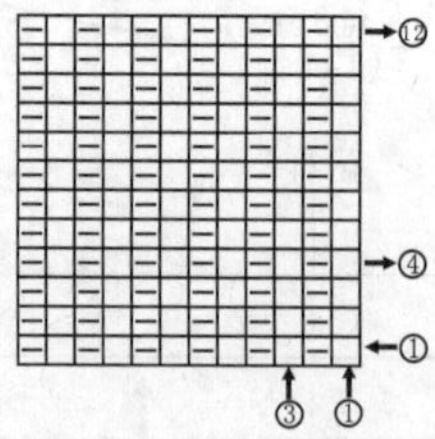

花样E

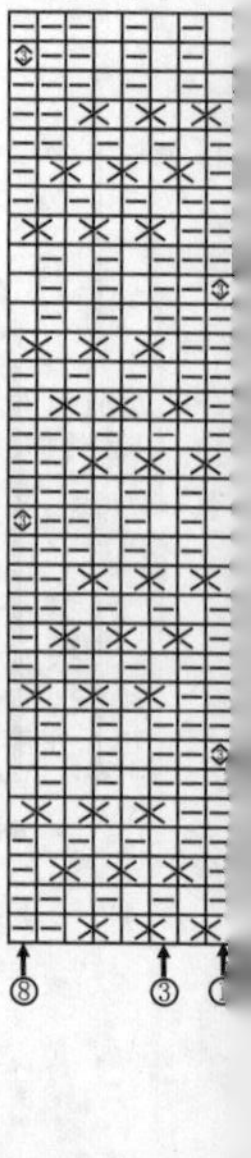

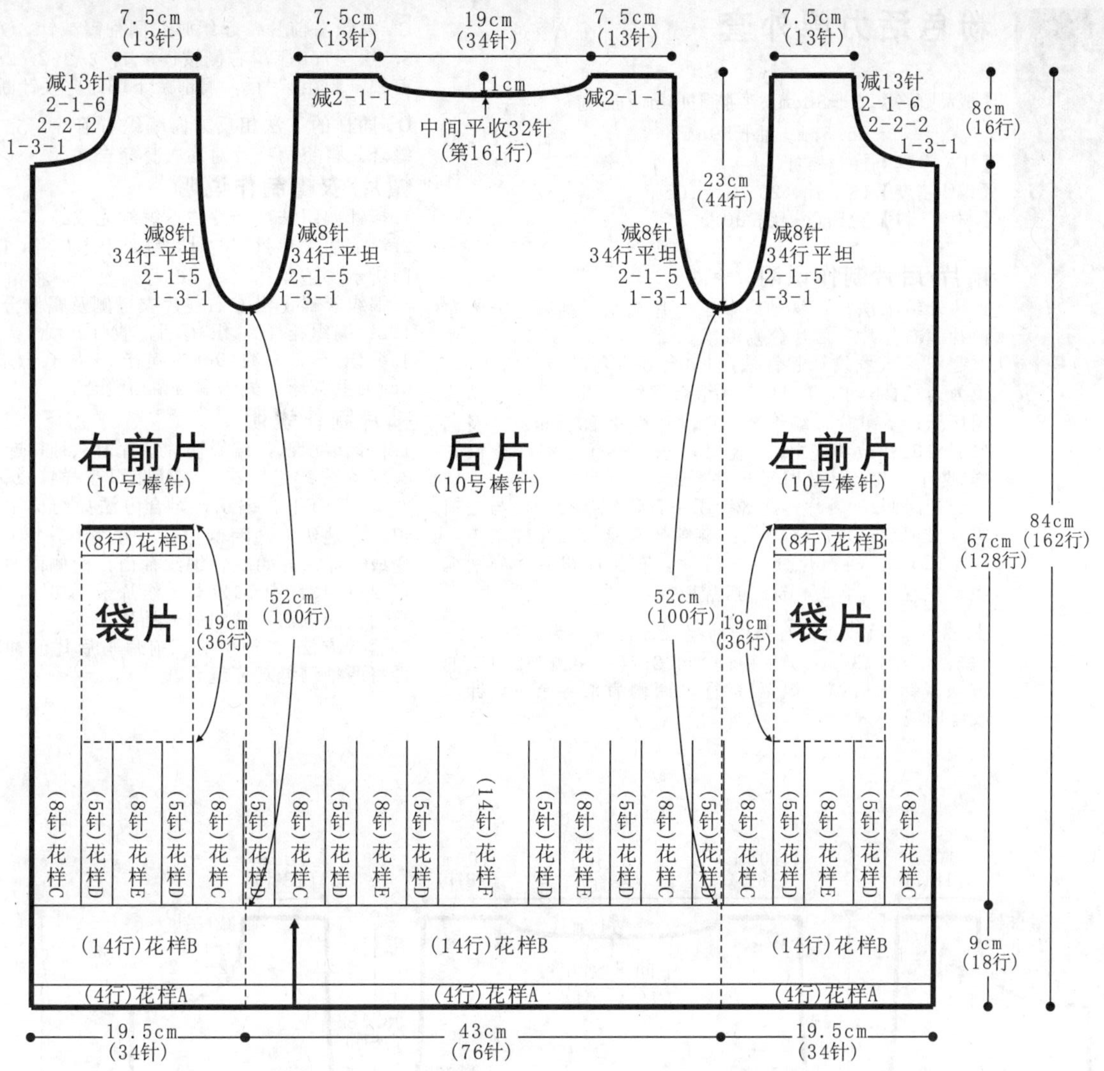
7.5cm (13针)
7.5cm (13针)
19cm (34针)
7.5cm (13针)
7.5cm (13针)
减13针 2-1-6 2-2-2 1-3-1
减2-1-1
1cm
中间平收32针 (第161行)
减2-1-1
减13针 2-1-6 2-2-2 1-3-1
8cm (16行)
23cm (44行)
减8针 34行平坦 2-1-5 1-3-1
右前片 (10号棒针)
后片 (10号棒针)
左前片 (10号棒针)
(8行)花样B
袋片
19cm (36行)
52cm (100行)
84cm (162行)
67cm (128行)
(8针)花样C
(5针)花样D
(8针)花样E
(14针)花样F
(14行)花样B
(4行)花样A
9cm (18行)
19.5cm (34针)
43cm (76针)
19.5cm (34针)

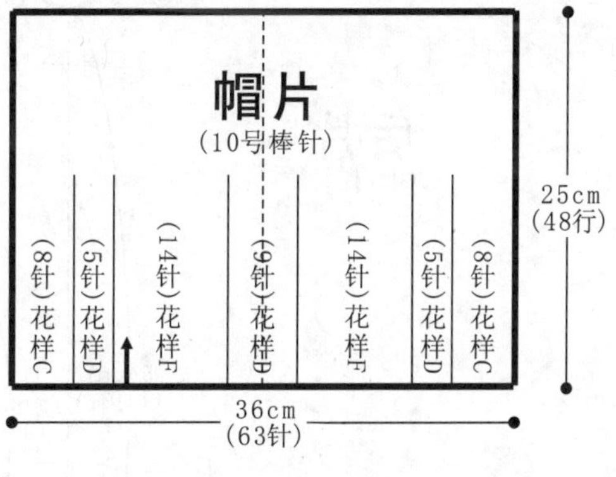
帽片 (10号棒针)
(8针)花样C
(5针)花样D
(14针)花样F
(9针)花样D
25cm (48行)
36cm (63针)

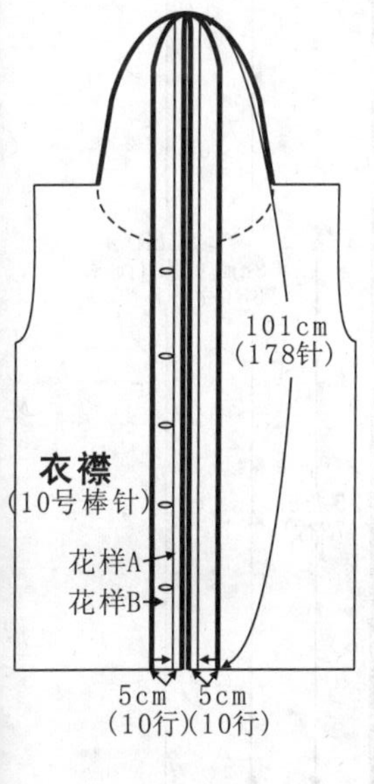
101cm (178针)
衣襟 (10号棒针)
花样A
花样B
5cm (10行)
5cm (10行)

符号说明：

- ⊟ 上针
- □=⊡ 下针
- 左上1针与右下1针交叉
- 右上1针与左下1针交叉
- 左上2针与右下2针交叉
- 右上2针与左下2针交叉
- 左上3针与右下3针交叉
- 右上3针与左下3针交叉
- 3针的结编织
- 2-1-3 行-针-次

花样F

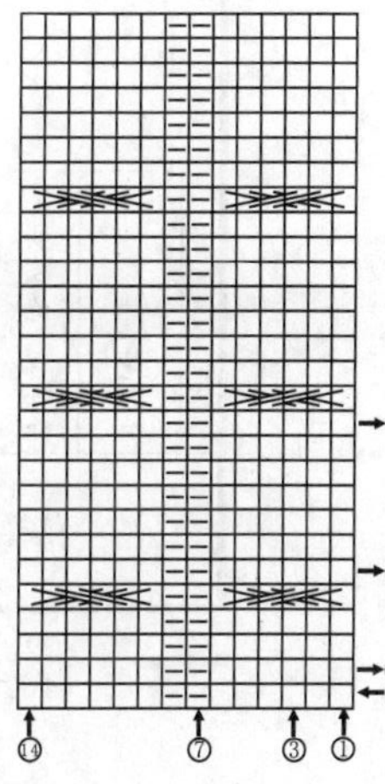

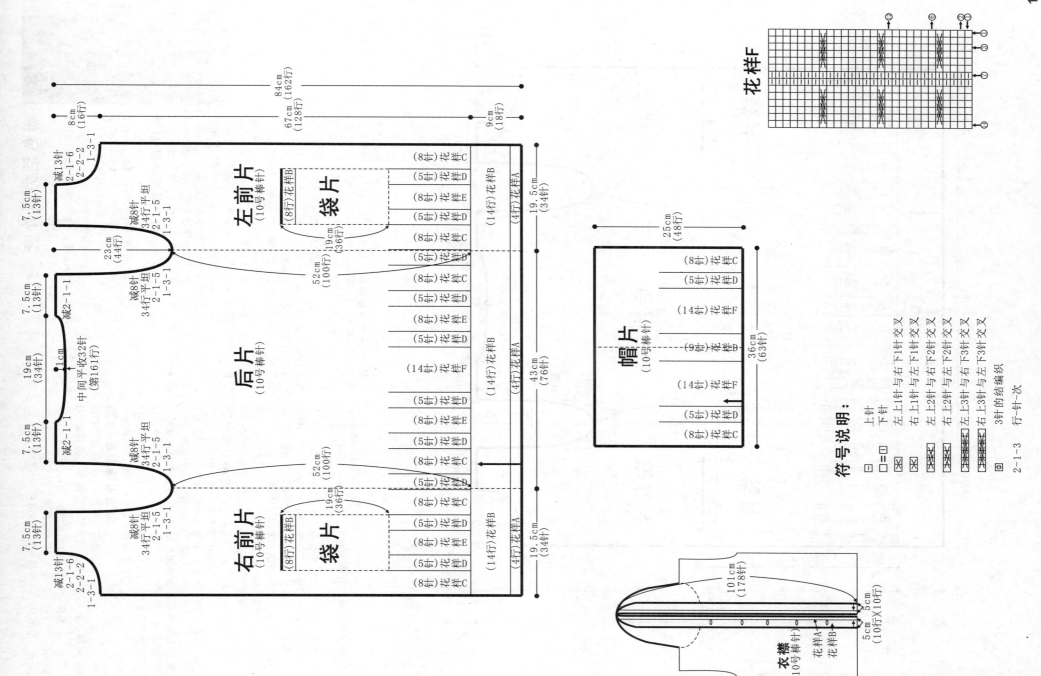

粉色活力厚外套

【成品规格】衣长86cm，半胸围43cm，肩宽35.5cm，袖长59cm
【工　　具】10号棒针
【编织密度】18.1针×20.3行=10cm²
【材　　料】粉柴色棉线700g

前片/后片制作说明

1.棒针编织法，衣身袖窿以下一片编织，袖窿起分为左前片、右前片和后片分别编织。
2.起织，双罗纹针起针法起158针织花样A，织16行后，改为为花样B、C、D、E、F、G组合编织，组合方法如结构图所示，重复往上编织至80行，将织片第7针至28针及第131至152针改织花A作为袋口，织至88行，将两袋口花样A收针，其余针数留起暂时不织。
3.分别起织2片袋片，起22针织下针，织40行后，与之前织片对应袋口连起来编织，继续按衣身组合花样编织，织至126行，将织片分成左前片、右前片和后片分别编织，左右前片各取40针，后片取78针。
4.先织后片，起织时两侧袖窿减针，方法为1-2-1，2-1-5，织至173行，织片中间平收26针，两侧按2-1-1的方法减针织后领，织至174行，两侧肩部各余下18针，收针断线。
5.编织左前片，起织时左侧袖窿减针，方法为1-2-1，2-5，织至158行，右侧按1-5-1，2-2-2，2-1-6的方法减针前领，织至174行，肩部余下18针，收针断线。
6.同样的方法相反方向编织右前片，完成后将两肩部对缝合。再将两袋片对应衣身缝合。

帽片/衣襟制作说明

1.棒针编织法，一片往返编织完成。
2.沿前后领口挑起64针，编织花样G、H、E组合编织，如图所示，重复往上织至60行，收针，将帽顶对称缝合。
3.编织衣襟，沿左右前片衣襟侧及帽侧分别挑针起织，挑192针编织花样A，织8行后，收针断线。
4.编织一条长约10cm的绳子，绳子一端绑制一个直6cm的毛绒球，另一端与帽顶缝合。

袖片制作说明

1.棒针编织法，编织两片袖片。从袖口起织。
2.双罗纹针起针法，起40针织花样A，织12行后，改为花B、C、D、F组合编织，组合方法如结构图所示，重复往上织，一边织一边两侧加针，方法为8-1-10，织至94行，变成60针，开始减针编织袖山，两侧同时减针，方法为1-1，2-1-13，织至120行，织片余下30针，收针断线。
3.同样的方法再编织另一袖片。
4.缝合方法:将袖山对应前片与后片的袖窿线，用线缝再将两袖侧缝对应缝合。

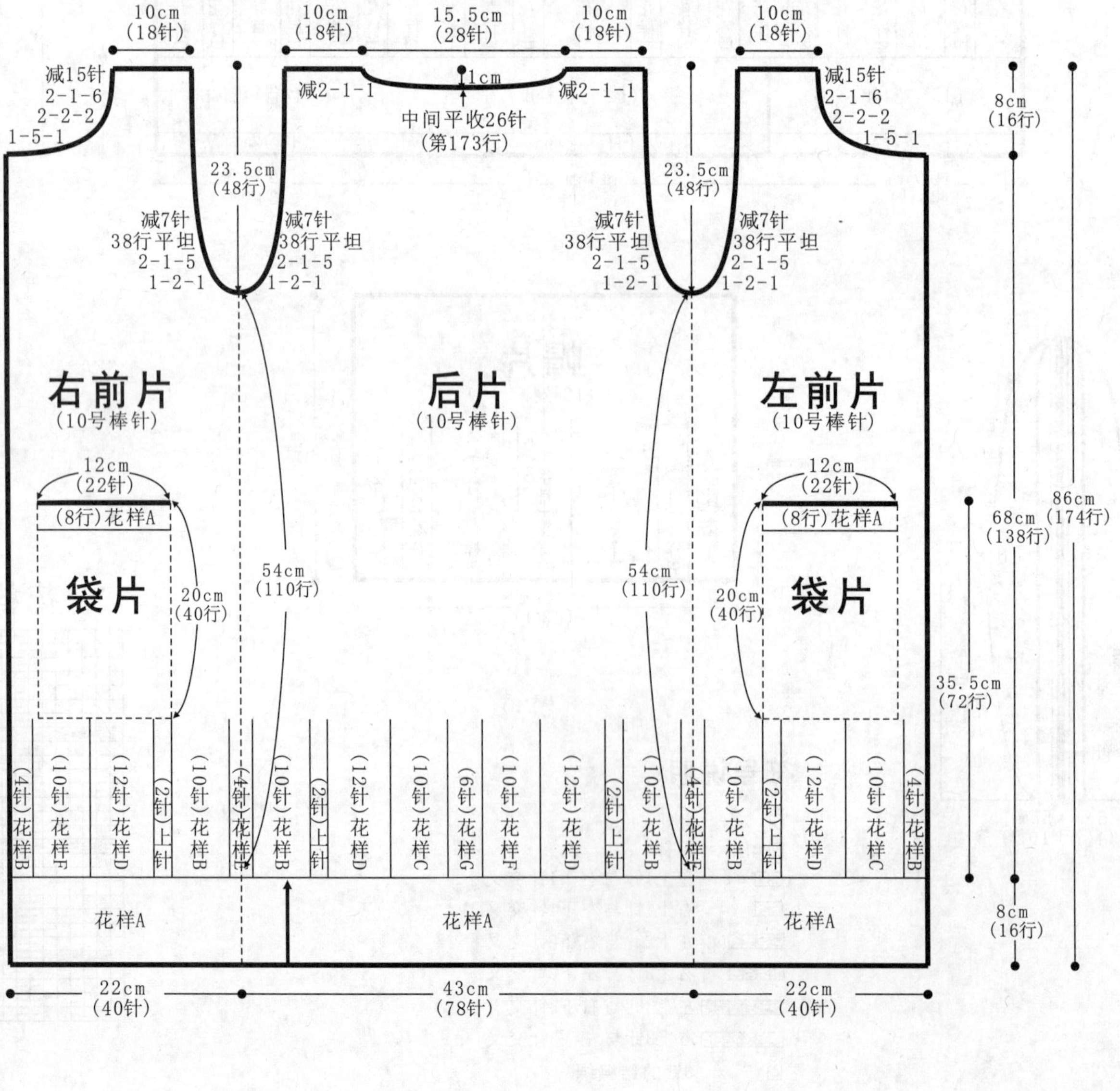

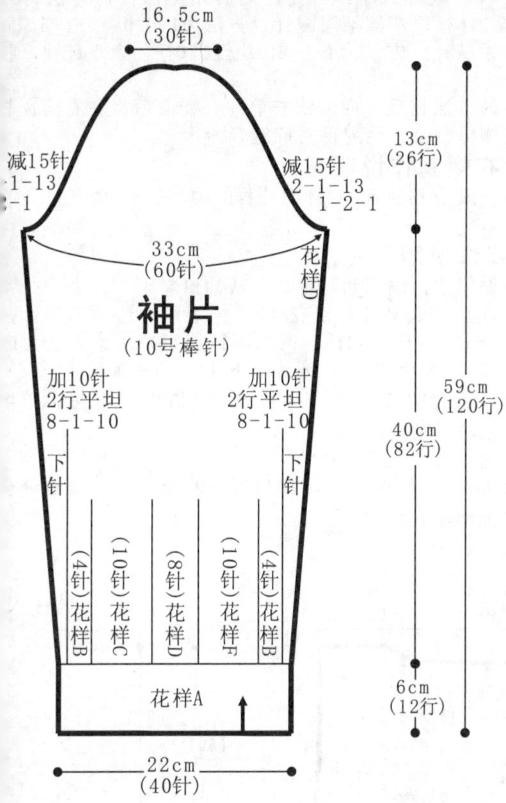
16.5cm
(30针)
减15针
1-13
-1
减15针
2-1-13
1-2-1
33cm
(60针)
花样D
袖片
(10号棒针)
加10针
2行平坦
8-1-10
加10针
2行平坦
8-1-10
下针
下针
(4针)花样B
(10针)花样C
(8针)花样D
(10针)花样F
(4针)花样B
花样A
22cm
(40针)
13cm
(26行)
40cm
(82行)
6cm
(12行)
59cm
(120行)

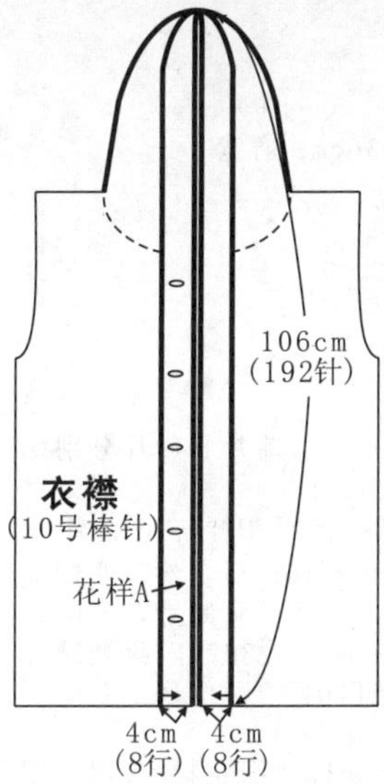
106cm
(192针)
衣襟
(10号棒针)
花样A
4cm
(8行)
4cm
(8行)

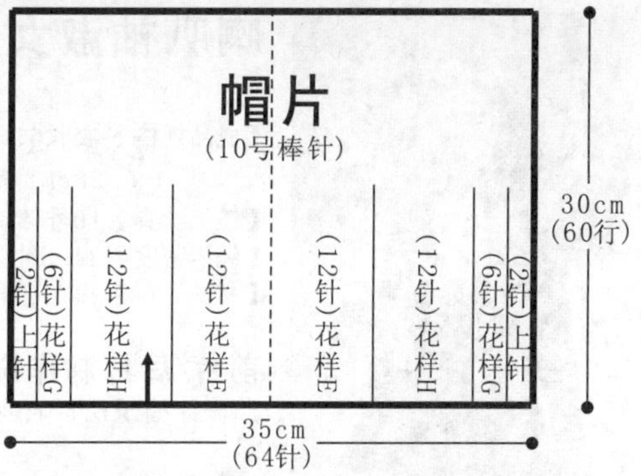
帽片
(10号棒针)
(2针)上针
(6针)花样G
(12针)花样H
(12针)花样E
(12针)花样E
(12针)花样H
(6针)花样G
(2针)上针
30cm
(60行)
35cm
(64针)

符号说明：

- 上针
- □=□ 下针
- 左上1针与右下1针交叉
- 右上1针与左下1针交叉
- 左上2针与右下1针交叉
- 右上2针与左下1针交叉
- 左上2针与右下2针交叉
- 右上2针与左下2针交叉
- 右上3针与左下3针交叉
- 3针的结编织
- 2-1-3 行-针-次
- ↑ 编织方向

花样B

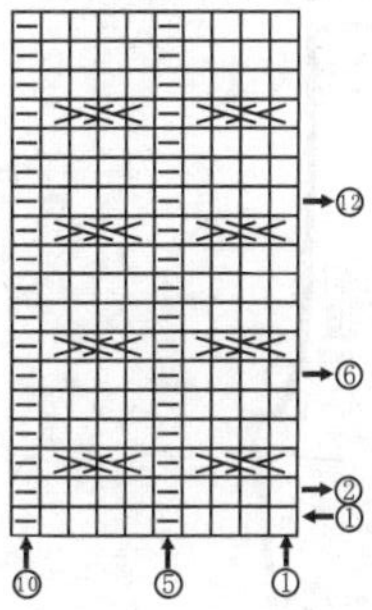

花样G

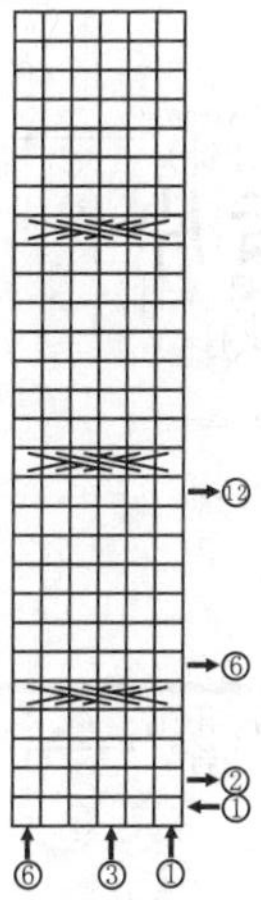

花样A

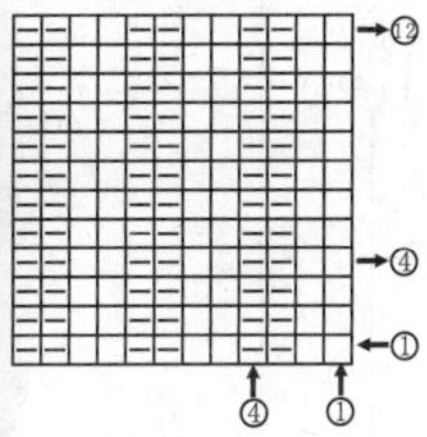

花样C

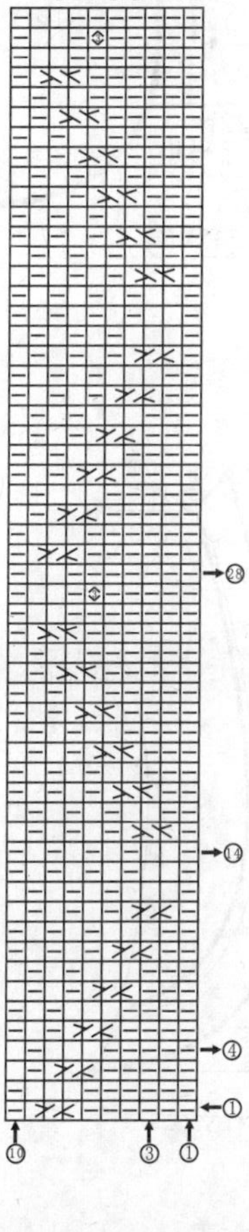

花样F

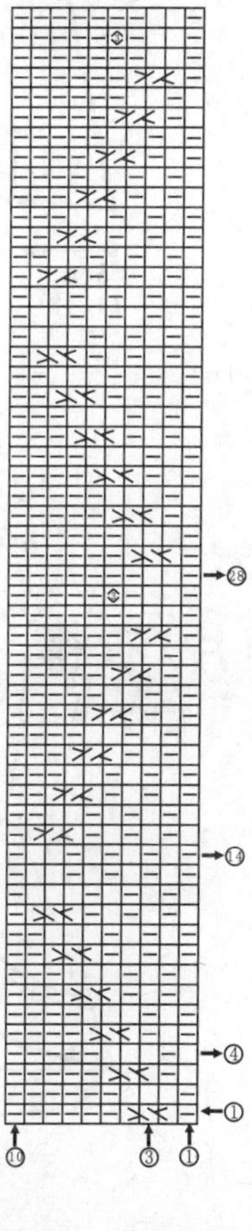

花样E

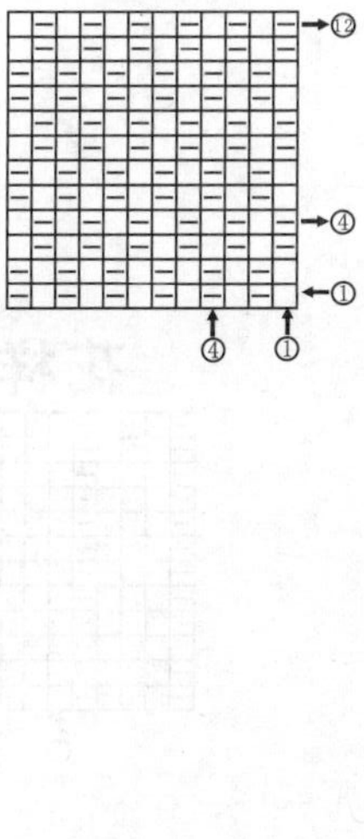

花样H

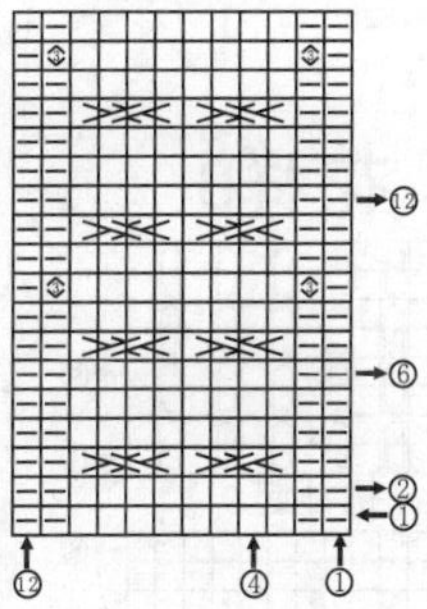

花样D

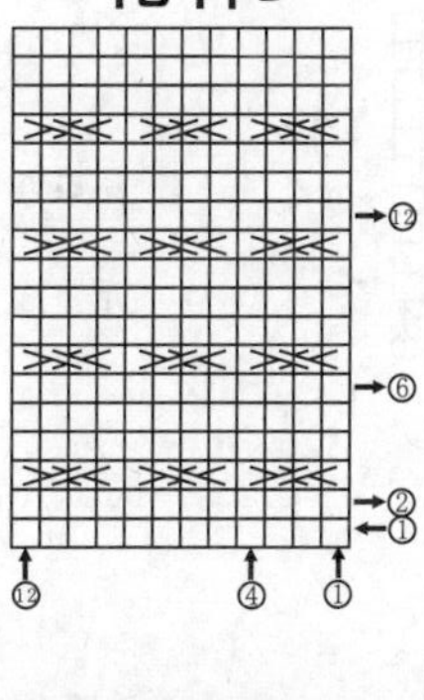

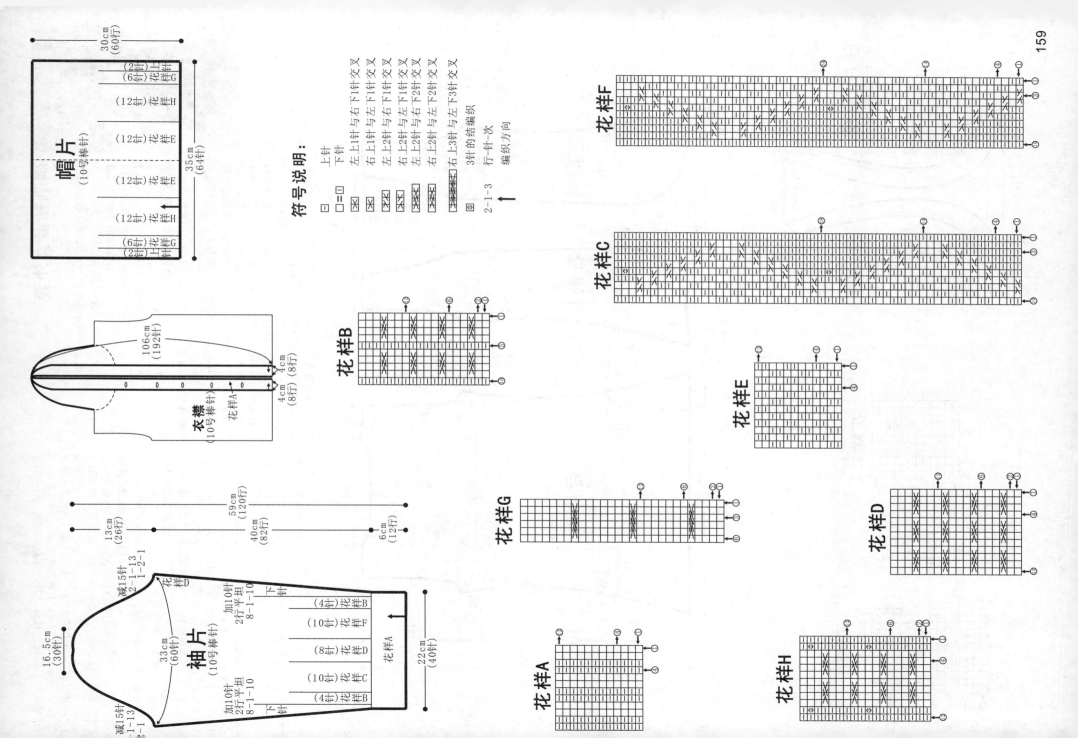

喇叭袖淑女外套

【成品规格】衣长61cm，半胸围36cm，肩宽28cm，袖长59cm
【工　　具】10号棒针
【编织密度】24.6针×28行=10cm²
【材　　料】黑白色段染线600g

前片/后片制作说明

1.棒针编织法，衣身分为左前片、右前片和后片分别编织。
2.起织后片，下针起针法，起92针织花样A，一边织一边两侧减针，方法为14-1-5，平织16行后，然后两侧加针，方法为8-1-3，织至116行，两侧袖窿减针，方法为1-4-1，2-1-5，织至167行，中间平收36针，两侧减针织成后领，方法为2-1-2，织至170行，两侧肩部各余下15针，收针断线。
3.起织左前片，下针起针法，起12针织花样A右侧衣摆加针，方法为2-2-3，2-1-14，4-1-2，左侧减针，方法为14-1-5，减针后平织16行，然后左侧加针，方法为8-1-3，织至116行，左侧袖窿减针，方法为1-4-1，2-1-5，同右侧前领减针，方法为4-1-8，织至170行，余下15针，收断线。
4.同样的方法相反方向编织右前片。完成后将左右前片与片的两侧缝缝合，两肩部对应缝合。

领片/衣襟制作说明

1.沿领口及衣摆挑起944针织花样B，共织36行的长度，收断线。

袖片制作说明

1.棒针编织法，编织两片袖片。从袖口起织。
2.下针起针法起52针，织花样A，一边织一边两侧加针，法为8-1-12，织至104行，两侧减针编织袖山。方法为1-1，2-2-15，织至134行，织片余下8针，收针断线。
3.沿袖口挑起104针，编织花样B，共织32行的长度，单针收针法收针断线。
4.同样的方法编织另一袖片。
5.缝合方法:将袖山对应前片与后片的袖窿线，用线缝合再将两袖侧缝对应缝合。

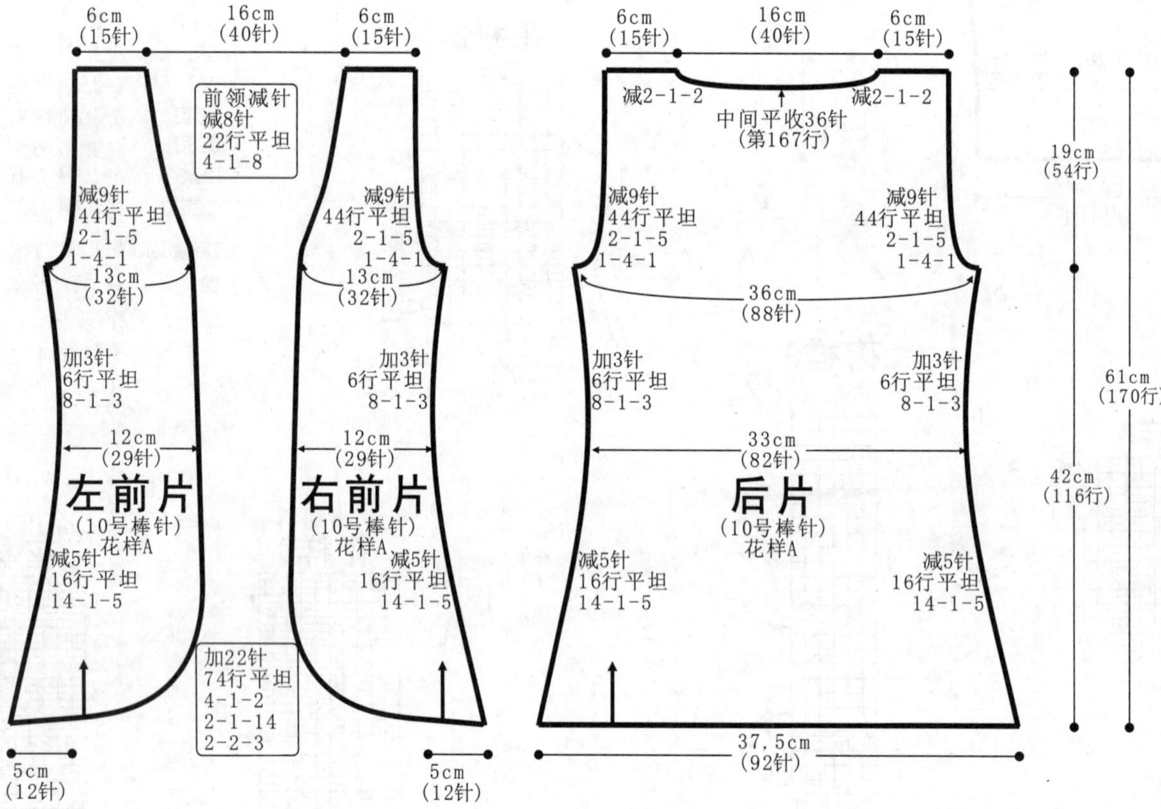
6cm
(15针)
16cm
(40针)
6cm
(15针)
前领减针
减8针
22行平坦
4-1-8
减9针
44行平坦
2-1-5
1-4-1
13cm
(32针)
加3针
6行平坦
8-1-3
12cm
(29针)
左前片
(10号棒针)
花样A
减5针
16行平坦
14-1-5
右前片
(10号棒针)
花样A
加22针
74行平坦
4-1-2
2-1-14
2-2-3
5cm
(12针)
减2-1-2
中间平收36针
(第167行)
36cm
(88针)
33cm
(82针)
后片
(10号棒针)
花样A
37.5cm
(92针)
19cm
(54行)
61cm
(170行)
42cm
(116行)

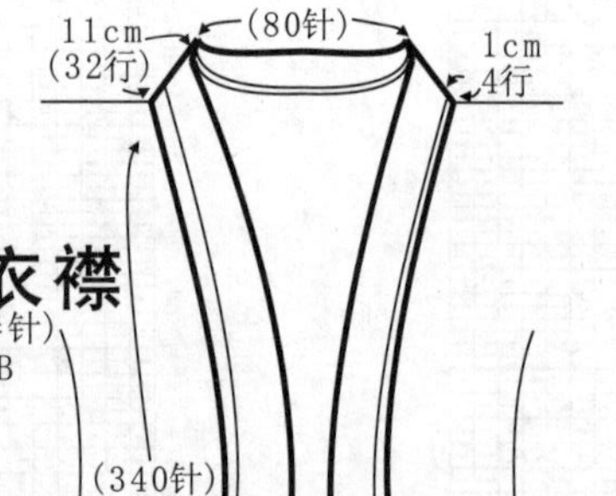
11cm
(32行)
(80针)
1cm
4行
(340针)
(184针)

领片/衣襟
(10号棒针)
花样B

花样A

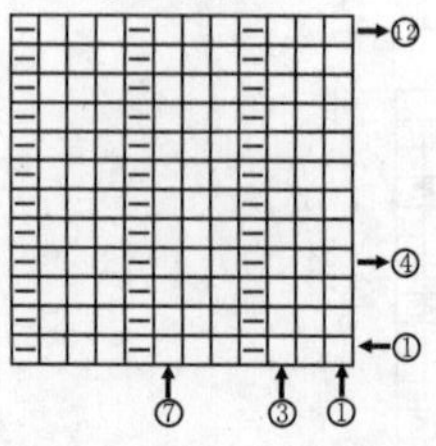

花样B

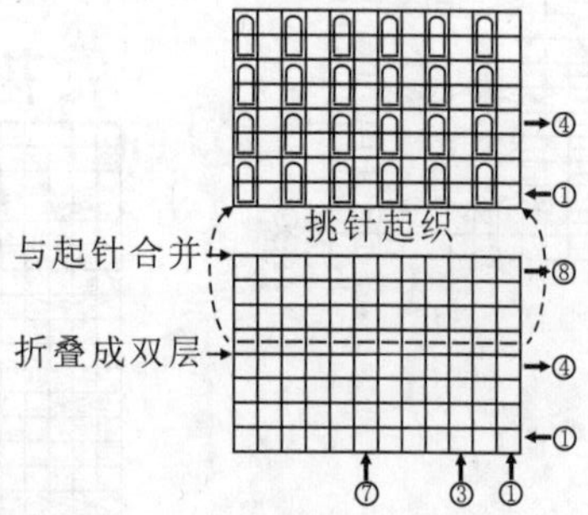
挑针起织
与起针合并
折叠成双层

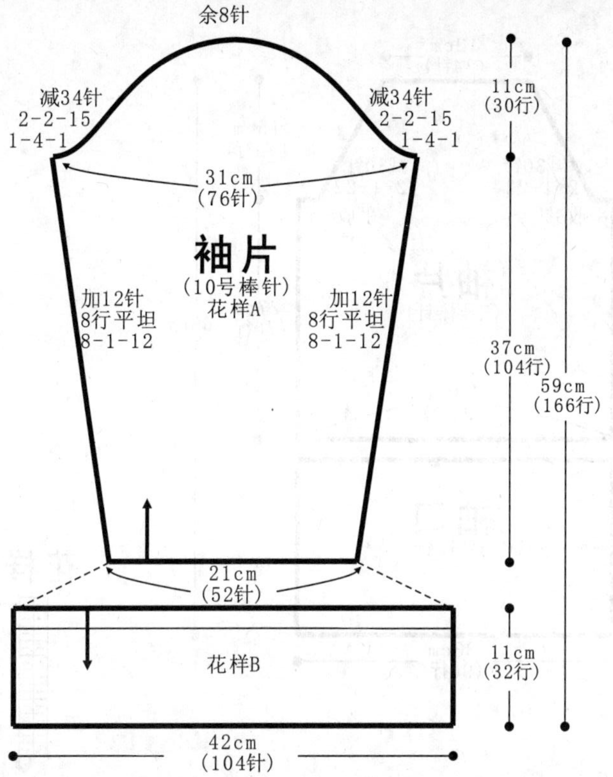
余8针
减34针
2-2-15
1-4-1
减34针
2-2-15
1-4-1
31cm
(76针)
袖片
(10号棒针)
花样A
加12针
8行平坦
8-1-12
加12针
8行平坦
8-1-12
21cm
(52针)
花样B
42cm
(104针)
11cm
(30行)
37cm
(104行)
59cm
(166行)
11cm
(32行)

符号说明：

- ⊟ 上针
- □=⎕ 下针
- 元宝针
- 2-1-3 行-针-次
- ↑ 编织方向

复古中长毛衣

【成品规格】衣长66m，胸宽36cm，肩宽24cm，
袖长63cm，袖宽16.5cm

【工　　具】8号棒针

【编织密度】28.5针×28.8行=10cm²

【材　　料】灰色羊毛线1000g

前片/后片/袖片/领片制作说明

1.棒针编织法，由前片、后片各一片，再编织2个袖片、袖口和领片。

2.前片与后片的结构和花样分配完全相同，以前片为例说明。

(1)下针起针法，起148针，从右至左，分配成10针上针，5组花样A与4组花样B相间编织，余下10针织上针，两边的10针上针针数不改变，以及花样A花样针数不改变，只在花样B上进行减针变化，依照花样B图解进行减针编织，编织146行后至袖窿，余下108针;下一行起，进行袖窿减针，袖窿两边同时减针，平收8针，2-1-22，减少30针，编织44行，余48针，收针断线。

(2)后片的编织与前片一样。

3.袖片的编织，分成袖口和袖身两片各自编织。从袖口边起织，下针起针法，起94针，起织下针，不加减针，编织76行，下一行起，两边同时减针，平收8针，2-1-22，减30针，编织44行，余34针，收针断线。袖口的编织，横向编织。下针起针法，起60针，起织花样C，不加减针，织96行，收针断线。选一侧长边与袖身片的起织行进行缝合。相同的方法去编织另一袖片。

4.拼接，将袖片的袖山边线分别与前片的插肩缝和后片的插肩缝线进行对应缝合。再将袖侧缝进行缝合。

5.领片的编织，从前后片各挑48针，左右袖片各挑21针，起织花样E，不加减针，织10行;下一行起，改织9组花样A，9组花样D相间排列，花样D加针编织，织48行;收针断线，衣服完成。

花样A

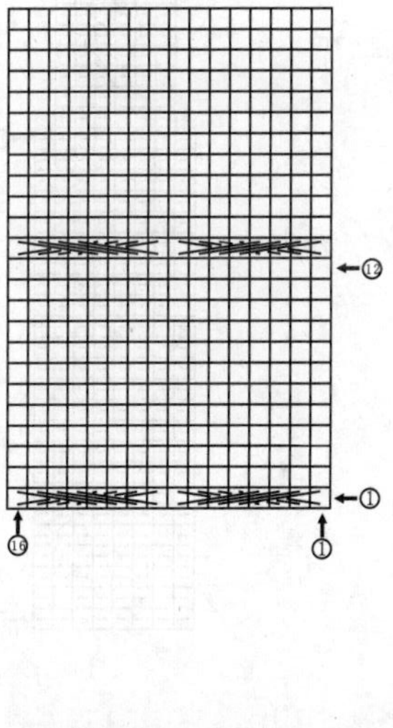

花样C

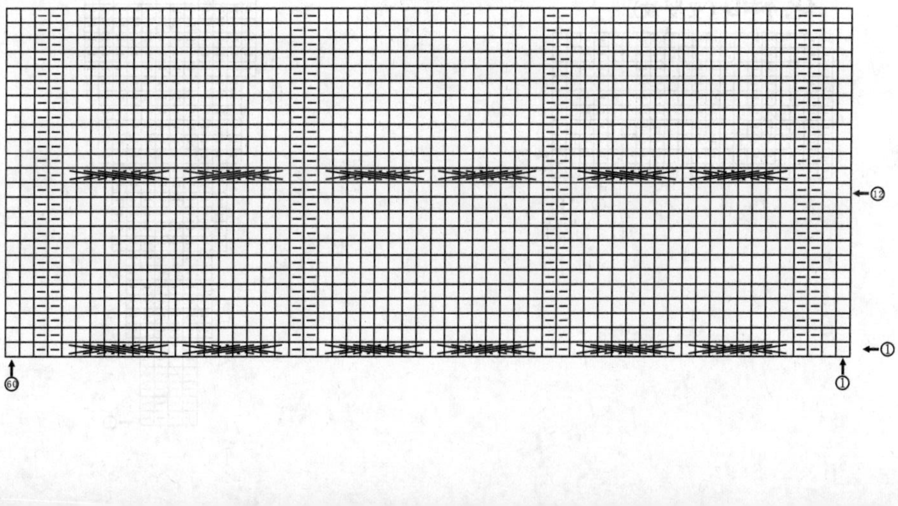

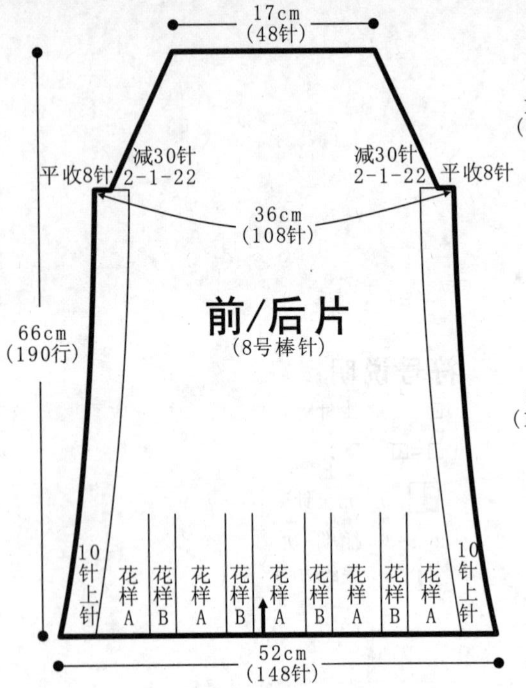

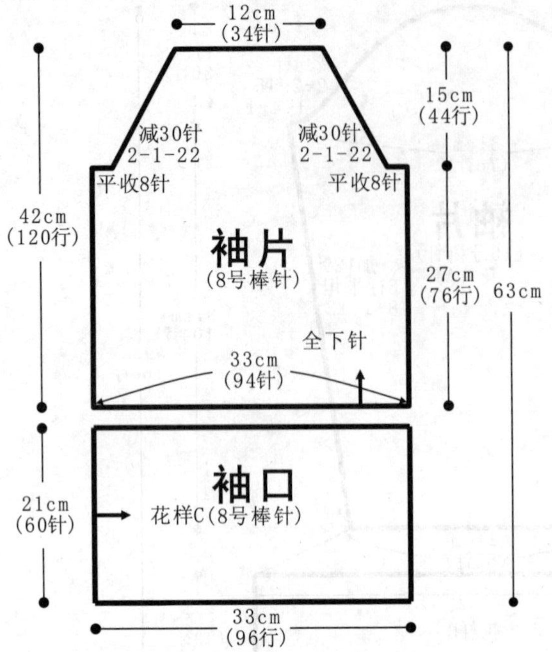

花样B

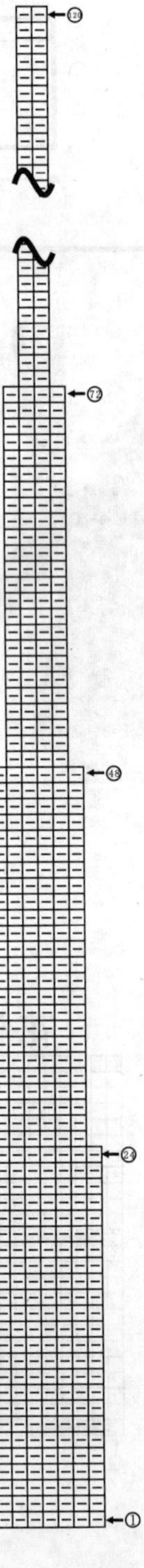

符号说明：

- ⊟ 上针
- □=⊡ 下针
- 2-1-22 行-针-次
- ↑ 编织方向
- 左上4针与右下4针交叉

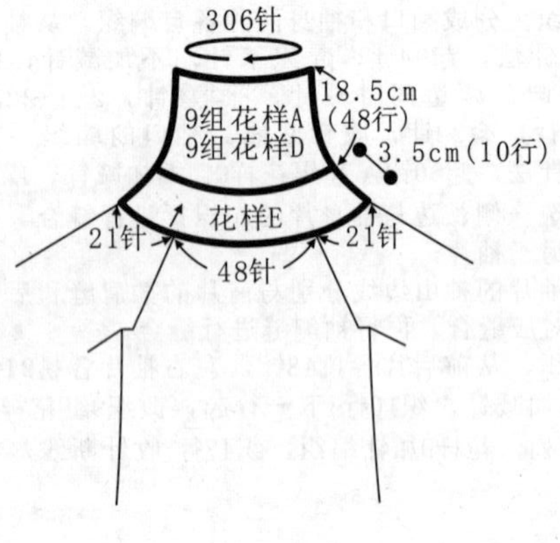

花样D

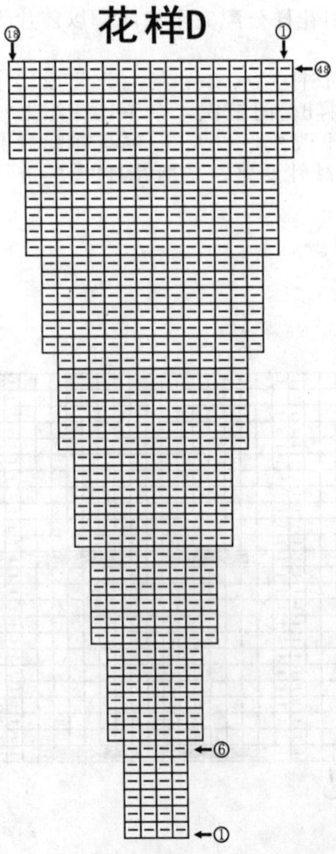

花样D(双罗纹)

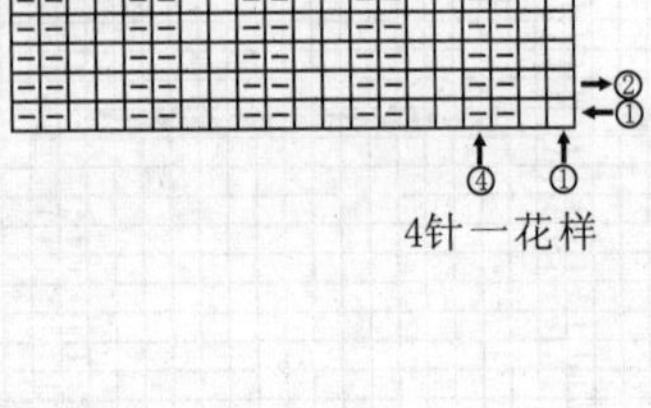

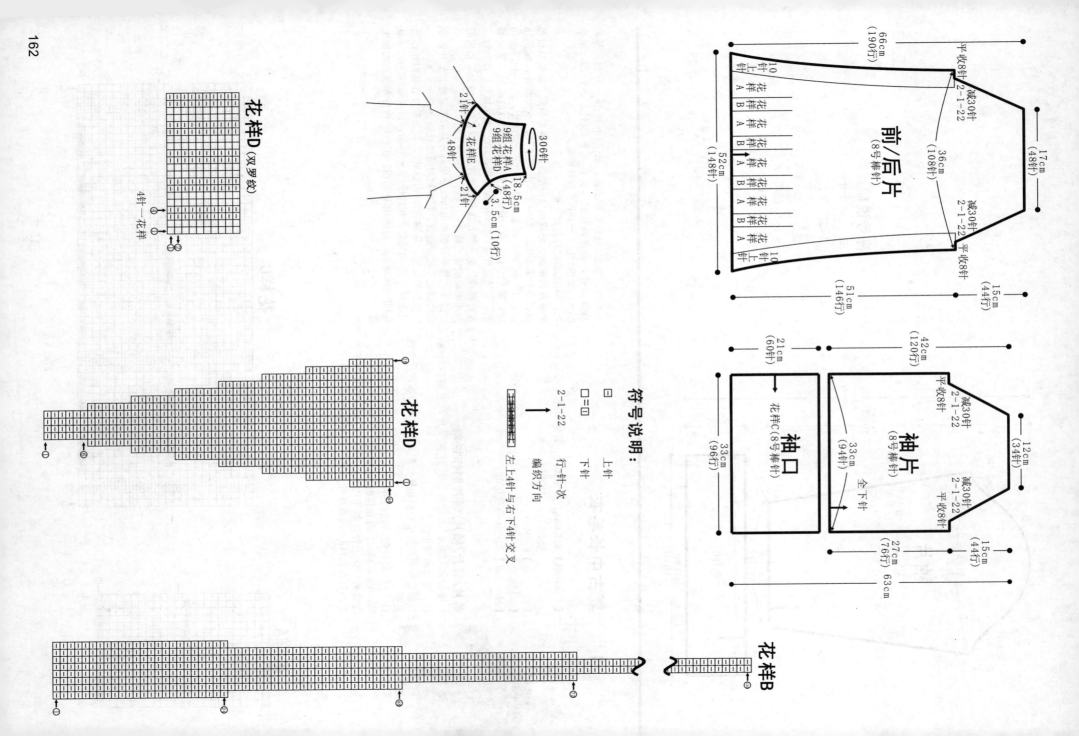

翻领九分袖开衫

【成品规格】衣长60cm，半胸围41cm，肩宽34cm，袖长44cm

【工　　具】12号棒针

【编织密度】花样A：27.8针×30行=10cm²
花样B：27.8针×36行=10cm²

【材　　料】灰色棉线600g

前片/后片制作说明

1.棒针编织法，衣身分为左前片、右前片、后片分别编织。

2.起织后片，下针起针法，起136针织花样B，织6行后，改织花样A，织至42行，改织花样B，两侧一边织一边减针，方法8-1-11，织至132行，织片变成114针，两侧开始袖窿减针，方法为1-4-1，2-1-6，织至208行，两侧肩部各平收20针，中间余下54针留待编织衣领。

3.起织左前片，下针起针法，起72针，衣身织花样B，右侧衣襟织8针花样C，织6行后，衣身改织花样A，织至42行，衣身改织花样B，左侧一边织一边减针，方法8-1-11，织至64行，衣身中间织20针花样D，组合方法如结构图所示，重复往上织至132行，织片变成61针，左侧开始袖窿减针，方法为1-4-1，2-1-6，织至208行，左侧肩部平收20针，右侧余下31针留待编织衣领。

4.同样的方法相反方向编织右前片。将左右前片与后片的两侧缝缝合，两肩部对应缝合。

5.沿前后领口挑起116针织花样B，两侧各织8针花样C作为领襟，不加减针织44行后，收针断线。

6.沿前后领口挑起45针织花样A，不加减针织18行后，收针断线。

袖片制作说明

1.棒针编织法，编织两片袖片。从袖口起织。

2.起72针，织18行花样A，改织花样B，两侧一边织一边加针，方法为8-1-13，两侧的针数各增加13针，织至122行。接着减针编织袖山，两侧同时减针，方法为1-4-1，2-1-16，两侧各减少20针，织至154行，织片余下58针，收针断线。

3.同样的方法再编织另一袖片。

4.缝合方法:将袖山对应前片与后片的袖窿线，用线缝合，再将两袖侧缝对应缝合。

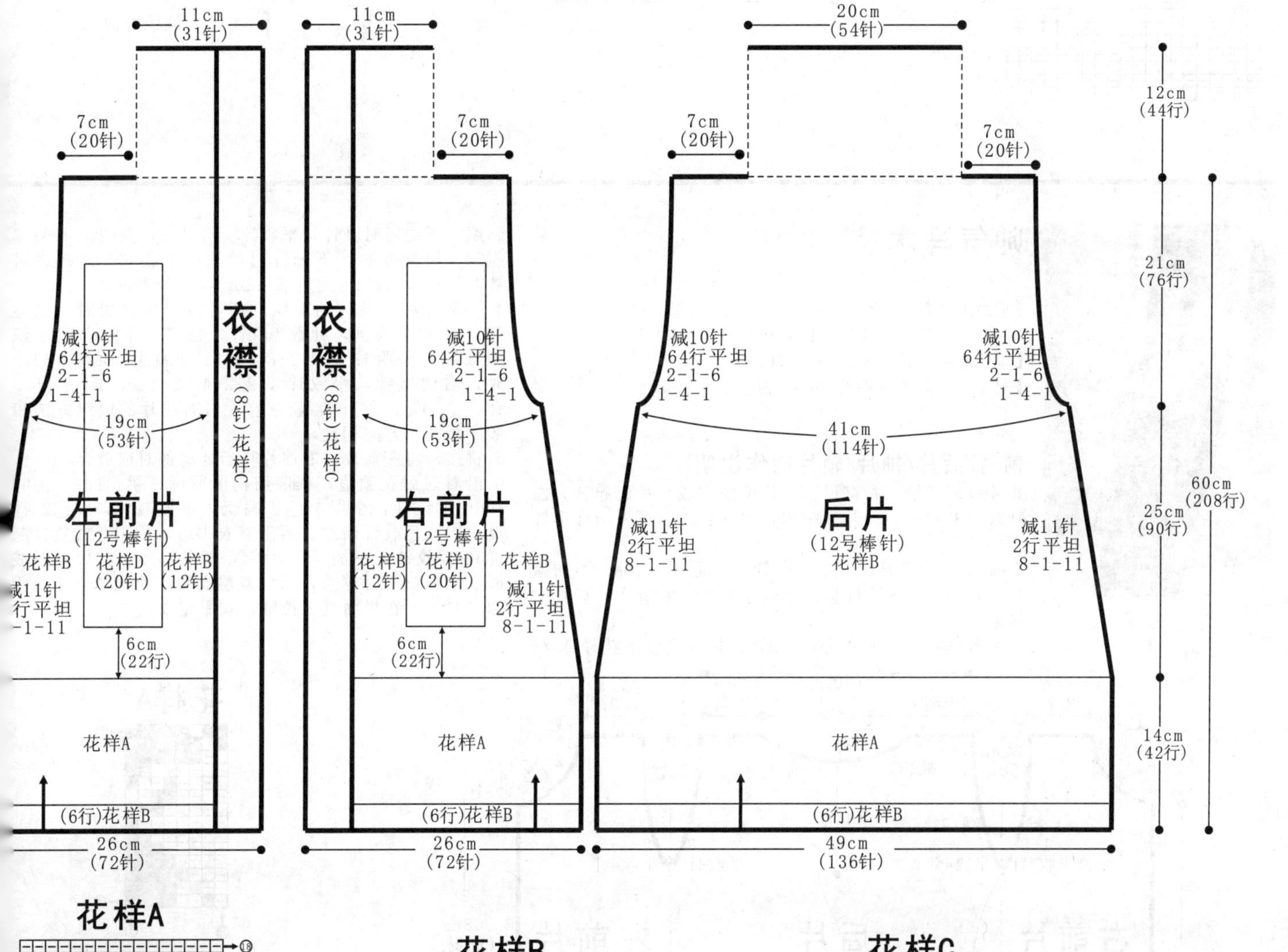

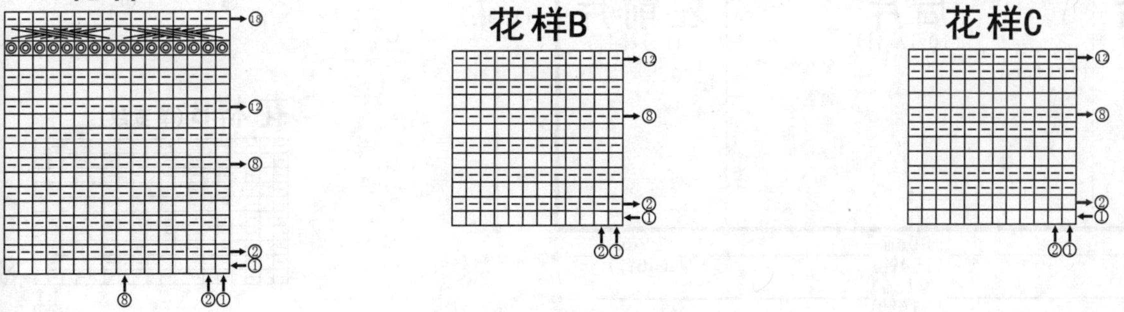

花样D

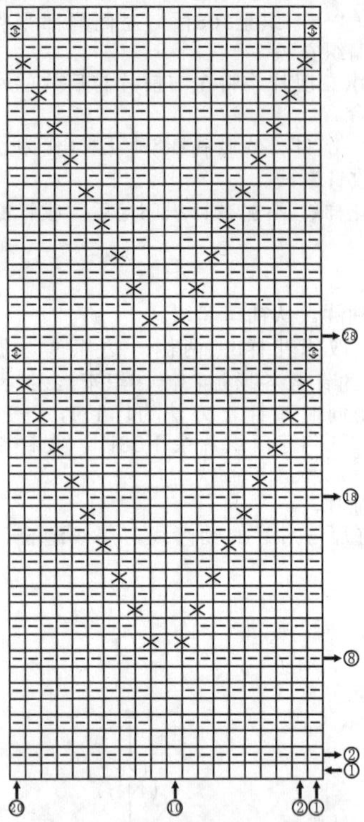

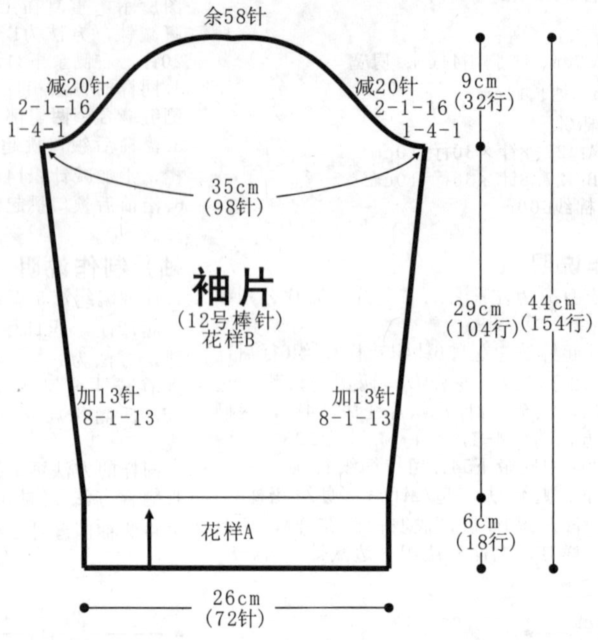

余58针
减20针
2-1-16
1-4-1
减20针
2-1-16
1-4-1
9cm
(32行)
35cm
(98针)
袖片
(12号棒针)
花样B
29cm
(104行)
44cm
(154行)
加13针
8-1-13
加13针
8-1-13
花样A
6cm
(18行)
26cm
(72针)

符号说明:

- 上针
- □=□ 下针
- 左上1针与右下1针交
- 右上1针与左下1针交
- 卷针
- 右上4针与左下4针交
- 5针的结编织
- 2-1-3 行-针-次
- 编织方向

帅气马术装

【成品规格】衣长68m，胸宽50cm，肩宽33cm
【工　　具】10号棒针，10号环形针
【编织密度】23针×26.8行=10cm²
【材　　料】黑色毛线400g，白色毛线200g

前片/后片/袖片/领片制作说明

1.棒针编织法，袖窿以下一片编织完成，袖窿起分为左前片、右前片、后片来编织。织片较大，可采用环形针编织。
2.袖窿以下的编织，下针起针法，起织花样A，不加减针，织124行;下一行起，分成左前片、右前片、后片来编织。
3.后片的编织，从中分配104针，按袖窿以下花样A排列起织，两边同时减针，平收4针，2-1-8，减12针;袖窿算织54行的高度时，下一行起，从中平收36针，两边同针，2-1-2，减2针;两肩部余20针，收针断线。
4.左前片和右前片的编织，两者编织方向相同，但方反;以右前片为例，针数为56针，袖窿下花样A排列起织侧减针，平收4针，2-1-8，减12针;编织到衣长154行时，右侧减针，平收8针，2-2-4，2-1-8，4行平坦，针，余20针，收针断线;左前片与右前片的编织方法和顺序相同，方向相反。
5.拼接，将左前片、右前片与后片肩部对应缝合，
6.沿着前后衣领边，依照结构图所示，挑出164针，起样B单罗纹针，全用黑色线编织，不加减针，编织24行度。完成后收针断线。再沿着衣襟边，用黑色线挑针起样B单罗纹针，不加减针，编织8行的高度后，收针断线回衣襟内侧进行缝合，形成双层衣襟。相同的方法编织边衣襟，再在里面缝上拉链。衣服完成。

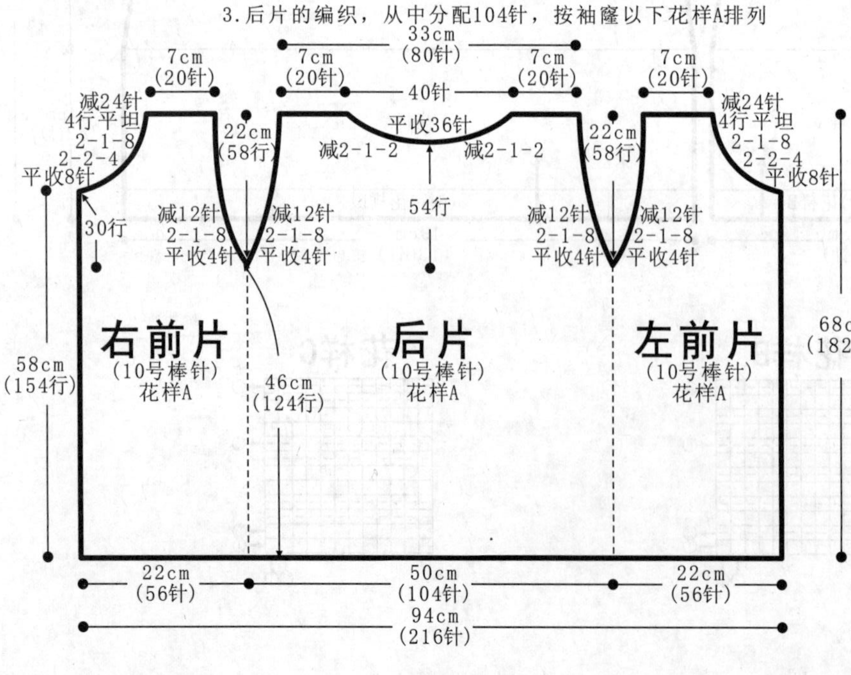

33cm
(80针)
7cm
(20针)
40针
平收36针
减2-1-2
减2-1-2
54行
减24针
4行平坦
2-1-8
2-2-4
平收8针
30行
22cm
(58行)
减12针
2-1-8
平收4针
右前片
(10号棒针)
花样A
后片
(10号棒针)
花样A
左前片
(10号棒针)
花样A
58cm
(154行)
46cm
(124行)
68cm
(182行)
22cm
(56针)
50cm
(104针)
94cm
(216针)

花样A

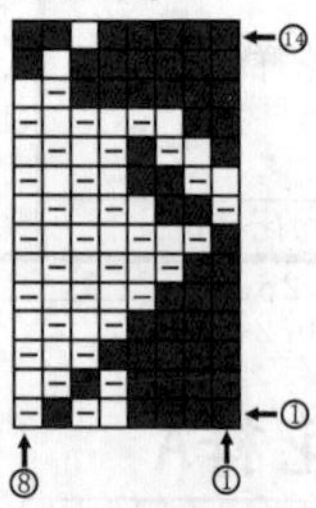

花样B(单罗纹)

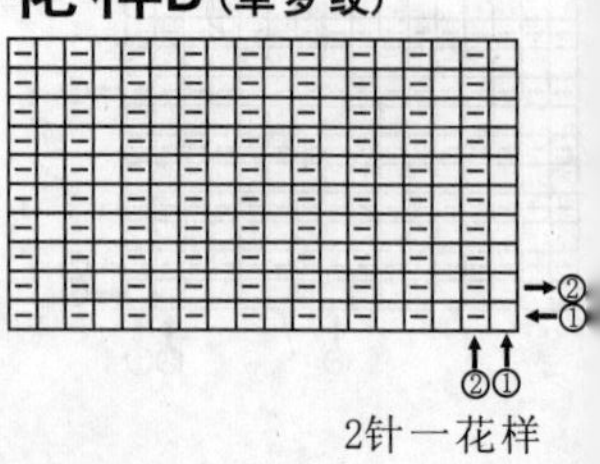

2针一花样

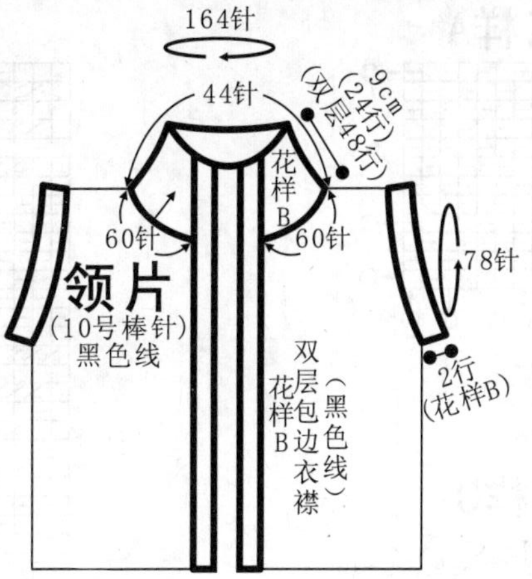
164针
44针
9cm
(24行)
(双层48行)
花样B
60针
60针
78针
领片
(10号棒针)
黑色线
双层花样B包边衣襟（黑色线）
2行
(花样B)

符号说明：

- (上针符号) 上针
- □=(下针符号) 下针
- 2-1-8 行-针-次
- ↑ 编织方向

明黄色风情披肩

【成品规格】衣长91cm，宽35cm，袖长32cm
【工　　具】12号棒针
【编织密度】20针×34行=10cm²
【材　　料】黄色棉线400g

左片/右片制作说明

1.棒针编织法，衣身分为左片、右片分别编织。
2.起织左片，单罗纹针起针法，起58针织花样A，织225行后，第226行右侧平收24针，接着改织16针花样B，余下的针数织花样A，第227行在上一行平收的位置加起36针，加起的针数织花样A，继续往上编织至310行，收针断线。
3.同样的方法相反方向编织右片，完成后将左右片的后背缝合。
4.编织两片袋片。起32针，依次织8针花样A，16针花样B，8针花样A组合编织，织42行后，收针断线。将袋片与左右前片分别缝合，如结构图所示。

袖片/花边制作说明

1.棒针编织法，编织两个袖筒。从袖窿挑针环形编织。
2.挑起60针，同时加起12针，织花样A，不加减针织108行后，收针断线。
3.同样的方法再编织另一袖片。
4.沿领口、衣襟、衣摆、袖口边沿钩织一行花样C，如图所示。
5.沿后领绑系12cm长流苏，沿衣摆侧绑系16cm长流苏，如结构图所示。

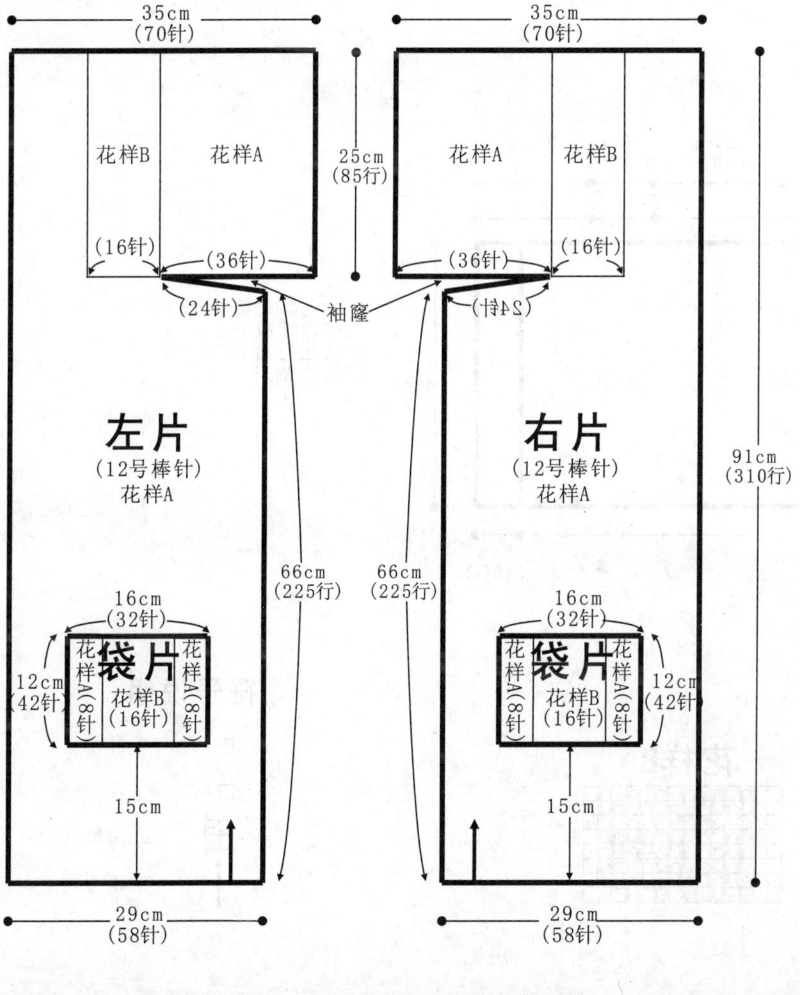
35cm
(70针)
花样B
花样A
(16针)
(36针)
(24针)
25cm
(85行)
袖窿
左片
(12号棒针)
花样A
右片
(12号棒针)
花样A
66cm
(225行)
91cm
(310行)
16cm
(32针)
袋片
花样A(8针)
花样B(16针)
12cm
(42针)
15cm
29cm
(58针)

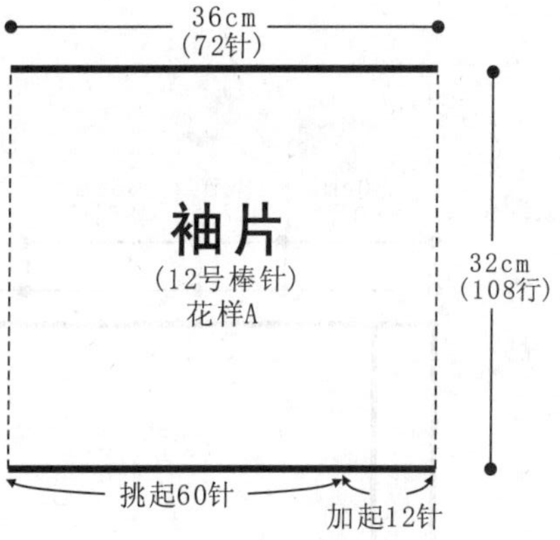
36cm
(72针)
袖片
(12号棒针)
花样A
32cm
(108行)
挑起60针
加起12针

符号说明：

- (上针符号) 上针
- □=(下针符号) 下针
- (交叉针符号) 左上3针与右下1针交叉
- (交叉针符号) 左上3针与左下1针交叉
- (交叉针符号) 左上3针与右下3针交叉
- 2-1-3 行-针-次
- (短针符号) 短针
- (长针符号) 长针
- ↑ 编织方向

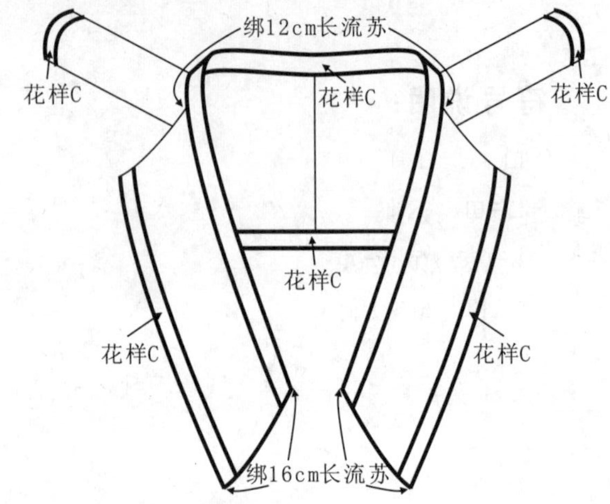
绑12cm长流苏
花样C
花样C
花样C
花样C
花样C
花样C
绑16cm长流苏

花样A

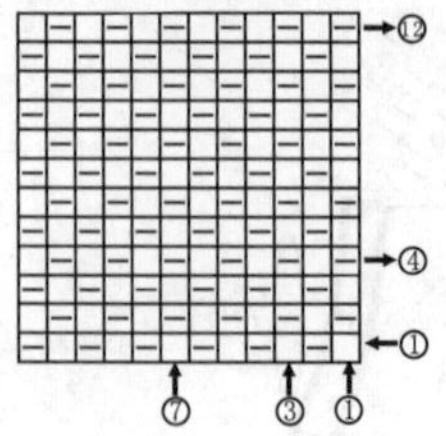

花样B

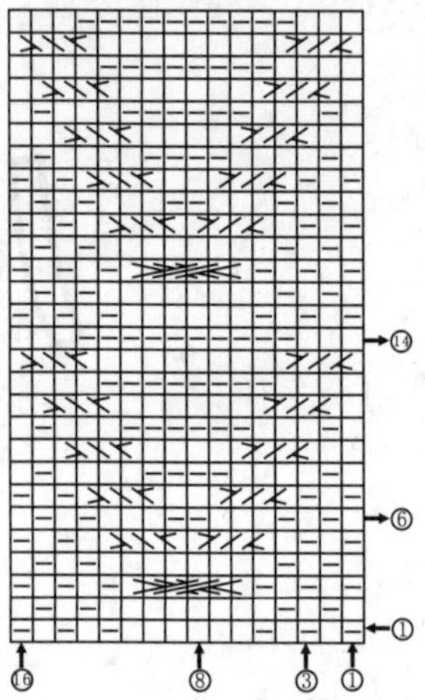

花样C

清雅淡紫披肩

【成品规格】衣宽55cm，衣长64cm
【工　　具】10号棒针
【编织密度】20.4针×22.7行=10cm²
【材　　料】淡紫色含金线羊毛线600g

披肩制作说明

1.棒针编织法，一片编织完成，然后对应缝合。
2.下针起针法，起114针，起织花样A，不加减针，织30行；下一行起，不加减针，改织花样B，织420行；下一行起，不加减针，改织花样A，织30行，收针断线。
3.拼接，AB边与GH边缝合，BC边与FG边连成一边，与DE边进行缝合。CD边与EF边作袖口。

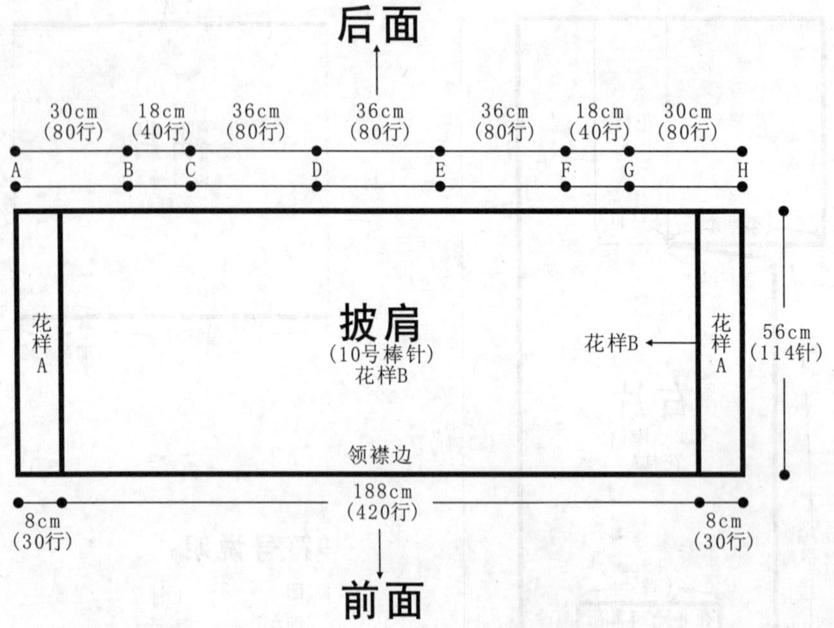
后面
30cm (80行)
18cm (40行)
36cm (80行)
36cm (80行)
36cm (80行)
18cm (40行)
30cm (80行)
A B C D E F G H
花样A
披肩
(10号棒针)
花样B
花样B
花样A
56cm (114针)
领襟边
188cm (420行)
8cm (30行)
8cm (30行)
前面

AB边与GH边缝合BC边与FG边连成一边，与DE边进行缝合CD边与EF边作袖口

花样A
(单元宝针)

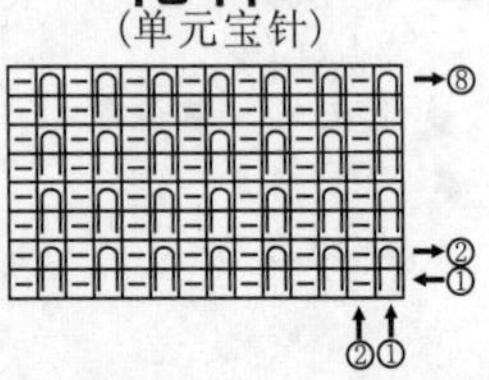

花样B

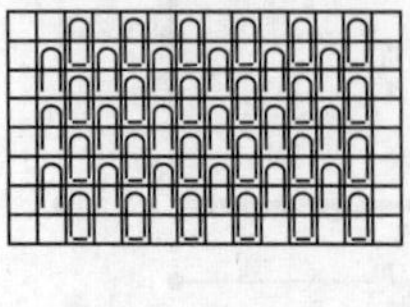

符号说明：

- ⊟ 上针
- □=⊡ 下针
- 元宝针
- ↑ 编织方向

简约棕色大衣

【成品规格】衣长64cm，胸宽52cm，袖长58cm，袖宽16cm
【工　　具】8号棒针
【编织密度】22.5针×25.9行=10cm²
【材　　料】棕色羊毛线1200g

前片/后片/袖片/领片制作说明

1.棒针编织法，由左前片、右前片、后片、袖片、领片分片编织，然后对应缝合。从下往上编织。
2.前片的编织，分为左前片、右前片，以右前片为例说明。下针起针法，起54针，起织花样A搓板针，不加减针，编织30行的高度，下一行起，右侧选取10针始终编织花样A至领边。余下的44针全织下针，不加减针，编织76行下针至袖窿。袖窿起减针，右前片左侧减针，2-1-32，织成64行，减少32针，余下22针，收针断线。相同的方法去编织另一边左前片。
3.后片的编织，下针起针法，起116针，起织花样A搓板针，不加减针，织30行的高度，下一行起全织下针，不加减针，织76行的高度，至袖窿，袖窿起减针，与前片相同，织成64行的高度后。余下52针，收针断线。
4.袖片的编织，下针起针法，起58针，起织花样A搓板针，织36行的高度，下一行起，全织下针，并在袖侧缝进行加针，8-1-7，织成56行，下一行起，袖山减针，2-1-32，两边减少32针，织成64行，余下8针，收针断线。相同的方法去编织另一袖片。
5.拼接，将袖片的袖山边线分别与前后片的袖窿边线相对应缝合。再将前后片的侧缝、袖侧缝对应缝合。
6.领片的编织，沿着前后衣领边，挑针起织花样A搓板针，不加减针，织30行高度，收针断线。衣服完成。

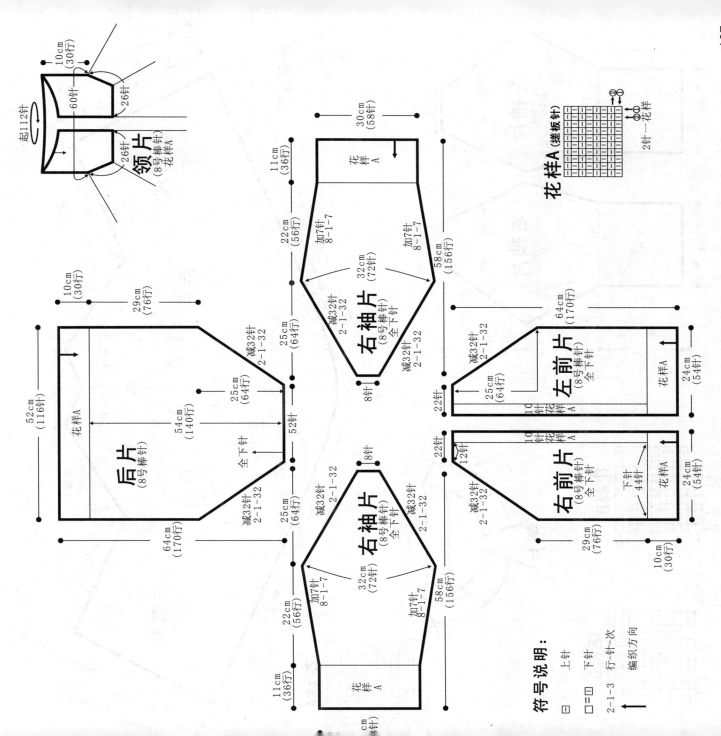

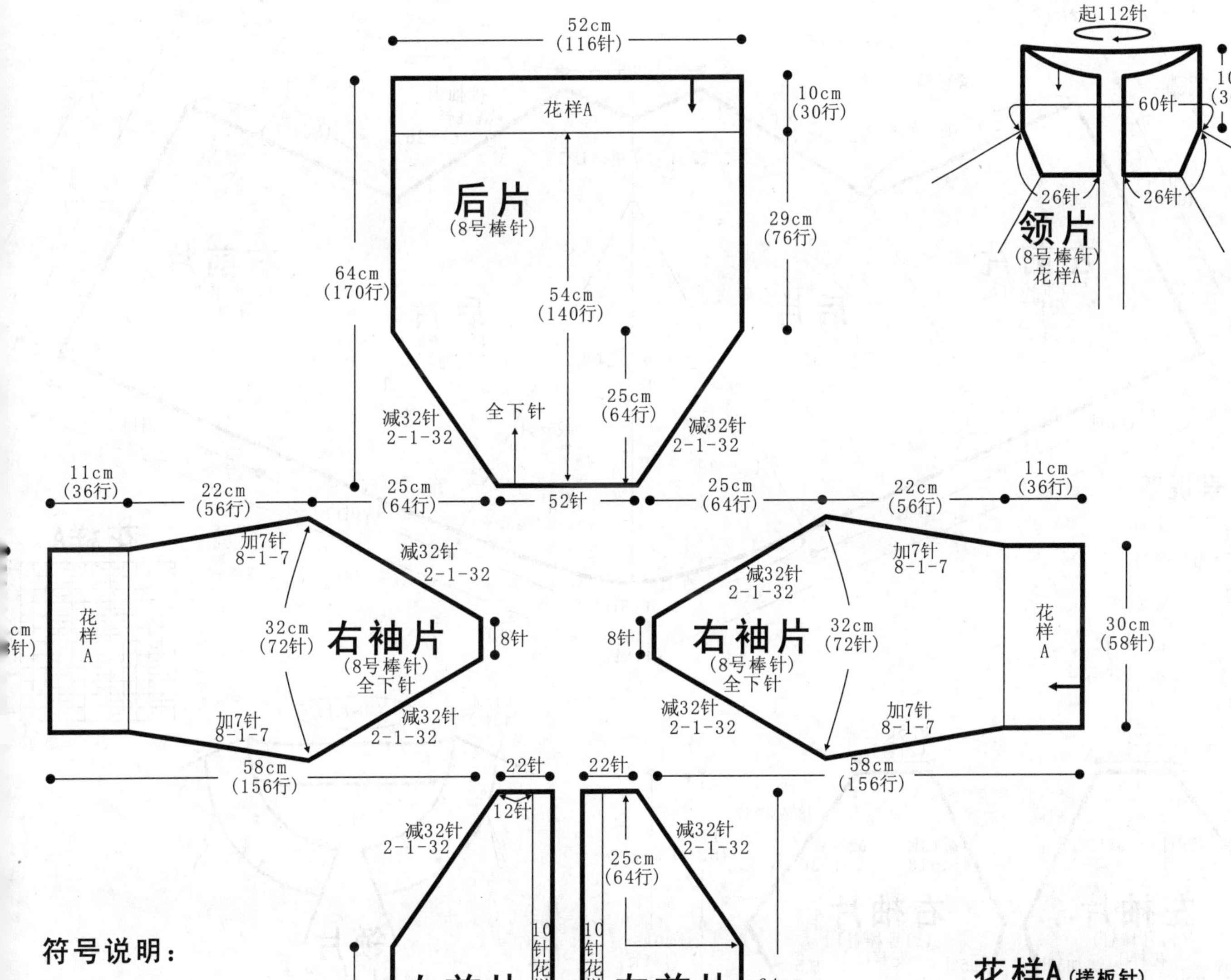

符号说明：

⊟ 上针
□=⊡ 下针
2-1-3 行-针-次
↑ 编织方向

花样A（搓板针）

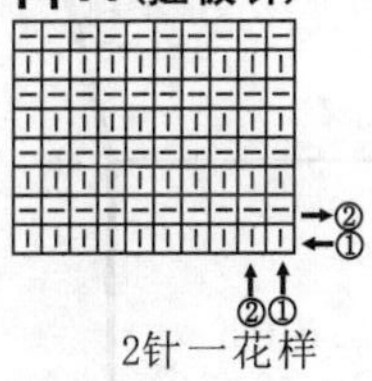

别致亚麻色披风

【成品规格】衣长46cm，半胸围50cm

【工　　具】11号棒针

【编织密度】32针×30行=10cm²

【材　　料】咖啡色羊毛线600g

前片/后片制作说明

1.棒针编织法，衣身一片编织完成。

2.起织后片，起418针，两侧各织150针花样A，中间118针织花样B，一边织一边在花样B的两侧减针，左侧方法为4-2-29，2-1-1，右侧方法为4-2-9，织至86行，左右各平收80针，然后按2-1-26的方法减针，织至118行，花样B余下1针，然后在中间1针的两侧按2-1-10的方法减针，织至138行，织片余下69针，收针断线。

领片/衣襟制作说明

1.棒针编织法，一片编织完成。

2.沿后领及左右衣襟挑起387针织花样A，织42行后，单罗针收针法，收针断线。

左袖片/右袖片制作说明

1.棒针编织法，两袖片编织方法相同，方向相反。从袖口织，以左袖片为例。

2.起56针，织花样B，织52行后改织花样C，两侧一边织一边加针，方法为8-1-5，织至96行，织片变成66针，接着编织插肩袖山，左侧减针方法为2-1-26，右侧减针方法为4-1-13，织至148行，织片余下27针，收针断线。

3.同样的方法相反方向编织右袖片。

4.缝合方法:如结构图所示，将袖山一侧对应后片的袖线，用线缝合，再将袖底侧缝对应缝合。

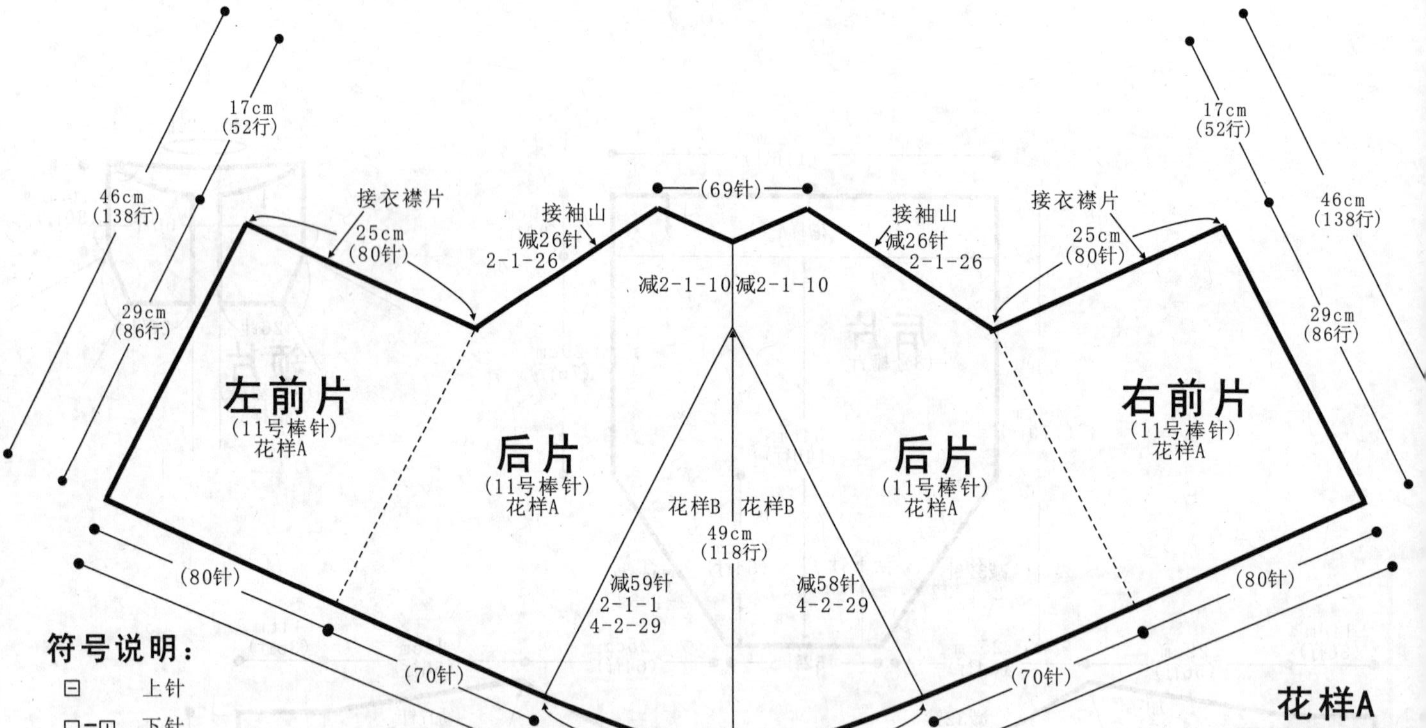

17cm (52行)
46cm (138行)
29cm (86行)
接衣襟片
25cm (80针)
接袖山
减26针 2-1-26
(69针)
减2-1-10 减2-1-10
左前片 (11号棒针) 花样A
后片 (11号棒针) 花样A
花样B 花样B
49cm (118行)
减59针 2-1-1 4-2-29
减58针 4-2-29
右前片 (11号棒针) 花样A
(80针)
(70针)
(118针)
130cm (418针)

符号说明：

⊟ 上针

□=⊡ 下针

元宝针

2-1-3 行-针-次

↑ 编织方向

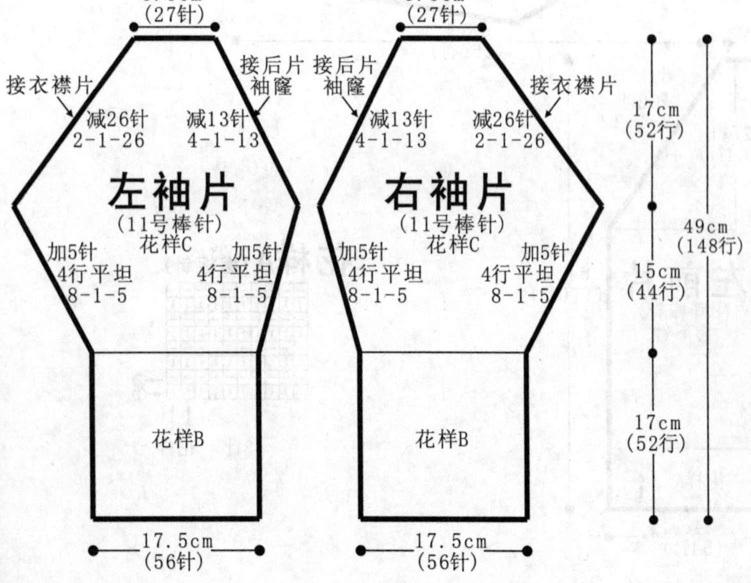

8.5cm (27针)
接衣襟片
接后片 袖窿
减26针 2-1-26
减13针 4-1-13
左袖片 (11号棒针) 花样C
右袖片 (11号棒针) 花样C
加5针 4行平坦 8-1-5
花样B
17.5cm (56针)
17cm (52行)
49cm (148行)
15cm (44行)

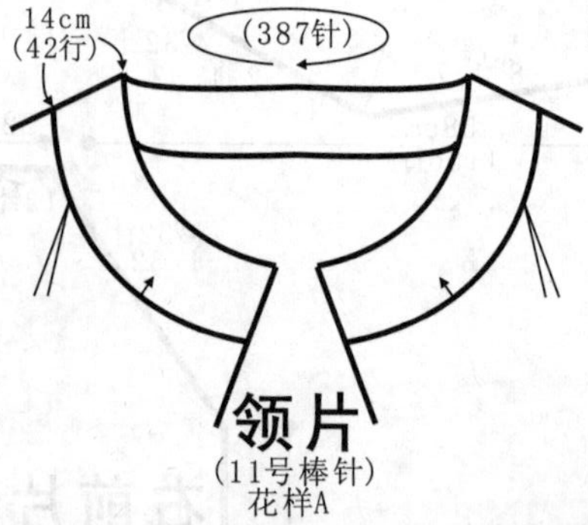

14cm (42行)
(387针)
领片 (11号棒针) 花样A

花样A

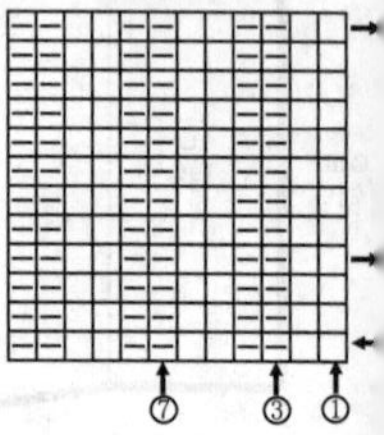

花样B

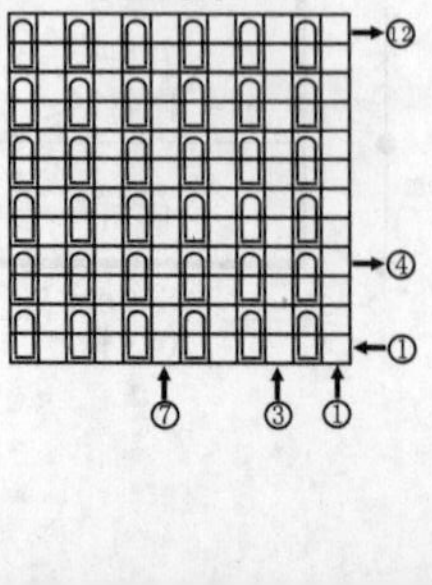

花样C

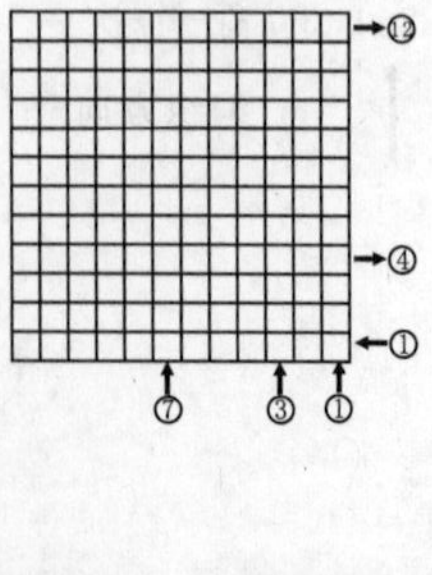

高贵披肩

【成品规格】衣长58cm，半胸围60cm，袖长56cm
【工　　具】10号棒针，1.5mm钩针
【编织密度】16针×22.7行=10cm²
【材　　料】红黄杂色段染线共550g

前片/后片/袖片制作说明

1.棒针编织法，从衣领往下编织至衣摆，往返编织。
2.起织衣领，单罗纹针起针法，起38针，织花样A，一边织一边两侧加针，方法为2-1-5，织至12行，织片变成48针，开始编织衣身。
3.衣身编织花样B，每4针一组花样，共12组花样，织34行，织片变成288针，第35行起将织片分片分成左前片、右前片、左右袖片和后片，左右前片和左右袖片各取48针，后片取96针编织，如结构图所示。
4.先织衣身前后片，分配左右前片各48针和后片96针共192针到棒针上，织花样C，不加减针织86行后，下针收针法收针断线。
5.编织袖片。两者编织方法相同，以左袖为例，分配左袖片共48针到棒针上，环织花样C，织82行后，下针收针法收针断线。

领片/衣襟制作说明

1.棒针编织，衣领及衣襟分左右两片单独编织，起8针织花样D，织320行后，收针断线。将织片一侧与左右衣襟及衣领对应缝合。
2.沿衣摆及衣袖边沿分别钩织1行花边E。

符号说明：

上针
□=▣ 下针
镂空针
左上2针并1针
右上2针并1针
中上3针并1针
1针加成9针
2-1-3 行-针-次
鱼网针
编织方向

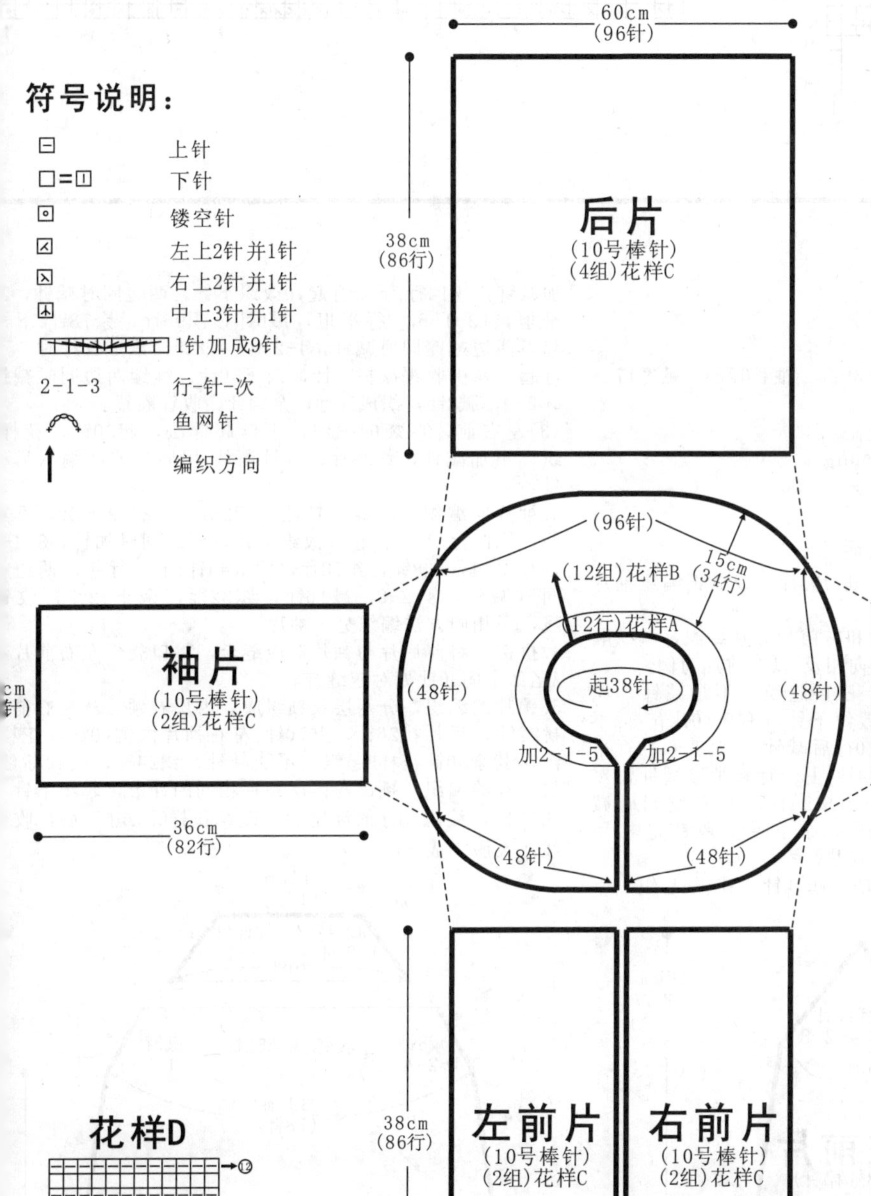
60cm
(96针)
38cm
(86行)
后片
(10号棒针)
(4组)花样C
(96针)
15cm
(34行)
(12组)花样B
(12行)花样A
起38针
加2-1-5
加2-1-5
(48针)
(48针)
(48针)
(48针)
袖片
(10号棒针)
(2组)花样C
36cm
(82行)
袖片
(10号棒针)
(2组)花样C
30cm
(48针)
36cm
(82行)
38cm
(86行)
左前片
(10号棒针)
(2组)花样C
右前片
(10号棒针)
(2组)花样C
30cm
(48针)
30cm
(48针)

花样A

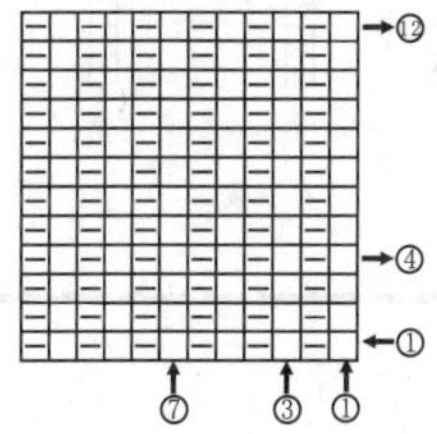

花样E

花样D

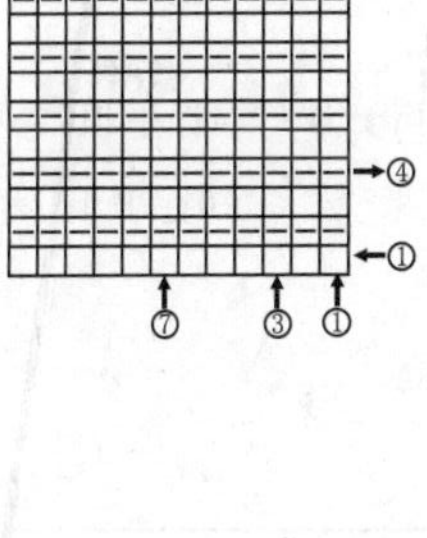

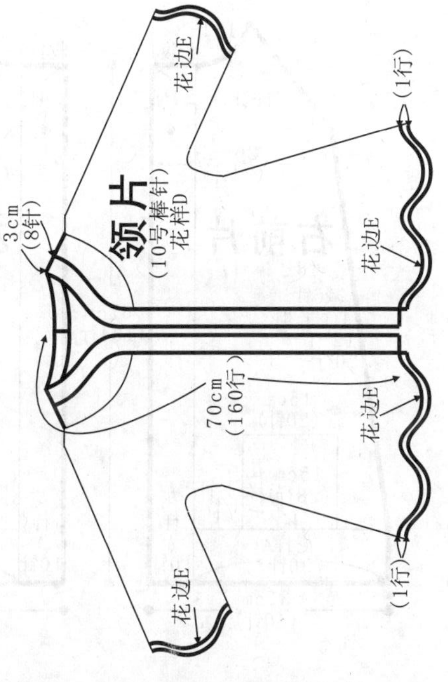
领片
(10号棒针)
花样D
3cm
(8针)
70cm
(160行)
花边E
花边E
花边E
花边E
(1行)
(1行)

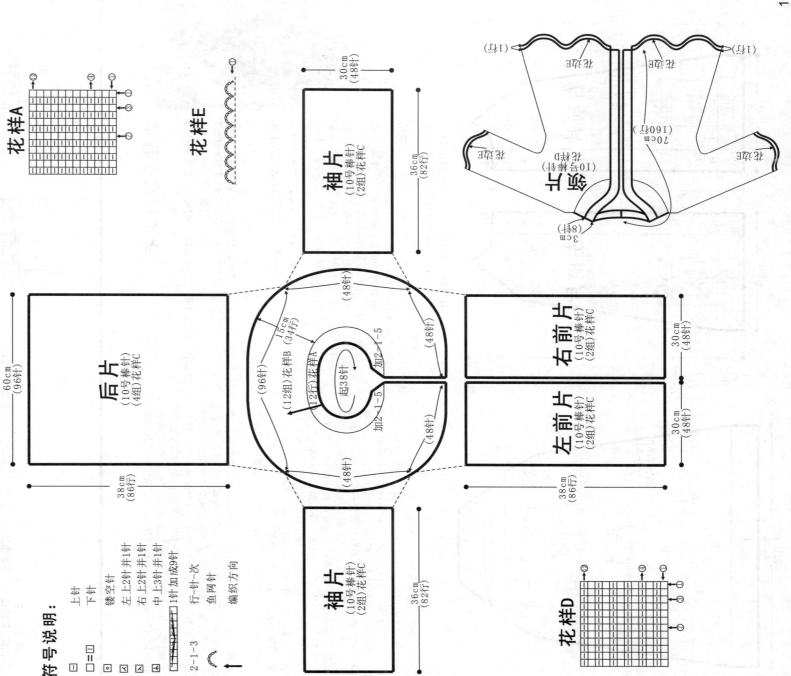

花样B

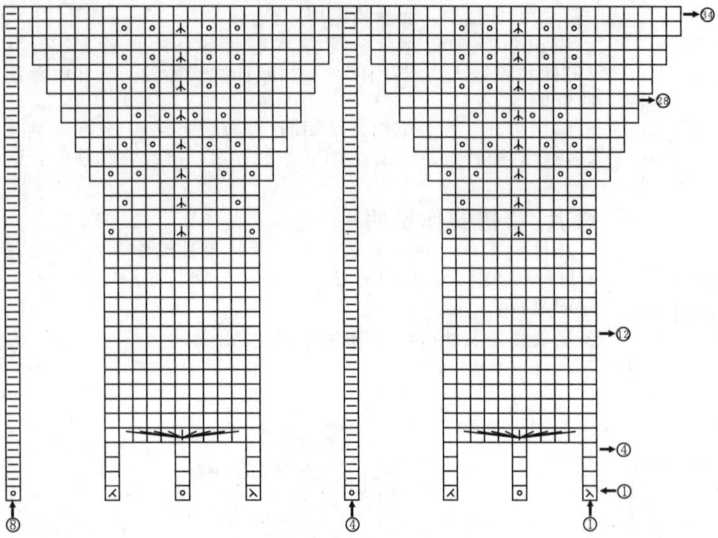

花样C

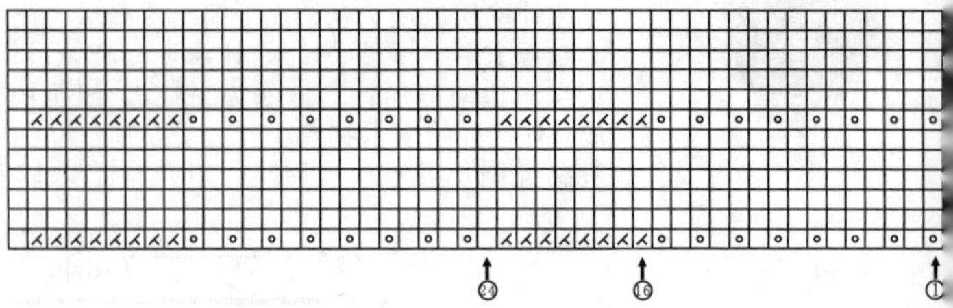

大翻领玫红大衣

【成品规格】衣长67cm，胸宽39cm，袖长62cm，袖宽17cm
【工　　具】8号棒针
【编织密度】13针×20行=10cm²
【材　　料】玫红色花样线1000g

前片/后片/领片制作说明

1.棒针编织法，由前片2片、后片1片织成，再编织袖片及领片，最后缝合完成。

2.前片的编织，分为左前片和右前片分别编织，编织顺序和加减针方法相同，但方向相反;以右前片为例，

(1)下针起针法，起40针，花样A起织，不加减针，织14行;下一行起，左侧30针改织下针，右侧10针花样A不变;左侧减针，不加减针织20行后减针，12-1-6，4行平坦，减6针，织成96行，余34针;下一行起袖窿减针，左侧减针，4-2-8，减16针，织成24行时，右侧同时减针，平收10针，1-1-8，织8行，余下1针，收针完毕;用相同方法及相反方向编织左前片。

(2)后片的编织，下针起针法，起90针，花样A起织，不加减针，织14行;下一行起，改织下针，两边同时减针，2平坦，12-1-6，4行平坦，减6针，织96行，余78针;下一起，两边袖窿同时减针，4-2-4，减8针，织成16行时，行起，从中收褶减掉32针，余下30针，继续两边同时减4-2-4，减8针，织成16行，余14针，收针断线。

(3)左右前片口袋的编织，下针起针法，起20针，花样织，不加减针，织28行，收针断线;用同一方法编织另袋。

3.袖片的编织，下针起针法，起28针，花样A起织，不针，织14行;下一行起，改织下针，两边同时加针，8-1-14行平坦，加8针，织78行，织成44针;下一行起，两边同时减针，4-2-8，减16针，织32行，余下12针，收线，用相同方法编织另一袖片。

4.拼接，将前后片与袖片对应缝合，将口袋于左右前片A尾部中间20针处对应缝合。

5.领片的编织，分两层衣领织成。内层衣领，从左右前挑22针，后片挑26针，共70针;左右袖片内侧10针，花织，其余50针花样B起织，不加减针，织24行，收针断层领片的编织，挑出与内层领片相同的针数，起织下针加减针，编织18行的高度后，改织花样C，织6行后，收线，衣服完成。

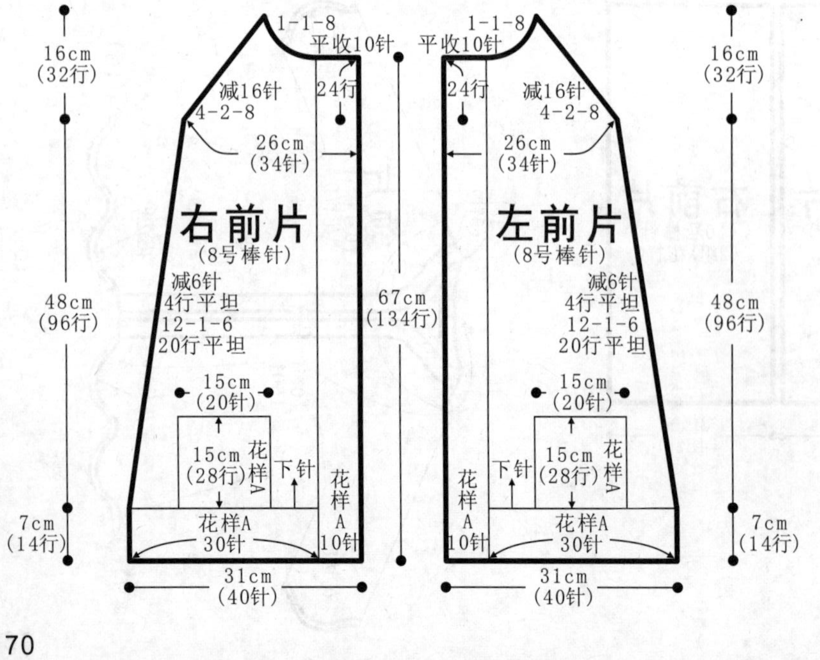

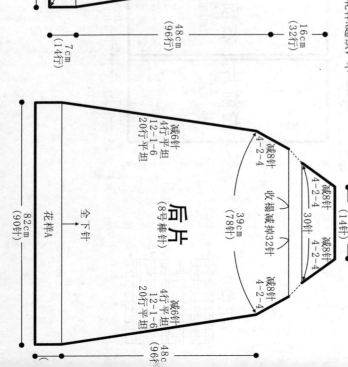

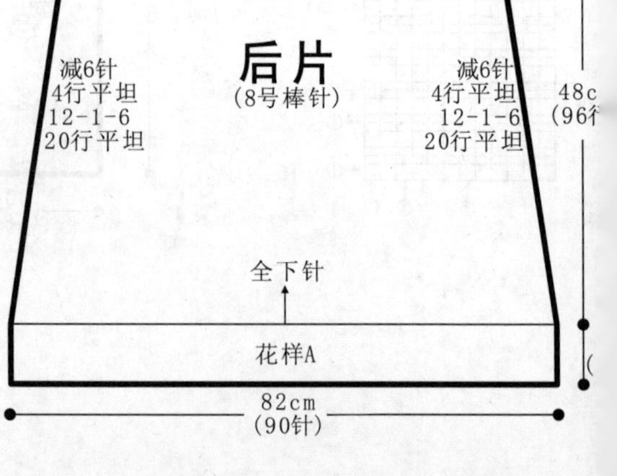

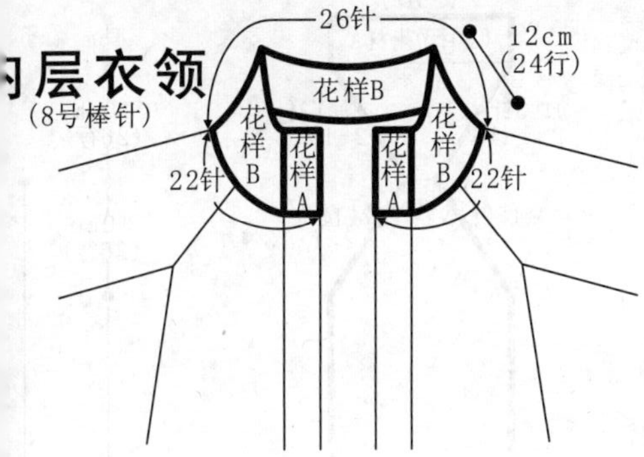
内层衣领
(8号棒针)
26针
12cm
(24行)
花样B
花样B
花样A
22针

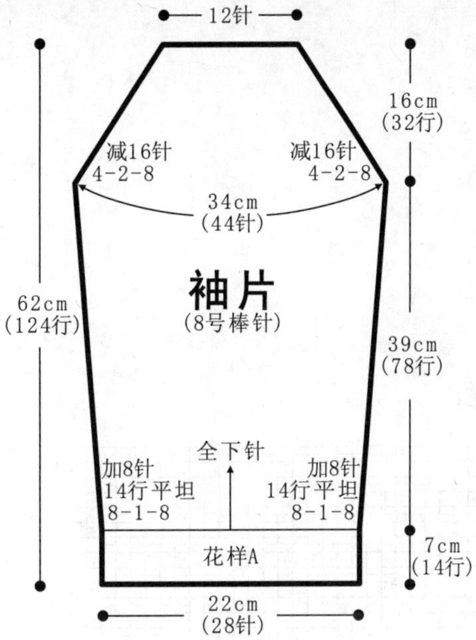
12针
16cm
(32行)
减16针
4-2-8
34cm
(44针)
袖片
(8号棒针)
62cm
(124行)
39cm
(78行)
全下针
加8针
14行平坦
8-1-8
花样A
7cm
(14行)
22cm
(28针)

花样A

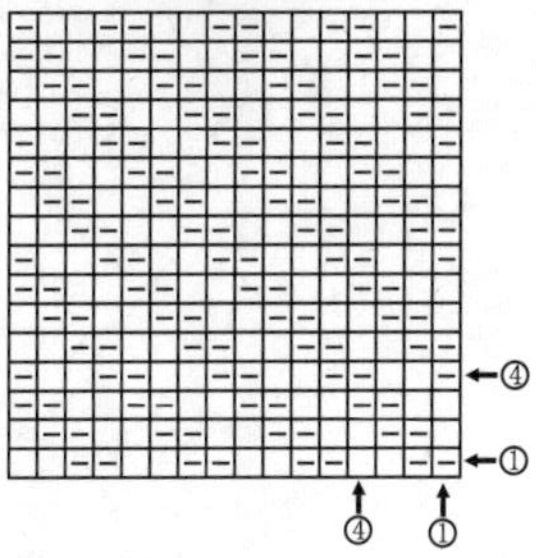
④
①

花样B(双罗纹)

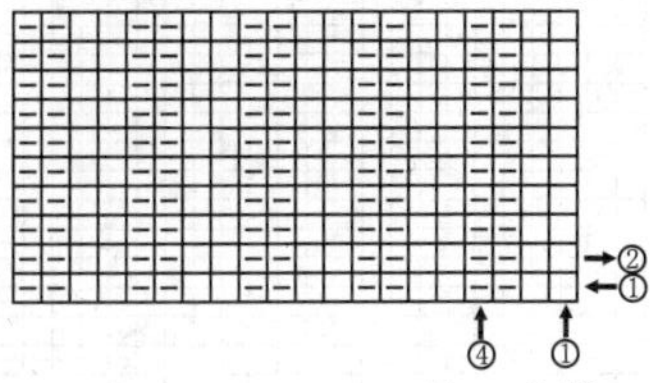
②
①
④
4针一花样

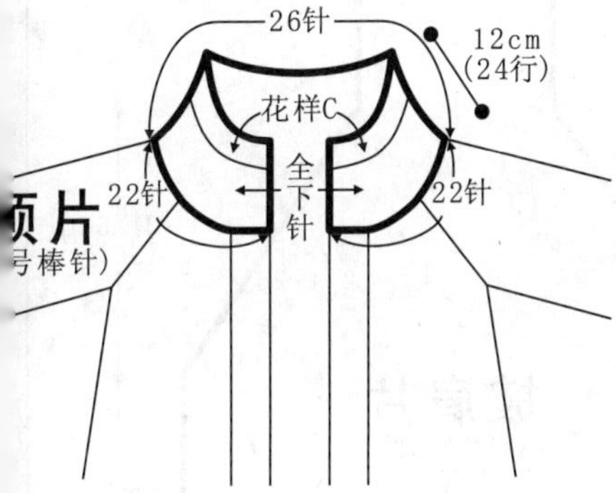
26针
12cm
(24行)
花样C
全下针
22针
领片
号棒针)

花样C(搓板针)

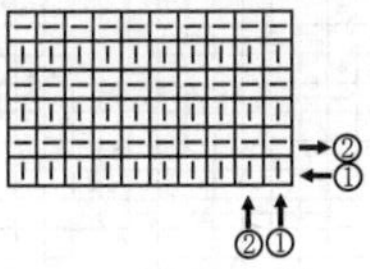
②
①
2针一花样

符号说明：

⊟ 上针

□=⊡ 下针

4-2-8 行-针-次

↑ 编织方向

名媛气质披肩

【成品规格】披肩长194cm，宽47cm
【工　　具】10号棒针
【编织密度】18针×26行=10cm²
【材　　料】红黄杂色段染线共550g

制作说明

1.棒针编织法，披肩一片编织完成。

2.起29针织花样A，织10行后，改织花样B，两侧按2-1-13的方法减针，织至36行，织片余下3针，第37行起，改织花样C，两侧按2-1-13的方法加针，织至62行，两侧不再加减针，织至204行，第205行起，两侧按2-1-28的方法加针，织至260行，不再加减针织至289行，披肩片的左半部分编织完成。

3.用对称相反的加减针方法继续编织披肩的右半部分。

花样A

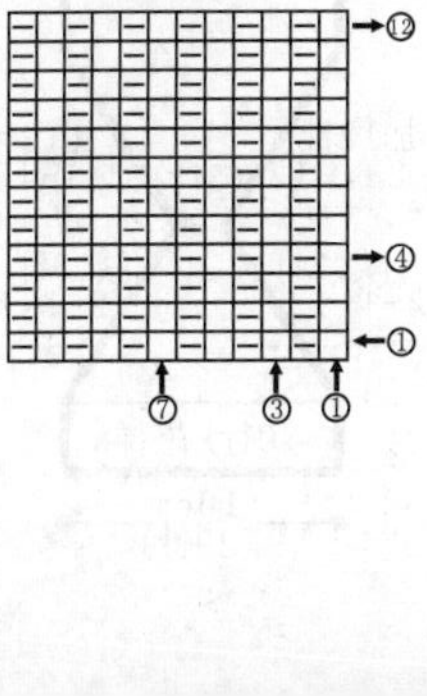
⑫
④
①
⑦
③

花样B

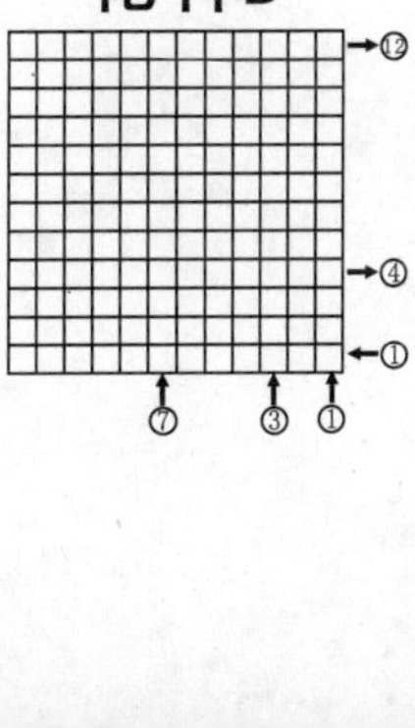
⑫
④
①
⑦
③

符号说明：

⊟ 上针

□=⊡ 下针

⊡ 镂空针

⊿ 左上2针并1针

⊿ 右上2针并1针

⊼ 中上3针并1针

2-1-3 行-针-次

↑ 编织方向

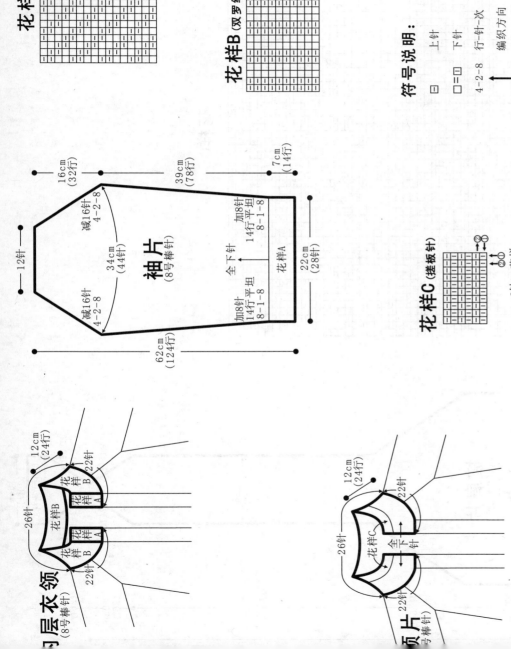

花样C

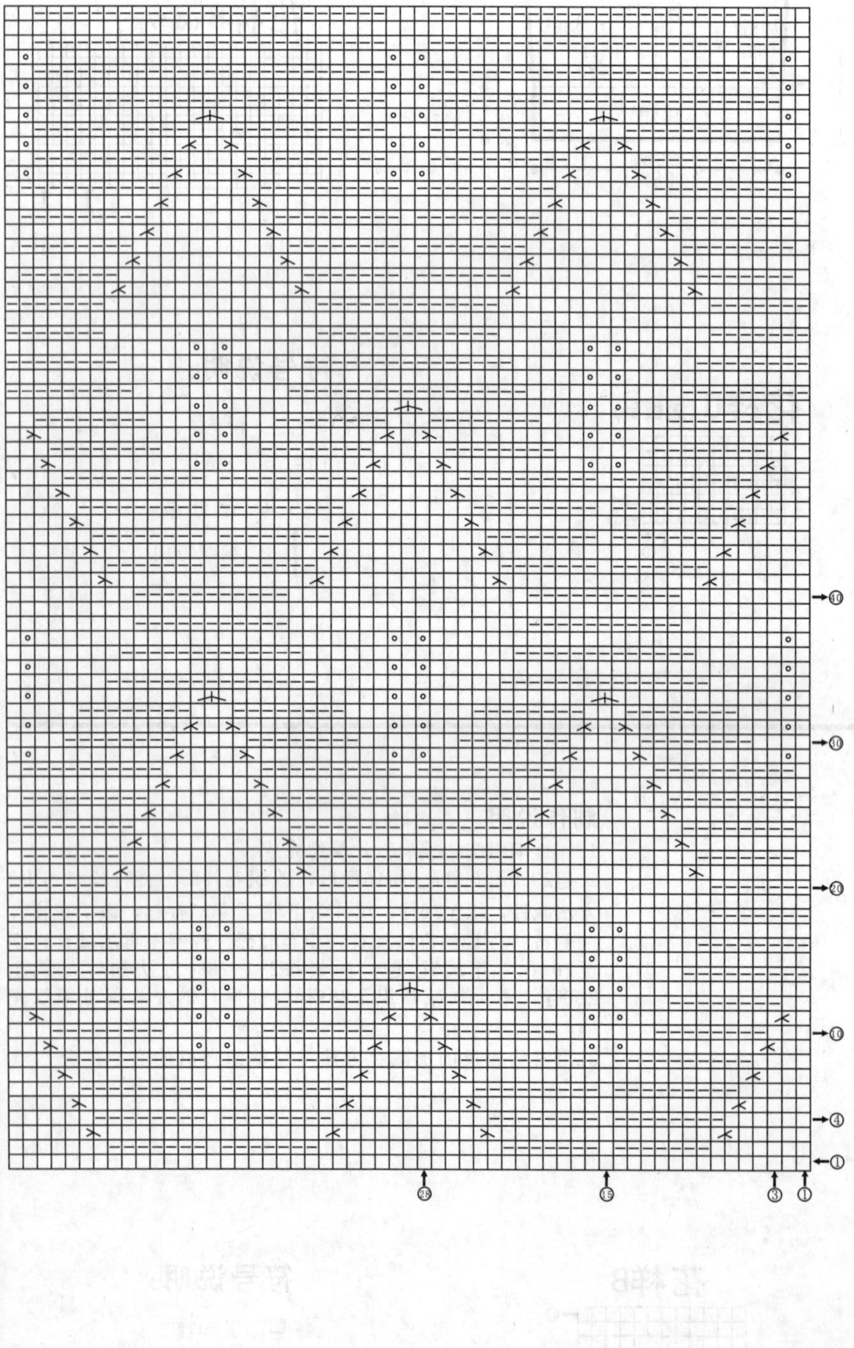

40
30
20
10
4
1
28
15
3
1

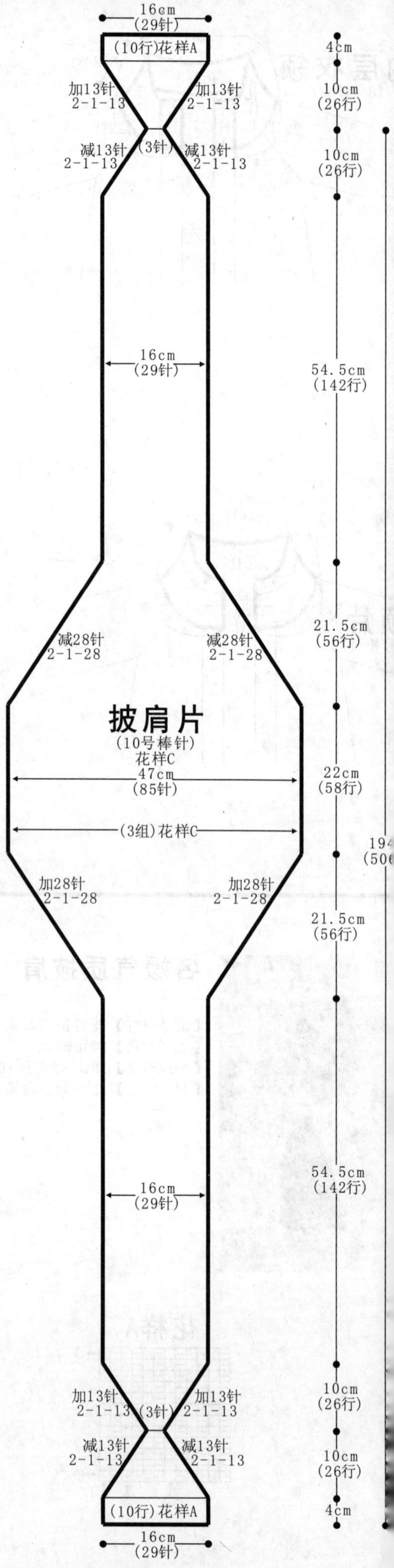

披肩片
(10号棒针)
花样C
47cm
(85针)
(3组)花样C
16cm
(29针)
(10行)花样A
加13针
2-1-13
减13针
2-1-13
(3针)
减28针
2-1-28
加28针
2-1-28
4cm
10cm
(26行)
54.5cm
(142行)
21.5cm
(56行)
22cm
(58行)

泡泡袖休闲连衣裙

【成品规格】衣长122m，胸宽34cm，肩宽28cm，袖长53cm，袖宽28cm
【工　　具】12号棒针
【编织密度】42针×46行=10cm²
【材　　料】黑灰色羊毛线1200g

前片/后片/袖片/领片制作说明

1.棒针编织法，袖窿以下环织，袖窿以上分成前片和后片各自编织，再编织2个袖片和领片。
2.袖窿以下的编织，先编织前后片。
(1)下针起针法，起520针，首尾连接，环织。起织花样A，不加减针，编织18行后(对折缝合后9行高度)改织下针，下一行起两边侧缝同时减针，12-2-29，减少58针，余288针;不加减针，再织10行，织成358行后，下一行起改织花样B，不加减针，编织46行;下一行起，改织花样C，编织28行;下一行起，改织花样D，编织28行至袖窿;下一行起，分成前片和后片各自编织，各144针，以前片为例，袖窿两边同时减针，平收6针，2-1-8，减少14针，编织袖窿算起46行的高度时，下一行从中间平收32针后，两边同时减针，2-1-18，10行平坦，减少18针，两肩部各余下24针，收针断线。
(2)后片的编织在袖窿处编织84行后，下一行起从中间收针56针后，两边同时减针，2-1-2，2-2-2，减6针，两肩部余下24针，收针断线。
3.袖片的编织，从袖口起织，单罗纹起针法，起56针，起织花E，不加减针，编织10行后，在最后一行里，分散加针64针，加成120针，起织下针，编织70行后，改织花样B，编织46行后，改织花样C，，编织28行后，改织花样D，下一行起进行袖山减针，两边同时减针，平收6针，2-1-36，减42针，余下36针，收针断线;相同的方法去编织另一袖片。
4.拼接，将前后片的肩部对应缝合。将袖片的袖山边线与衣身的袖窿边线对应缝合。
5.领片的编织，从前片挑92针，后片挑58针，下针起织，织20行后收针断线，衣服完成。

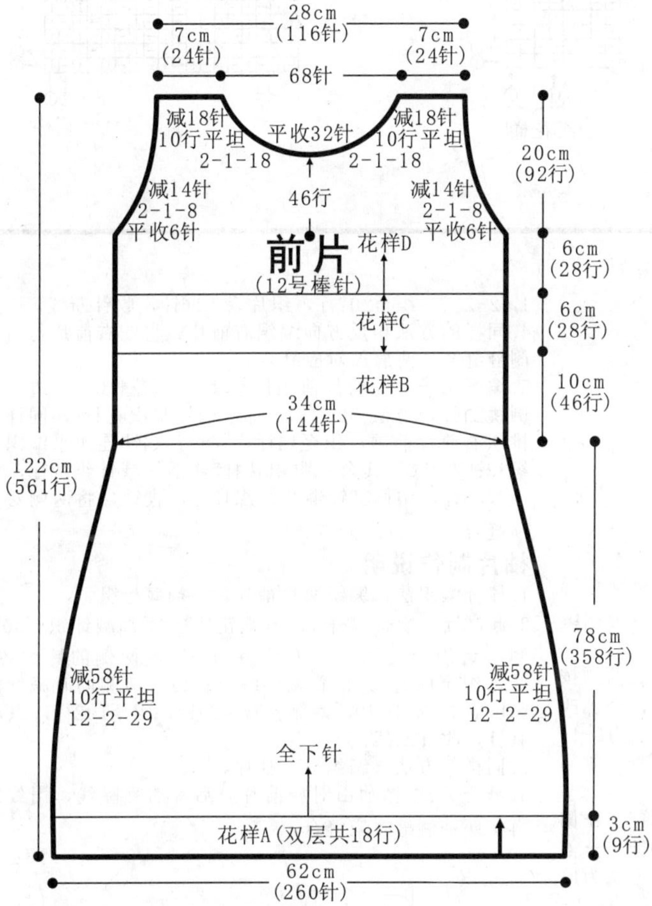
28cm
(116针)
7cm
(24针)
7cm
(24针)
68针
减18针
10行平坦
2-1-18
平收32针
减18针
10行平坦
2-1-18
46行
减14针
2-1-8
平收6针
减14针
2-1-8
平收6针
前片
(12号棒针)
花样D
花样C
花样B
20cm
(92行)
6cm
(28行)
6cm
(28行)
10cm
(46行)
34cm
(144针)
122cm
(561行)
78cm
(358行)
减58针
10行平坦
12-2-29
减58针
10行平坦
12-2-29
全下针
花样A(双层共18行)
3cm
(9行)
62cm
(260针)

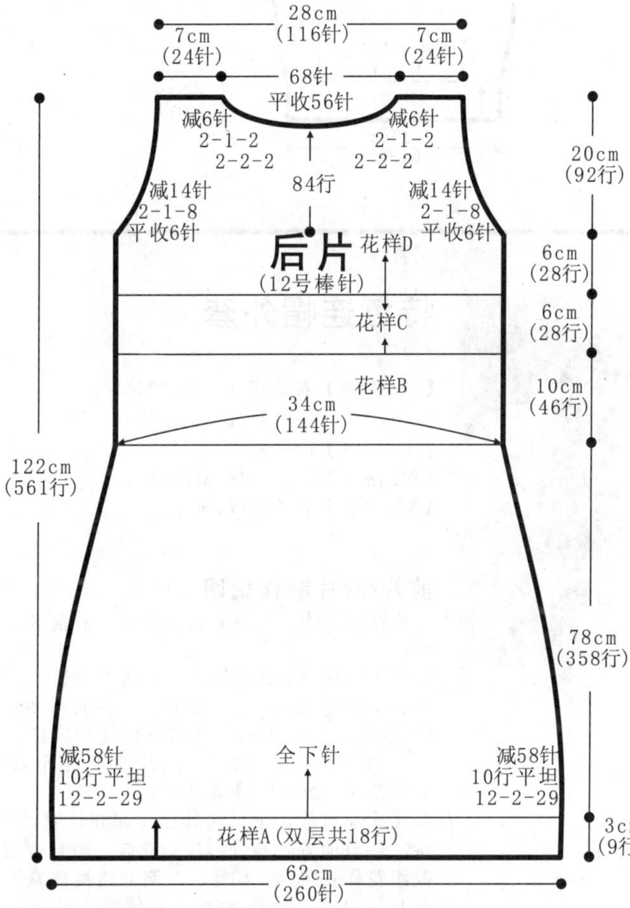
28cm
(116针)
7cm
(24针)
7cm
(24针)
68针
平收56针
减6针
2-1-2
2-2-2
减6针
2-1-2
2-2-2
84行
减14针
2-1-8
平收6针
减14针
2-1-8
平收6针
后片
(12号棒针)
花样D
花样C
花样B
20cm
(92行)
6cm
(28行)
6cm
(28行)
10cm
(46行)
34cm
(144针)
122cm
(561行)
78cm
(358行)
减58针
10行平坦
12-2-29
全下针
减58针
10行平坦
12-2-29
花样A(双层共18行)
3cm
(9行)
62cm
(260针)

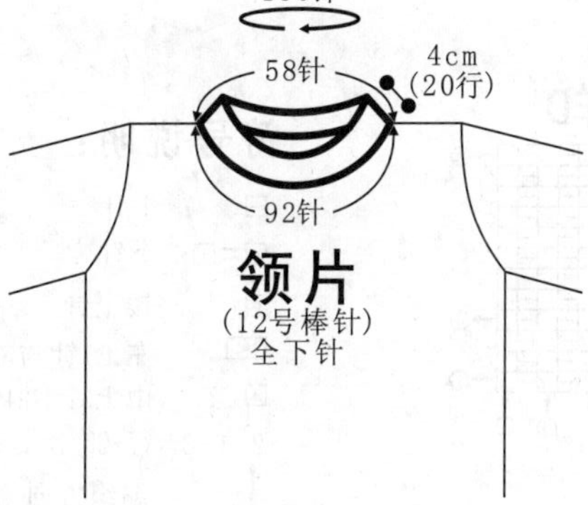
150针
58针
4cm
(20行)
92针
领片
(12号棒针)
全下针

花样A

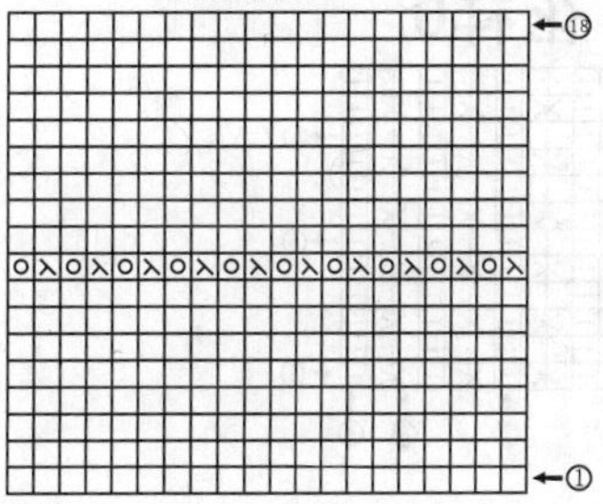
19
1

符号说明：

⊟	上针	⊠	左并针
□=⊡	下针	◎	镂空针
2-1-8	行-针-次		
↑	编织方向		

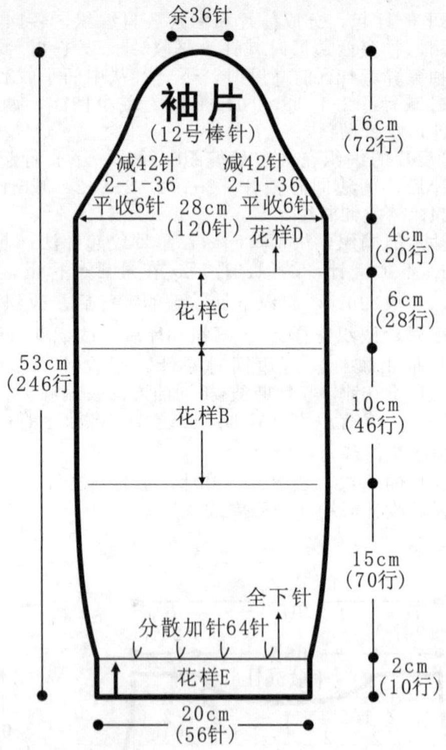
余36针
袖片
(12号棒针)
减42针
2-1-36
平收6针
减42针
2-1-36
平收6针
28cm
(120针)
花样D
花样C
花样B
全下针
分散加针64针
花样E
20cm
(56针)
53cm
(246行)
16cm
(72行)
4cm
(20行)
6cm
(28行)
10cm
(46行)
15cm
(70行)
2cm
(10行)

花样B

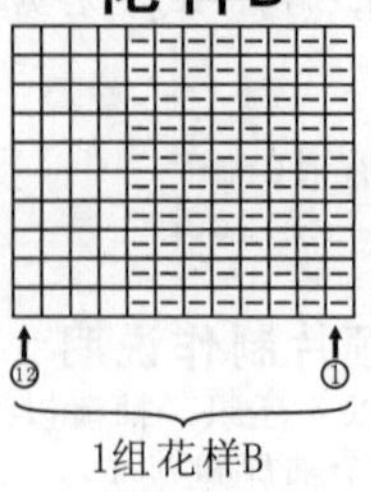
1组花样B

花样C

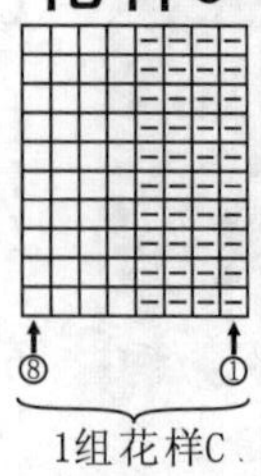
1组花样C

花样D

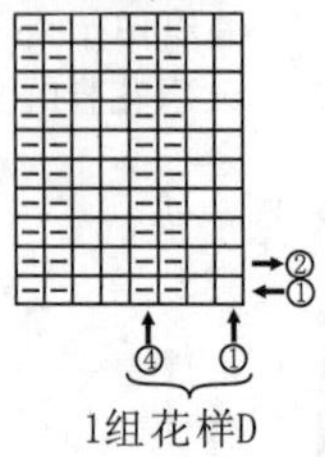
1组花样D

花样E(单罗纹)

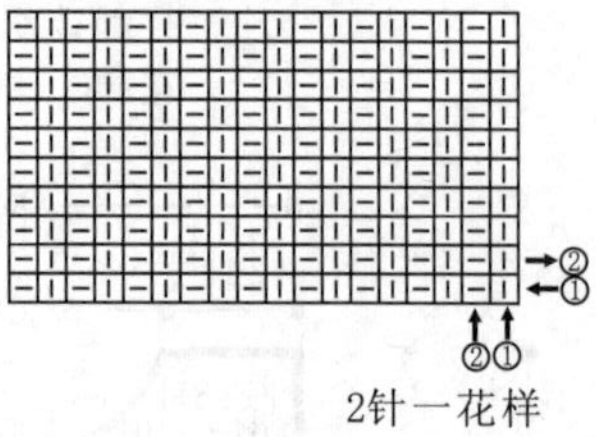
2针一花样

特色连帽外套

【成品规格】衣长55cm，半胸围41cm，
肩宽31cm，袖长52cm
【工　　具】11号棒针
【编织密度】24针×36.8行=10cm²
【材　　料】杏色棉线600g

前片/后片制作说明

1.棒针编织法，衣身分为左前片、右前片、后片分别编织。

2.起织后片，下针起针法，起190针织2组花样A，两侧按2-1-46的方式减针，织92行后，织片变成98针，全部改织花样B，织至140行，两侧开始袖窿减针，方法为1-4-1，2-1-7，织至202行，织片两侧各平收16针，中间44针暂时不织，留待编织帽子。

3.起织左前片，下针起针法，起95针织1组花样A，左侧按2-1-46的方式减针，织92行后，织片变成49针，全部改织花样B，织至140行，左侧开始袖窿减针，方法为1-4-1，2-1-7，织至188行，右侧前领减针，方法为1-8-1，2-2-7，织至202行，织片余下16针，收针断线。

4.同样的方法相反方向编织右前片。将左右前片与后片的侧缝缝合，两肩部对应缝合。

5.编织帽子。左前片前领挑起8针，织花样C，一边织一边侧挑加针，方法为2-2-7，加起的针眼织花样B，同样的方挑织右前片前领，织至14行，与后片44针连起来编织，中织32针花样C，其余针眼织花样B，不加减针织72行，两侧平收28针，中间32针继续编织42行，收针，将两侧对应将顶缝合。

袖片制作说明

1.棒针编织法，编织两片袖片。从袖口起织。

2.起76针，织8行花样D，改织花样B，不加减针织至80行，侧一边织一边加针，方法为10-1-6，两侧的针数各增针，织至152行。接着减针编织袖山，两侧同时减针，方为1-4-1，2-1-20，两侧各减少24针，织至192行，织片余40针，收针断线。

3.同样的方法再编织另一袖片。

4.缝合方法:将袖山对应前片与后片的袖窿线，用线缝合再将两袖侧缝对应缝合。

花样B

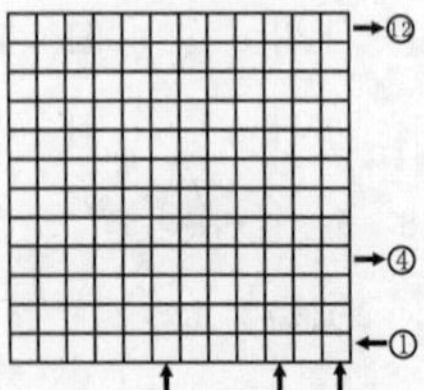

花样C

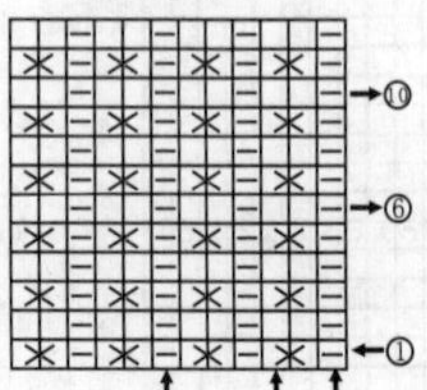

花样D

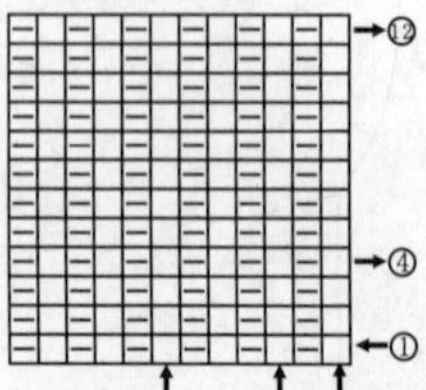

符号说明：

⊟ 上针
□=⊡ 下针
⊡ 镂空针
⊠ 左上1针与右下1针交
⧍ 中上3针并1针
2-1-3 行-针-次
↑ 编织方向

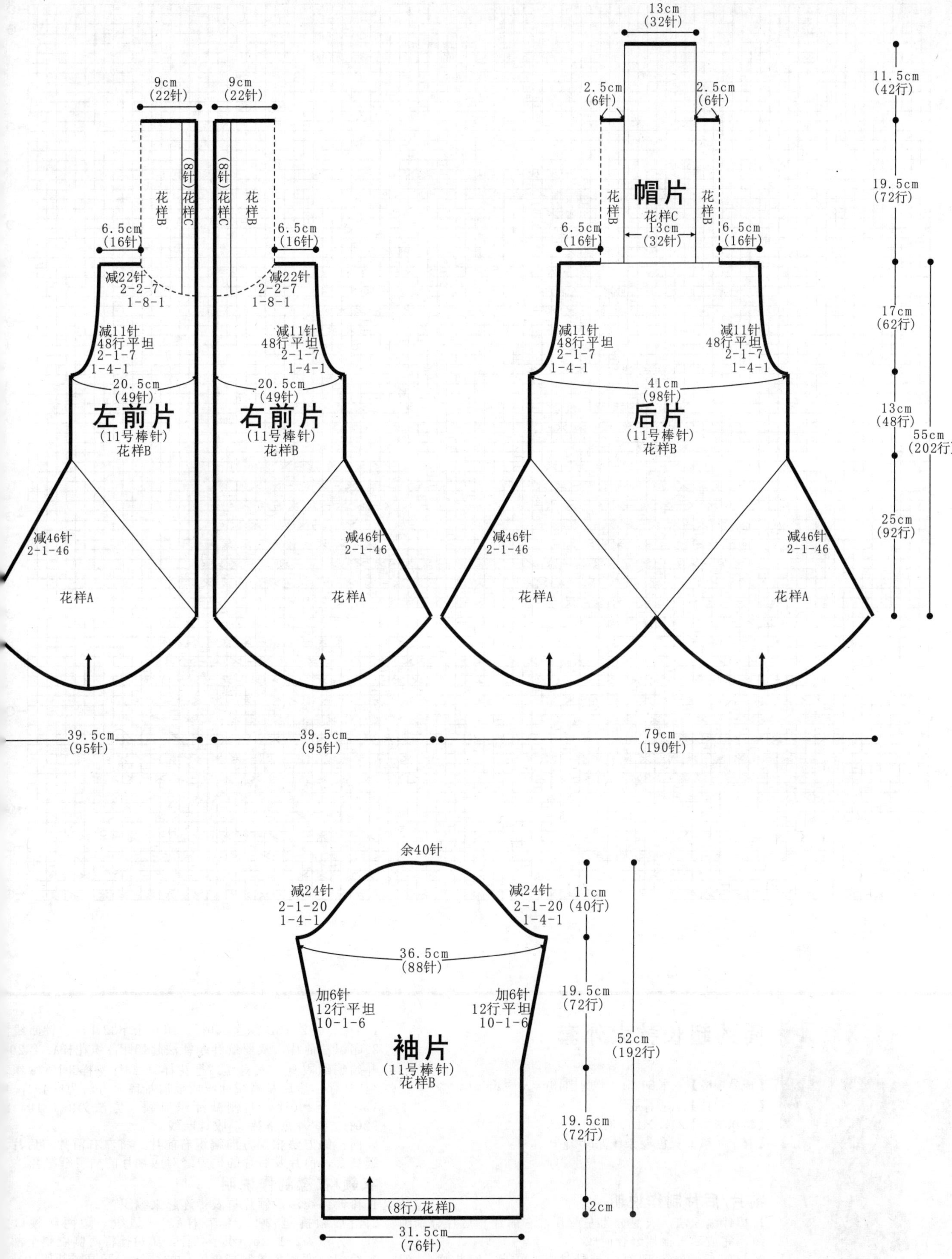
左前片
(11号棒针)
花样B
右前片
(11号棒针)
花样B
后片
(11号棒针)
花样B
帽片
花样C
13cm
(32针)
2.5cm
(6针)
9cm
(22针)
6.5cm
(16针)
(8针)花样C
花样B
减22针
2-2-7
1-8-1
减11针
48行平坦
2-1-7
1-4-1
20.5cm
(49针)
41cm
(98针)
减46针
2-1-46
花样A
39.5cm
(95针)
79cm
(190针)
11.5cm
(42行)
19.5cm
(72行)
17cm
(62行)
13cm
(48行)
25cm
(92行)
55cm
(202行)
袖片
(11号棒针)
花样B
余40针
减24针
2-1-20
1-4-1
36.5cm
(88针)
加6针
12行平坦
10-1-6
(8行)花样D
31.5cm
(76针)
11cm
(40行)
2cm
52cm
(192行)

花样A

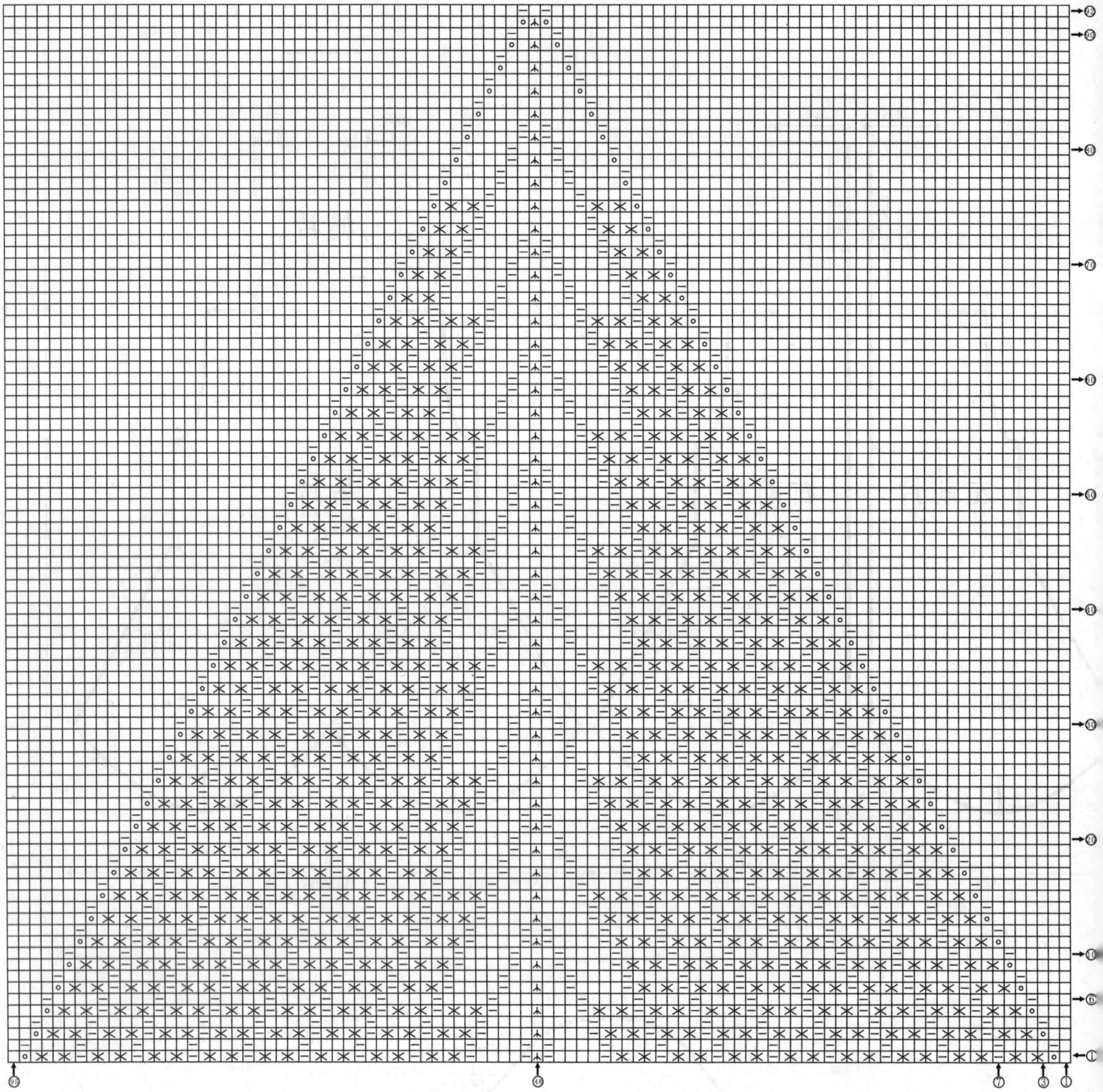

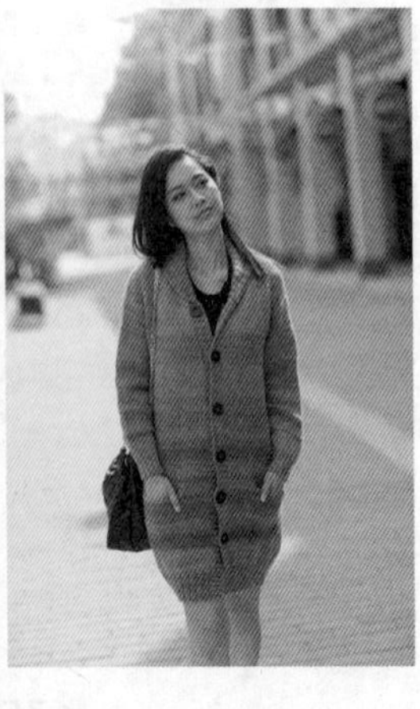

简约超长款大外套

【成品规格】衣长81cm，半胸围48cm，袖长66cm
【工　　具】11号棒针
【编织密度】21针×27.3行=10cm²
【材　　料】灰色段染线共600g

前片/后片制作说明

1.棒针编织法，衣身分为左前片、右前片和后片分别编织，完成后与袖片缝合而成。

2.起织后片，双罗纹针起针法起100针，织花样A，织20行，开始编织衣身，衣身是17行花样B与23行花样C间隔编织，织至160行，然后减针织成插肩袖窿，方法为1-4-1，4-2-15，织至220行，织片余下32针，收针断线。

3.起织左前片，双罗纹针起针法起46针，织花样A，织20 开始编织衣身，衣身是17行花样B与23行花样C间隔编织，至160行，然后左侧减针织成插肩袖窿，方法为1-4-1，4 15，织至200行，右侧减针织前领，方法为2-1-10，220行，织片余下2针，收针断线。

4.同样的方法相反方向编织右前片。将左右前片与后片缝缝合，前片及后片的插肩缝对应袖片的插肩缝缝合。

衣领/衣襟制作说明

1.棒针编织法，领片与衣襟连起来编织。

2.沿后领挑起32针，织花样A，一边织一边两侧领口针，方法为2-1-20，织至40行，第41行将两侧衣襟全部来编织，两侧各挑起138针，共348针，不加减针织10行收针断线。

片制作说明
棒针编织法，编织两片袖片。从袖口起织。
双罗纹针起针法，起48针，织花样A，织20行后，开始编织袖身，袖身是
行花样B与23行花样C间隔编织，一边织一边两侧加针，方法为8-1-12，织至
0行，然后减针织成插肩袖山，方法为1-4-1，4-2-15，织至180行，织片余
针，收针断线。同样的方法编织另一袖片。
将两袖侧缝对应缝合。

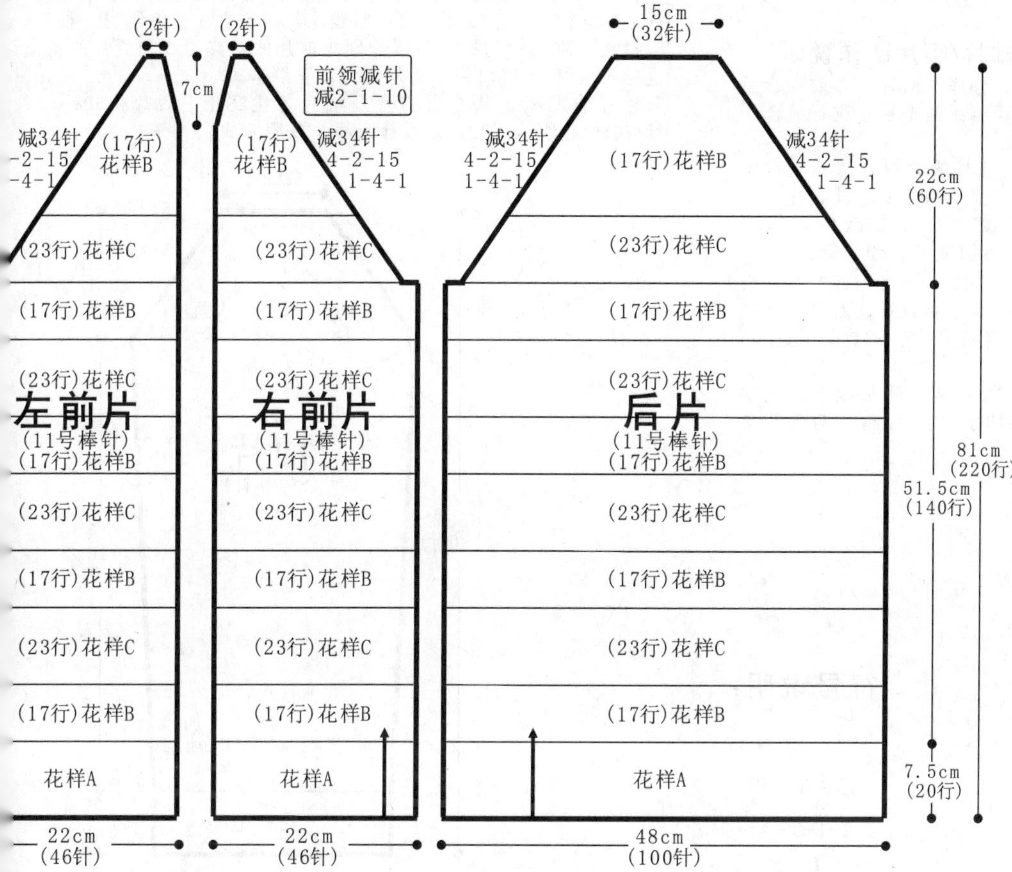

(2针)
(2针)
7cm
前领减针
减2-1-10
15cm
(32针)
减34针
-2-15
-4-1
(17行)
花样B
减34针
4-2-15
1-4-1
(17行)花样B
(23行)花样C
(17行)花样B
左前片
右前片
后片
(11号棒针)
花样A
22cm
(46针)
48cm
(100针)
22cm
(60行)
81cm
(220行)
51.5cm
(140行)
7.5cm
(20行)

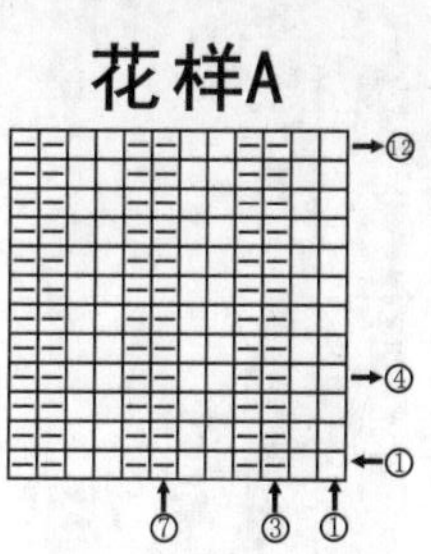

花样A

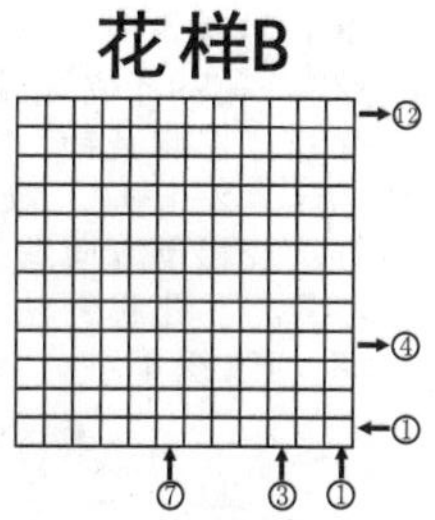

花样B

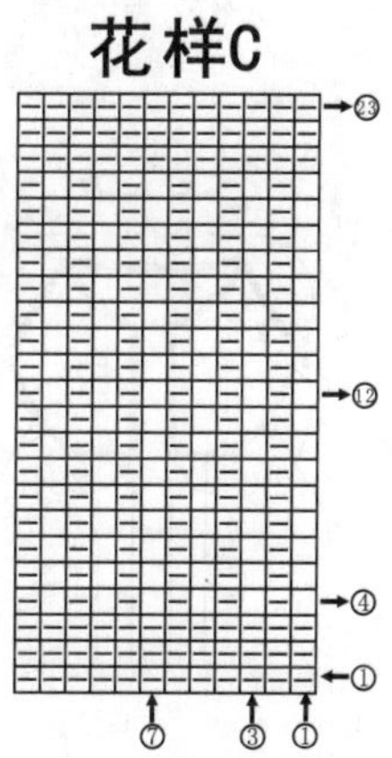

花样C

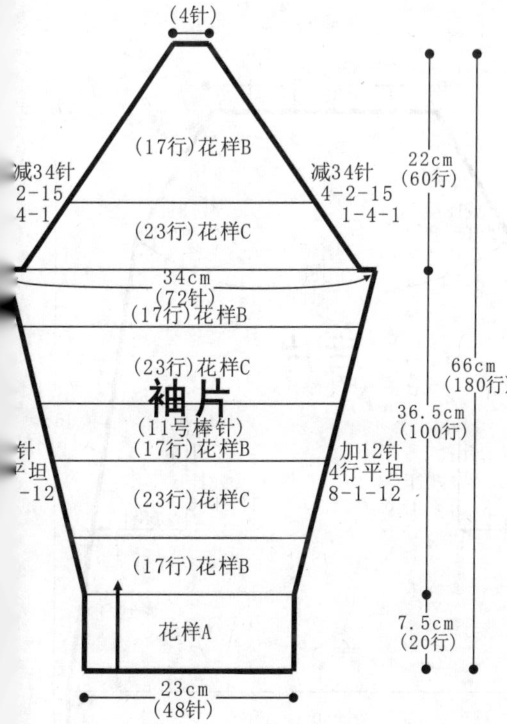

(4针)
(17行)花样B
减34针
2-15
4-1
减34针
4-2-15
1-4-1
(23行)花样C
34cm
(72针)
袖片
(11号棒针)
针
平坦
-12
加12针
4行平坦
8-1-12
花样A
23cm
(48针)
22cm
(60行)
66cm
(180行)
36.5cm
(100行)
7.5cm
(20行)

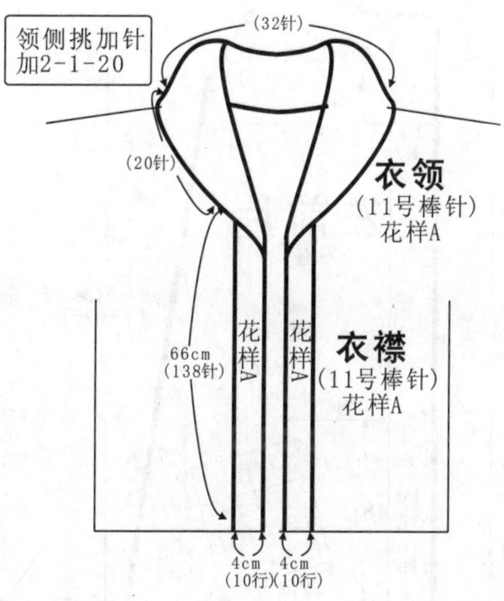

领侧挑加针
加2-1-20
(32针)
(20针)
衣领
(11号棒针)
花样A
66cm
(138针)
花样A
衣襟
(11号棒针)
花样A
4cm
(10行)

符号说明：

⊟	上针
□=□	下针
2-1-3	行-针-次
↑	编织方向

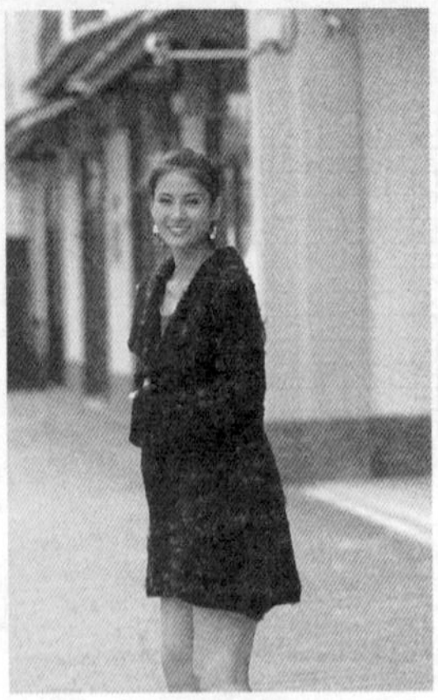

飘逸花色长毛衣

【成品规格】衣长65cm，胸宽60cm，肩宽31cm，袖长65cm，袖宽19.5cm

【工　　具】8号棒针

【编织密度】42针×44行=10cm²

【材　　料】黑色花线1000g

前片/后片/袖片/领片制作说明

1.棒针编织法，分成左前片、右前片、后片分别编织，再编织两个袖片进行缝合，最后编织领片。

2. 左前片和右前片的编织方法相同，但方向相反，以右前片为例，下针起针法，起44针，花样A起织，不加减针，织24行;下一行起，改织34针下针+10针花样A，不加减针，织48行;下一行起，右侧数起，第29针位置减针，12-1-6，减6针，继续编织72行，余38针;下一行起，左侧减针，2-1-18，减18针，织成16行，右侧同时减针，平收10针，2-1-10，减10针，继续织20行，余下1针，收针断线;用相同方法及相反方向编织左前片。

3.后片的编织，下针起针法，起86针，花样A起织，不加减针，织24行;下一行起，改织下针，不加减针，织48行;下一行起，两侧数第19针起减针，12-1-6，减6针，继续织72行，余下74针;下一行起，边同时减针，2-1-18，减18针，织36行，余38针，收针断线。

4.前片口袋的编织，下针起针法，起22针，下针起织，不加减针，18行;下一行起，改织花样A，不加减针，织12行，收针断线，用相方法编织另一口袋。

5.袖片的编织，下针起针法，起40针，花样A起织，不加减针，织行;下一行起，改织花样B，两边同时加针，20-1-4，40行平坦，针，织120行，织成48针;下一行起，两边同时减针，2-1-18，减针，织36行，余下12针，收针断线，相同的方法去编织另一袖片。

6.拼接，将袖片的袖山边线分别与前片的袖窿边线和后片的袖窿边进行对应缝合;将口袋于前片适合位置缝合。

7.领片的编织，从左右前片及袖片各挑28针，后片挑50针，共针;花样A起织，织32行，收针断线，衣服完成。

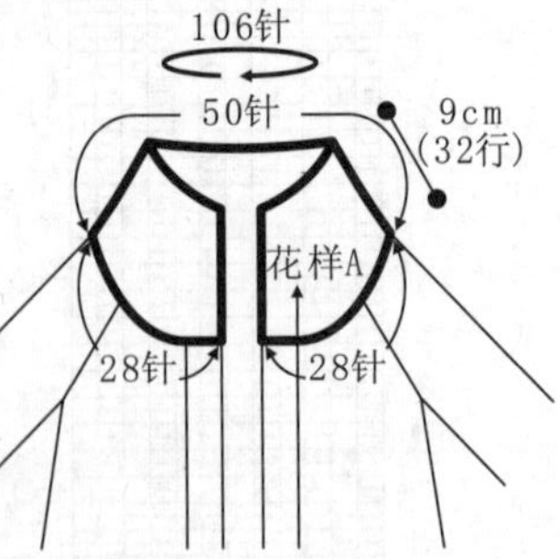
106针
50针
9cm
(32行)
花样A
28针
28针

符号说明：

⊟　上针

□=⊡　下针

2-1-38　行-针-次

↑　编织方向

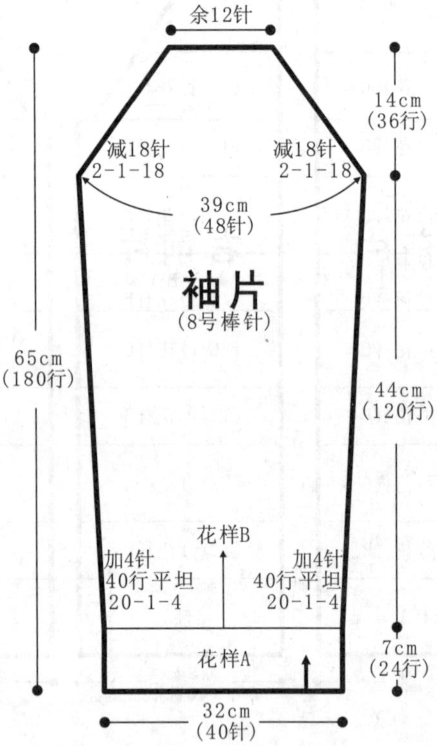
余12针
14cm
(36行)
减18针
2-1-18
减18针
2-1-18
39cm
(48针)
袖片
(8号棒针)
65cm
(180行)
44cm
(120行)
花样B
加4针
40行平坦
20-1-4
加4针
40行平坦
20-1-4
花样A
7cm
(24行)
32cm
(40针)

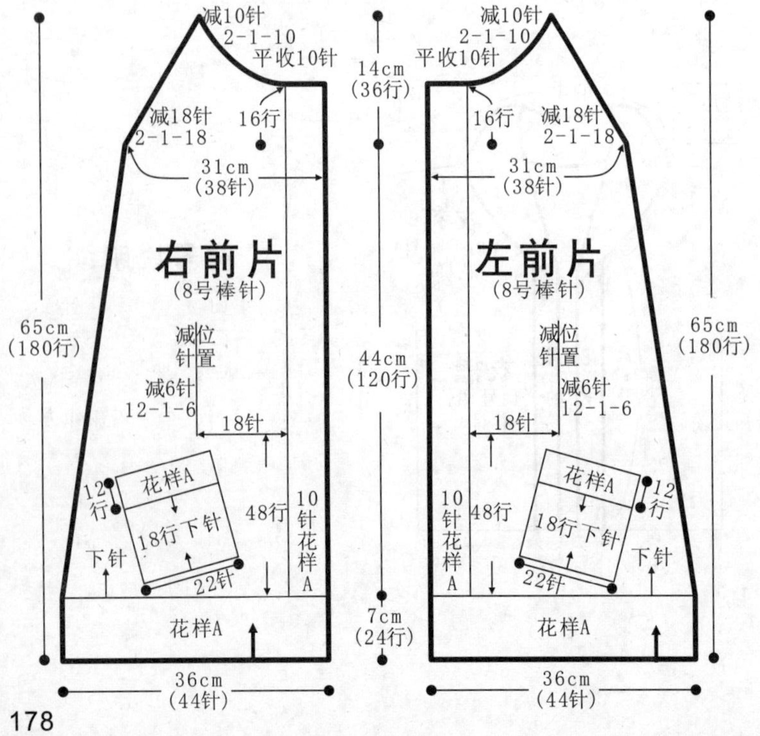
减10针
2-1-10
平收10针
减18针
2-1-18
16行
31cm
(38针)
右前片
(8号棒针)
65cm
(180行)
减位
针置
减6针
12-1-6
18针
花样A
12行
18行下针
22针
下针
48行
10针花样A
花样A
36cm
(44针)
14cm
(36行)
44cm
(120行)
7cm
(24行)
减10针
2-1-10
平收10针
16行
减18针
2-1-18
31cm
(38针)
左前片
(8号棒针)
减位
针置
减6针
12-1-6
18针
花样A
12行
18行下针
22针
下针
48行
10针花样A
花样A
65cm
(180行)
36cm
(44针)

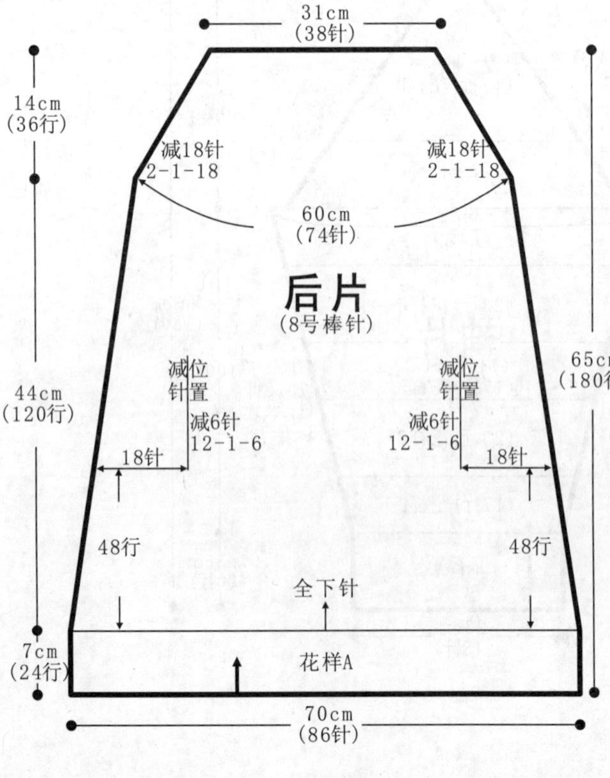
31cm
(38针)
14cm
(36行)
减18针
2-1-18
减18针
2-1-18
60cm
(74针)
后片
(8号棒针)
44cm
(120行)
减位
针置
减6针
12-1-6
减位
针置
减6针
12-1-6
18针
18针
48行
48行
全下针
65cm
(180行)
7cm
(24行)
花样A
70cm
(86针)

花样A

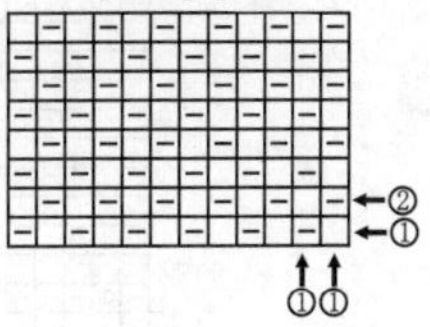
②
①
①①

花样B(双罗纹)

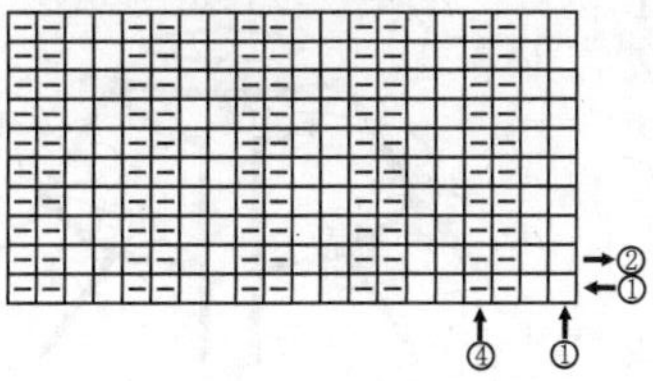
②
①
④ ①
4针一花样

秀雅小外套

【成品规格】衣长53cm，半胸围32cm，袖长54cm
【工　　具】10号棒针
【编织密度】18.5针×24行=10cm²
【材　　料】红色毛线800g

前片/后片/袖片制作说明

1.棒针编织法，由前片2片，后片1片，袖片2片组成。从下往上织起。

2.前片的编织。由右前片和左前片组成，以右前片为例。

(1)起针，下针起针法，起48针，编织花样A，不加减针，织22行的高度，改织花样B，织16行，再改织上针10行，再织花样C8行，余下的编织下针，不加减针，织12行的高度时，在最后一行里，收缩收褶收掉8针，余下40针，不加减针，再织12行下针后，至袖窿。

(2)袖窿以上的编织。左侧减针，每织4行减2针，共减9次，织成36行，余下22针，收针断线。

(3)相同的方法，相反的方向去编织左前片。

3.后片的编织。下针起针法，起84针，袖窿以下的花样编织及收褶方法，与前片相同，收褶时收掉24针，然后再织12行下针后，至袖窿，下一行袖窿起减针，方法与前片相同。当织成袖窿算起36行时，织片余下24针，收针断线。

4.袖片的编织。袖片从袖口起织，下针起针法，起44针，起织花样E，不加减针，往上织12行的高度，第13行起，分配成花样B编织，在两袖侧缝进行加针，12-1-4，再织20行，至袖窿。并进行袖山减针，4-2-9，织成36行，最后余下16针，收针断线。相同的方法去编织另一袖片。

5.拼接，将前片的侧缝与后片的侧缝对应缝合，再将两袖片的袖山边线与衣身的袖窿边对应缝合。

6.最后分别沿着前后衣领边，如结构图所示挑出针数，共100针，起织花样E搓板针，不加减针，编织26行的高度后，收针断线。衣服完成。

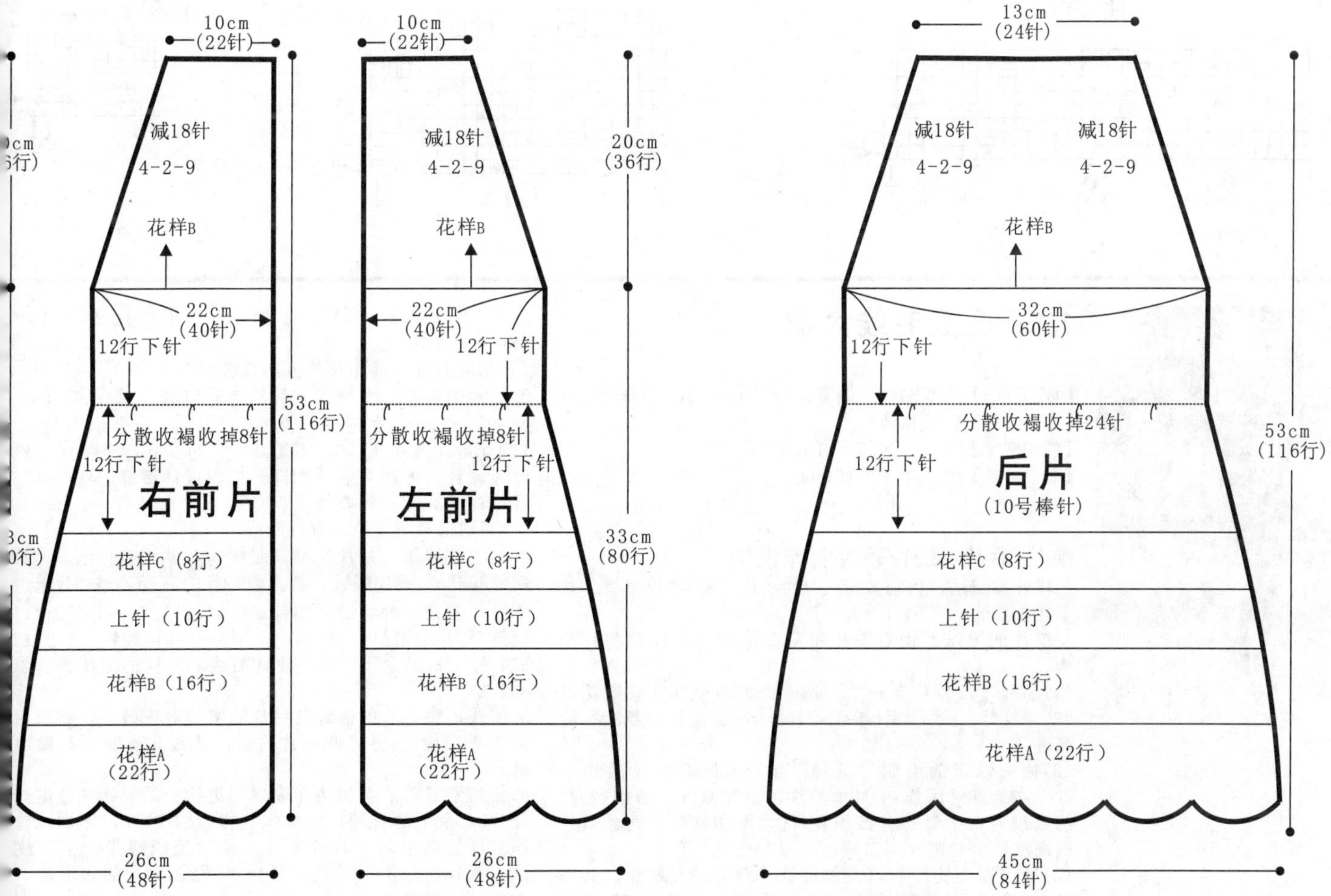
10cm
(22针)
cm
行)
减18针
4-2-9
花样B
22cm
(40针)
12行下针
分散收褶收掉8针
12行下针
右前片
3cm
0行)
花样C (8行)
上针 (10行)
花样B (16行)
花样A
(22行)
26cm
(48针)
53cm
(116行)
10cm
(22针)
减18针
4-2-9
花样B
22cm
(40针)
12行下针
分散收褶收掉8针
12行下针
左前片
花样C (8行)
上针 (10行)
花样B (16行)
花样A
(22行)
26cm
(48针)
20cm
(36行)
33cm
(80行)
13cm
(24针)
减18针
4-2-9
减18针
4-2-9
花样B
32cm
(60针)
12行下针
分散收褶收掉24针
12行下针
后片
(10号棒针)
花样C (8行)
上针 (10行)
花样B (16行)
花样A (22行)
45cm
(84针)
53cm
(116行)

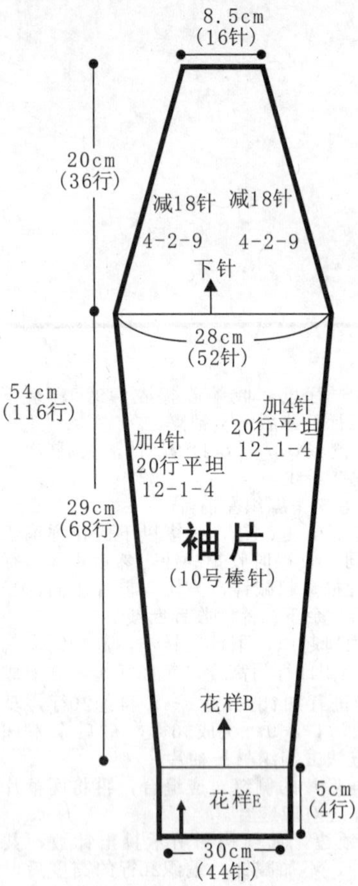
8.5cm
(16针)
20cm
(36行)
减18针
减18针
4-2-9
4-2-9
下针
28cm
(52针)
54cm
(116行)
加4针
20行平坦
12-1-4
加4针
20行平坦
12-1-4
29cm
(68行)
袖片
(10号棒针)
花样B
花样E
5cm
(4行)
30cm
(44针)

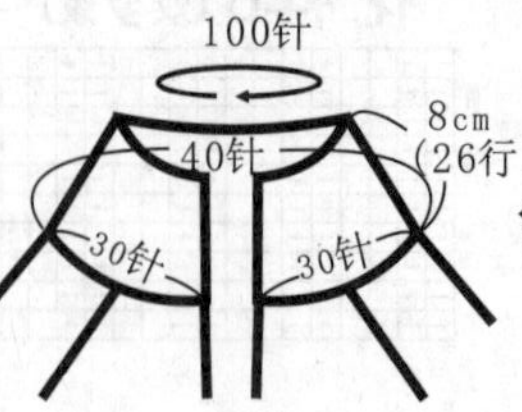
100针
40针
8cm
(26行)
30针
30针

领片
(10号棒针)
花样E

花样A

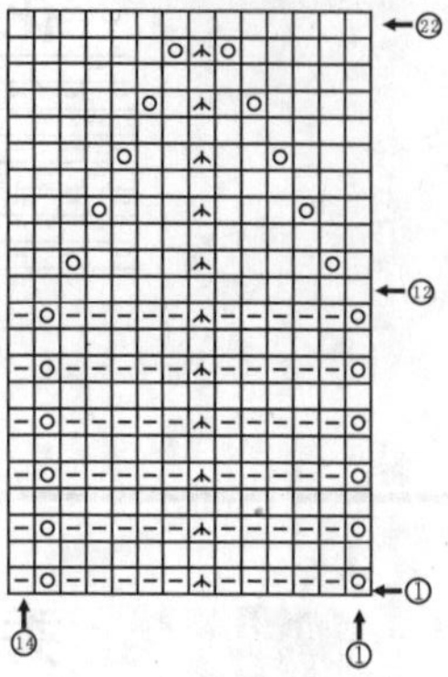

花样B

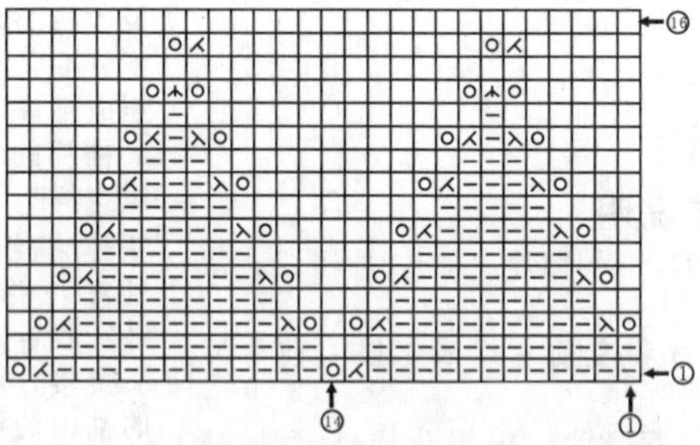

符号说明:

⊟ 上针
□=⊡ 下针
2-1-3 行-针-次
编织方向
左并针
右并针
镂空针
中上3针并1

花样C

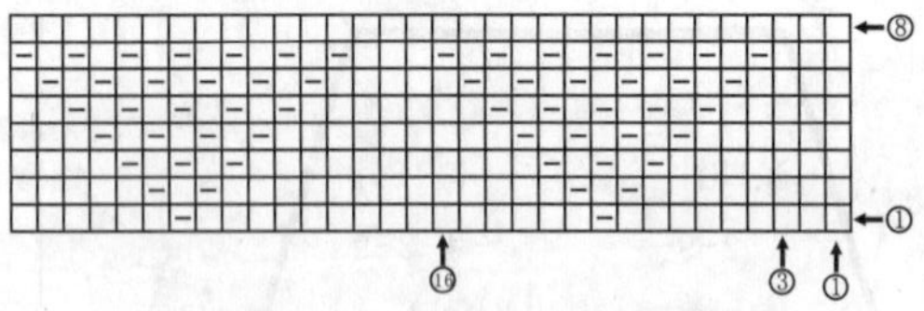

花样D

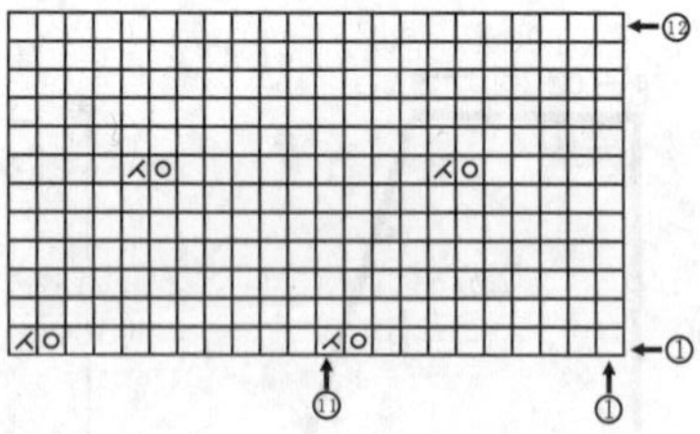

花样E (搓板针)

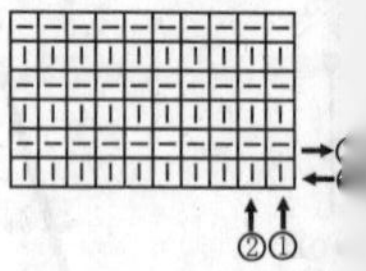

2针一花样

立领长款毛线大衣

【成品规格】衣长84cm，胸宽42cm，肩宽35cm，袖长53cm
【工　　具】10号棒针
【编织密度】25.6针×32行=10cm²
【材　　料】紫色羊毛线1000g

前片/后片/袖片/领片制作说明

1.棒针编织法，由前片2片、后片1片、袖片2片组成。从下往上织起。
2.前片的编织。由右前片和左前片组成，以右前片为例。
(1)起针，双罗纹起针法，起64针，右侧16针编织花样B单罗纹针，余下48针编织花样A，不加减针，织32行的高度，
(2)袖窿以下的编织。第33行起，48针双罗纹改织下针，右侧继续编织花样B单罗纹，不加减针，编织124行的高度时，下针部分改织花样C，不加减针，再织40行的高度，至袖窿。
(3)袖窿以上的编织。左侧减针，每织2行减1针，共减4次，然后不加减针往上织，当织成袖窿算起36行的高度时，进行前衣领减针，下一行从右往左，收针20针，然后2-2-6，减少12针，不加减针，再织8行至肩部，
28针，收针断线。
(4)相同的方法，相反的方向去编织左前片。
3.后片的编织。双罗纹起针法，起112针，编织花样A，
减针，织32行的高度。然后第33行起，全织下针，
124行后，改织花样C，不加减针，再织40行至袖窿，然
窿起减针，方法与前片相同。当织成袖窿算起48行时，
行中间将36针收针收掉，两边相反方向减针，2-2-2，
2，两肩部余下28针，收针断线。
4.袖片的编织。袖片从袖口起织，双罗纹起针法，起48
起织花样A，不加减针，往上织32行的高度，第33行起，
下针，并在两袖侧缝上加针编织，12-1-6，织成72行，
减针，再织16行后，至袖山，下一行袖山减针，4-2-11
成44行，最后余下16针，收针断线。相同的方法去编织袖片。
5.拼接，将前片的侧缝与后片的侧缝对应缝合，将前后肩部对应缝合;再将两袖片的袖山边线与衣身的袖窿边缝合。
6.最后沿着前后衣领边和衣襟侧边挑针，衣襟侧边继续花样B，余下的衣领边，编织花样A双罗纹针，不加减针织32行的高度后，收针断线。最后编织腰带，单罗纹法，起16针，不加减针，编织单罗纹384行的长度后，断线。衣服完成。

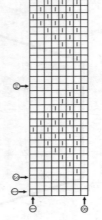

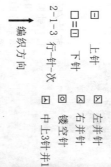

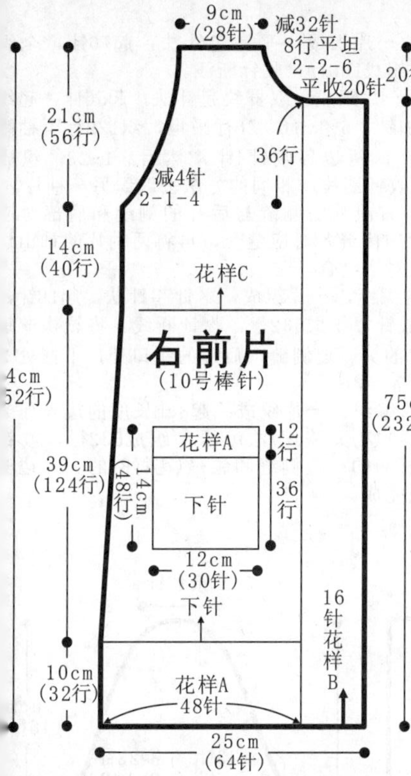

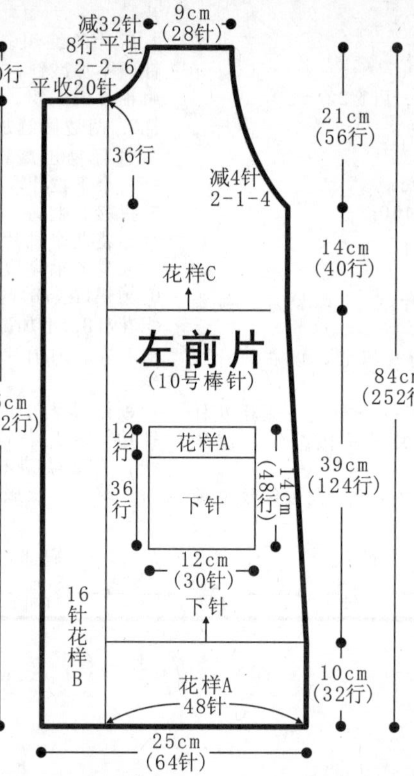

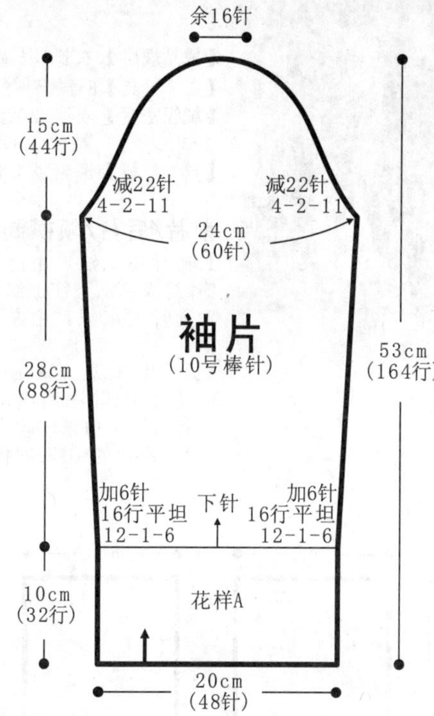

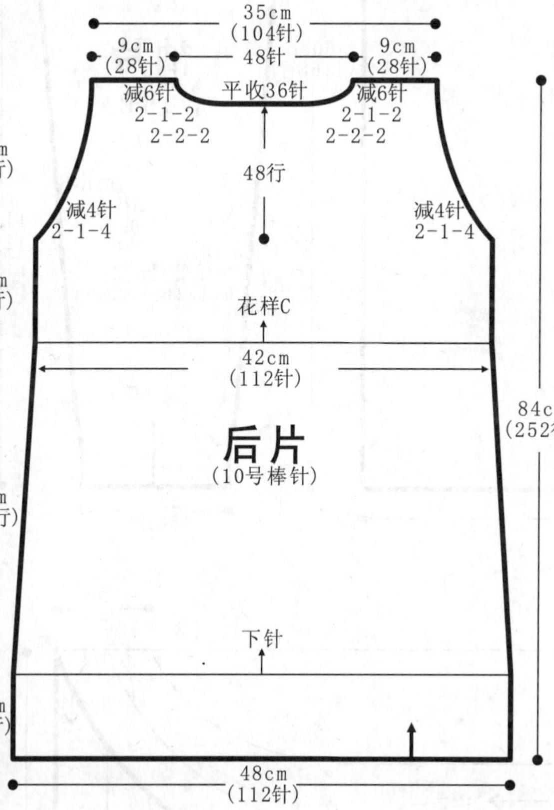

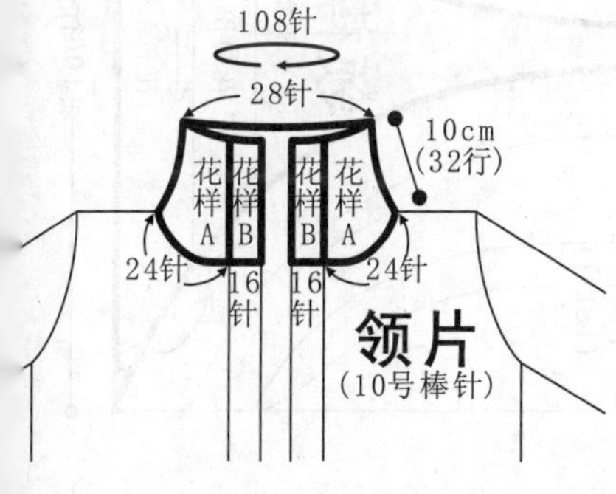

符号说明：

⊟ 上针

□=⊡ 下针

4-1-2 行-针-次

↑ 编织方向

⊠ 右上1针与左下1针交叉

⊠ 左上1针与右下1针交叉

花样A (双罗纹)

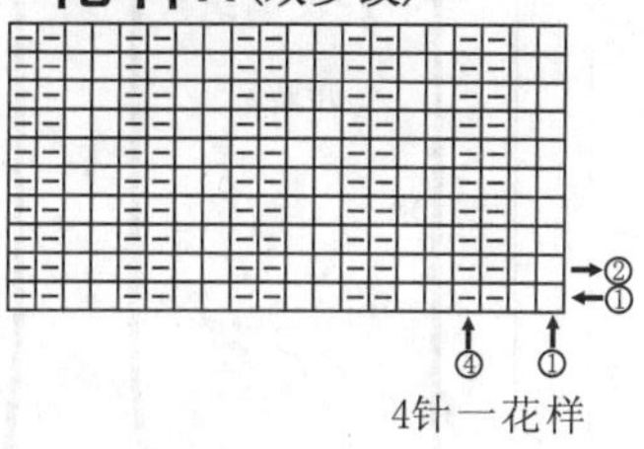

花样B (单罗纹)

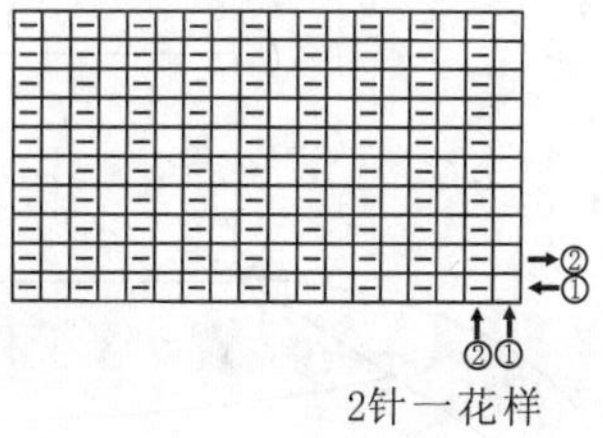

花样C

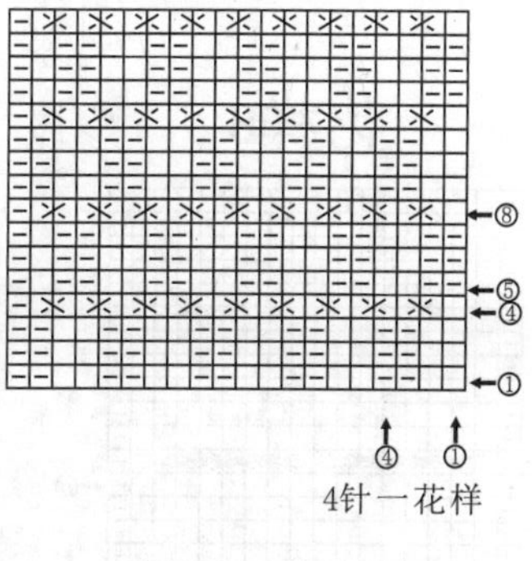

腰带
(10号棒针)

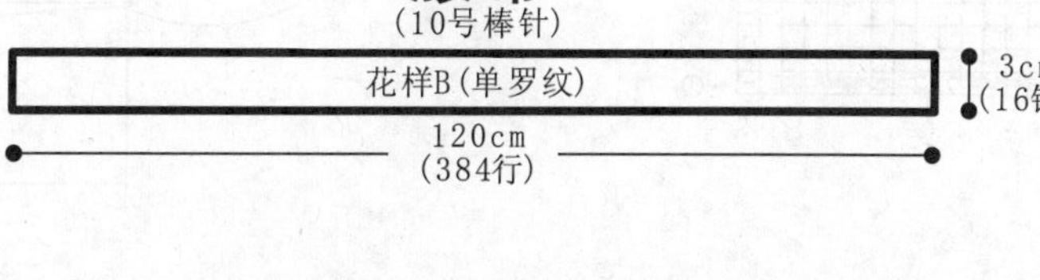

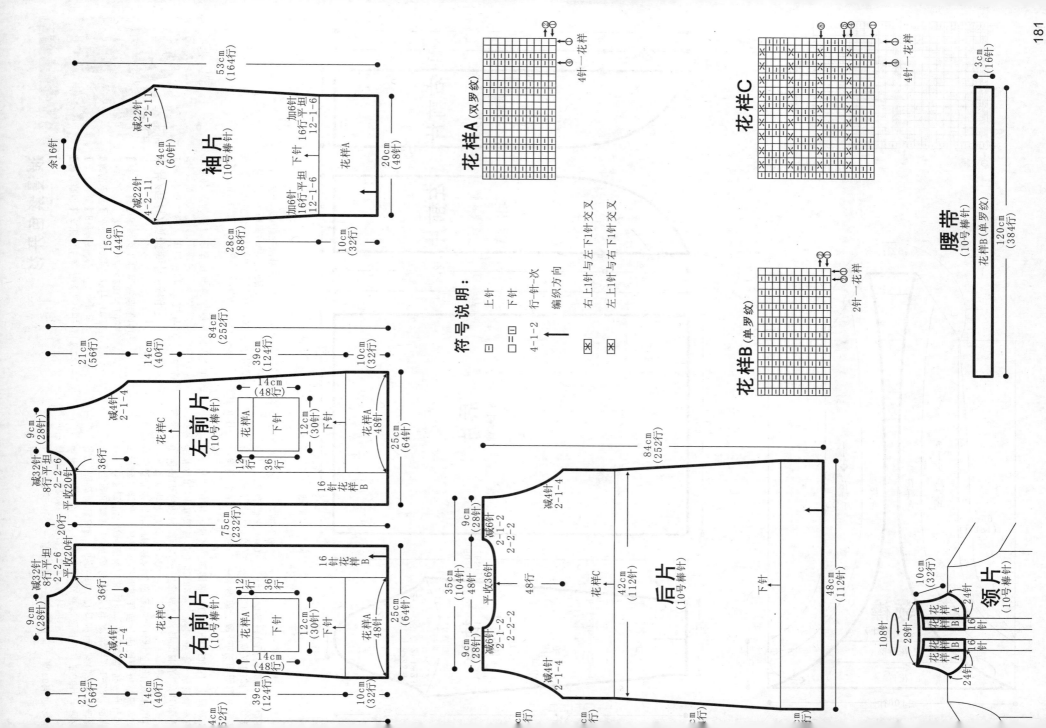

浪漫紫色开衫

【成品规格】衣长60cm，胸宽38cm，肩宽22cm
【工　　具】8号棒针
【编织密度】衣服:20针×28行=10cm²
　　　　　　袖片:28针×28行=10cm²
【材　　料】深紫罗兰色丝光棉线400g

前片/后片/领襟制作说明

1.棒针编织法，由前片2片、后片1片、袖片2片、领襟2片组成。从下往上织起。

2.前片的编织。由左前片和右前片组成，以右前片为例。

(1)一片织成。起8cm长度的边长作为起针边，采用花样A(花叉编织)法编织，根据右前片结构图编织，编织52行后，至肩部，收针断线。

(2)左前片的编织:同样的方法，相反的方向去编织左前片。

3.后片的编织。一片织成。平针起针法，起76针，全针，不加减针，织成168行，收针断线。

4.袖片的编织。一片织成。双罗纹起针法，起56针，起样C，两边侧缝加针，6-1-16，26行平坦，织122行至袖并进行袖山减针，两边各收针4针，然后2-1-23，织行，余下42针，收针断线。相同的方法去编织另一袖片。

5.拼接，将左、右前片的侧缝与后片的侧缝和肩部对合。将两个袖片的侧缝各对应缝合，再将两袖片的袖山与衣身的袖窿边对应缝合。

6.领襟(花样B)的编织，一片织成。平针起针法，起18针，织花样B，不加减针，织成532行，收针断线。将领襟一缝和左、右前片的另一边侧缝，后片的领口处，下摆处缝合

7.领襟(花样A)的编织，一片织成。起8cm长度的边长作针边，采用花样A(花叉编织)法编织，织成532行，收线。将领襟(花样A)的一边侧缝和领襟(花样B)的另一边对应缝合。衣服完成。

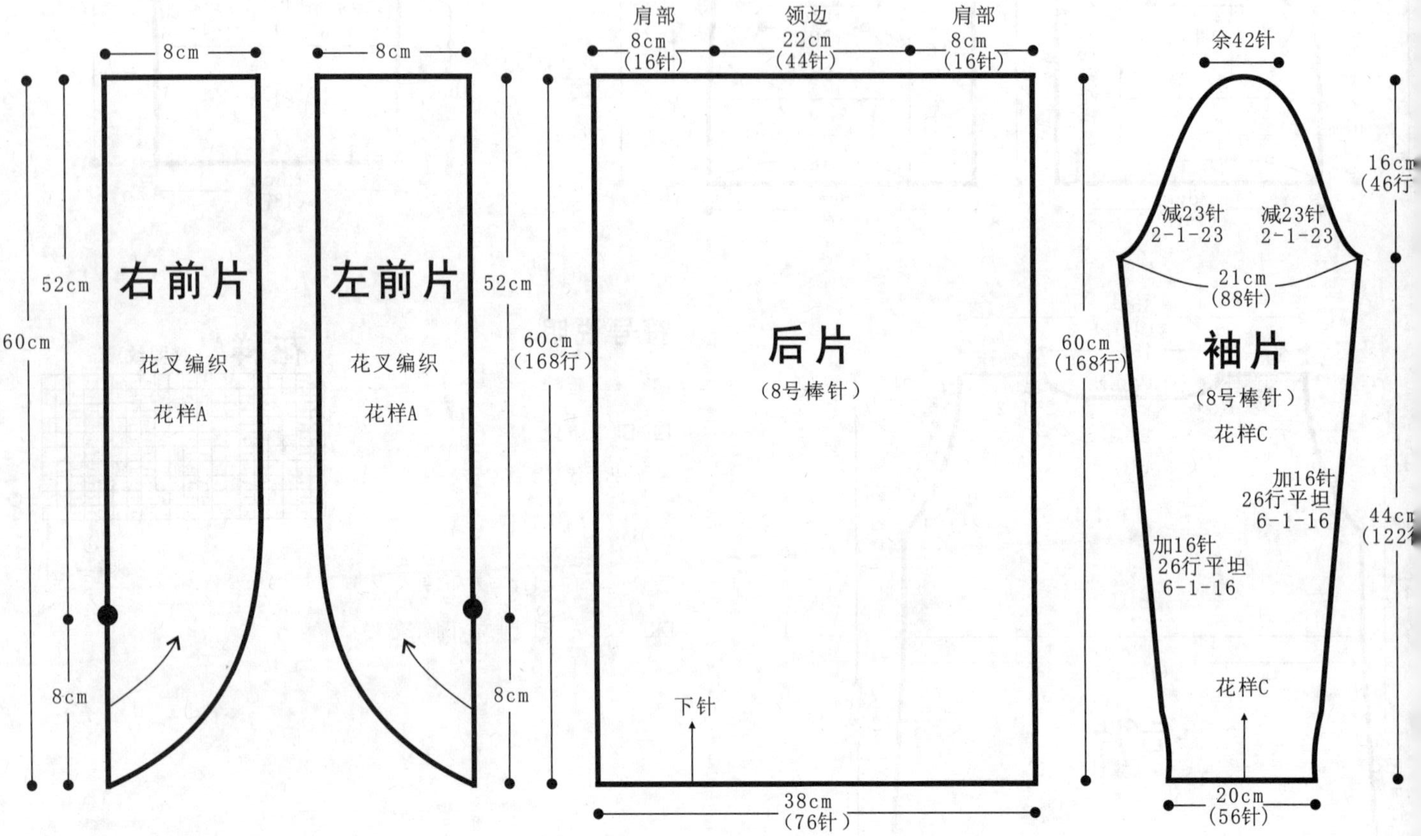

花样B

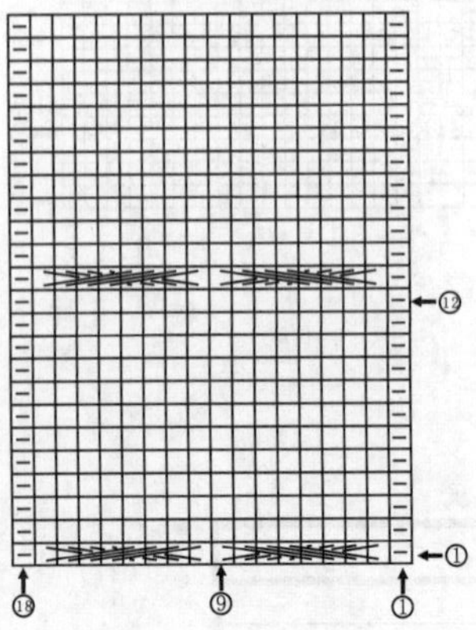

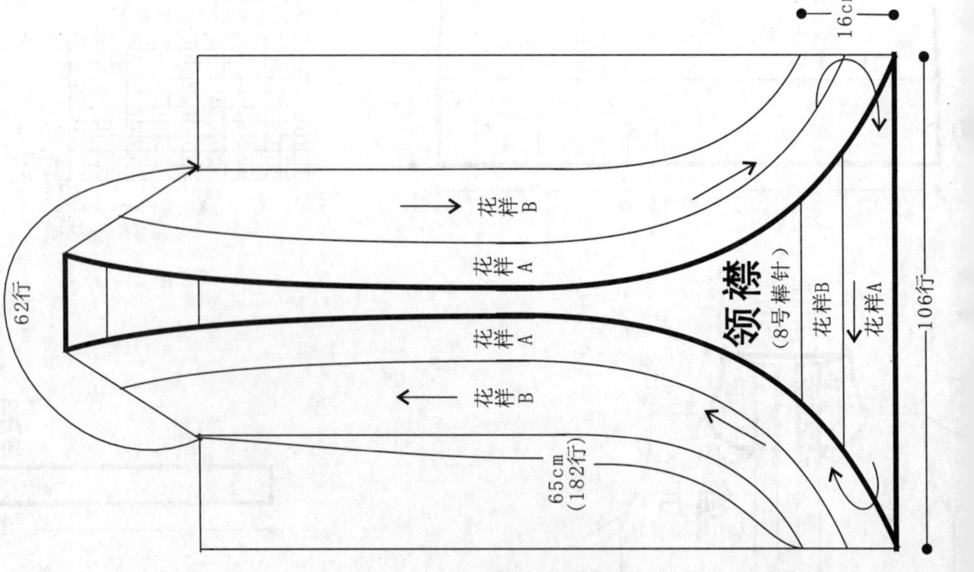

符号说明：

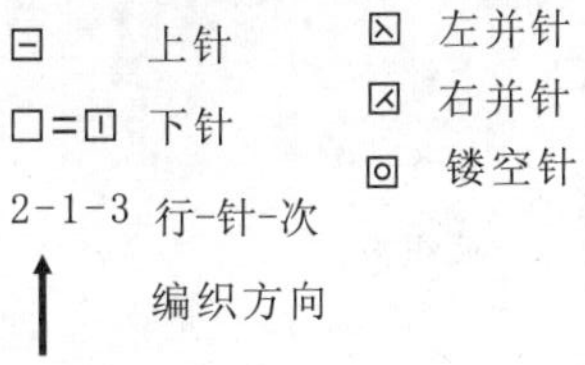
上针
下针
2-1-3 行-针-次
编织方向
左并针
右并针
镂空针

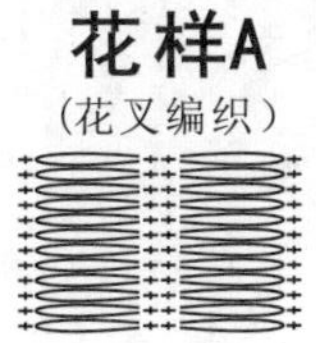
花样A
(花叉编织)

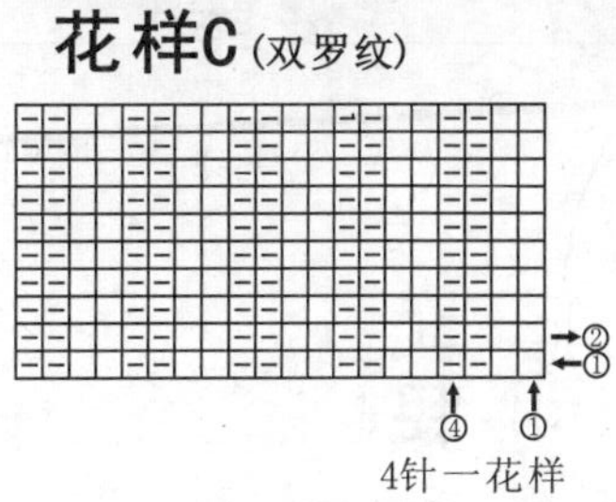
花样C (双罗纹)
4针一花样

橘黄短款翻领小外套

【成品规格】衣长48cm，胸宽36cm，袖长53cm。
【工　　具】8号棒针
【编织密度】17.3针×24.6行=10cm²
【材　　料】橙色花线1000g

前片/后片/袖片/领片制作说明

1.棒针编织法，分成左前片、右前片、后片分别编织，再编织两个袖片进行缝合，最后编织领片。

2.左前片和右前片的编织方法相同，但方向相反，以右前片为例，下针起针法，起38针，花样A起织，不加减针，织16行;下一行起，改织28针下针+10针花样A，不加减针，织36行;下一行起，右侧数起，第18针位置减针，4-1-6，减6针，余32针;下一行起，左侧减针，6-2-7，减14针，织成22行时，右侧同时减针，平收8针，2-1-10，减10针，织成20行，余下1针，收针断线;用相同方法及相反方向编织左前片。

3.后片的编织，下针起针法，起80针，花样A起织，不加减针，织16行;下一行起，改织下针，不加减针，织36行;下一行起，两侧数第18针起减针，4-1-6，减6针，余下68针;下一行起，两边同时减针，6-2-7，减14针，织42行，余40针，收针断线。

4.前片口袋的编织，下针起针法，起22针，下针起织，不加减针，织18行;下一行起，改织花样A，不加减针，织12行，收针断线，用相同方法编织另一口袋。

5.袖片的编织，下针起针法，起40针，花样A起织，不加减针，织20行;下一行起，改织花样B，两边同时加针，20-1-6，28行平坦，加4针，织108行，织成48针;下一行起，两边同时减针，6-2-7，减14针，织42行，余下20针，收针断线，相同的方法去编织另一袖片。

6.拼接，将袖片的袖山边线分别与前片的袖窿边线和后片的袖窿边线进行对应缝合;将口袋于前片适合位置缝合。

7.领片的编织，从左右前片及袖片各挑28针，后片挑50针，共106针;花样A起织，织32行，收针断线，衣服完成。

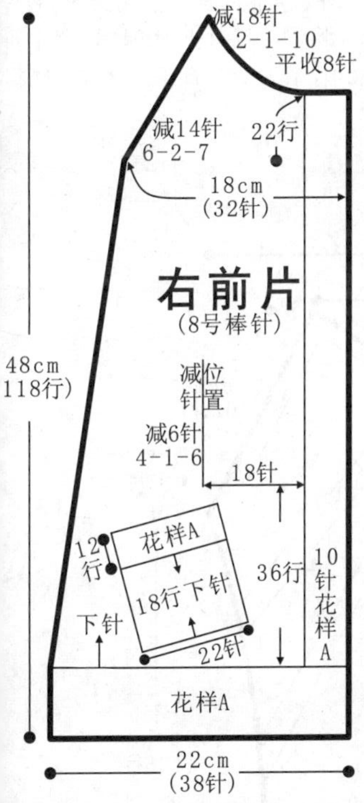
减18针
2-1-10
平收8针
22行
减14针
6-2-7
18cm
(32针)
右前片
(8号棒针)
减位
针置
减6针
4-1-6
18针
48cm
118行)
花样A
18行下针
12行
36行
10针花样A
下针
22针
花样A
22cm
(38针)

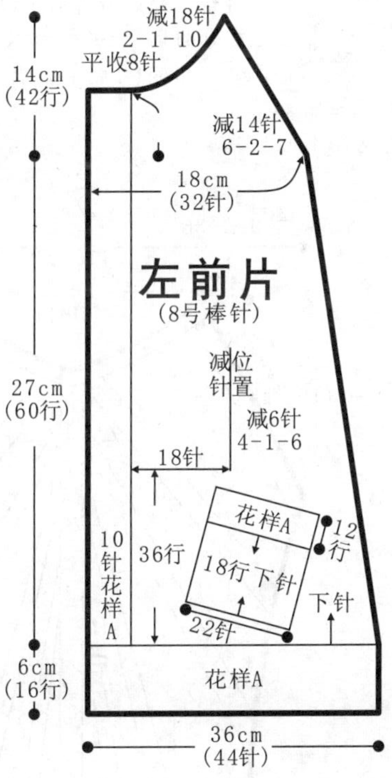
14cm
(42行)
27cm
(60行)
6cm
(16行)
减18针
2-1-10
平收8针
减14针
6-2-7
18cm
(32针)
左前片
(8号棒针)
减位
针置
减6针
4-1-6
18针
10针花样A
36行
花样A
18行下针
12行
下针
22针
花样A
36cm
(44针)

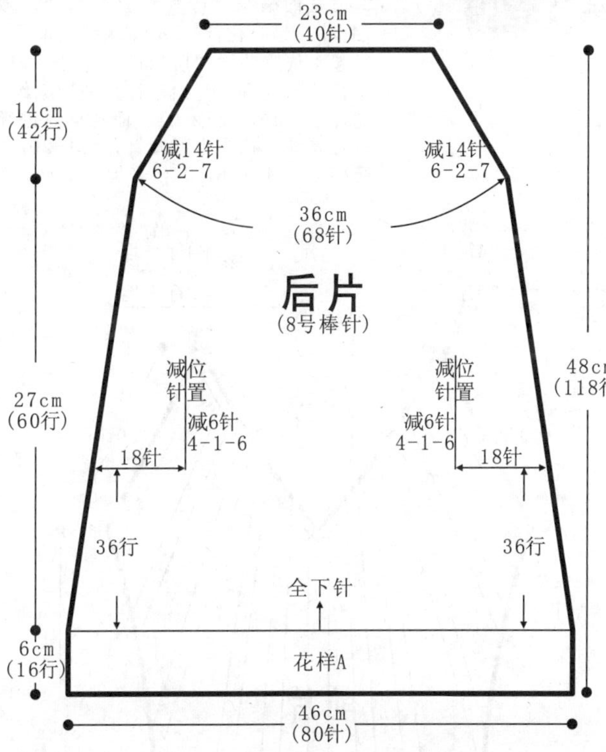
23cm
(40针)
14cm
(42行)
减14针
6-2-7
减14针
6-2-7
36cm
(68针)
后片
(8号棒针)
减位
针置
减6针
4-1-6
减位
针置
减6针
4-1-6
18针
18针
27cm
(60行)
48cm
(118行)
36行
36行
全下针
6cm
(16行)
花样A
46cm
(80针)

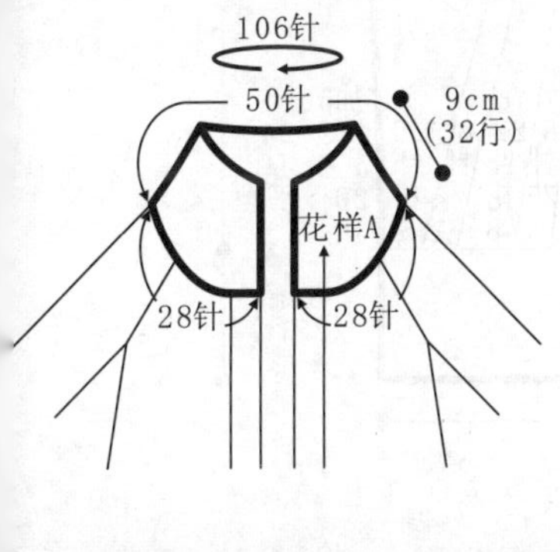
106针
50针
9cm
(32行)
花样A
28针
28针

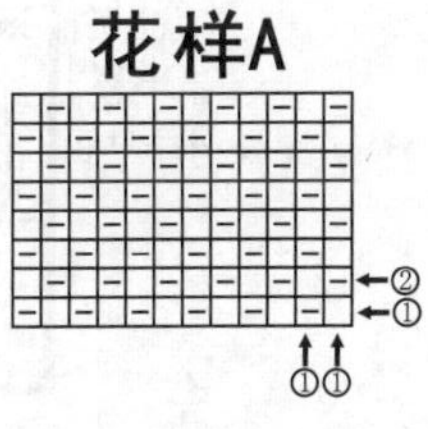
花样A

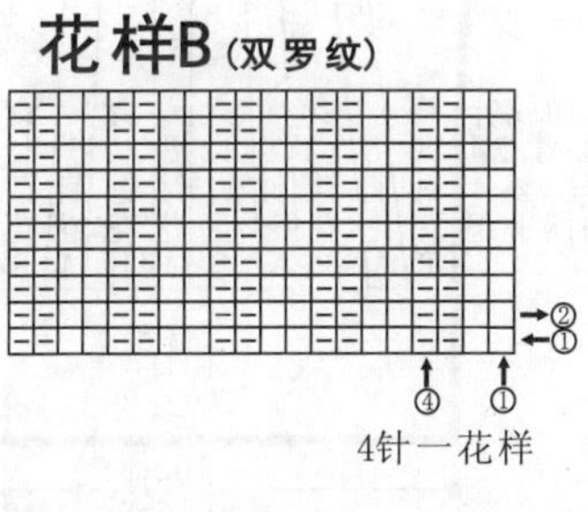
花样B (双罗纹)
4针一花样

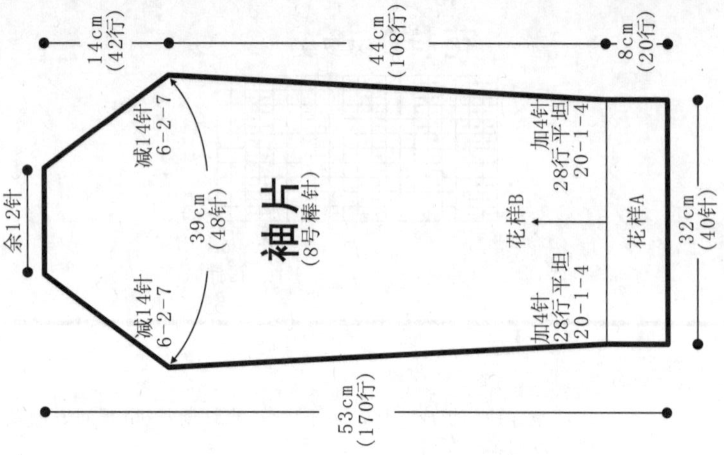
14cm
(42行)
44cm
(108行)
8cm
(20行)
减14针
6-2-7
余12针
39cm
(48针)
袖片
(8号棒针)
减14针
6-2-7
花样B
加4针
28行平坦
20-1-4
花样A
32cm
(40针)
53cm
(170行)

符号说明：

⊟ 上针

□=⊡ 下针

2-1-38 行-针-次

↑ 编织方向

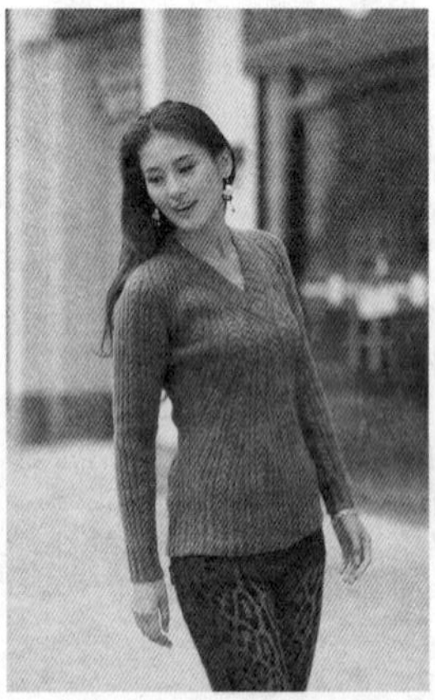

气质V领长袖衫

【成品规格】衣长64cm，肩宽52cm，袖长64cm，袖宽17.5cm

【工　　具】12号棒针

【编织密度】31针×41行=10cm²

【材　　料】灰色羊绒线800g

前片/后片/袖片制作说明

1.棒针编织法，由前片1片、后片1片、袖片2片组成。从下往上织起。

2.前片的编织。一片织成。起针，双罗纹起针法，起148针，起织花样A，不加减针，编织38行的高度。下一行起。依照结构图所示进行花样分配，不加减针。编织20行的高度后。开始进行加减针编织。在侧缝两边进行加针，5-2-4，4-2-24，而花样内进行减针，在花样B上进行减针，花样中间减针，4-1-20，24行平坦。两侧的花样B上，4-1-8，24行平坦。下一行起。织片两侧不再加减针，将织片分成两半，下一行进行领边减针，2-3-1
2-2-23，在衣领边算起第7针的位置上进行减针，完成后
最后余下6针。暂停编织，不收针。

3.后片的编织。袖窿以下织法与前片完全相同，袖窿起
针，在花样A的两侧上进行减针，3-2-26，将花样往内
移。完成后，余下60针，不收针。暂停编织。

4.袖片的编织。双罗纹起针法，起74针，起织花样A双罗
针，不加减针，编织34行的高度。下一行起。依照花样
行花样分配，并在两袖侧缝上进行加针，8-1-18，不加减
再织8行后，至袖山减针，下一行起。在内侧第5针的位置
进行减针，2-1-42，织成84行，余下26针，不收针。相同
方法去编织另一只袖片。将两只袖片与衣身对应缝合。再
袖侧缝缝合。

5.领片的编织，将前片留下的6针，边织边与袖片后领片
下的针数进行并针编织。织至另一侧前领边留下的6针边
缝合。最后沿着前领边，两侧各挑61针，后领边挑36针，
织花样D，在前领片转角V形处。进行并针编织。3针并
针，中间1针朝上。织成20行后，收针断线。衣服完成。

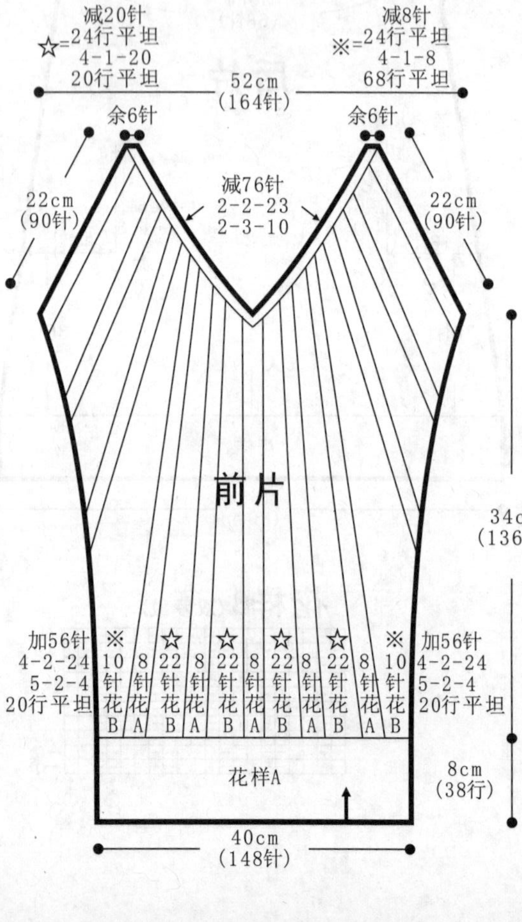
减20针
☆=24行平坦
4-1-20
20行平坦
减8针
※=24行平坦
4-1-8
68行平坦
52cm
(164针)
余6针
余6针
减76针
2-2-23
2-3-10
22cm
(90针)
22cm
(90针)
前片
34cm
(136行)
加56针
4-2-24
5-2-4
20行平坦
※ 10针花B
8针花A
☆ 22针花B
加56针
4-2-24
5-2-4
20行平坦
花样A
8cm
(38行)
40cm
(148针)

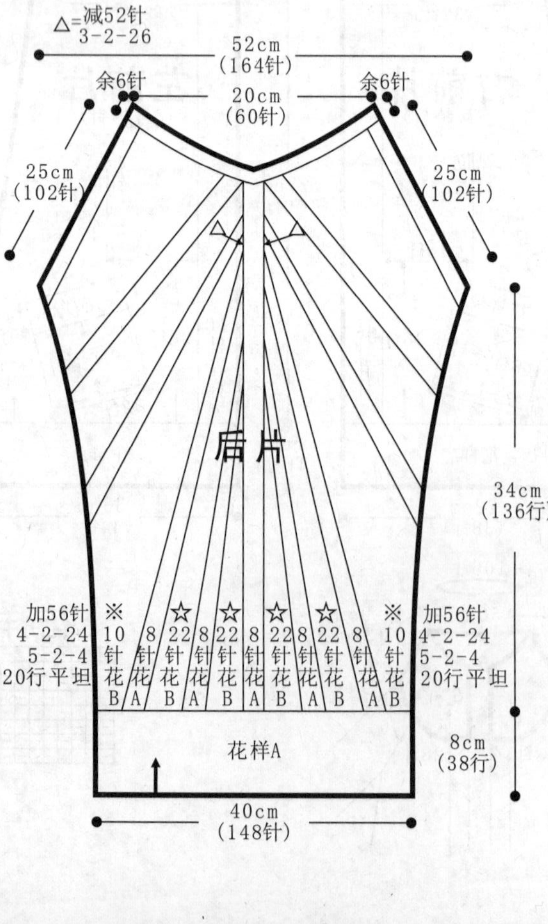
△=减52针
3-2-26
52cm
(164针)
余6针
20cm
(60针)
余6针
25cm
(102针)
25cm
(102针)
后片
34cm
(136行)
加56针
4-2-24
5-2-4
20行平坦
加56针
4-2-24
5-2-4
20行平坦
花样A
8cm
(38行)
40cm
(148针)

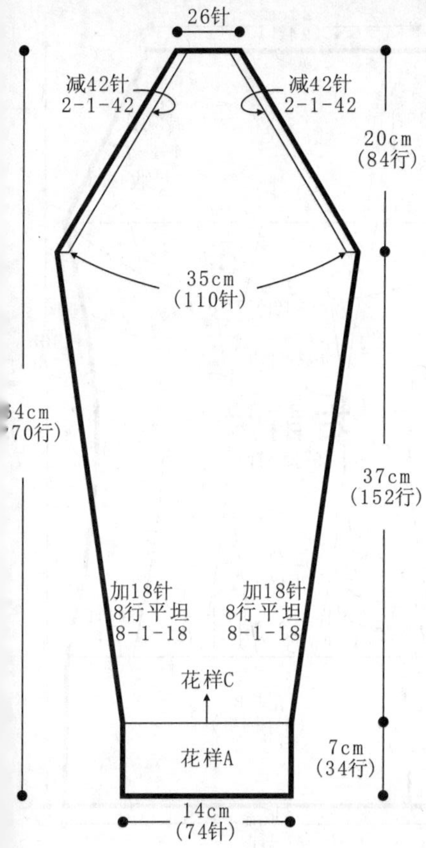
26针
减42针
2-1-42
减42针
2-1-42
20cm
(84行)
35cm
(110针)
4cm
70行)
37cm
(152行)
加18针
8行平坦
8-1-18
加18针
8行平坦
8-1-18
花样C
花样A
7cm
(34行)
14cm
(74针)

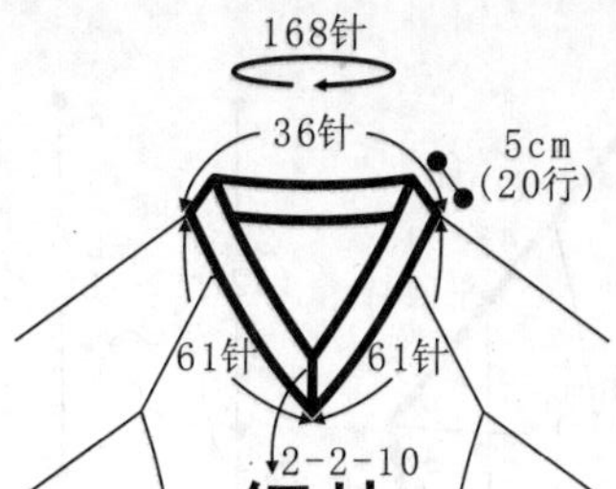
168针
36针
5cm
(20行)
61针
61针
2-2-10

领片
(12号棒针)
花样D

花样B

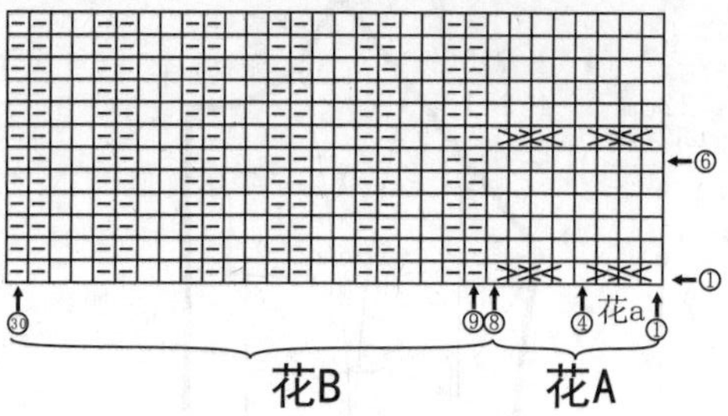
⑥
①
㉚
⑨⑧
④
花a
①
花B
花A

花样A(双罗纹)

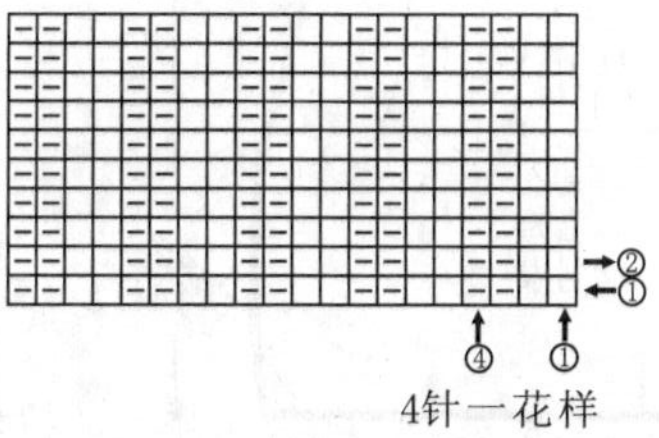
②
①
④
①
4针一花样

花样D

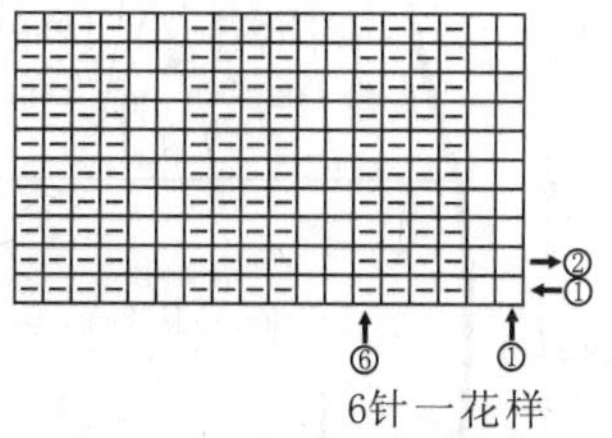
②
①
⑥
①
6针一花样

花样C

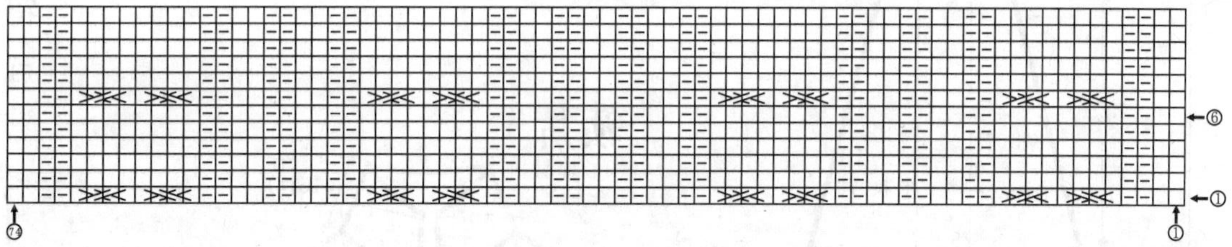
⑥
①
㉔
①

符号说明：

上针

=□ 下针

-1-2 行-针-次

↑ 编织方向

暗纹翻领毛线外套

【成品规格】衣长80cm，半胸围38cm，
袖长69cm
【工　　具】9号棒针
【编织密度】24针×24行=10cm²
【材　　料】灰色毛线1000g

前片/后片/袖片制作说明

1.棒针编织法，由前片2片、后片1片、袖片2片组成。从下往上织起。

2.前片的编织。由右前片和左前片组成，以右前片为例。

(1)起针，单罗纹起针法，起50针，编织花样B，不加减针，织44行的高度。

(2)袖窿以下的编织。第45行起，分配花样，依照结构图，从右至左，分配成8针花样A，12针花样C，10针下针，12针花样C，8针下针，在10针下针的两侧的一针上进行加减针变化。不加减针，先织34行，然后2-1-4，余下2针，不加减针织42行的高度后，再进行加针，2-1-3，织片余下48针，织成134行的高度，至袖窿。

(3)袖窿以上的编织。左侧减针，先收针4针，然后每织4行减2针，共减13次，当织成28行时，进入前衣领减针，先收针8针，然后减针，4-2-6，余下1针，收针断线。

(4)相同的方法，相反的方向去编织左前片。

3.后片的编织。单罗纹针起针法，起84针，编织花样B，不加减针，织44行的高度。然后第45行起，分配花样，从右至左，依次分配成14针下针，12针花样C，10针下针，12针花样C，10针下针，12针花样C，14针下针，分别在10针下针的两侧一针上进行加减针编织。减针方法与前片相同，织成90行至袖窿，然后袖窿起减针，方法与前片相同。当织成袖窿算起52行时，余下24针，收针断线。

4.袖片的编织。袖片从袖口起织，单罗纹起针法，起40针，起织花样A，不加减针，往上织22行的高度，在最后一行里，分散加针6针，第23行起，中间12针编织花样C，两侧全织下针，并在两袖侧缝进行加针，8-1-10，再织4行，至袖窿。并进行袖山减针，两边收针4针每织4行减2针，共减13次，织成52行，最后余下6针，收针断线。相同的方法去编织另一袖片。

5.拼接，将前片的侧缝与后片的侧缝对应缝合，将前后片的肩部对应缝合;再将两袖片的袖山边线与衣身的袖窿边对应缝合。

6.最后分别沿着前后衣领边，挑针起织花样A单罗纹针，不加减针，编织46行的高度后，收针断线。

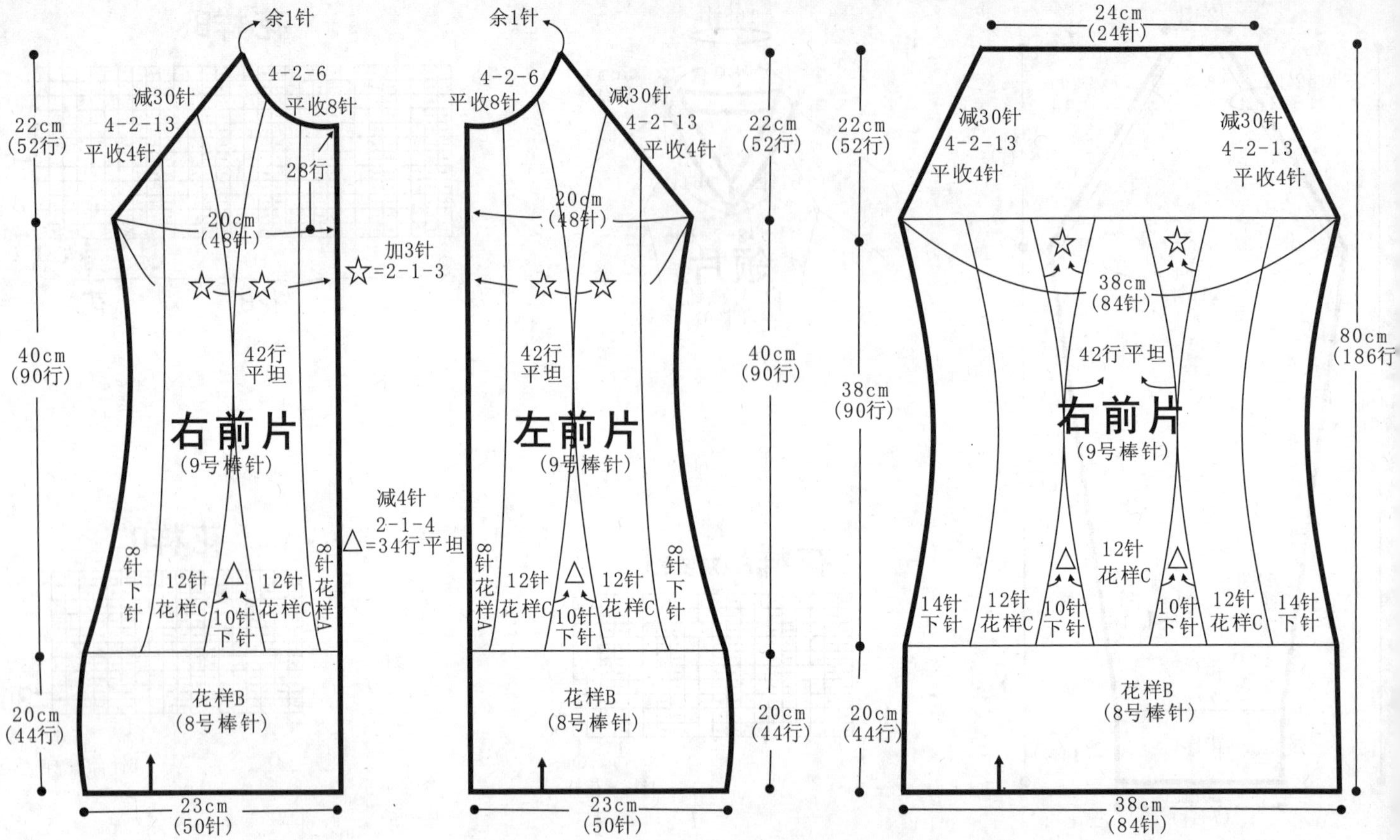

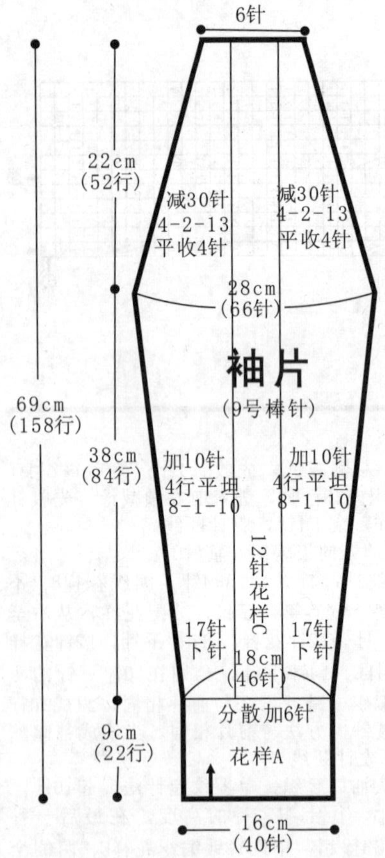

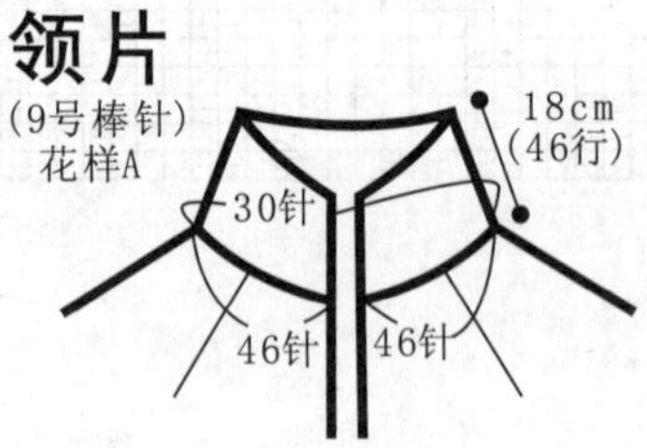

符号说明：

- 上针
- 下针
- 2-1-3 行-针-次
- 编织方向
- 6针与6针相交叉
- 第1针与第4针交叉

花样A(单罗纹)

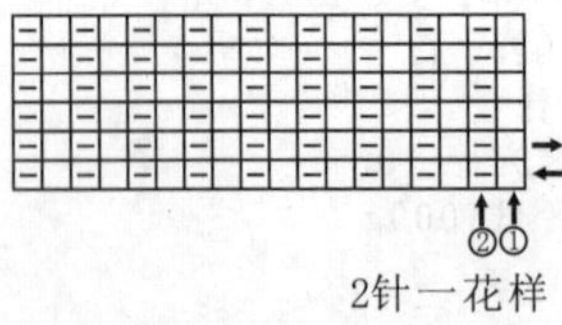

2针一花样

花样B

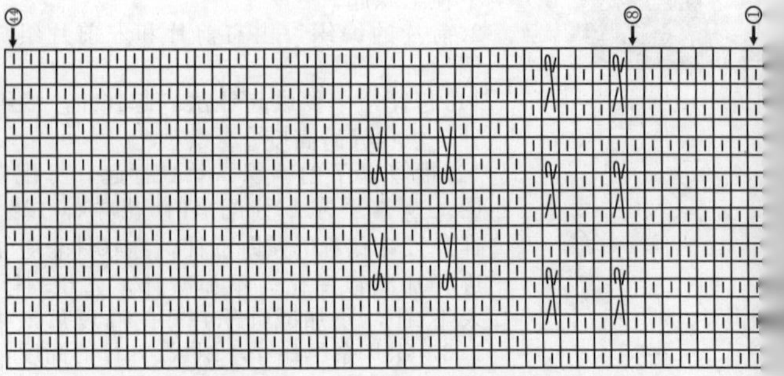

花样C

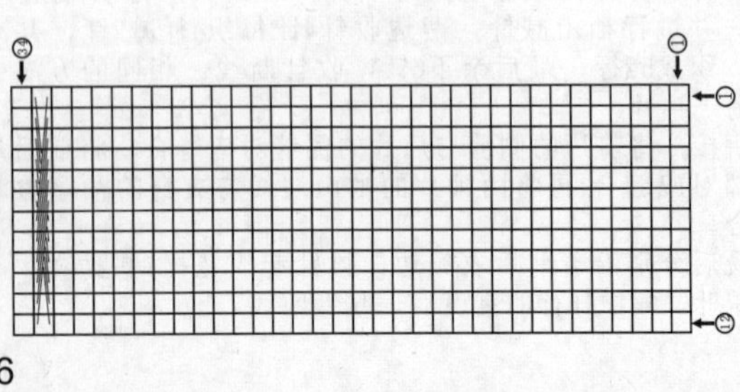

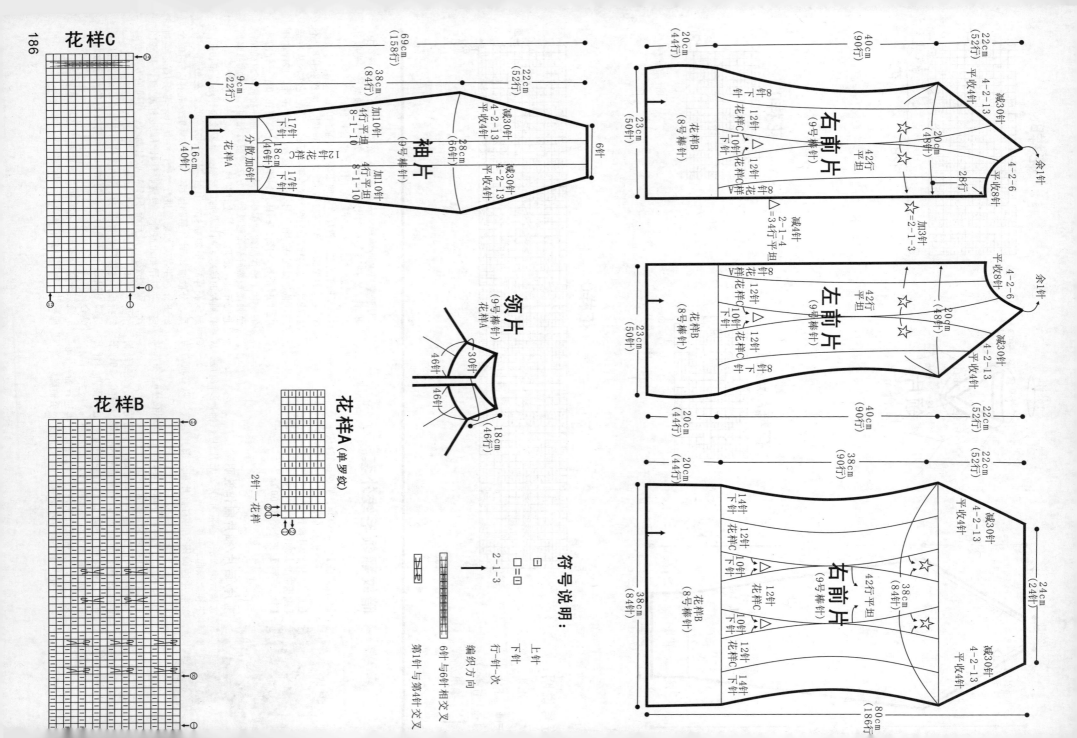

编织必读 knit stitch

本书作品使用针法

丨=下针(又称为正针、低针或平针)

①
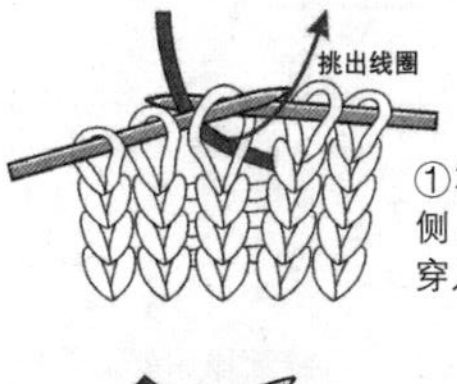
挑出线圈

①将毛线放在织物外侧，右针尖端由前面穿入活结。

②
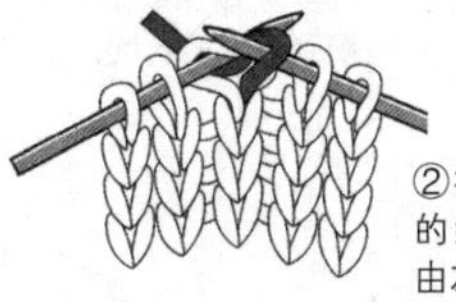

②挑出挂在右针尖上的线圈，同时此活结由左针滑脱。

□或一=上针(又称为反针或高针)

①

挑出线圈

①将毛线放在织物前面，右针尖端由后面穿入活结。

②

②挂上毛线并挑出挂在右针尖上的线圈，同时此活结由左针滑脱。上针完成。

O=空针(又称为加针或挂针)

①
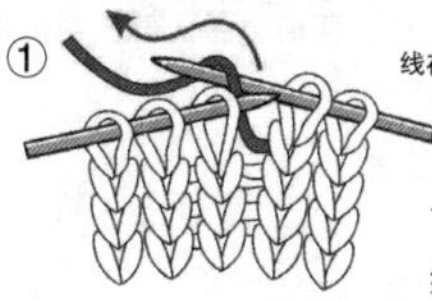
线在右针上绕1圈

①将毛线在右针上从下到上绕1次，并带紧线。

②
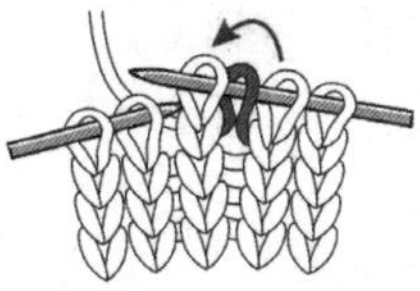

②继续编织下一个针圈。到次行时与其它针圈同样织。实际意义是增加了1针，所以又称为加针。

Ω=扭针

①
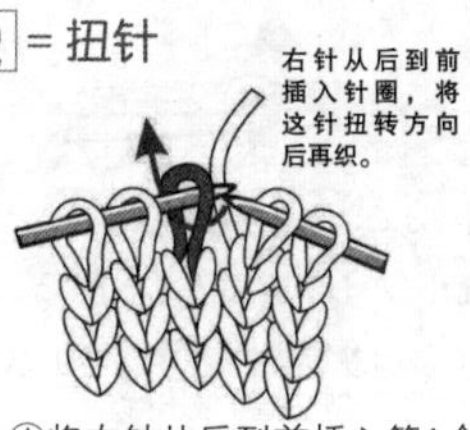
右针从后到前插入针圈，将这针扭转方向后再织。

①将右针从后到前插入第1个针圈(将待织的这1针扭转)

②
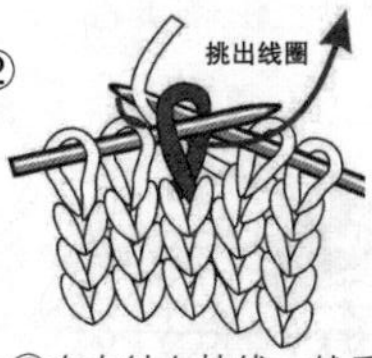
挑出线圈

②在右针上挂线，然后从针圈中将线挑出来，同时此活结由左针滑脱。

③
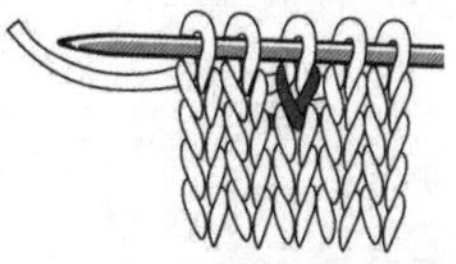

③继续往下织，这是效果图。

Ω=上针扭针

①
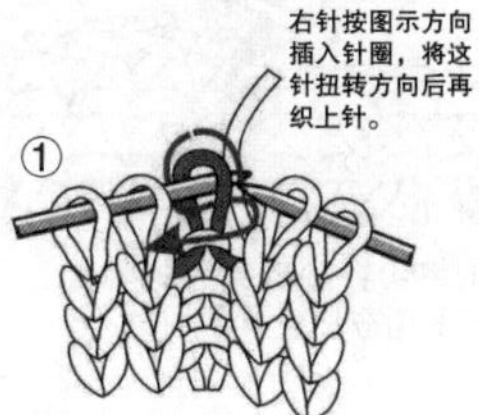
右针按图示方向插入针圈，将这针扭转方向后再织上针。

①将右针按图示方向插入第1个针圈(将待织的这1针扭转)

②
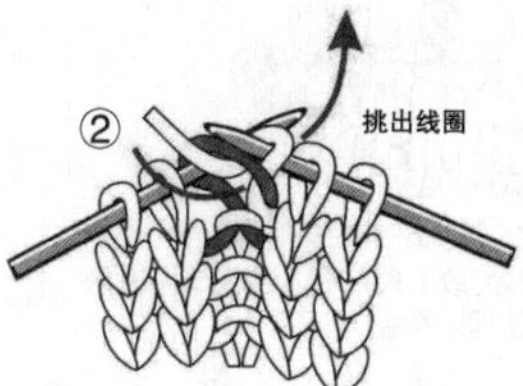
挑出线圈

②在右针上挂线，然后从针圈中将线挑出来。

◎=下针绕3圈

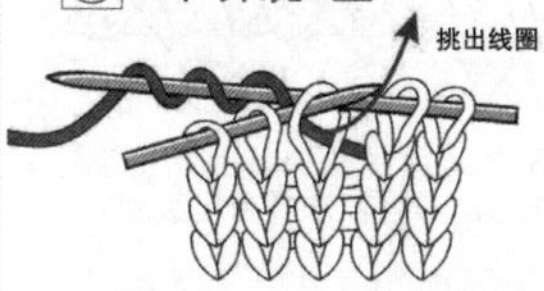
挑出线圈

在正常织下针时，将毛线在右针上绕3圈后从针圈中带出，使线圈拉长。

◎=下针绕2圈

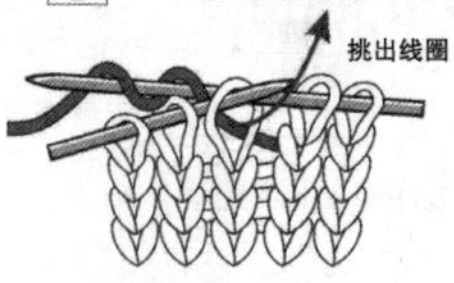
挑出线圈

在正常织下针时，将毛线在右针上绕2圈后从针圈中带出，使线圈拉长。

∩=滑针

①
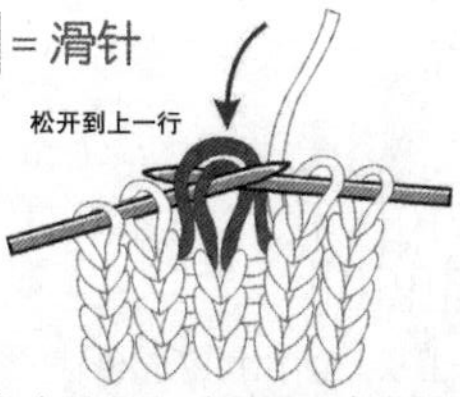
松开到上一行

①将左针上第1个针圈退出并松开并滑到上一行(根据花型的需要也可以滑出多行)，退出的针圈和松开的上一行毛线用右针挑起。

②
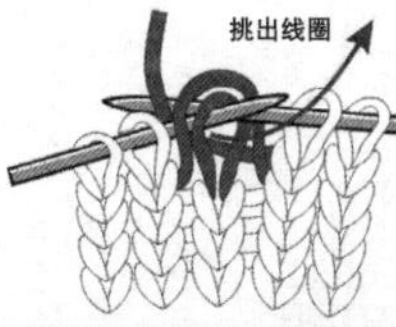
挑出线圈

②右针从退出的针圈和松开的上一行毛线中挑出毛线使这形成1个针圈。

③
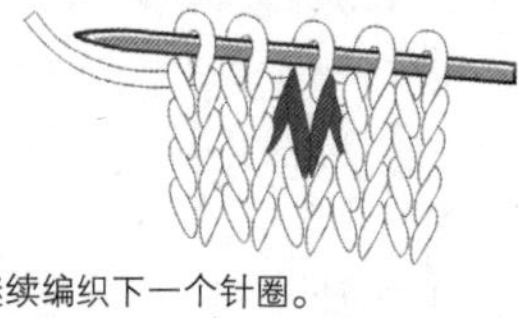

③继续编织下一个针圈。

𝖸 = 左加针

①
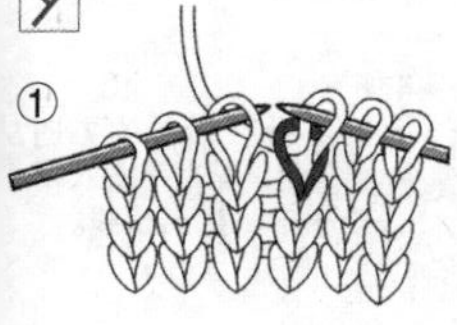

①左针第1针正常织。

②
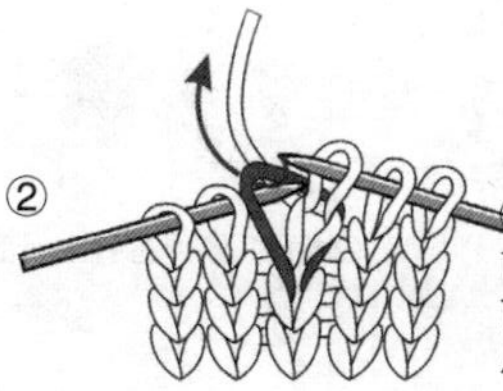

②左针尖端先从这针的前一行的针圈中从后向前挑起针圈。针从前向后插入并挑出线圈。

③
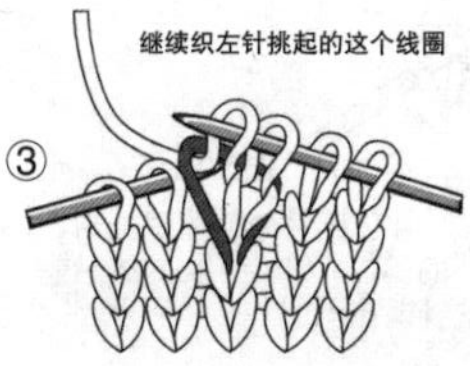
继续织左针挑起的这个线圈

③继续织左针挑起的这个线圈。实际意义是在这针的左侧增加了1针。

𝖸 = 右加针

①
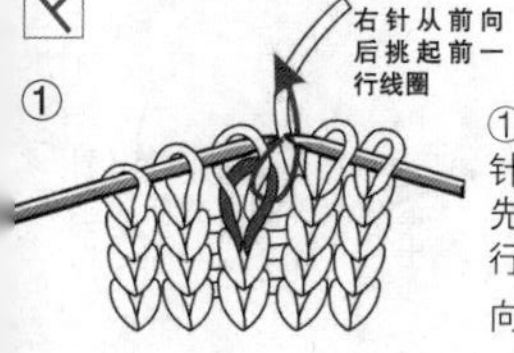
右针从前向后挑起前一行线圈

①在织左针第1针前，右针尖端先从这针的前一行的针圈中从前向后插入。

②
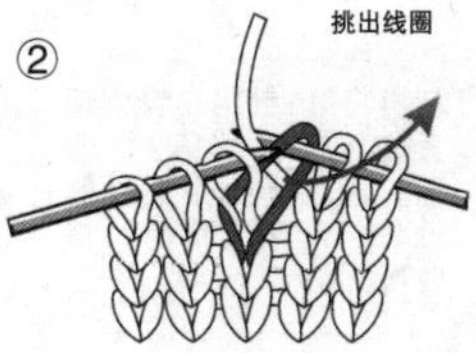
挑出线圈

②将线在右针上从下到上绕1次，并挑出线，实际意义是在这针的右侧增加了一针。

③
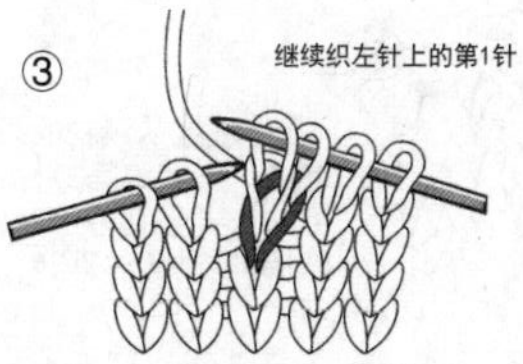
继续织左针上的第1针

③继续织左针上的第1针。然后此活结由左针滑脱。

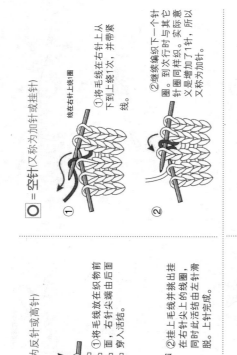

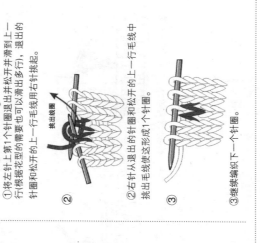

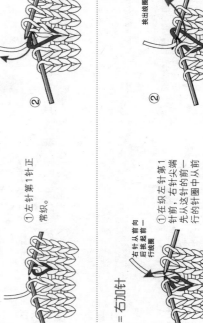

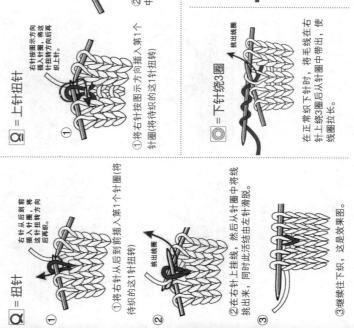

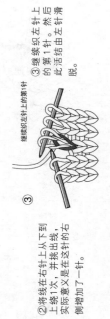

∀ = 上浮针

① 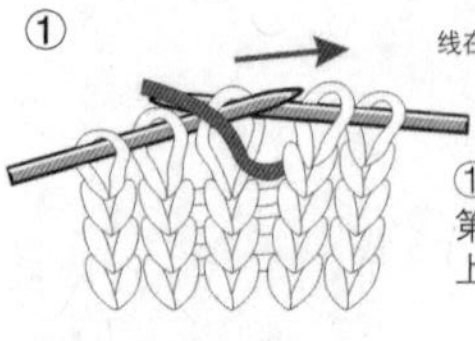

①将线放到织物前面，第1个针圈不织挑到右针上。

② 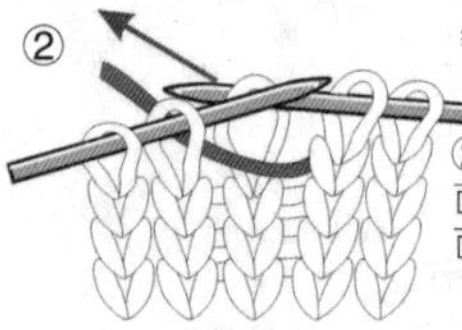

②毛线在第1个线圈的前面横过后，再放到织物后面。

③ 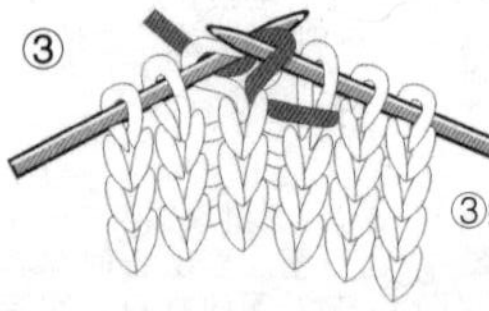
③继续编织下一个线圈。

V = 下浮针

① 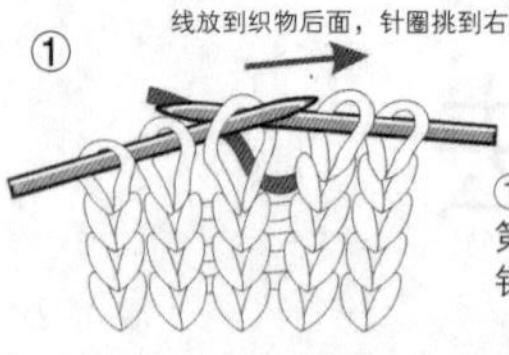

①将线在织物后面，第1个线圈不织挑到右针上。

② 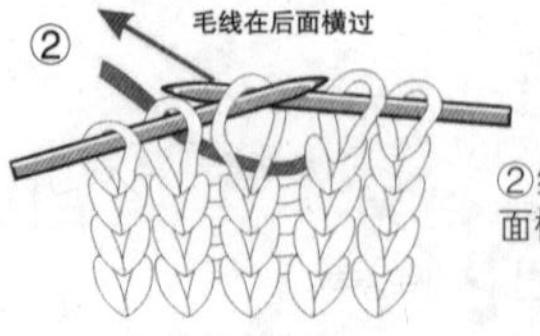

②线在第1个针圈的后面横过。

③ 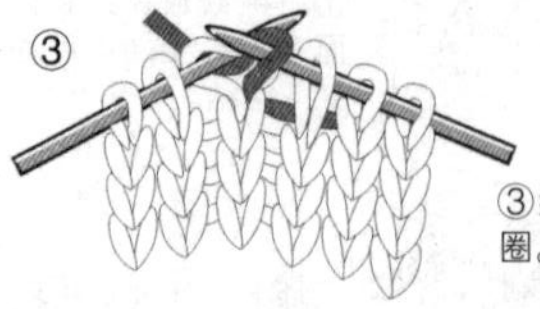
③继续编织下一个线圈。

○ = 锁针

① 
①先将线按箭头方向扭成1个圈，挂在钩针上。

② 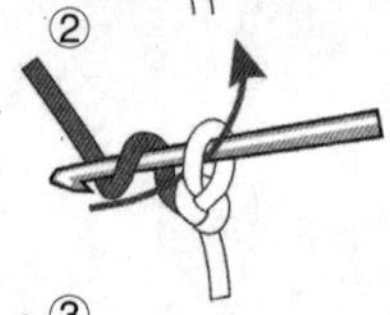
②在①步的基础上将线在钩针上从上到下(按图示)绕1次并带出线圈。

③ 
①将线放到织物前面，第1个针圈不织挑到右针上。

③继续操作第①②步，钩织到需要的长度为止。

= 枣针(3针长针并为1针)

① 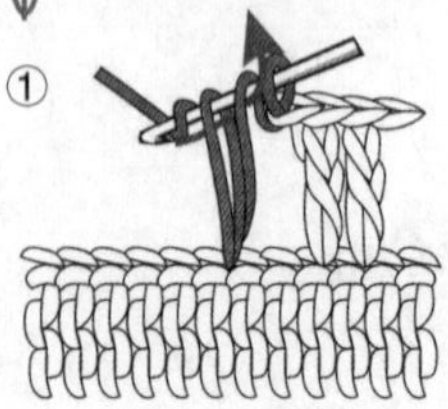
①将线先在钩针上从上到下(按图示)绕1次，再将钩针按箭头方向插入上一行的相应位置中，并带出线圈。

② 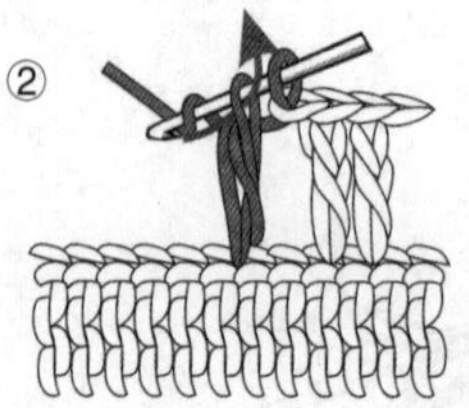
②在①步的基础上将线在钩针上从上到下(按图示)绕1次并带出线圈。注意这时钩针上有2个线圈了。

③ 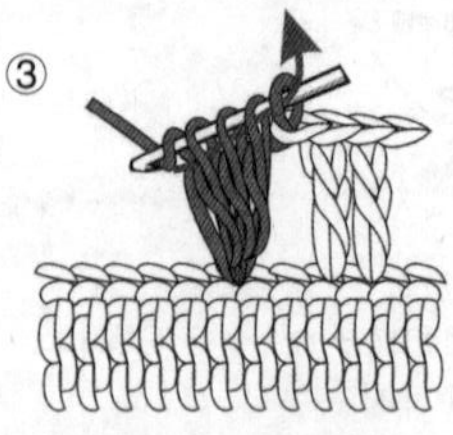
③继续操作第②步两次，这时钩针上就有四个线圈了。

④ 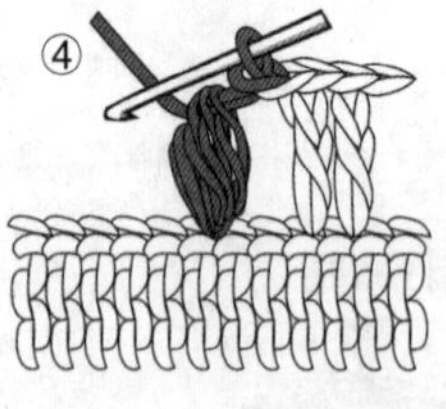
④将线在钩针上从上到下(按图示)绕1次并从这4个线圈中带出线圈。1针“枣针”操作完成。

X = 短针

① 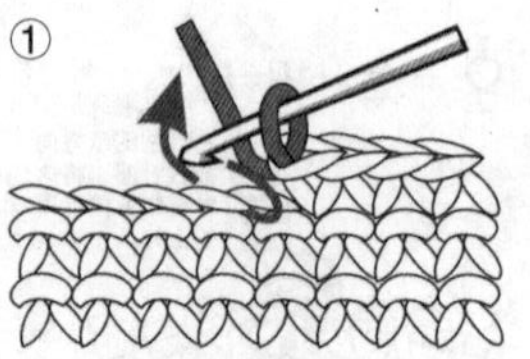
①将钩针按箭头方向插入上一行的相应位置中。

② 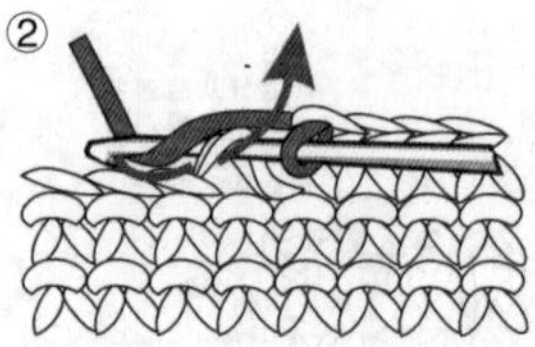
②在①步的基础上将线在钩针上从上到下(按图示)绕1次并带出线圈。

③ 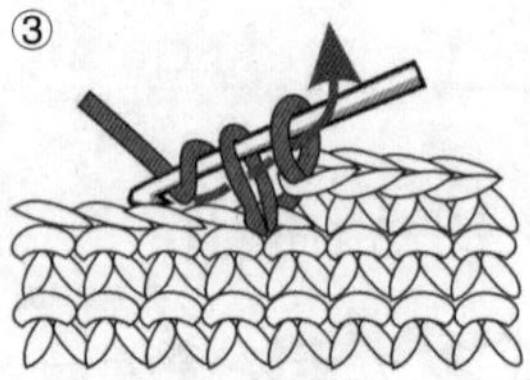
③继续将线在钩针上从上到下(按图示)再绕1次并带出线圈。

④ 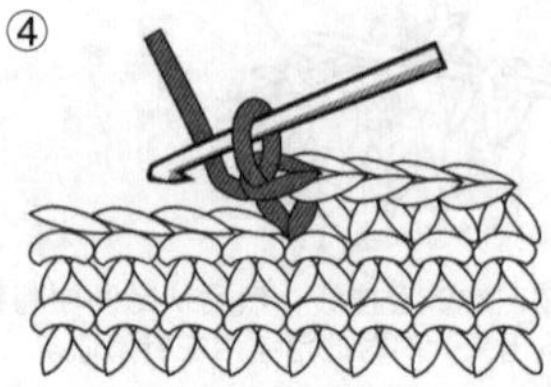
④1针“短针”操作完成。

木 = 中上3针并为1针

① 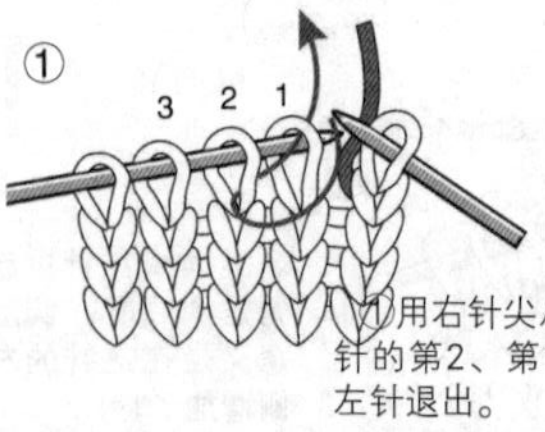

①用右针尖从前往后插入左针的第2、第1针中，然后将左针退出。

② 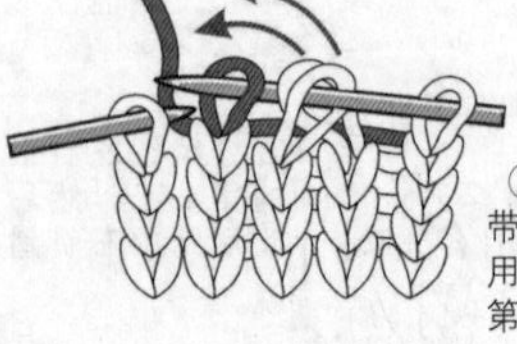
②将绒线从织物的后面带过，正常织第3针。再用左针尖分别将第2针、第1针挑过套住第3针。

入 = 右上2针并为1针(又称为拨收1针)

① 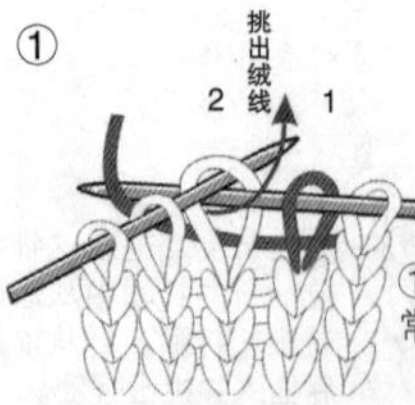

①第1针不织移到右针上，正常织第2针。

② 

②再将第1针用左针挑起套在刚才织的第2针上面，因为有这个拨针的动作，所以又称为“拨收针”。

人 = 左上2针并为1针

① 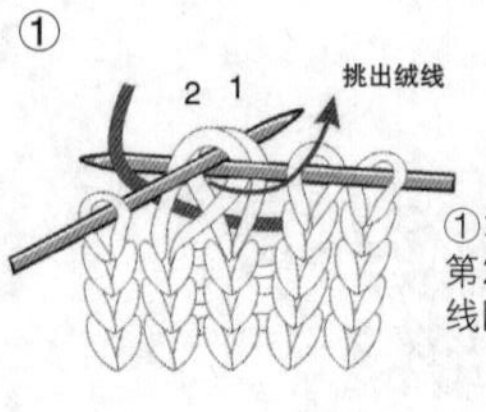

①右针按箭头的方向从第2针、第1针插入两个线圈中，挑出绒线。

② 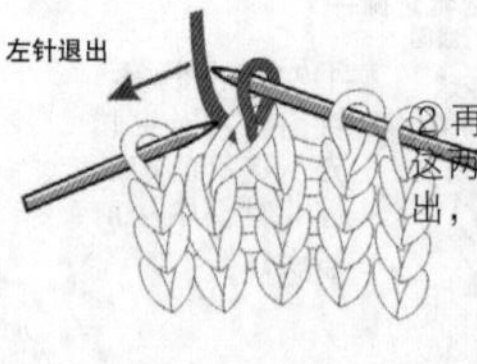

②再将第2针和第1针这两个针圈从大针上退出，并针完成。

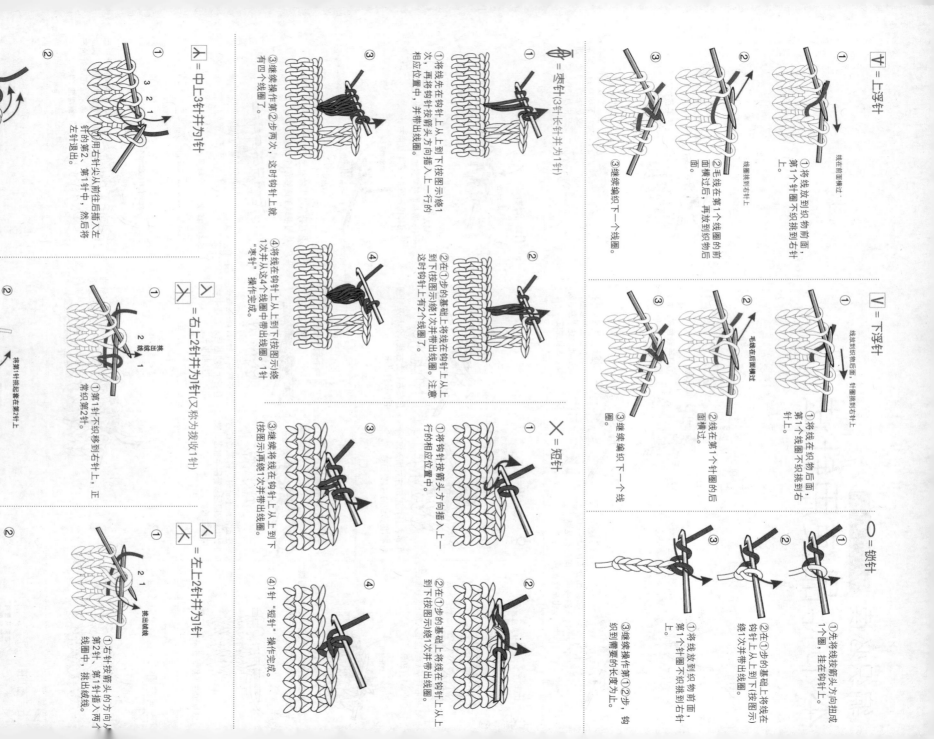

=1针下针右上交叉

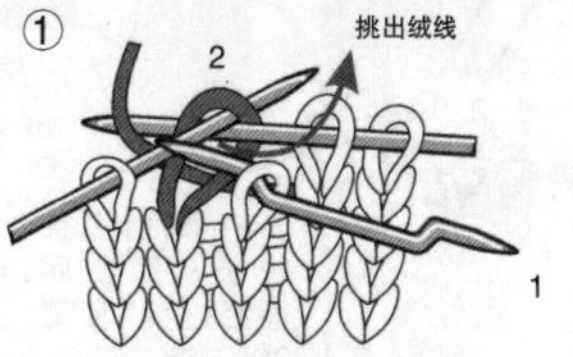

①第1针不织移到曲针上，右针按箭头的方向从第2针针圈中挑出绒线。

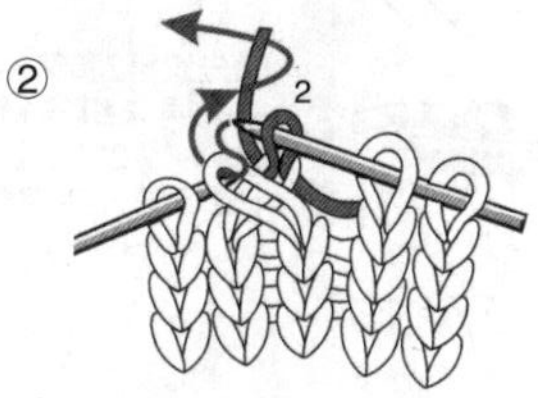

②再正常织第1针(注意：第1针是在织物前面经过)。

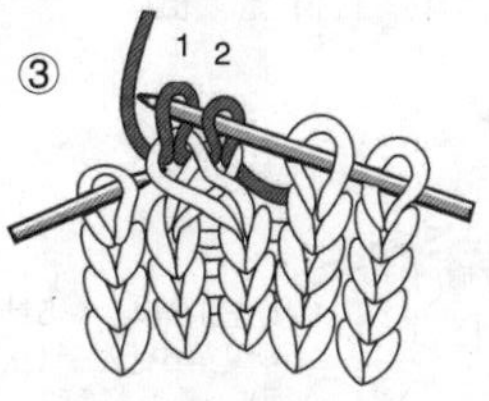

③右上交叉针完成。

=1针下针左上交叉

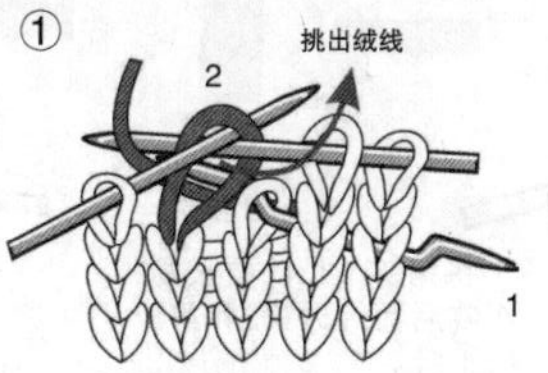

①第1针不织移到曲针上，右针按箭头的方向从第2针针圈中挑出绒线。线。

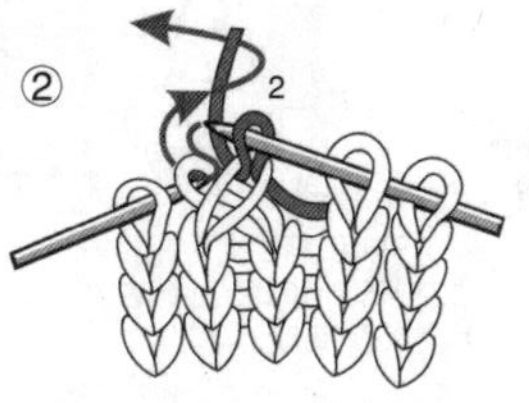

②再正常织第1针(注意：第1针是在织物后面经过)。

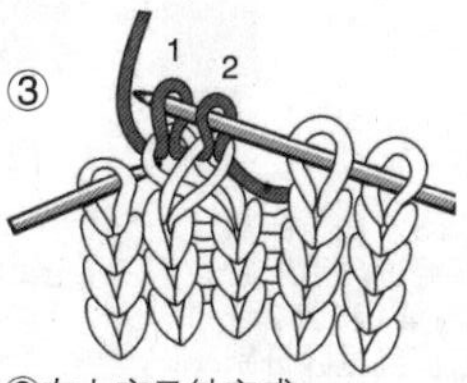

③左上交叉针完成。

=1针下针和1针上针左上交叉

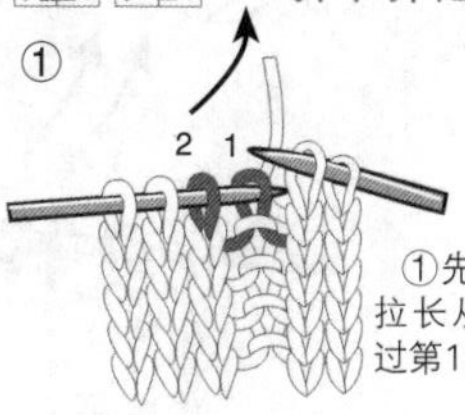

①先将第2针下针拉长从织物前面经过第1针上针。

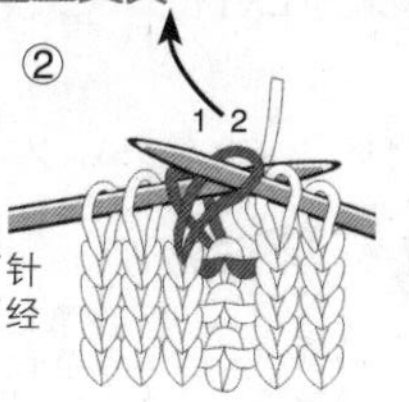

②先织好第2针下针，再来织第1针上针。"1针下针和1针上针左上交叉"完成。

=1针下针和1针上针右上交叉

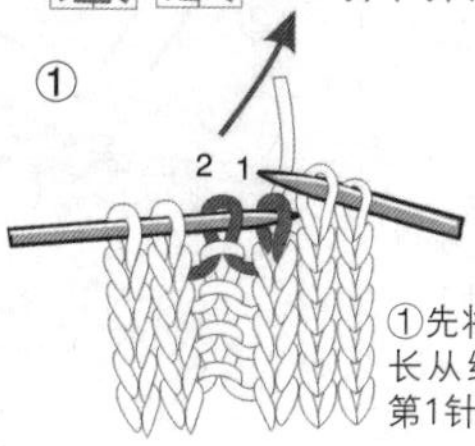

①先将第2针上针拉长从织物后面经过第1针下针。

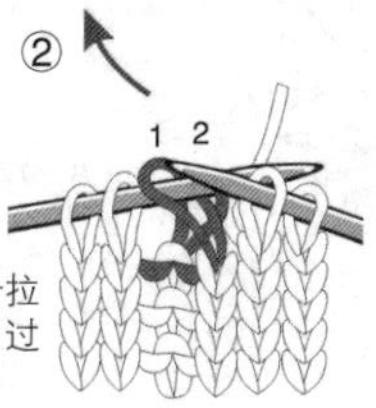

②先织好第2针上针，再来织第1针下针。"1针下针和1针上针右上交叉"完成。

=1针扭针和1针上针左上交叉

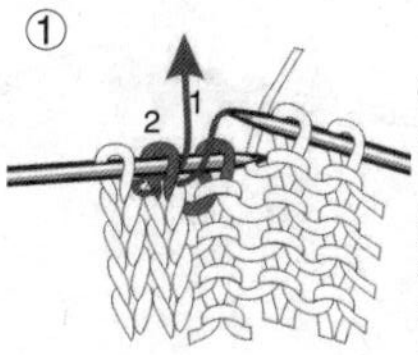

①第1针暂时不织，右针按箭头方向从第1针前插入第2针线圈中（这样操作后这个线圈式是被扭转了方向的）。

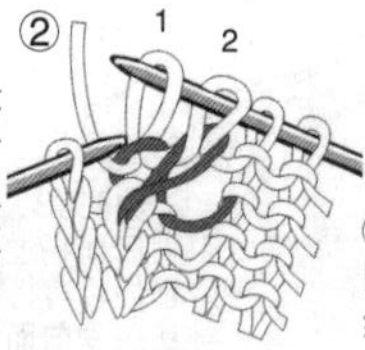

②在①步的第2针线圈中正常织下针。然后再在第1针线圈中织上针。

=1针扭针和1针上针右上交叉

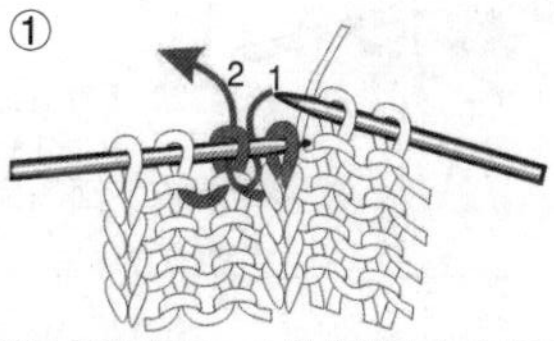

①第1针暂不织，右针按箭头方向插入第2针线圈中。

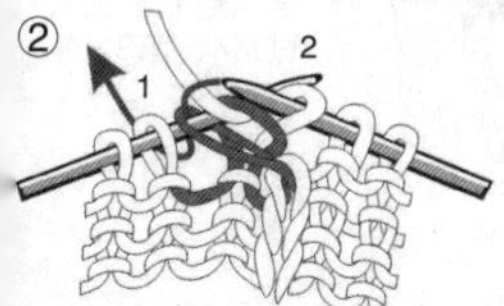

②在①步的第2针线圈中正常织上针。

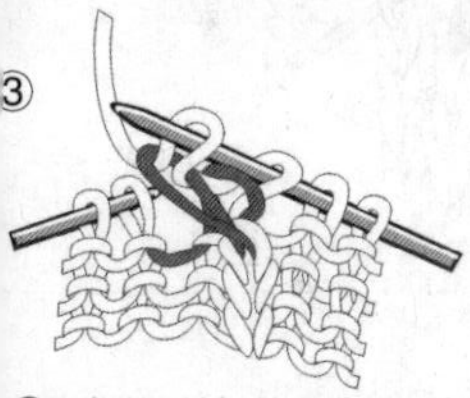

③再将第1针扭转方向后，右针从上向下插入第1针的线圈中带出线圈（正常织下针）。

=1针右上套交叉

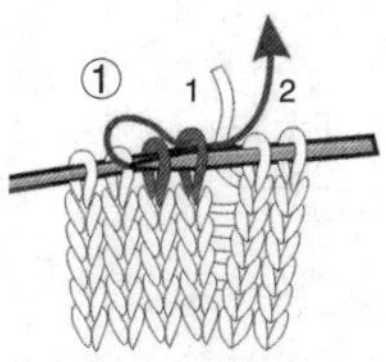

①右针从第1、第2针插入将第2针挑起从第2针的线圈中通过并挑出。

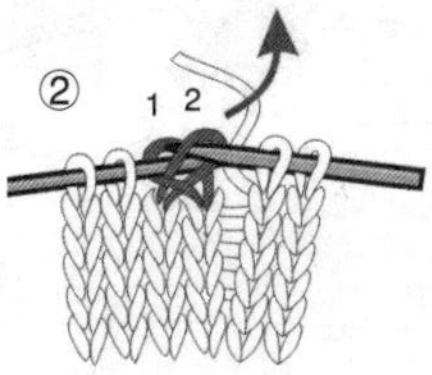

②再将右针由前向后插入第二针并挑出线圈。

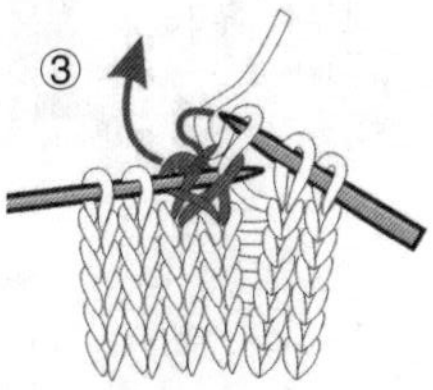

③正常织第1针。

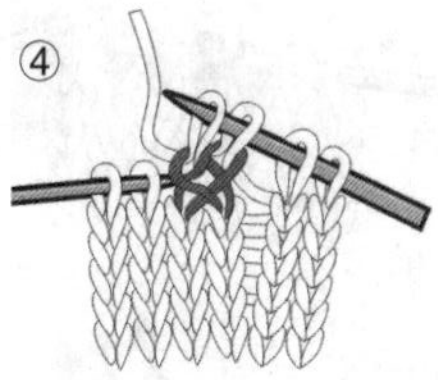

④"1针右上套交叉"完成。

=1针左上套交叉

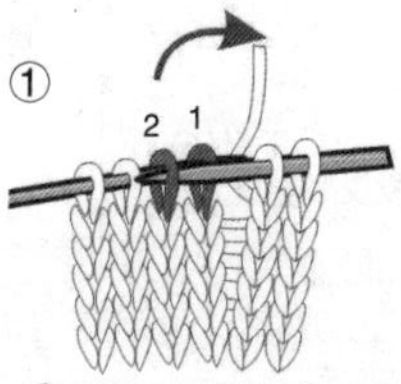

①将第2针挑起套过第1针。

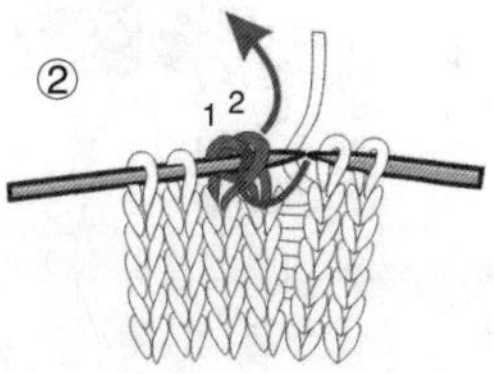

②再将右针由前向后插入第2针并挑出线圈。

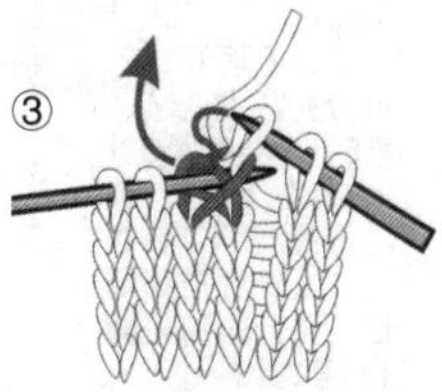

③正常织第1针。

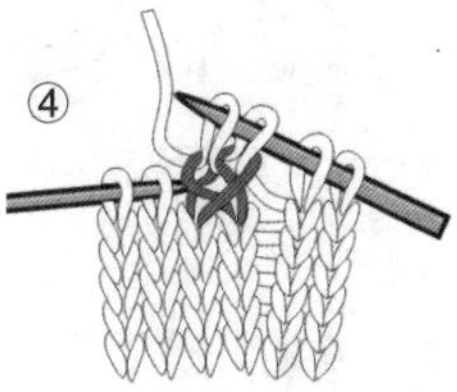

④"1针左上套交叉"完成。

=1针下针和2针上针左上交叉

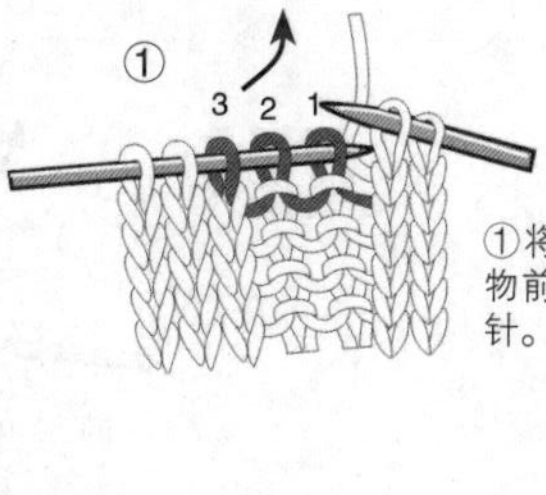

①将第3针下针拉长从织物前面经过第2和第1针上针。.

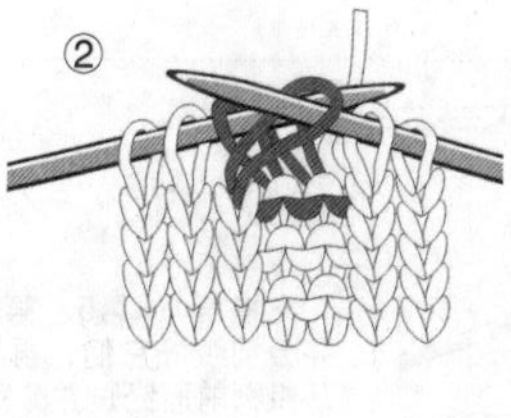

②先织好第3针下针，再来织第1和第2　针上针。"1针下针和2针上针左上交叉"完成。

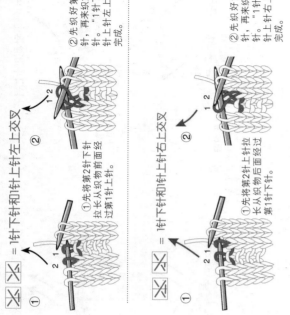

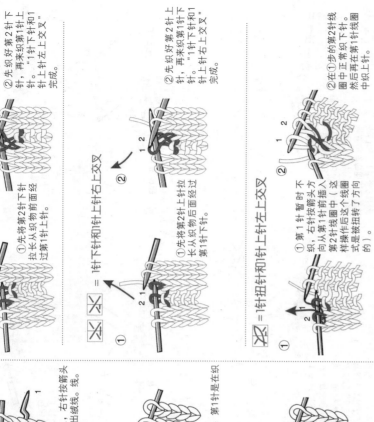

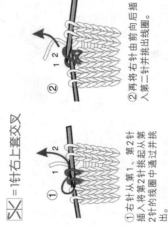

 =1针下针和2针上针右上交叉

①
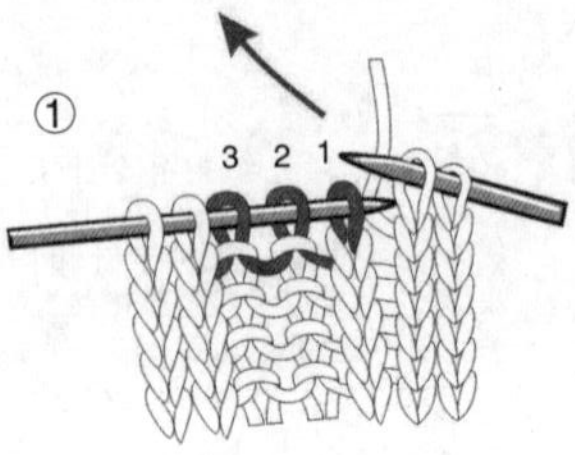

①将第1针下针拉长从织物前面经过第2和第3针上针。

②
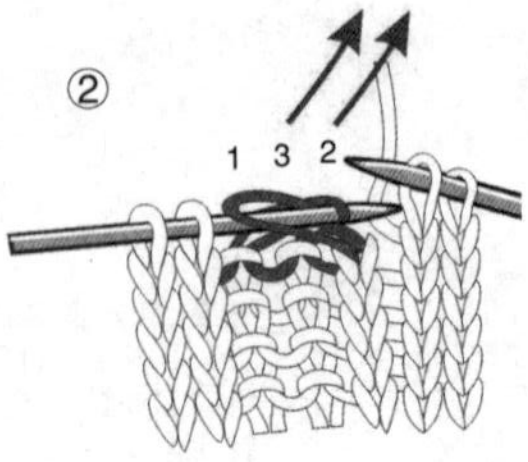

②先织好第2、第3针上针，再来织第1针下针。“1针下针和2针上针右上交叉”完成。

 =2针下针和1针上针右上交叉

①
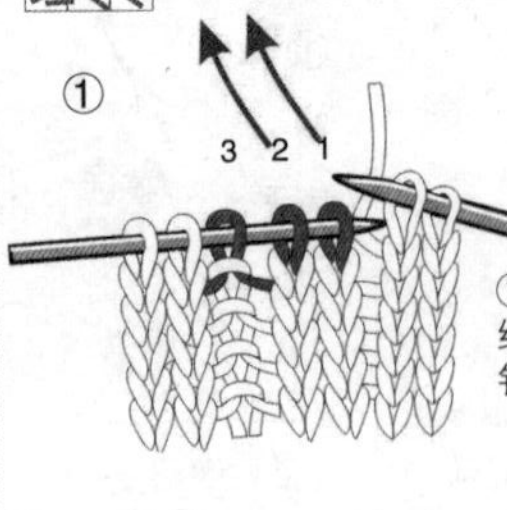

①将第3针上针拉长从织物后面经过第2和第3针下针。

②
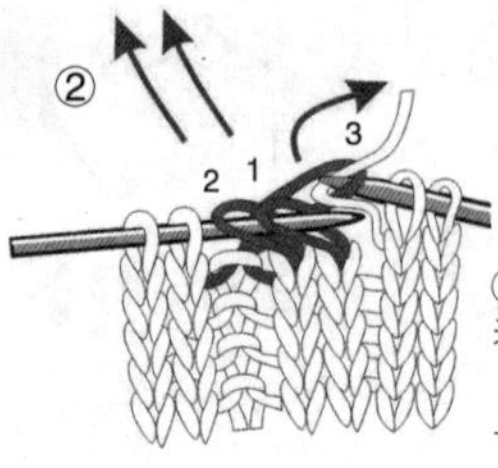

②先织第3针上针，再来织第1和第2针下针。“2针下针和1针上针右上交叉”完成。

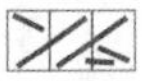 =2针下针和1针上针左上交叉

①
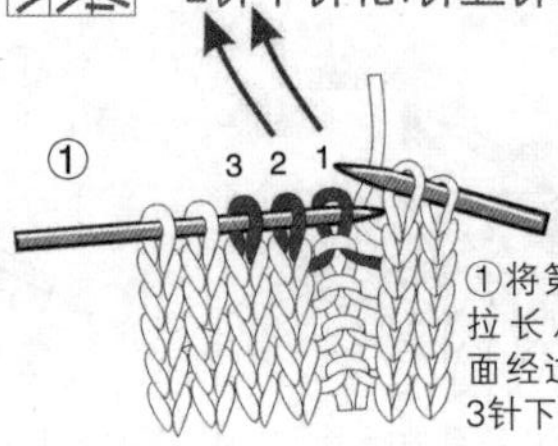

①将第1针上针拉长从织物后面经过第2和第3针下针。

②
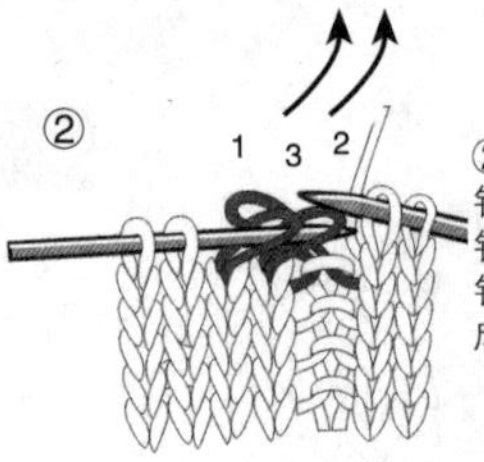

②先织第2和第3针下针，再来织第1针上针。“2针下针和1针上针左上交叉”完成。

 =2针下针右上交叉

①
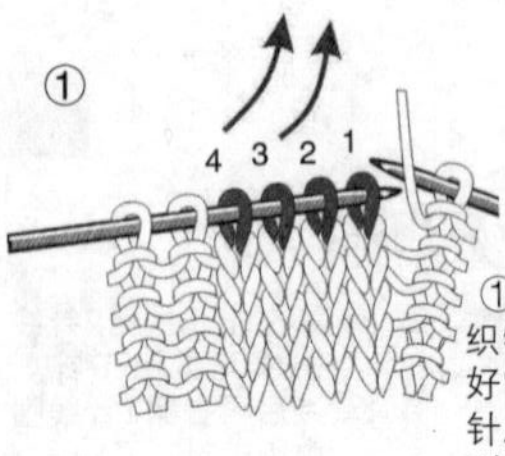

①先将第3、第4针从织物后面经过并分别织好它们，再将第1和第2针从织物前面经过并分别织好第1和第2针(在上面)。

②
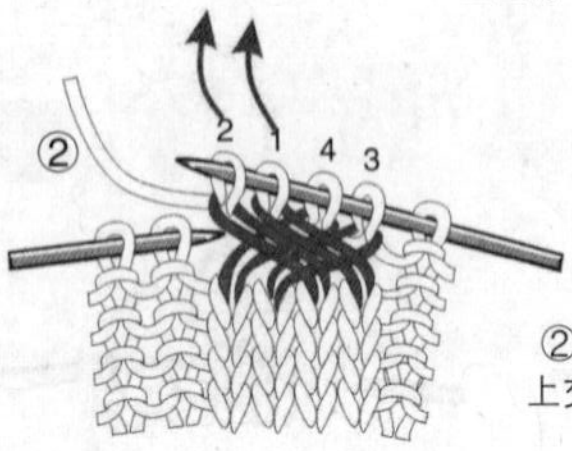

②“2针下针右上交叉”完成。

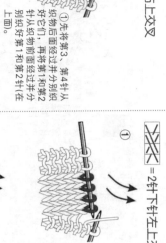

 =2针下针左上交叉

①
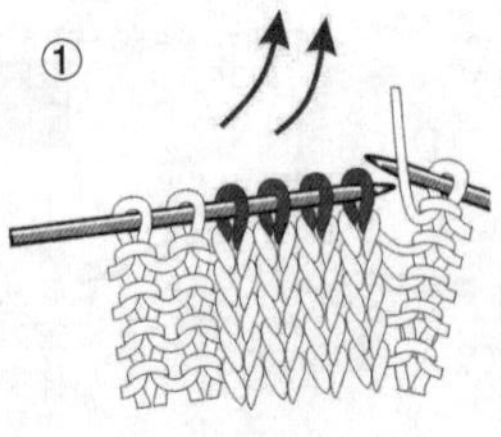
①先将第3、第1针从织物前面经过分别织它们，再将第1和第2针从织物后面经过并分别织好第1和第2针(在下面)。

②
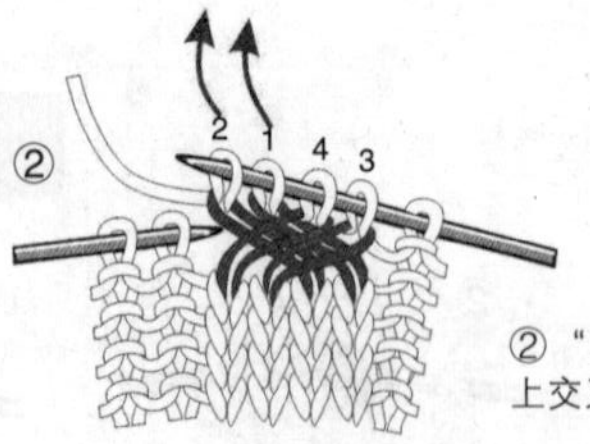

②“2针下针左上交叉”完成。

 =2针下针右上交叉，中间1针上针在下面

①
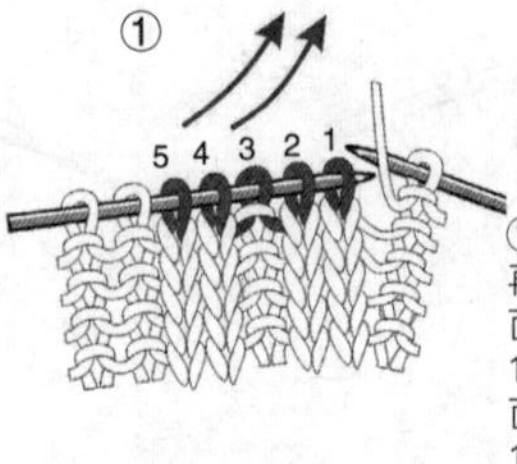

①先织第4、第5针，再织第6针上针(在下面)，最后将第2、第1针拉长从织物的前面经过后再分别织第1和第2针。

②
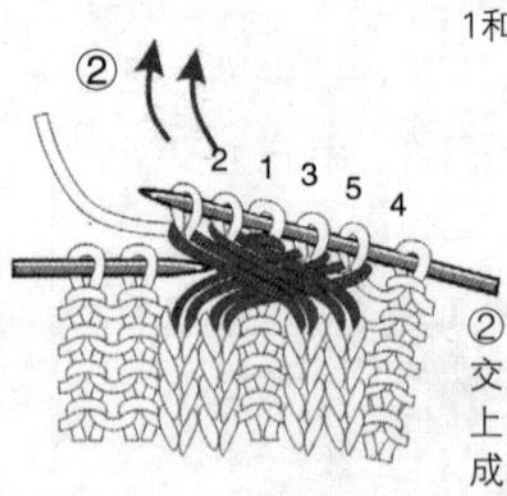

②“2针下针右上交叉，中间1针上针在下面”完成。

 =2针下针左上交叉，中间1针上针在下面

①
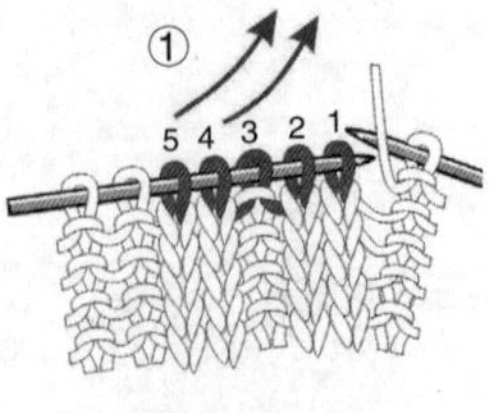

①先将第4、第5针从织物前面经过，再分别织好第4、第5针，再织第3针上针(在下面)，最后将第2、第1针拉长从上针的前面经过，并分别织好第1和第2针。

②
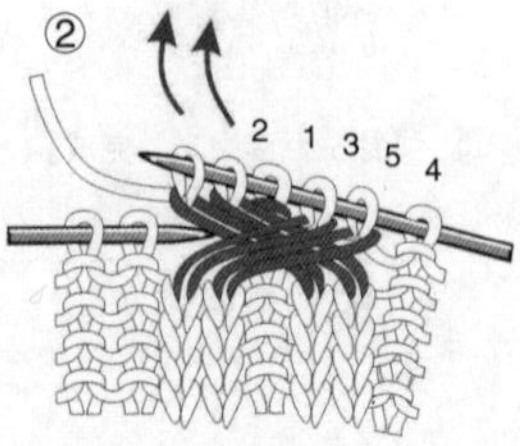

②“2针下针左上交叉，中间1针上针在下面”完成。

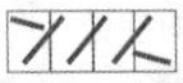 =3针下针和1针下针左上交叉

①
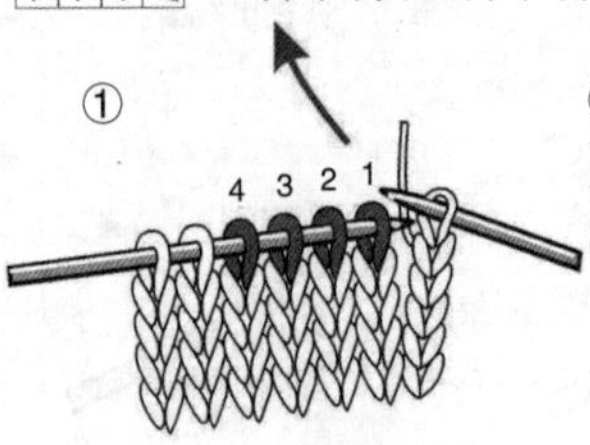

①先将第1针拉长从织物后面经过第4、第3、第2针。

②
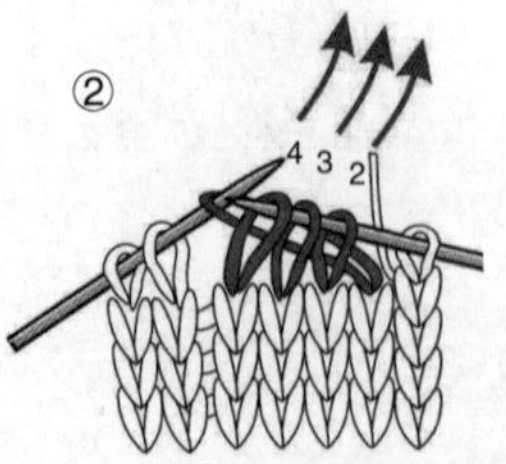

②分别织好第2、第3和第4针，再织第1针。“3针下针和1针下针左上交叉”完成。

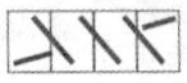 =3针下针和1针下针右上交叉

①
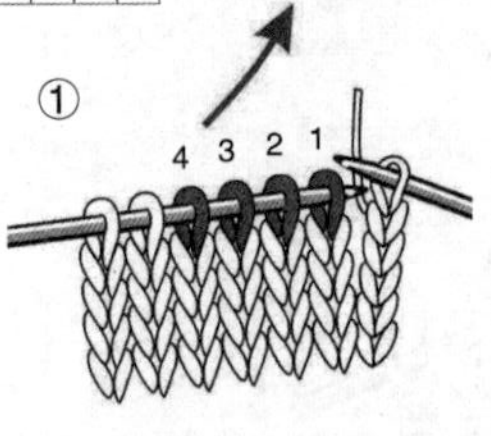

①先将第4针拉长从织物后面经过第4、第3、第2针。

②
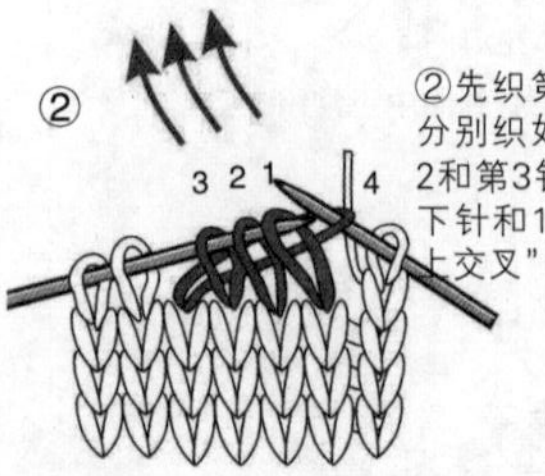

②先织第4针，再分别织好第1、第2和第3针。“3针下针和1针下针右上交叉”完成。

 =3针下针右上交叉

①
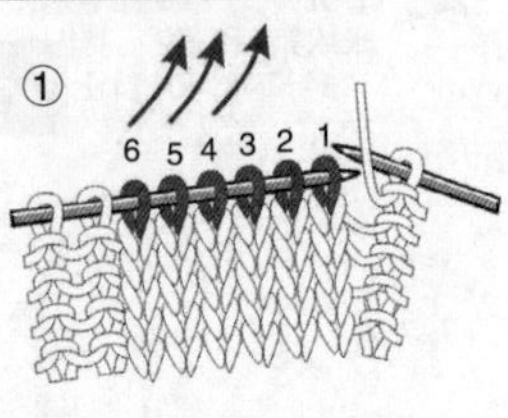

①先将第4、第5、第6针从织物后面经过并分别织好它们，再将第1、第2、第3针从织物前面经过并分别织好第1、第2和第3针(在上面)。

②

②“3针下针右上交叉”完成。

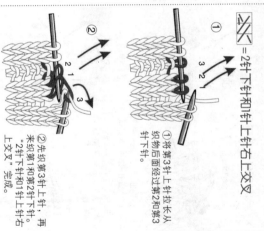

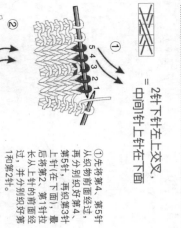

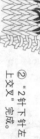

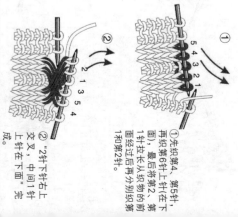

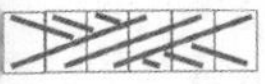

=3针下针左上交叉

①

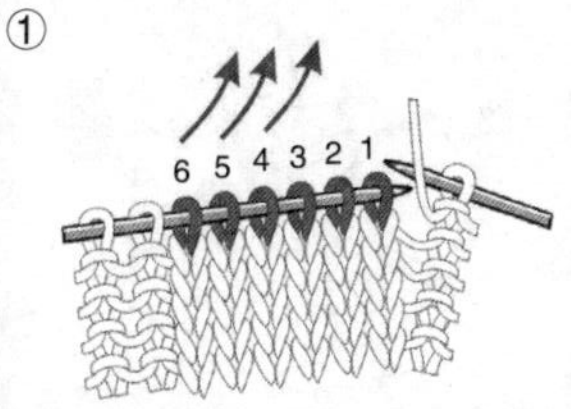

①先将第4、第5、第6针从织物前面经过并分别织好它们，再将第1、第2、第3针从织物后面经过并分别织好第1、第2和第3针(在下面)。

②

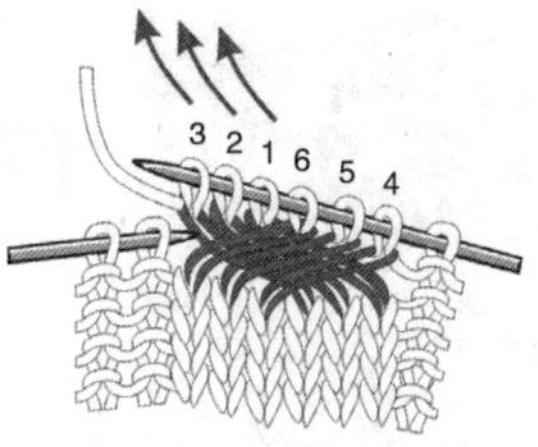

②"3针下针左上交叉"完成。

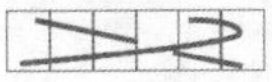

3针下针左上套交叉

①

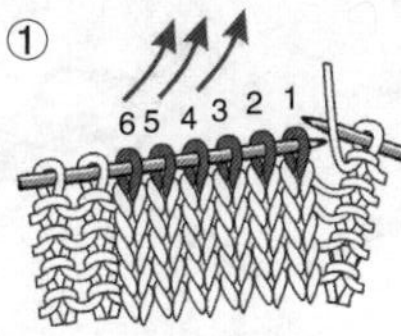

①先将第4、第5、第6针拉长并套过第1、第2、第3针。

②

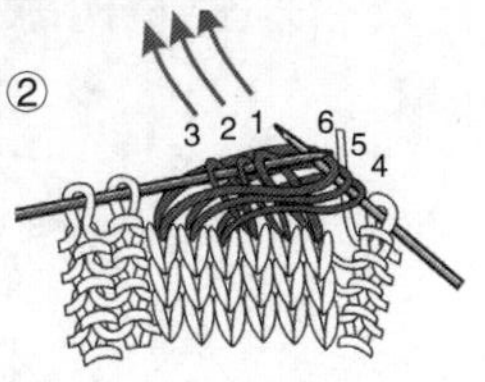

②再正常分别织好第4、第5、第6针和第1、第2、第3针"3针大上套交叉针"完成。

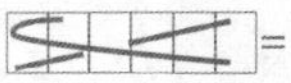

=3针下针右上套交叉

①

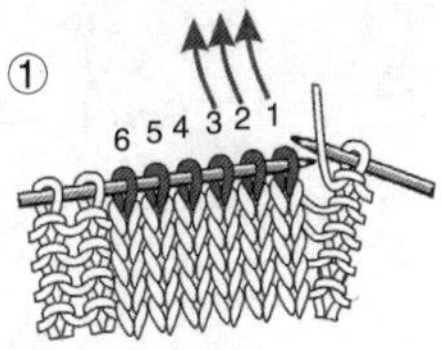

①先将第1、第2、第3针拉长并套过第4、第5、第6针。

②

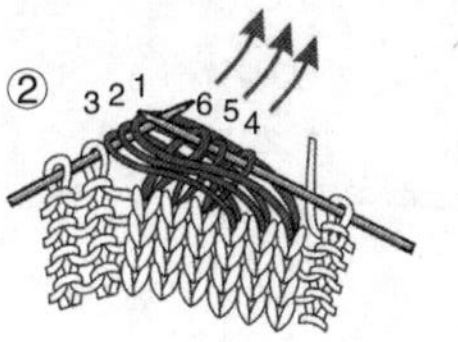

②再正常分别织好第4、第5、第6针和第1、第2、第3针"3针右上套交叉针"完成。

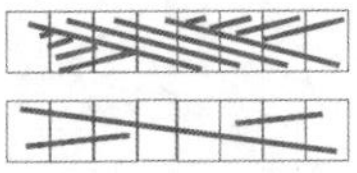

=4针下针右上交叉

①

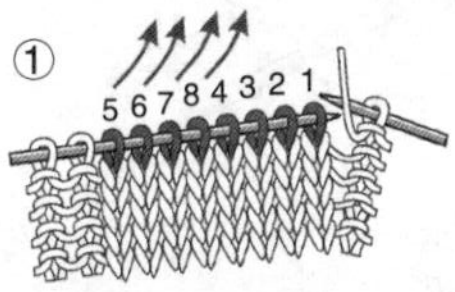

①先将第5、第6、第7、第8针从织物后面经过并分别织好它们，再将第1、第2、第3、第4针从织物前面经过并分别织好第1、第2、第3和第4针(在上面)。

②

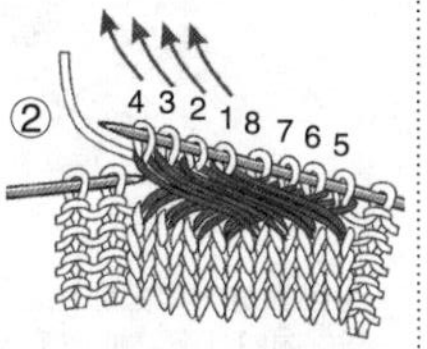

②"4针下针右上交叉"完成。

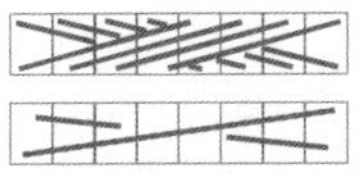

=4针下针左上交叉

①

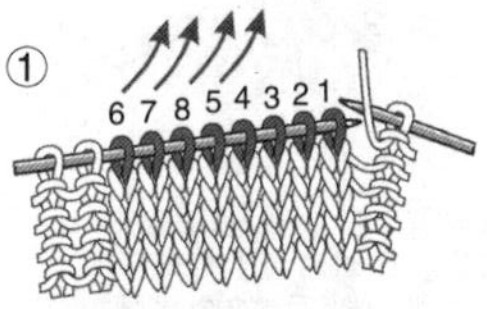

①先将第5、第6、第7、第8针从织物前面经过并分别织好它们，再将第1、第2、第3、第4针从织物后面经过并分别织好第1、第2、第3和第4针(在下面)。

②

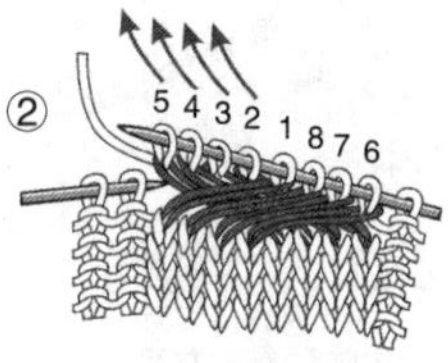

②"4针下针左上交叉"完成。

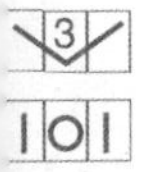

=在1针中加出3针

①

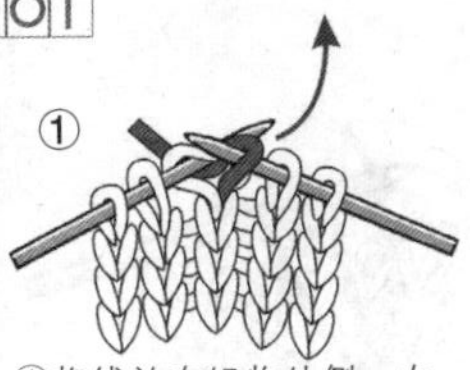

①将线放在织物外侧，右针尖端由前面穿入活结，挑出挂在右针尖上的线圈，左针圈不要松掉。

②

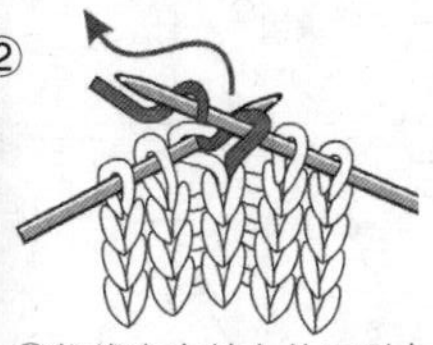

②将线在右针上从下到上绕一次，并带紧线，实际意义是又增加了一针，左线圈仍不要松掉。

③

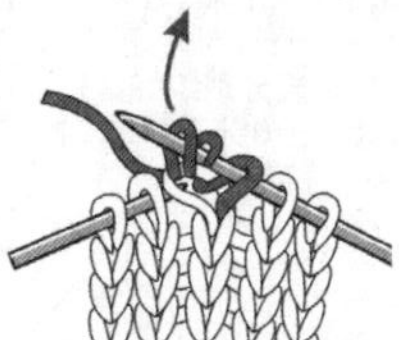

③仍在这一个线圈中继续编制①1次。此时左针上形成了3个线圈。然后此活结由左针滑脱。

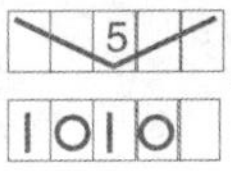

=在1针中加出5针

①

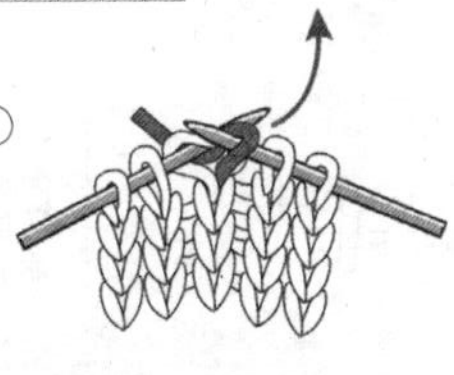

①将线放在织物外侧，右针尖端由前面穿入活结，挑出挂在右针尖上的线圈，左线圈不要松掉。

②

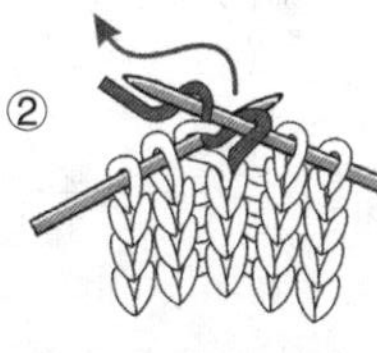

②将线在右针上从下到上绕1次，并带紧线，实际意义是又增加了1针，左线圈仍不要松掉。

③

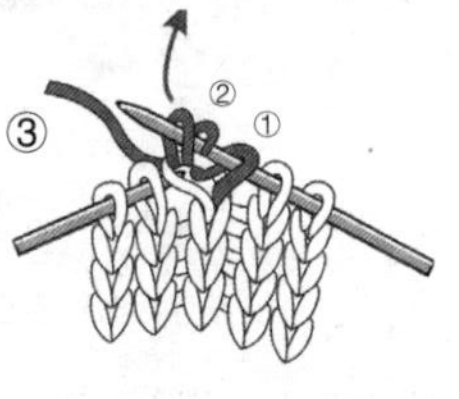

③在1个线圈中继续编织①1次。此时右针上形成了3个线圈。左线圈仍不要松掉。

④

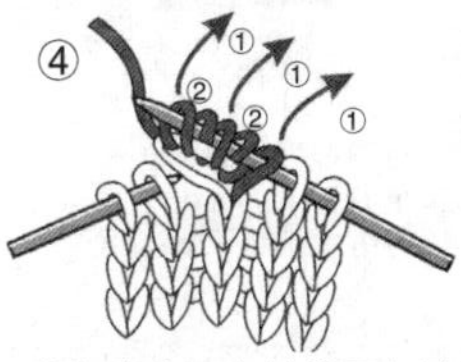

④仍在这一个针线圈中继续编织②和①1次。此时右针上形成了5个线圈。然后此活结由左针滑脱。

=5针并为1针，又加成5针

①

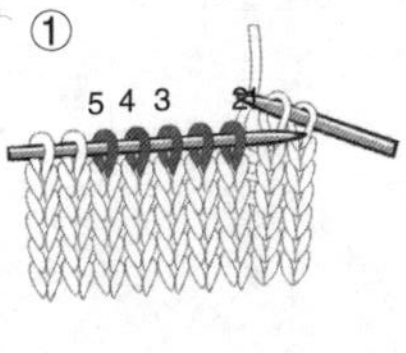

①右针由前向后从第5、第4、第3、第2、第1针(五个线圈中)插入。

②

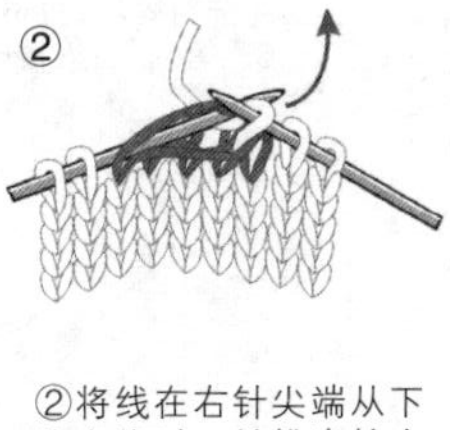

②将线在右针尖端从下往上绕过，并挑出挂在右针尖上的线圈，左针5个线圈不要松掉。

③

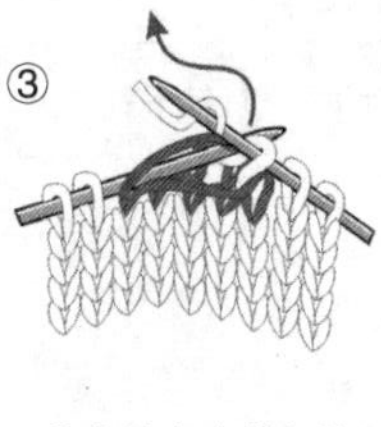

③将线在右针上从下到上绕1次，并带紧线，实际意义是又增加了1针，左线圈不要松掉。

④

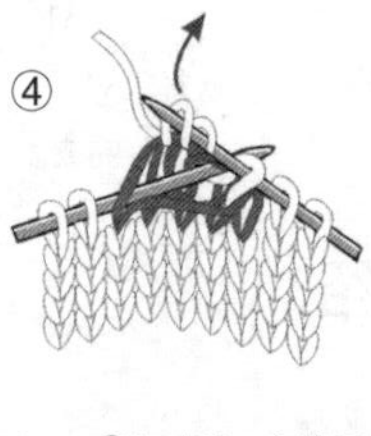

④仍在这5个线圈小继续编织②和①各一次。此时右针上形成了5个线圈。然后这5个线圈由左针滑脱。

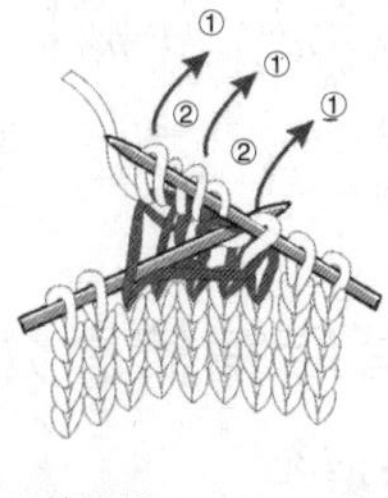

=铜钱花

①

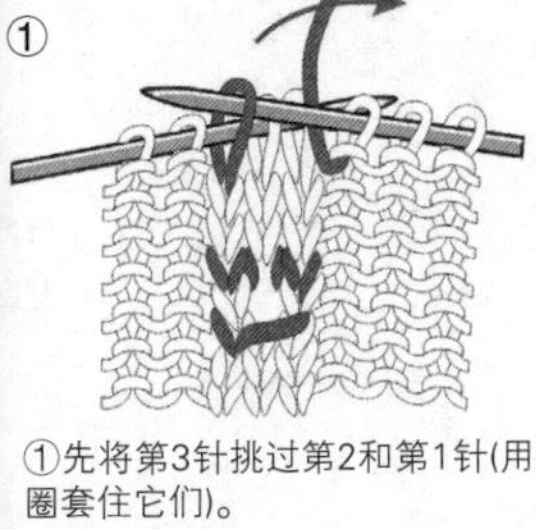

①先将第3针挑过第2和第1针(用线圈套住它们)。

②

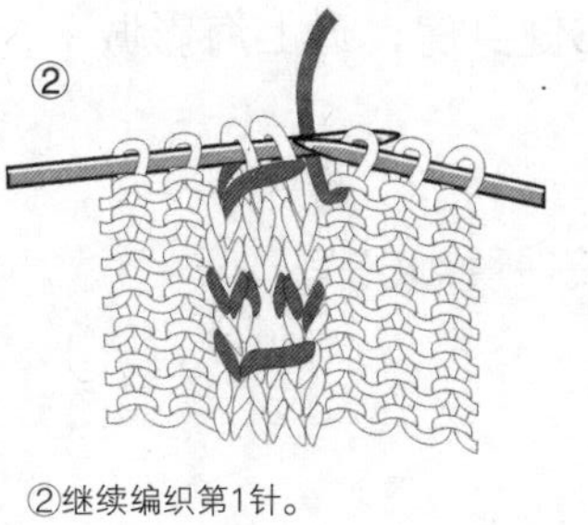

②继续编织第1针。

③

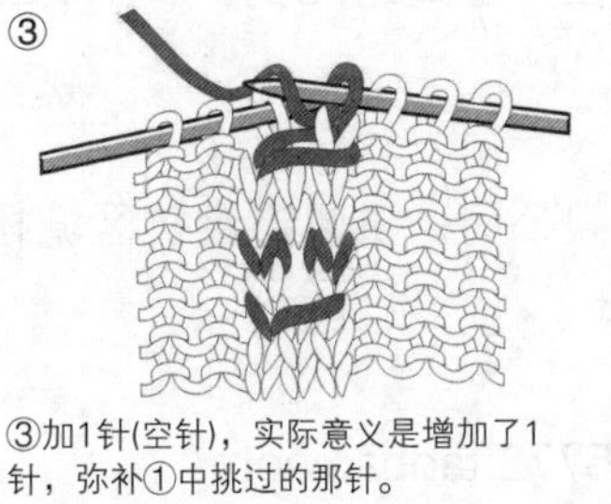

③加1针(空针)，实际意义是增加了1针，弥补①中挑过的那针。

④

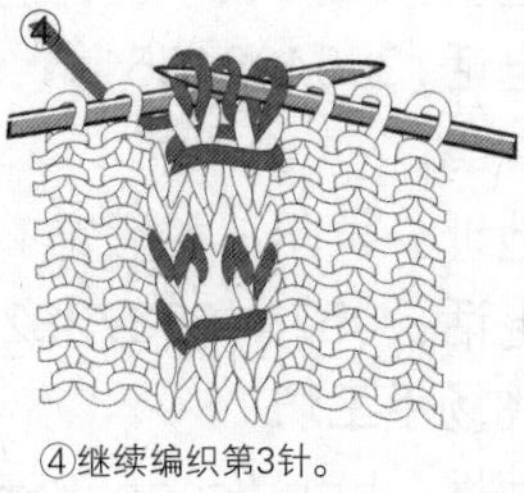

④继续编织第3针。

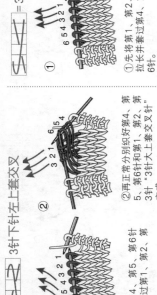

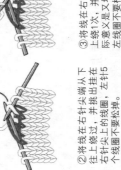

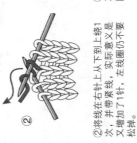

=3针并为1针，又加成3针

①

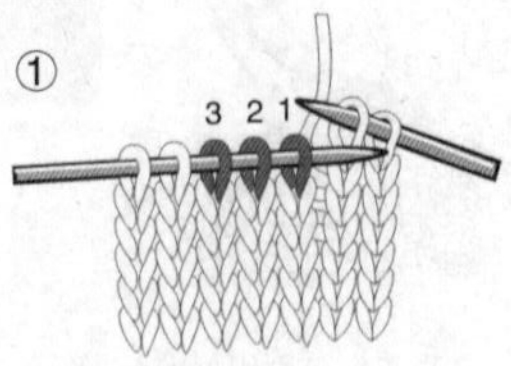

①右针由前[面]后从第3、第2、第1针(3个针圈中)插入。

②

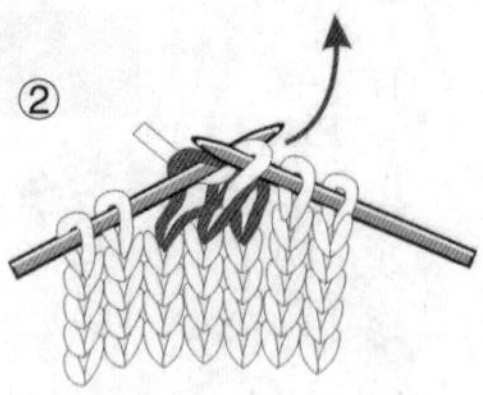

②将线在右针尖端从下往上绕过，并挑出挂在右针尖上的线圈，左针三个线圈不要松掉。

③

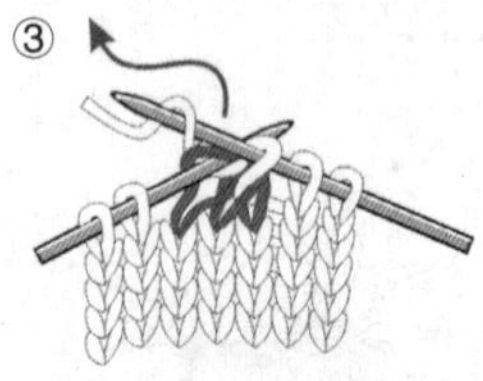

③将线在右针上从下到上再绕1次，并带紧线，实际意义是又增加了1针，左线圈仍不要松掉。

④

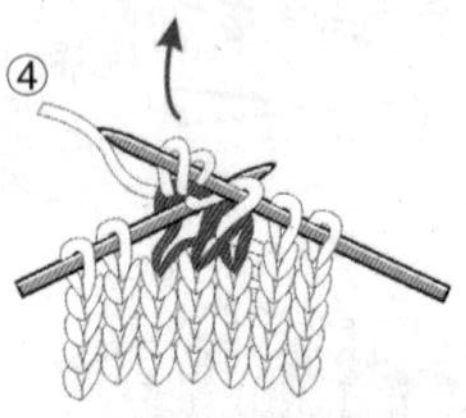

④继续在这3个线圈山编织①1次。此时右针上形成了3个线圈。然后这3个线圈才由左针滑脱。

=5针小球

①

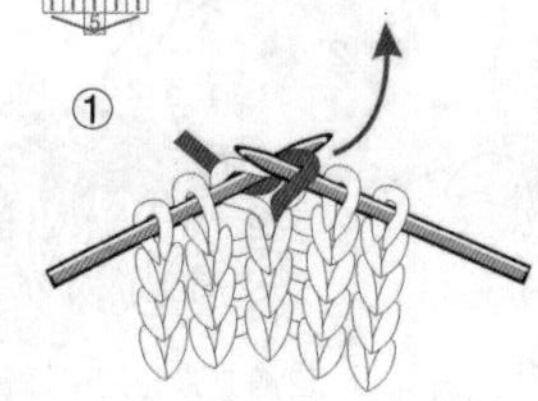

①将毛线放在织物外侧，右针尖端由前面穿入活结，挑出挂在右针尖上的线圈，左线圈不要松掉。

②

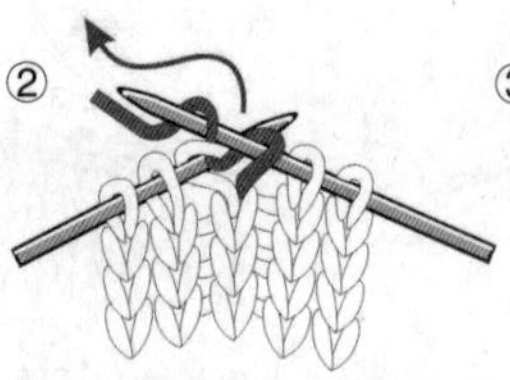

②将毛线在右针上从下到上绕1次，并带紧线，实际意义是又增加了1针，左线圈仍不要松掉。

③

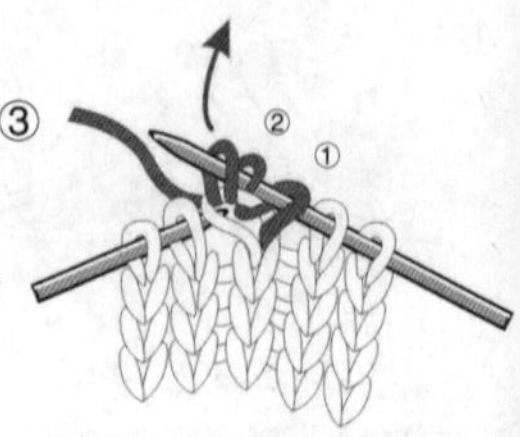

③在这1个针圈中继续编织①1次。此时右针上形成了3个针圈。左线圈仍不要松掉。

④

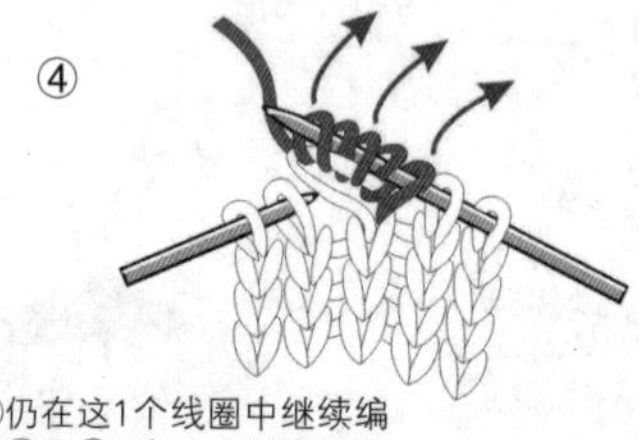

④仍在这1个线圈中继续编织②和①1次。此时右针上形成了5个线圈。然后此活结由左针滑脱。

⑤

⑤将上一步形成的5个线圈针按虚箭头方向织6行下针。到第4行两侧各收1针，第5行下针，第6行织"中上3针并为1针"。小球完成后进入正常的编织状态。

=蝴蝶针

① ②

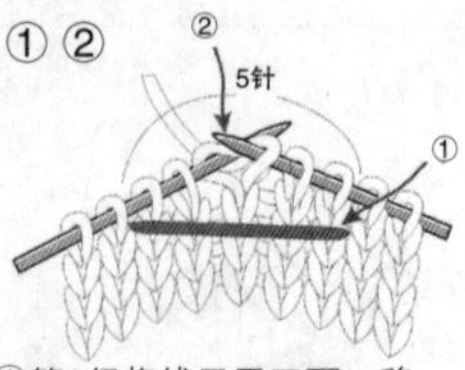

①第1行将线置于正面，移动5针至右针上。
②第2行继续编织下针。

③

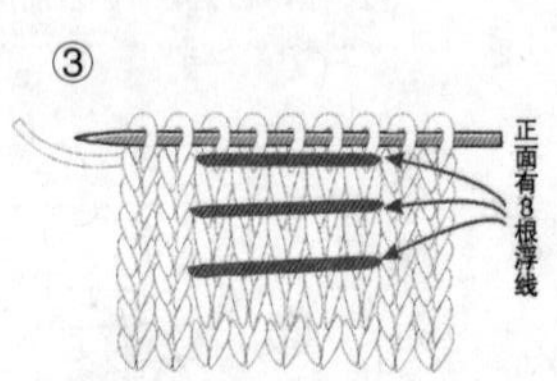

③第3、4、5、6行重复第一1、第2行。到正面有3根浮线时织回到另一端。

④

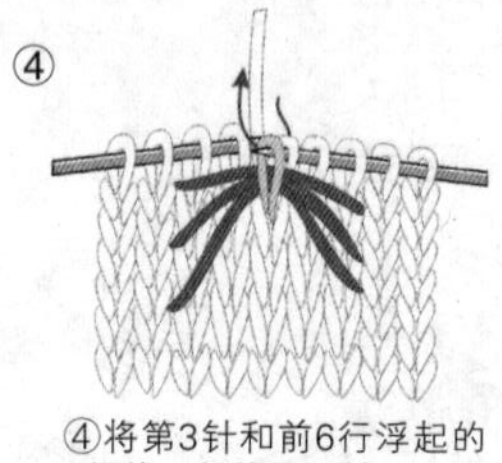

④将第3针和前6行浮起的3根线一起编织下针。

=拉针

先将右针从织物正面的任一位置(根据花型来确定)插入，挑出1个线圈来，然后和左针上的第1针同时编织为一针。

=6针下针和1针下针右上交叉

①

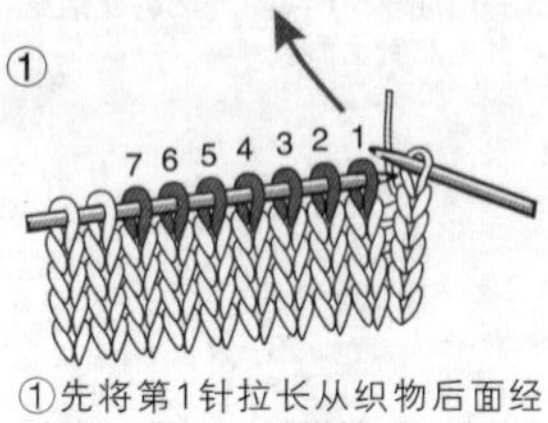

①先将第1针拉长从织物后面经过第6、第5……第1针。

②

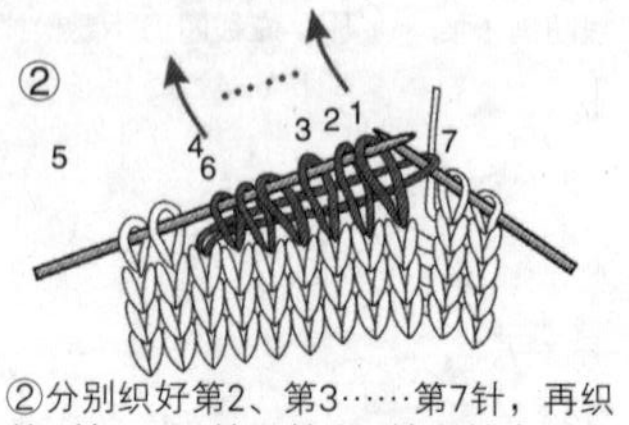

②分别织好第2、第3……第7针，再织第1针。"6针下针和1针下针右上交叉"完成。

= 6针下针和1针下针左上交叉

①

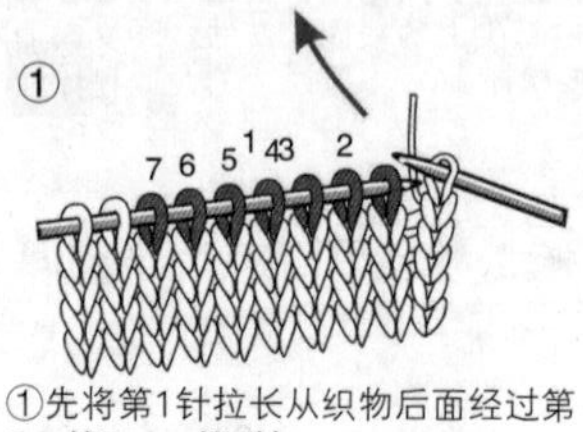

①先将第1针拉长从织物后面经过第6、第5……第1针。

②

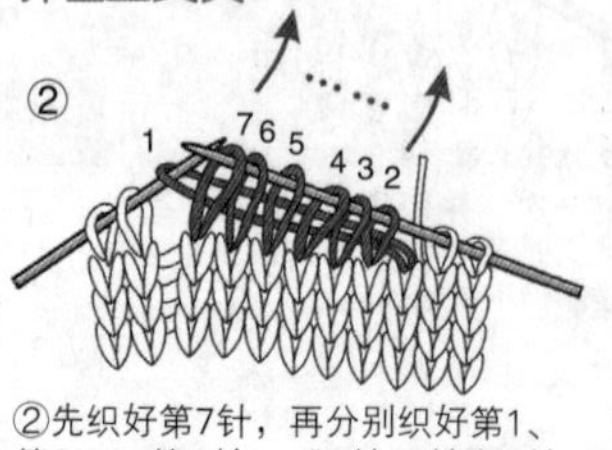

②先织好第7针，再分别织好第1、第2……第6针。"6针下针和1针下针右上交叉"完成。

作者店铺信息介绍

雅虎编织

联系地址：江苏省扬州市南宝带新村50-5号门面雅虎编织店

联系电话：18951050990 13004306488

蝴蝶效应

联系地址：上海长宁实体店位于番禺路385弄（临WiLL'S健身房，近上海影城），妈咪织吧

联系电话13564024851

南宫lisa

联系地址：杭州三韩服饰有限公司，杭州市余杭区塘栖镇得胜坝65号

联系电话：0571-86372823

燕舞飞扬手工坊

店铺地址：http://shop62855772.taobao.com/

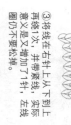

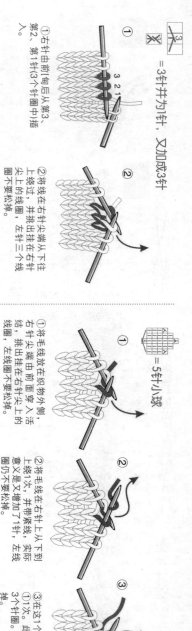

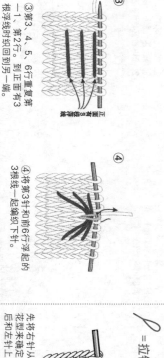

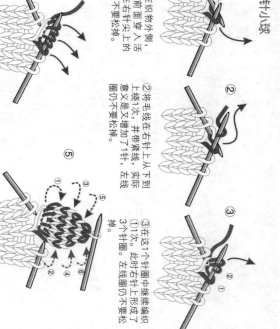